高等院校"十一五"规划教材

工程热力学基础

战洪仁　寇丽萍　主　编
张先珍　王翠华　副主编

中国石化出版社

内 容 提 要

本书主要由热力学基础、工质的热力性质、热力过程及热力循环四部分组成。书中除加强热力学理论基础外，更多地注重了工程应用，使读者能运用基础理论来分析工程实践中的各种热力过程和热力循环，以达到培养读者理论与实践相结合的目的。

本书适用于能源工程、机械工程、航空航天工程、材料工程、建筑工程类等领域的短学时工程热力学的教科书。

图书在版编目（CIP）数据

工程热力学基础／战洪仁等主编．
—北京：中国石化出版社，2008（2019.8 重印）
高等院校“十一五”规划教材
ISBN 978-7-80229-817-0

Ⅰ．工…　Ⅱ．战…　Ⅲ．工程热力学-高等学校-教材
Ⅳ．TK123

中国版本图书馆 CIP 数据核字（2009）第 009502 号

中国石化出版社出版发行
地址：北京市朝阳区吉市口路 9 号
邮编：100020　电话：(010)59964500
发行部电话：(010)59964526
http://www.sinopec-press.com
E-mail：press@sinopec.com
北京科信印刷有限公司印刷
全国各地新华书店经销

*

787×1092 毫米 16 开本 14.5 印张 349 千字
2019 年 8 月第 1 版第 5 次印刷
定价：38.00 元

前 言

工程热力学是研究热能与其他形式的能量(尤其是机械能)之间相互转换规律的一门学科。在现代各个生产领域中所遇到的大多数技术问题，以及自然界中的许多现象都与热能的传递与转化有关，因此工程热力学是能源工程、机械工程、航空航天工程、材料工程、化学工程、生物工程等领域的重要技术基础课。

本书编者在多年教学基础上，总结了教与学的经验，通过对国内外同类教材的对比研究，吸收其精华。针对工程热力学逻辑严密、概念众多、结论抽象且适用范围广泛，对大多数学生来说是一门难学、难懂、更难用的课程特点，在编写过程中注意了文字的表述，使概念、定律或公式的论述和推导更加严密、规范、容易理解；并编入了许多例题和应用实例，使学生对所讲解的概念、定律或公式获得更深入的理解与认识，增强了教材的实用性、趣味性，提高学生分析和解决实际问题的能力。

本书编排时，为适应科学技术的发展以及21世纪课程改革方向，通过对优秀教材的研究，除加强理论基础外，以基本知识和热力学基本定律为主，贯穿于热力过程和热力循环。削减了繁琐的公式推导，优化了教材内容。同时吸收了美国教材灵活、注重实用的特点。另外，我们在每一章后还编写了具有一定趣味性的选读材料，目的是为了进一步提高学生的学习兴趣及拓宽学生的知识面，也使得教材内容更充实。

本书第一章及选读材料由战洪仁、寇丽萍撰写；第二章由寇丽萍、张先珍撰写；第三章由张先珍、王翠华、战洪仁撰写；第四章由王翠华、战洪仁、寇丽萍撰写；第五章由张先珍、王翠华撰写；附录由战洪仁、寇丽萍、张先珍、王翠华撰写。王立鹏、曾祥福、李雅侠参加了部分章节的编写及校对工作。全书由战洪仁统稿，金志浩教授主审。

由于作者水平所限，书中难免有不妥之处，敬请读者指正。

目　录

绪 论

基本要求：①了解热能利用的两种主要方式及其特点；②了解能量转换的工作过程；③掌握工程热力学研究对象及主要内容；④了解工程热力学分析问题的特点、方法和步骤。

热力学是研究热能与其他形式的能量之间相互转换规律的科学。工程热力学着重研究物质的热力学性质，热能和机械能之间相互转换的规律以及有效、合理地利用热能的途径，是热力学的工程分支，是在阐述热力学普遍原理的基础上，研究这些原理的技术应用的科学。本课程的任务是使学生掌握热力学基本定律和基本理论，熟悉工质的基本性质和实际热工装置的基本原理，学会对工程实际问题进行抽象、简化和以能量方程、熵方程等为基础的分析方法。掌握工程热力学的基本原理，必将为能源、动力、化工及环境工程等领域的进一步开发和应用节能技术奠定基础。

0.1 热能及其利用

自然界能源的开发和利用是人类走向繁荣的起点，而能源的开发和利用的程度是生产发展的一个重要标志。能源是指为人类生产与日常生活提供各种能量和动力的物质资源。自然界中以自然形态存在的可资利用的能源称为一次能源，如风能、水力能、太阳能、地热能、燃料化学能、核能等等。这些能源，有些可以以机械能的形式直接被利用，有些需经过加工转化后才能利用。由一次能源加工转化后的能源称为二次能源，其中主要是热能、机械能和电能。因此，能量的利用过程，实质是能量的传递和转换过程。各种能源及其转换和利用情况大致如图 0 - 1 所示。

由图 0 - 1 可见，热能是由一次能源转换成的最主要形式，而后再由热能转换成其他形式的能量而被利用。据统计，经热能这个环节而被利用的能量在世界上占 85% 以上。因此，

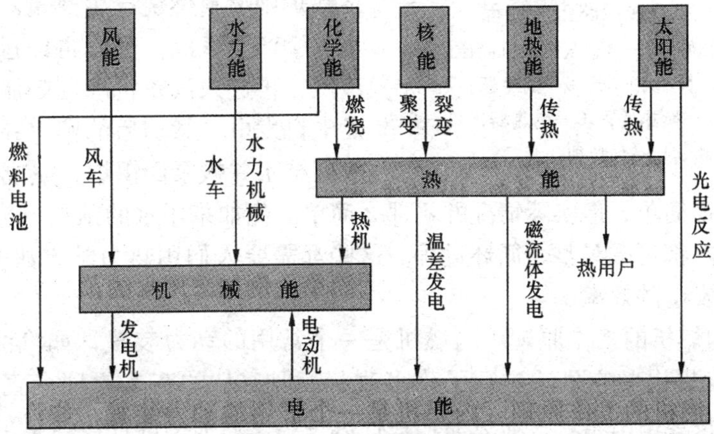

图 0 - 1 能量利用情况

热能的开发利用对于人类社会的发展有着重要的意义。

热能的利用通常有以下两种基本形式：其一，是热能的直接利用，即直接利用热能加热物体，诸如蒸煮、烘干、采暖和冶炼等；其二，是热能的间接利用(动力利用)，即通过各种热能动力装置将热能转化成机械能或电能而被利用，从而为工农业生产、交通运输以及人类日常生活等提供动力。通常我们将这种热能转化为动力的整套设备叫做**热能动力装置(热机)**。18 世纪中叶蒸汽轮机的出现，实现了热能与机械能的相互转换，为工业生产、科学技术和人们生活开辟了利用能源的新途径。然而，热能的利用率却较低，早期的蒸汽机的热效率只有1% ~2%，当代各种动力装置及热电厂的热效率也只有40%左右。因此，深入分析、研究并掌握热能与其他形式能的高效转换对人类社会的发展具有十分重要的意义。

0.2 热能转换装置的工作过程

热能的转换和利用，离不开各种热能转换装置，通过下文对各种热能转换装置的介绍，可以了解能量转换在工业生产中的实际应用。

0.2.1 化学能向热能转换的装置

图0-2是氨合成回路工艺流程，净化后的合成气体经压缩机压缩后引入合成塔；加温预热后，在触媒的作用下，氮气与氢气发生化学反应生成氨，并放出热量，出塔的氨气经冷凝后送入贮罐。在这个过程中，首先是压缩机输出机械功，并把它转化为气体的压力能(气体压力升高)；然后对合成反应放出的热量进行回收利用，实现化学能向热能的转变；氨的液化过程则又是通过冰机把机械能转化为低温热能的过程。

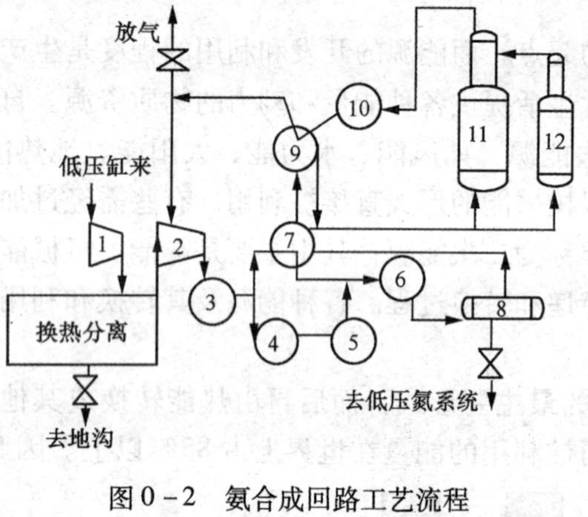

图0-2 氨合成回路工艺流程

1—合成气压缩机低压缸；2—合成气压缩机高压缸；3—水冷器；4—氨冷器；5—氨冷器；6—氨冷器；7—换热器；8—氨分离器；9—换热器；10—换热器；11—合成塔；12—加热炉

0.2.2 热能动力装置

图0-3所示是一个简单的蒸汽动力装置。在锅炉中燃料燃烧产生热量。热量使锅炉中的水沸腾产生蒸汽，蒸汽再经过过热器成为过热蒸汽，再进入汽轮机降压膨胀做功。该功驱动发电机发电，做功后的蒸汽在冷凝器中被冷凝成凝结水并被泵回锅炉，完成循环。

这个系统看似简单，但实际情况并不那么简单。例如采用水的预热、蒸汽回热、蒸汽再热以及空气的预热都可改善整个循环过程。这些都需要人们用热力学方法去加以分析改进，以提高蒸汽动力发电的效率。

图0-4是内燃机的工作原理。内燃机是一个常用的动力装置，如汽油发动机(汽车发动机)。在科技发展史中它虽然进行了许多改革，但遵从的基本原理一直未变。燃料被燃烧，产生的能量传递给活塞，再通过曲柄连杆机构、变速器等部件传递至车轮，就可驱动汽车。这里有许多问题与热力学有关，例如汽缸中的燃烧和燃烧火焰的能量等。热力学能分析

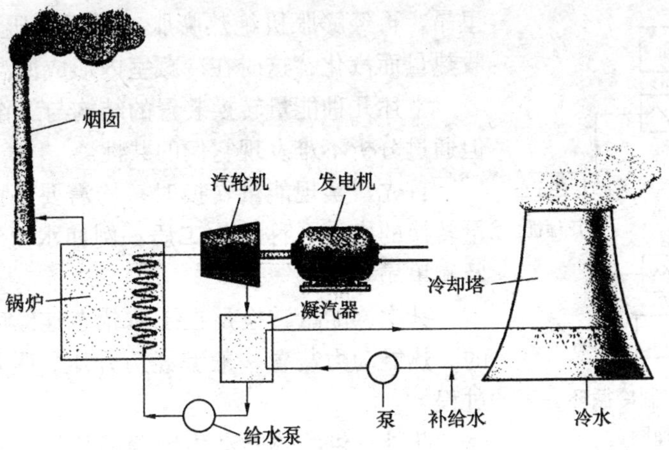

图0－3　常规电站系统示意图

预测可从发动机得到多少功，并通过实验了解发动机如何有效地工作。这些对于降低发动机排气污染，提高发动机效率是非常重要的。

燃气轮机也是一种动力源。在发电和船舶动力方面对燃气轮机装置的研发有较大的需求。其工作原理如图0－5所示。空气由压气机的入口进入压气机，经过压缩提高压力后进入燃烧室，与进入燃烧室的燃料混合燃烧，燃烧产生的燃气进入透平。高温、高压的燃气在透平里膨胀，将燃气的热能和压力能先转变成燃气高速运动的动能，随后再进一步转变成机械功。对燃气轮机的热力学分析类似于大多数动力装置，分析的目的就是为了更有效地将燃料的化学能转换成机械能。

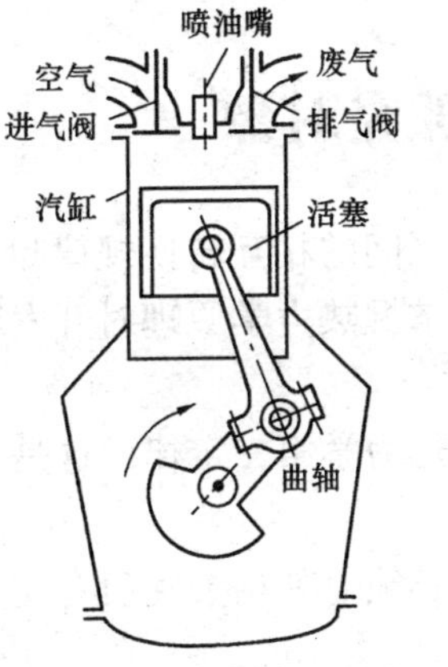

图0－4　内燃机的工作原理

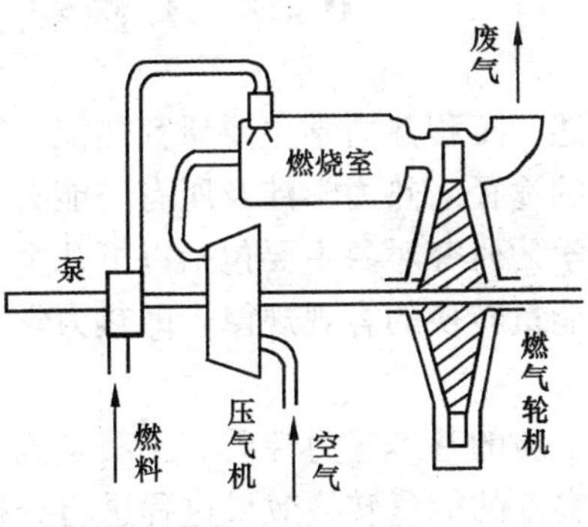

图0－5　燃气轮机工作原理示意图

0.2.3　制冷装置

以上讲的热能动力装置，其目的是将热能转换成机械能。下面举例说明消耗机械能实现热能由低温物体向高温物体转移的装置，这类装置通常被称为制冷装置或热泵，如压缩制冷设备。

图0－6是以氟里昂蒸气压缩制冷装置为例说明其工作原理。当低温低压的氟里昂蒸气从蒸发器被吸入压缩机后，经压缩变为高温高压的过热蒸气，送至冷凝器冷凝为高压液态氟

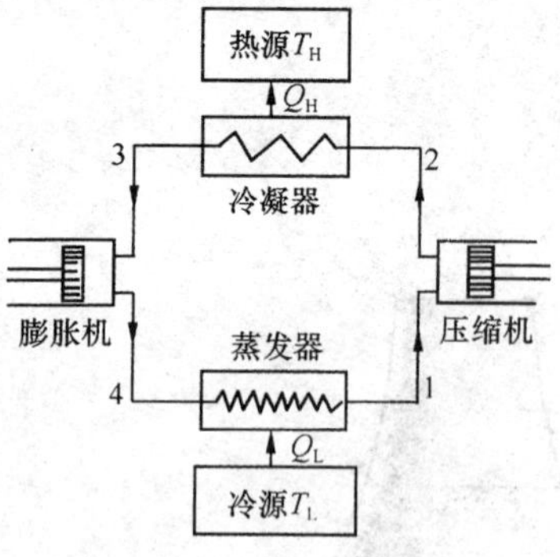

图0-6　蒸气制冷循环工作原理图

里昂，再经膨胀机绝热膨胀，降温降压后送回蒸发器，吸收热量而汽化，这时在冷藏室内形成低温制冷的条件。

上述几种能量转换装置的结构与工作方式虽各不相同，但通过分析不难发现它们的共性。

首先，实现能量转换时，均需要某些物质作为实现能量转换的媒介，称之为**工质**。例如水蒸气、空气、燃气以及氟里昂等等。

其次，能量转换是在工质状态连续变化的情况下实现的。热能动力装置一般都经历升压、吸热、膨胀和放热等过程。

此外，供给热能动力装置的热能，只有一部分转变为机械能，其余的部分排给大气或冷却水。

以上是通过初步的观察和分析得到的寓于各装置个性中的共性。通过上述分析，不禁会提出一些值得研究的问题，例如：

①为了获得一定数量的机械功是否必须投入热量？反之，为了使热量能从低温物体传给高温物体，是否一定要消耗功或热等作为代价？

②为什么在各动力装置中既要吸热又要放热？这是不是热功转换的必要条件？为什么都要先升压，再吸热，能否先吸热，再升压？

③不同的工质对热功转换的程度是否有影响？

④影响能量转换效果的因素有哪些？如何提高其转换效果？

所有这些，正是工程热力学这门课程中所要讨论的问题。

0.3　工程热力学的研究对象

由上所述，工程热力学主要研究热能和其他形式能之间的相互转换规律和方法，以及提高转化效率的途径。热力学涉及所有与能有关的问题，掌握热力学原理对开发利用能源十分重要。热力学的研究对象主要包括以下几个方面：

①研究能量转换的客观规律，即热力学第一定律与热力学第二定律。这是分析问题的依据和基础。

②研究工质的基本热力性质。工质是能量的载体，必须对其相关性质有充分了解，才能对利用工质实施的能量转换效果过程进行分析研究。

③研究各种热工设备中的工作过程。即应用热力学基本定律及工质的性质，对常见的热能动力设备和制冷装置的工作过程和循环进行具体的分析，探讨影响能量转换效果的因素及提高转换效果的途径。

随着科技进步与生产发展，工程热力学的研究与应用范围已不局限于只是作为建立热机（或制冷机）理论的基础，已经扩展到许多工程领域中，如高能激光、热泵、空气分离、空气调节、海水淡化、化学精炼、生物工程等等，都需要应用工程热力学的基础理论和基本知识。因此，工程热力学已成为许多有关专业所必修的一门技术基础课。

0.4 热力学的研究方法

原则上，热力学有两种不同的研究方法，即宏观研究方法(经典热力学)和微观研究方法(统计热力学)。宏观研究方法是把组成物质的大量粒子作为一个整体，用宏观物理量描述物质的状态及物质间的相互作用，也称为**经典热力学**。热力学基本定律就是通过对大量宏观现象的直接观察与实验总结出来的普遍适用的规律。热力学的一切结论也是从热力学的基本定律出发，通过严密的逻辑推理而得到的，因而这些结论也具有高度的普遍性和可靠性。这些结论为工业实践提出了努力方向。

当然，在处理实际问题时，必须采用抽象、概括、简化及理想化等方法，抽出问题的共性及主要矛盾，而略去细节及次要矛盾。例如将高温气体视为理想气体，将高温烟气及大气环境视为恒温热源，既可使计算大为简化而又可保证工程上必要的准确性；在分析各种循环时，把实际上都是不可逆的过程理想化为可逆过程，突出问题的本质，而后再按实际中的不可逆程度予以校正，同时也提出了实际过程中需改进的关键及目标。究竟哪些分析与计算可采用简化与抽象，简化到什么程度，需依所涉及问题的具体情况而定。

热力学的宏观研究方法，由于不涉及物质的微观结构和微粒的运动规律，所以建立起来的热力学理论不能解释现象的本质及其发生的内部原因。另外，宏观热力学给出的结果都是必要条件，而非充分条件。例如，由氢和氮合成氨时，按宏观热力学，在低温下有最大的平衡产量。但在低温下，反应速率极慢，工业中无法实现，而必须在较小平衡产量的高温下进行。当然，这个热力学结果为人们寻求使反应在低温下进行的催化剂指出了方向。宏观热力学中的可逆过程功也只是给出了一个功的极限值，不能给出做功的速率。

热力学的**微观研究方法**认为大量粒子群的运动服从统计法则和或然率法则。这种方法的热力学称为**统计热力学或分子热力学**。它从物质的微观结构出发，从根本上观察和分析问题，预测和解释热现象的本质及其内在原因。因而微观研究方法正好弥补宏观研究方法的不足。

热力学的微观研究方法对物质结构必须采用一些假设模型，这些假设的模型只是物质实际结构的近似描写，因此其很多结论与实际还相差较大，这是统计热力学的局限性。

目前，在大多数工程领域，实际应用的仍是经典热力学。因此，本书主要介绍经典热力学，仅在个别场合辅以必要的统计解释。

了解了热力学的研究方法，也就相应地确定了本课程的学习方法。学习经典热力学应注意以下几方面：

① 本课程的主线是研究热能与机械能之间相互转换的规律、方法以及提高转化效率和热能利用经济性的途径，各基本概念、理论、方法都是为这条主线服务的。学习时必须时刻抓住这条主线。

② 注意掌握应用基本概念和基本理论分析处理实际问题的基本方法，学会利用“抽象”和“简化”实际问题的方法。

③ 提高工程意识。处理工程实际问题的方法是多种多样的，其答案也只有更好，没有最佳。学习本课程，在基本概念扎实的基础上，要开动脑筋，从不同角度出发去处理各个具体问题。

④ 注意弄清各参量的物理意义，不要被眼花缭乱的公式所吓倒。依靠套用数学公式的方法来处理热力学问题难免会出错的。

0.5 法定计量单位简介

“中华人民共和国法定计量单位”(简称法定单位)已由国务院于1984年2月27日颁布执行。它是以国际单位制为基础，同时选用了一些非国际单位制的单位构成的。

0.5.1 国际单位制的构成

国际单位制(Le Svstème International d'Unitès)简称SI，其构成如下：

- 国际单位制(SI)
  - SI单位
    - SI基本单位
    - SI导出单位
      - 包括SI辅助单位在内的具有专门名称的SI导出单位
      - 组合形式的SI导出单位
  - SI单位的倍数单位

下面根据本课程的内容和需要，将以上有关内容摘要介绍如下：

(1)SI基本单位

基本单位共七个，如表0-1所列：

表0-1 SI基本单位

量的名称	单位名称	单位符号	量的名称	单位名称	单位符号
长度	米	m	热力学温度	开[尔文]	K
质量	千克(公斤)	kg	物质的量	摩[尔]	mol
时间	秒	s	发光强度	坎[德拉]	cd
电流	安培	A			

(2)SI导出单位

导出单位是用基本单位以代数形式表示的单位。这种单位符号中的乘和除采用数学符号。例如速度的SI单位为米每秒(m/s)。属于这种形式的单位称为组合单位。表0-2列出了与本书有关的一些主要导出单位。

表0-2 SI导出单位示例

量的名称	SI导出单位		
	名称	符号	用SI基本单位和SI导出单位表示
力	牛[顿]	N	$1N=1kg\cdot m\cdot s^{-2}$
压力，压强，应力	帕[斯卡]	Pa	$1Pa=1N\cdot m^{-2}$
能[量]，功，热量	焦[耳]	J	$1J=1N\cdot m$
功率，辐射[能]通量	瓦[特]	W	$1W=1J\cdot s^{-1}$
表面张力	牛[顿]每米	N/m	$1N/m=1kg\cdot s^{-2}$
热流密度	瓦[特]每平方米	W/m^2	$1W/m^2=1kg\cdot s^{-2}$
热容，熵	焦[耳]每开[尔文]	J/K	$1J/K=1m^2\cdot kg\cdot s^{-2}\cdot K^{-1}$
比热容，比熵	焦[耳]每千克开[尔文]	J/(kg·K)	$1J/(kg\cdot K)=1m\cdot s^{-2}\cdot K^{-1}$
比能[量]，比焓	焦[耳]每千克	J/kg	$1J/kg=1m^2\cdot s^{-2}$
摩尔容积	立方米每摩[尔]	m^3/mol	
摩尔热力学能，摩尔焓	焦[耳]每摩[尔]	J/mol	$1J/mol=1m^2\cdot kg\cdot s^{-2}\cdot mol^{-1}$
摩尔热容，摩尔熵	焦[耳]每摩[尔]开[尔文]	J/(mol·K)	$1J/(mol\cdot K)=1m^2\cdot kg\cdot s^{-2}\cdot K^{-1}\cdot mol^{-1}$

(3) SI 单位的倍数单位

表 0－3 给出了常用 SI 词头的名称、简称及符号(词头的简称为词头的中文符号)。词头用于构成倍数单位(十进倍数单位与分数单位)，但不得单独使用。

表 0－3　常用 SI 词头

因　数	词头名称		符　号
	英　文	中　文	
10^9	glga	吉[咖]	G
10^6	mega	兆	M
10^3	kilo	千	k
10^2	hecto	百	h
10^1	deca	十	da
10^{-1}	deci	分	d
10^{-2}	centi	厘	c
10^{-3}	milli	毫	m
10^{-6}	micro	微	μ
10^{-9}	nano	纳[诺]	n
10^{-12}	pico	皮[可]	p

0.5.2　国家选定的非国际单位制单位

表 0－4 列出了国家选定的可与国际单位制单位并用的我国法定计量单位。

表 0－4　国家选定的非国际单位制单位

量 的 名 称	单位名称	单位符号	与 SI 单位的关系
时间	分	min	1min＝60s
	[小]时	h	1h＝60min＝3600s
	日(天)	d	1d＝24h＝86400s
[平面]角	度	°	$1° = (\pi/180)$ rad
	[角]分	′	$1' = (1/60)° = (\pi/10800)$ rad
	[角]秒	″	$1'' = (1/60)' = (\pi/648000)$ rad
旋转速度	转每分	r/min	$1\text{r/min} = (1/60)\text{s}^{-1}$

0.5.3　国际单位制单位与其他单位制单位的换算

表 0－5 列出了国际单位制单位与本书有关的主要物理量单位间的换算关系。

表 0－5　主要单位换算表

		MPa (兆帕)	at (工程大气压)	lbf/in^2 (磅力/英寸^2)
压　力	1MPa＝	1	10.1972	145.038
	1at＝	0.0980665	1	14.2233
	$1lbf/in^2$＝	0.0068947	0.070307	1

续表

比体积		m^3/kg（米^3/千克）	ft^3/lb（英尺^3/磅）	
	$1m^3/kg=$	1	16.0185	
	$1ft^3/lb=$	0.062428	1	
比　焓		kJ/kg（千焦/千克）	kcal/kg（千卡/千克）	Btu/lb（英热单位/磅）
	1kJ/kg =	1	0.238846	0.429923
	1cal/kg =	4.1868	1	1.80
	1Btu/lb =	2.326	0.555556	1
比　熵		kJ/(kg·K)［千焦/(千克·开)］	kcal/(kg·K)［千卡/(千克·开)］	Btu/(lb·°R)［英热单位/(磅·度)］
	1kJ/(kg·K) =	1	0.238846	0.238846
	1kcal/(kg·K) =	4.1868	1	1
	1Btu/(lb·°R) =	4.1868	1	1
比热容		kJ/(kg·K)［千焦/(千克·开)］	kcal/(kg·K)［千卡/(千克·开)］	Btu/(lb·°R)［英热单位/(磅·度)］
	1kJ/(kg·K) =	1	0.238846	0.238846
	1kcal/(kg·K) =	4.1868	1	1
	1Btu/(lb·°R) =	4.1868	1	1
能　量		kJ（千焦）	kcal（千卡）	Btu（英热单位）
	1kJ =	1	0.2388	0.9478
	1kcal =	4.1868	1	3.9682
	1Btu =	1.0550	0.2520	1
功　率		kW（千瓦）	马　力	Btu/h（英热单位/时）
	1kW =	1	1.3596	3.4121×10^3
	1 马力 =	0.73549	1	2.5096×10^3
	1Btu/h =	2.93071×10^{-4}	3.98467×10^{-4}	1

本 章 小 结

（1）热能利用的两种主要方式及其特点

热能的利用通常有以下两种基本形式：热能的直接利用、热能的间接利用。

直接利用的特点：即直接利用热能加热物体，诸如蒸煮、烘干、采暖、冶炼等。

间接利用的特点：即通过各种热能动力装置将热能转化成机械能或电能而被利用，从而为工农业生产、交通运输、人类日常生活等提供动力。

（2）能量转换的工作过程

热能动力装置(热机)：通常我们将这种热能转化为动力的整套设备叫做热能动力装置(热机)。无论是内燃机还是蒸汽动力装置，都是工作工质经过压缩、吸热、膨胀、放热四个过程，周而复始，不断循环，连续不断地将热量转换为机械能。

制冷装置：消耗机械能实现热能由低温物体向高温物体转移的装置，这类装置通常被称为制冷装置或热泵。其工作过程正好与热能动力装置的工作过程相反，即工作工质经过压缩、放热、膨胀、吸热四个过程。循环结果是：不断消耗外部机械功，将热能由冷藏室中的低温物体转移到高温物体，同时将消耗的机械能转变为热能一起输送给高温物体。

（3）工程热力学研究对象

工程热力学主要研究热能和其他形式能间的相互转换规律和方法，以及提高转化效率的途径。主要包括以下几个方面：

① 研究能量转换的客观规律，即热力学第一定律与热力学第二定律。这是分析问题的依据和基础。

② 研究工质的基本热力性质。工质是能量的载体，必须对其相关性质有充分了解，才能对利用工质实施的能量转换效果过程进行分析研究。

③ 研究各种热工设备中的工作过程。即应用热力学基本定律及工质的性质，对常见的热能动力设备和制冷装置的工作过程和循环进行具体的分析，探讨影响能量转换效果的因素及提高转换效果的途径。

（4）热力学的研究方法

热力学有两种不同的研究方法，即宏观研究方法和微观研究方法。

经典热力学采用宏观研究方法，把组成物质的大量粒子作为一个整体，用宏观物理量描述物质的状态及物质间的相互作用。通过对大量宏观现象的直接观察与实验总结出来的普遍适用的规律。热力学的一切结论也是从热力学的基本定律出发，通过严密的逻辑推理而得到的，因而这些结论也具有高度的普遍性和可靠性。但由于不涉及物质的微观结构和微粒的运动规律，所以建立起来的热力学理论不能解释现象的本质及其发生的内部原因。

热力学的微观研究方法，认为大量粒子群的运动服从统计法则和或然率法则。这种方法的热力学称为统计热力学或分子热力学。它从物质的微观结构出发，从根本上观察和分析问题，预测和解释热现象的本质及其内在原因。

选读材料：热力学发展简史

人类的生产实践和探索未知事物的欲望是科学技术发展的动力。热现象是人类最广泛接触到的自然现象之一。

詹姆斯·瓦特（JamesWatt，1736 年 1 月 19 日～1819 年 8 月 25 日）。瓦特出生于英国的格林诺克，由于家境贫穷没机会上学，先是到一家钟表店当学徒，后又到格拉斯哥大学去当仪器修理工。瓦特聪明好学，他常抽空旁听教授们讲课，再加上他整日亲手摆弄那些仪器，学识也就积累得不浅了。

1763～1784 年间，瓦特对原始的蒸汽机作了重大改进。

瓦特的蒸汽机装上曲轴、飞轮，活塞可以靠从两边进来的蒸汽连续推动，而不需要用人力去调节活门，这样世界上第一台真正的蒸汽机诞生了。工作原理如图 0－7 所示。

18 世纪从英国发起的技术革命是技术发展史上的一次巨大革命，它开创了以机器代替手工工具的时代。这场革命是以工作机的诞生开始的，以蒸汽机作为动力机被广泛使用为标志的。在第一次工业革命中，蒸汽机的发明、改进和应用，极大地推动了社会的发展。同时，蒸汽机的使用引起人们对热现象的广泛兴趣，推动了人们对热学、热力学和能量转化方

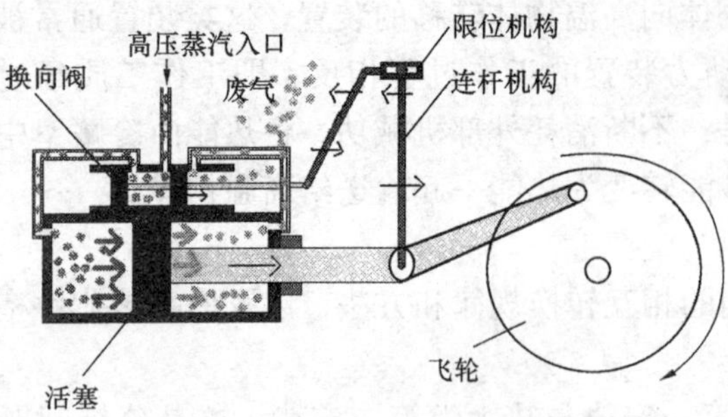

图0－7　蒸汽机工作原理

面的基础理论的研究。

1789～1790：热的运动学说（热质说与热动说）。

虽然人们在生活实践中经常接触到热现象，但是关于热的本质，人们还没有一个正确的认识。

18世纪，布莱克对热的本质进行过探讨。他认为"热"和物体燃烧时的"燃素"一样，是一种由特殊的"热粒子"组成的"热流体"。这种"热粒子"后来被称为"热素"或"热质"。这就是关于热的本质的"热质说"。它认为热本身是一种没有质量、没有体积、具有广泛渗透性的物质。热从一种物体渗透到另一种物体中去，在热交换之前和之后，热质量是守恒的。

"热质说"是18世纪占统治地位的观点。然而，"热质说"是一个错误的理论，但它力图从自然本身去说明自然，并且成功地解释了许多热现象，因此在理解热的本质方面一直占据统治地位。

关于热的本质的另一种解释，认为热是一种运动，即热是看不见的物质分子的运动或是其他粒子的运动。18世纪前的培根和笛卡尔都持这种观点。18世纪40年代，俄国的罗蒙诺索夫也认为热是分子的转动引起的。但这些都是极个别人的观点，没有引起重视。直到18世纪末，才有一些人开始对热质说表示怀疑。从美国移居到法国的汤普森，即后来的朗福尔德伯爵是最早从物理学角度论证热与运动相联系的人。

1840～1851：热力学第一定律卡诺的热机理论，实际上已包括了后来总结的热力学第二定律（热只能在从高温热源转向低温热源的过程中做功）。

卡诺揭示了热能和机械能之间的转化，并且说明能量既不能产生，也不能消灭，已接近发现能量守恒和转化定律。同一时期，磁能、电能、化学能等更多的能量之间的转化得到了进一步研究，到40年代初，能量守恒和转化定律被不同学科的人几乎同时发现了。在16、17世纪，伽利略和牛顿等科学家，通过确定速度、加速度和力之间的关系，对动能和势能的原理有所认识。他们认识到，当物体下降时速度加快，动能就增加了；同时，高度降低，势能就减少了。如果把物体抛向空中，随着动能的减少，势能就相应增加。因此，在运动过程中，两种能量的总和总是一个恒量。这就是机械能恒定律。到18世纪，人们进一步认识到热、光、声等也具有能量，能量可以从一种形式转化为另一种形式。

1841年，德国医生迈尔对其在航行期间的发现进行研究，并且做了一些实验，写成论文《论力的量和质的量的测定》。在这篇论文里，他提出了热是运动的观点，说明了热是由运动转化来的，阐述了能量守恒和转化方面的见解。他把论文投给德国的权威刊物《物理学和化学年鉴》。由于热质说统治着人们的头脑，权威们都相信热是物质而不是运动，因此不承认迈尔的见解，便以缺乏实验依据为由，拒绝发表。

迈尔开始进行试验并对试验进行测定。1842年，他初步计算出热功当量为1卡等于365

克米，相当于3.58焦耳，接近于现代精确的热功当量值4.184焦耳。

1842年，迈尔把自己的研究成果写成论文《论无机界的力》，终于在德国的《化学与药物杂志》上发表。迈尔是科学史上第一个发表能量守恒和转化定律的人。与此同时英国的焦耳正在进行同样的工作。焦耳是第一个在广泛的科学实验的基础上发现和证明能量守恒和转化定律的人。

迈尔发现能量守恒和转化定律，主要是用观察和思辨的方法，而焦耳主要用的是实验的方法。

1840年，焦耳多次测量了电流的热效应，得出了著名的焦耳定律。

1842年，德国物理学家楞次也独立地发现了这一定律，故称焦耳-楞次定律。

焦耳把自己的实验成果写成论文《论伏打电池所产生的热》，提出热是能的一种形式，电能可以转化为热能。

1843年8月，焦耳在皇家学会于柯克举行的学术会议上宣读了他的论文《论磁电的热量效应和热的机械值》。他介绍了自己的实验，公布了热功当量值，明确论述了能量守恒和转化问题。他的报告的结论是：自然界的力量是不能毁灭的，哪里消耗了机械力，总能得到相当的热。

焦耳多次反复地做实验，1847年，焦耳做了迄今为止被认为是最好的实验，就是在重物的作用下使转动着的桨和水摩擦而产生热。他还用鲸鱼油代替水进行实验。这时测得的热功当量为1卡等于427.4克米。现在公认的热功当量为1卡等于427克米。可见，焦耳实验所达到的精确程度是罕见的。

1849年，由大名鼎鼎的电学家法拉第的力荐，皇家学会发表了焦耳的论文《论热的机械当量》。这样，从1840年起，焦耳用机械功生热、电流生热、压缩气体生热等不同的做功方法，进行了40多次实验，并以他各种实验结果的精确一致性，为能量守恒和转化定律建立了无可辩驳的坚实的实验基础和理论基础。

1853年，汤姆生在焦耳的协助下，对能量守恒和转化定律作了完整的表述：从量的方面说，宇宙间物质运动的能量的变化，是按照一定的数量关系有规律地进行的，一种运动形式的能量变化了，必然产生另一种运动形式的能量，而且两者在转化前后的总和不变。从质的方面说，一切物质的运动形式可以相互转化，物质运动既不能被创造，也不能被消灭。

19世纪50年代，能量守恒和转化定律逐渐得到科学界的普遍承认。能量守恒和转化定律是自然界最基本的规律，深刻地反映了世界的物质和物质运动的统一性。

1850~1851：克劳修斯和汤姆逊及开尔文先后独立地从热量传递和热转变成功的角度提出了热力学第二定律，指明了热过程的方向性。

卡诺在研究过程中已经接近发现了热力学第一定律和热力学第二定律，但他受热质说的影响，不能把它们表述出来。

1850年，德国物理学家克劳休斯在研究卡诺理论的基础上，提出“一个自行动作的机器，不可能把热从低温物体传到高温物体中去”。这就是热力学第二定律的“克劳休斯表述。

1851 年，英国物理学家威廉·汤姆生，即开尔文勋爵也独立地从卡诺的工作中发现了热力学第二定律。汤姆生提出了一条新的普通原理：不可从单一热源吸取热量，使之完全变成有用的功而不产生其他影响。这就是热力学第二定律的开尔文表述。

开尔文表述揭示了热运动的自然过程是不可逆的，制造第二种永动机也是不可能的。

1853 年，汤姆生对能量守恒和转化定律做了完整的表述。汤姆生还把热力学第一定律和热力学第二定律具体应用到热学、电学和弹性现象等方面，对热力学的发展起了很大作用。

1880～1895：内燃机和气轮机出现，第二次工业革命。

通过对热机的研究，人们总结出了热力学第一定律和第二定律，它说明了热运动的一般规律。

通过对热力学和热学的研究，提高了蒸汽机的效率，但是蒸汽机本身有难以克服的缺点。因此有人开始研究把外燃改为内燃，也就是不用蒸汽做工作介质，利用燃烧后的烟气直接推动活塞运动，把锅炉和汽缸合并起来，这就是内燃机。

1794 年，英国工程师斯垂特在研究瓦特蒸汽机的基础上，制造了一台笨拙的内燃机，需要用人力把空气压入汽缸，然后喷入液体燃料、松节油或板油，再点火。

1799 年，法国工程师蓝蓬提出了以煤气作为燃料，用电火花来点火的内燃机设计方案。其后，英国工程师赖特设计爆发式内燃机，意大利工程师巴尔桑第研制自由活塞式内燃机，等等。

1860 年，法国工程师雷诺终于制成第一台实用的爆发式内燃机。这是一台单缸双动发动机，以煤气为燃料，活塞在它的前半冲程吸入煤气和空气的混合气，接着用电火花点燃，于是膨胀气体推动活塞完成后半个冲程。汽缸的另半部进行同样的过程，将活塞推回。这台内燃机的热效率只有 4%，电火花点火也不可靠，但它第一次成为带动其他机构的动力机。欧美报刊纷纷介绍，促进了内燃机的发展步伐。雷诺内燃机的使用，使人们开始探索内燃机理论。卡诺在研究热力学时曾涉及内燃机的基本原理，提出了压缩点火的可能性。

1912 年：热力学第三定律表明绝对零度不能达到的原理，热力学第三定律的建立使经典热力学理论更趋完善。

1906 年，德国物理化学家能斯特（Walther Hermann Nernst，1864～1941）根据对低温现象的研究，得出了热力学第三定律，人们称之为“能斯特热定理”，有效地解决了计算平衡常数问题和许多工业生产难题，因此获得了 1920 年诺贝尔化学奖。主要著作有：《新热定律的理论与实验基础》等。

德国物理学家普朗克（Max Karl Ernst Ludwig Planck，1858～1947）是量子物理学的开创者和奠基人，他早期的研究领域主要是热力学，他的博士论文就是《论热力学的第二定律》。他在能斯特研究的基础上，利用统计理论指出：各种物质的完美晶体在绝对零度时熵为零。1911 年普朗克也提出了对热力学第三定律的表述，即“与任何等温可逆过程相联系的熵变，随着温度的趋近于零而趋近于零”。

第1章 基 本 概 念

基本要求：①掌握热力系统基本概念与分类；②掌握状态参数的特点及基本状态参数的定义和单位；③掌握准静态过程和可逆过程的基本概念；④掌握状态公理；⑤熟悉热力循环及其工作系数。

1.1 热 力 系 统

1.1.1 热力系统

在任何工程分析中，正确描述被研究对象是重要的一步，分析热现象时也不例外。通常，人为地由一个或几个几何面围成一定的空间，把该空间内的物质作为研究对象，然后研究它与其他物体的相互作用。这种作为研究对象的某指定范围内的物质称为**热力系统**，简称**系统**或**体系**。系统之外的物质称为**外界**。系统与外界之间的分界面称为**边界**或**控制面**。边界可以是具体存在的，也可以是假想的；可以是固定的，也可以是运动着的；也可以是这几种边界面的组合。

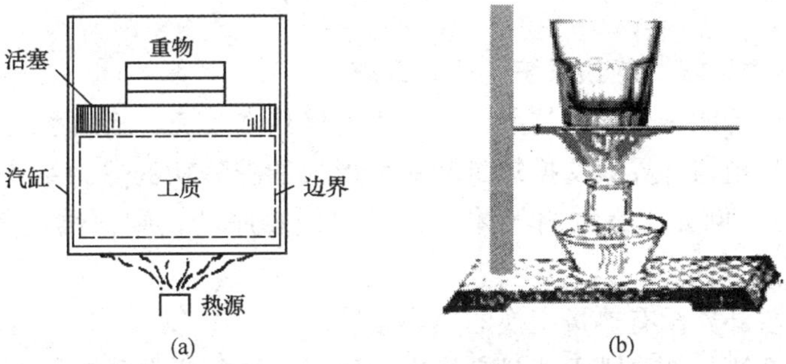

图 1－1　热力系统边界的划分

如图 1－1(a)所示，在讨论汽缸里的气体时，如果假定边界位于汽缸的外部，则系统就包括汽缸以及汽缸里的气体；如果假定边界为汽缸的内壁，则系统只由气体本身组成。又如图1－1(b)所示，以酒精灯加热一杯水，若取水作为系统，则作为界面的杯面是真实的、固定的，而水与空气的边界是移动的；若取部分水作为系统，则水与水的边界就是假想的。

1.1.2 封闭系统和敞开系统

系统与外界通过边界交换能量或质量。按系统与外界之间是否存在质量交换，系统可分为封闭系统和敞开系统，如图 1－1 所示。**封闭系统**（又称**闭口系统**，简称**闭系**）是指与外界仅有能量交换而无质量交换的热力系统。但值得注意的是，质量恒定的系统不一定都是闭口系统，如图 1－2 所示，进入暖气和离开暖气的热水的质量流量相同时，即 $q_{m(in)} = q_{m(out)}$，系统内的质量也将不变，但这一系统显然不是封闭系统，而是敞开系统。因系统内质量不变，所以，有时也把闭系称为**控制质量系统**。

敞开系统(又称**开口系统**，简称**开系**)是指与外界既有能量交换又有质量交换的热力系统。通常，敞开系统是一个相对固定的空间，故敞开系统有时也称为**控制容积系统**。如果敞开系统内工质的质量与参数随时间变化，则称此系统为**不稳定流动敞开系统**，设备的启动、停机过程都属于这种情况。如果敞开系统内工质的质量与参数均不随时间变化，则称此系统为**稳定流动敞开系统**。

应该指出，封闭系统与敞开系统可以相互转化。如图 1－3 所示，取汽缸内的气体为系统，则系统可以吸热，可以推动活塞做功，只要关闭进、出口阀门，即没有气体进入或流出系统，该系统就是闭系。而如果打开进、出口阀，取 1—1 截面与 2—2 截面之间的气体作为系统，则气体不断地从 1—1 截面流入系统，推动活塞做功后，又不断地从 2—2 截面流出系统，即系统与外界有质量交换，也有能量交换，故该系统是敞开系统。

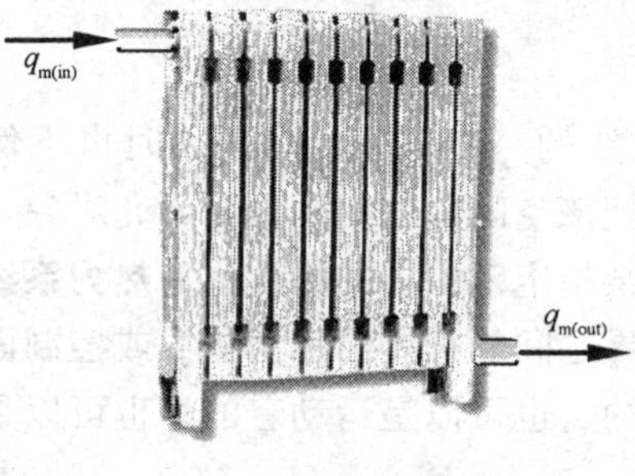

图 1－2　敞开系统

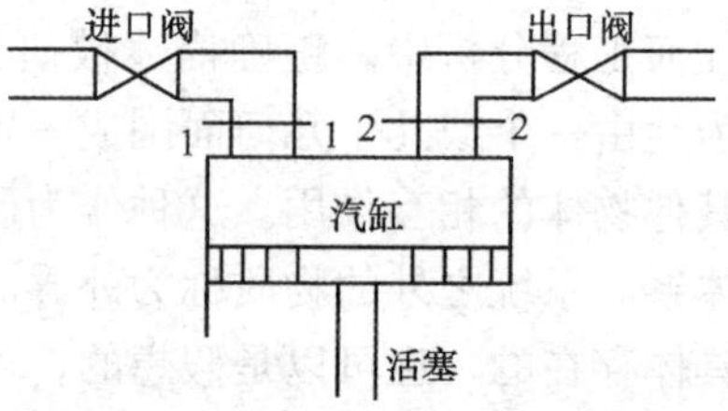

图 1－3　闭系与开系的相互转化

1.1.3　简单热力系统　绝热系统　孤立系统

按系统与外界进行能量交换的情况，可分为简单热力系统、绝热系统和孤立系统。

简单热力系统是指与外界只交换热量和一种形式的准静功的热力系统(准静功的概念将在 1.5.1 节中讨论)。例如，汽缸内气体吸热且只做膨胀功，则汽缸内气体即为简单热力系统。

绝热系统是指与外界没有热量交换的热力系统。

孤立系统是指系统与外界既无能量交换也无质量交换的热力系统。

可见，孤立系统一定是封闭系统，也一定是绝热系统，但反之则不成立。

值得指出，严格的绝热系统和孤立系统是不存在的。然而，如果某些实际热力系统与外界的传热量，与以其他形式交换的能量相比，可以忽略不计，则该系统可视为绝热系统。同样，若系统与外界在各方面的作用都很微弱，则可视为孤立系统。通常，把非孤立系统与相关的外界合在一起取为孤立系统。这样的系统是从实际中概括出来的抽象概念，从而使某些研究得到简化。

随着研究者所关心的问题不同，系统的选取可不同，系统所包含的内容也可不同，以方便解决问题为原则。系统选取的方法对研究问题的结果并无影响，只是解决问题时的繁杂程度不同。例如对于蒸汽动力发电系统如图 1－4 所示，根据研究问题的内容不同，我们可以选取不同的设备作为研究对象。如果以汽轮机为研究对象，系统可以看作是和外界只有功的交换，而没有能量交换；如果以冷凝器作为研究对象，系统和外界只有能量的交换，而没有功交换；也可以将汽轮机和冷凝器同时作为研究对象，那么这个系统和外界既有能量功的交换，也有功交换；如果以整套设备及所涉及的环境作为研究对象，则系统即无质量交换，也无能量交换，即这时的研究对象为孤立系统。

1.1.4 单组分系统与多组分系统 均匀系统与非均匀系统

按系统内工质状况可有以下几种系统：

单组分系统：如果热力系统内的工质由单一组分的物质组成，则该系统称为单组分系统。

多组分系统：如果热力系统内的工质由多种不同组分的物质组成，则该系统称为多组分系统。

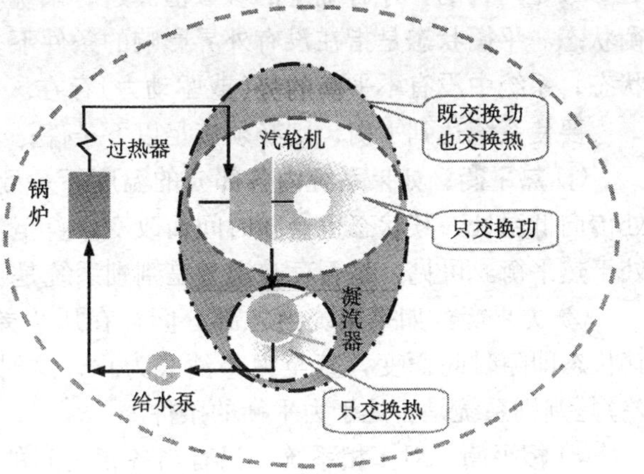

图1-4 热力系统的选取

均匀系统：如果热力系统内部各部分化学成分和物理性质都均匀一致，则该系统称为均匀系统。

单相系统：如果热力系统由单相物质所组成，则该系统称为单相系统。

多相系统：如果热力系统由两个以上的相所组成，则该系统称为多相系统。

可见，均匀系统一定是单相系统，反之则不然。

可压缩系统：如果系统的工质是由可压缩流体组成，则该系统称为可压缩系统。

简单可压缩系统：是指系统与外界只交换热量和一种形式的准静功（膨胀功和压缩功）的可压缩系统。

工程热力学中所研究的系统大部分都是简单可压缩系统。

1.1.5 热源

在热力学中还会遇到一些特殊的系统，例如某种具有无限大热容量的系统，它对外放出或吸入有限的热量时其自身的温度维持不变，这种系统称为**热源**或**热库**。有时，将从它取热的热库称为**热源**，向它放热的热库称为**冷源**。

1.2 系统的描述及其性质

1.2.1 热力系统的状态 平衡状态及状态参数

热力设备中，热能向机械能的转变，一定是通过工质（气体）的吸热、膨胀、放热等过程实现的。在这些过程中，工质的物理特性随时在起着变化，也就是说，工质的宏观物理状况随时在变化。我们把热力系统在某一瞬间所呈现的宏观物理状况称为系统的**状态**。用以描述系统所处状态的宏观物理量称为**状态参数**。

状态参数分为基本状态参数和导出状态参数。**基本状态参数**是指可以直接测量的状态参数，如压力、温度和比体积。**导出状态参数**是指由基本状态参数间接算得的状态参数，如热力学能、焓、熵等。知道这些参数之后，就能确定物质的状态。

热力系可呈现各种不同的状态，其中具有特别重要意义的是平衡状态，只要当系统内各处参数是均匀的，才有确定的参数值。这时系统就该参数来说是平衡的。热力学处理的是平衡状态。**平衡状态**是指在没有外界影响的条件下，系统的宏观状态不随时间而改变。在平衡状态，系统中没有不平衡的势（或驱动力）存在。当平衡系统孤立于外界时，就不经历变化。

要使系统达到平衡，则必须满足以下条件：

① **热平衡**：如果系统内各部分的温度不一致，则在温差的推动下，热量自发地从高温处传向低温处，其状态也会随时间而改变，直至各部分间温差消失、传热停止。这时称系统处于热平衡。可见，是否存在温差是判别系统是否处于热平衡的条件。

② **力平衡**：如果系统内各部分间存在压力差或力差，则各部分之间必发生相对位移，其状态即随时间而变，直至力差消失为止，这时系统处于力平衡状态。可见，力差（压力差）是判别系统是否处于力平衡的条件。

③ **相平衡**：对多相系统，只有当各相之间的物质交换在宏观上停止时，系统处于相平衡。各相间化学位相等是宏观相平衡的充要条件。

④ **化学平衡**：对存在有化学反应的系统而言，只有当化学反应宏观上停止，即反应物与生成物的组分不再随时间而变化时，系统处于化学平衡。反应物与生成物化学位相等是实现化学平衡的充要条件。

此外，若系统受到外界影响，如系统与外界因存在温差而传热、因存在力差而交换功等，都会破坏系统原来的平衡状态。两者相互作用的结果，必然导致系统与外界共同达到一个新的平衡状态。此时，系统与外界间也处于相互平衡中。总之，只有当系统内部以及系统与外界之间都不存在不平衡势差时，系统才处于平衡状态。因而，不存在不平衡势差是平衡状态的本质。判断系统是否处于平衡状态，要从本质上加以分析。

另外，值得注意，平衡状态是死态，没有能量交换。若是系统之间，或系统与外界进行能量交换，就必须打破这一平衡态，那么如何来描述这一过程呢？我们将用 1.5 节中准平衡过程和可逆过程来描述这一过程。

此外值得注意，平衡与稳定、平衡与均匀的关系。

例如：如图 1-5 所示，一铜棒的两端分别与一高温热源和一低温热源接触，经过一段时间后，铜棒内各截面的温度不随时间变化，铜棒达到稳定状态。但受到高温热源和低温热源的外部作用，铜棒内各截面温度不等，所以并没有处于平衡状态。所以稳定不一定平衡，但平衡一定稳定。

平衡与均匀是两个不同的概念，平衡是相对时间而言的，均匀是相对空间而言的，平衡不一定均匀。由处于平衡状态的水和水蒸气组成的系统就不是均匀系统，如图 1-6 所示。反之，均匀系统则一定处于平衡状态。

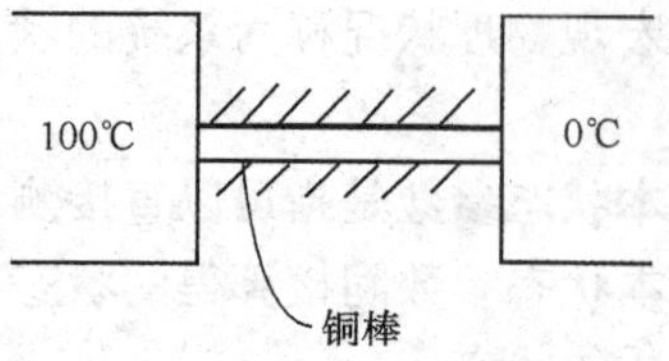

图 1-5 平衡与稳定

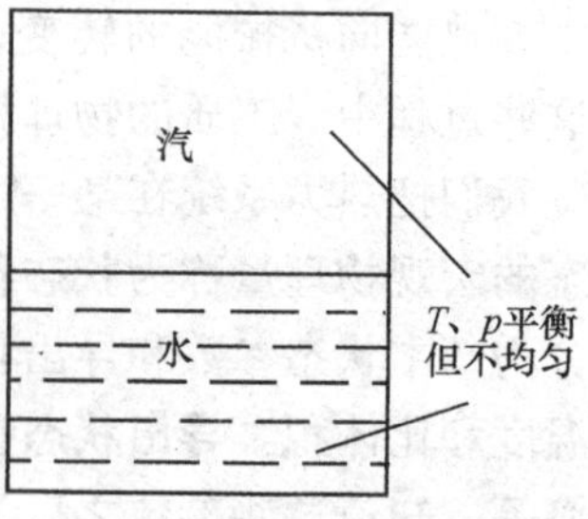

图 1-6 平衡与均匀

实际上，不存在绝对的平衡状态。在许多情况下，不平衡引起的偏差可以忽略不计，从而把它们作为平衡状态来处理，使得对问题的分析与计算大为简化。这里所说的平衡是指宏观动态平衡，因为组成系统的粒子仍在不停地运动，只是其运动的平均宏观效果不随时间而变。

1.2.2 状态参数特性

状态参数是整个系统的特征量，它不取决于系统状态如何变化，只取决于最终的系统状态。因此，状态参数是状态的单值函数，状态一定，状态参数也随之确定；若状态发生变化，则至少有一种状态参数发生变化。换句话说，状态参数的变化只取决于给定的初始状态和终了状态，而与变化过程中所经历的一切中间状态或途径无关。因此，确定状态参数的函数为点函数，则具有积分特性和微分特性。

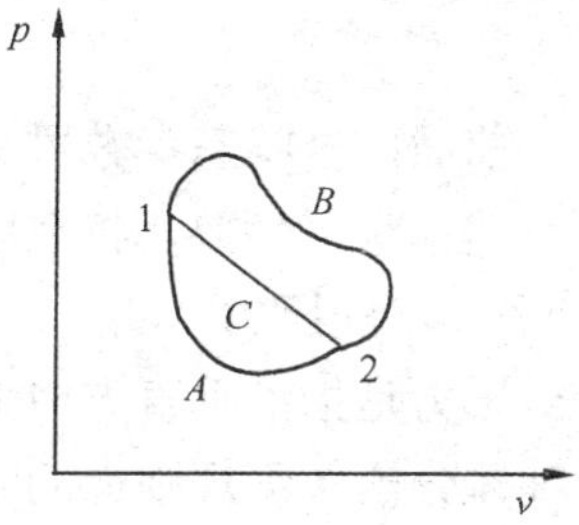

图1－7 状态参数的积分特性

数学特性

(1) 积分特性

如图1－7所示，当系统由初态1变化到终态2时，任一状态参数的变化量等于终态与初态下该状态参数的差值，而与从初态过渡到终态所经历的过程无关，即

$$\Delta f = \int_1^2 \mathrm{d}f = f_2 - f_1 \qquad (1-1)$$

当系统经历一系列变化而又回复到初态时，其状态参数的变化量为零，即

$$\oint \mathrm{d}f = 0 \qquad (1-2)$$

例如，若系统内气体由状态1经历两个不同的途径A和B变化到状态2，则其压力的变化量相等，即

$$\int_A \mathrm{d}p = \int_B \mathrm{d}p = p_2 - p_1 \qquad (1-3)$$

若再经路径C回复到状态1，则压力的变化量为零

$$\oint_{1A2C1} \mathrm{d}p = \oint_{1B2C1} \mathrm{d}p = 0 \qquad (1-4)$$

(2) 微分特性

由于状态参数是点函数，所以它的微分为全微分。设状态参数f是另外两个变量x和y的函数，则

$$\mathrm{d}f = \left(\frac{\partial f}{\partial x}\right)_y \mathrm{d}x + \left(\frac{\partial f}{\partial y}\right)_x \mathrm{d}y \qquad (1-5)$$

且

$$\frac{\partial^2 f}{\partial x \partial y} = \frac{\partial^2 f}{\partial y \partial x} \qquad (1-6)$$

以上数学特性是某物理量为状态参数的充要条件，即状态参数一定具有以上数学特性，而具有以上数学特性的物理量也一定是状态参数。

1.2.3 强度参数 广延参数

描述热力系统状态的物理量数值，按是否与系统内物质数量有关，可以细分成两类，强度参数和广延参数。

强度参数是在给定状态下，与系统内所含物质数量无关的参数，例如温度和压力。

广延参数是在给定状态下，与系统内所含物质数量有关的参数，例如质量和体积。但有一些强度参数是由广延参数转化得出的，广延参数对质量（或体积）的微商具有强度参数的性质，例如广延参数 V 对 m 的微商 $\frac{\partial V}{\partial m}=v$ 即是如此。v 称为系统的**比体积**。

1.3 基本状态参数

前面讲过状态参数可分为基本状态参数和导出状态参数，下面首先介绍一下基本状态参数，其他状态参数，将在以后各章中逐步介绍。

1.3.1 压力

压力是指沿垂直方向上作用在单位面积上的力。对于容器内的气态工质来说，压力是大量气体分子作不规则运动时对器壁单位面积撞击作用力的宏观统计结果。压力的方向总是垂直于容器内壁的。

在中国法定计量单位中，力的单位是牛顿（N），面积的单位是平方米（m^2），故压力的单位是 N/m^2，称为帕斯卡，符号是帕（Pa）。历史上几种常用压力单位间的换算关系参见附表 1。

作为描述工质所处状态的状态参数，压力是指工质的真实压力，称为**绝对压力**，以符号 p 表示。压力通常由压力计（压力表或压差计）测量，测量原理如图 1－8 所示，图 1－8(a) 为弹簧式压力计，图 1－8(b) 为 U 型管式压力计。

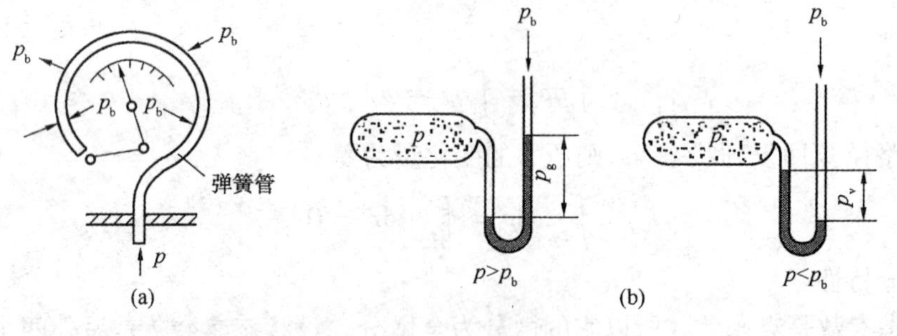

图 1－8 介质的压力

压力计的指示值为工质绝对压力与压力计所处环境绝对压力之差。一般情况下，压力计处于大气环境中，受到大气压力 p_b 的作用，此时压力计的示值即为工质绝对压力与大气压力之差。当工质绝对压力大于大气压力时，压力计的示值称为**表压力**，以符号 p_g 表示，可见

$$p=p_g+p_b \tag{1-7}$$

当工质绝对压力小于大气压力时，压力计的示值称为**真空度**，以 p_v 表示。可见

$$p=p_b-p_v \tag{1-8}$$

以 U 型管式压力计测量压力时，通常可读出液柱高度 h，此时

$$p_g(p_v)=\rho_l gh \tag{1-9}$$

式中　ρ_1——所用液体密度，kg/m^3；

g——重力加速度，$g=9.81m/s^2$；

h——液柱高度，m。

以绝对压力等于零为基线，绝对压力、表压力、真空度和大气压力之间的关系如图1-9所示。大气压力 p_b 是地面上空气柱的重量所造成的，它随着各地的纬度、高度和气候条件而有些变化，可用气压计测定。因此，即使工质的绝对压力不变，表压力和真空度仍有可能变化。当工质压力远远大于大气压力时，可将大气压力 p_b 视为常数，常取为0.1MPa。

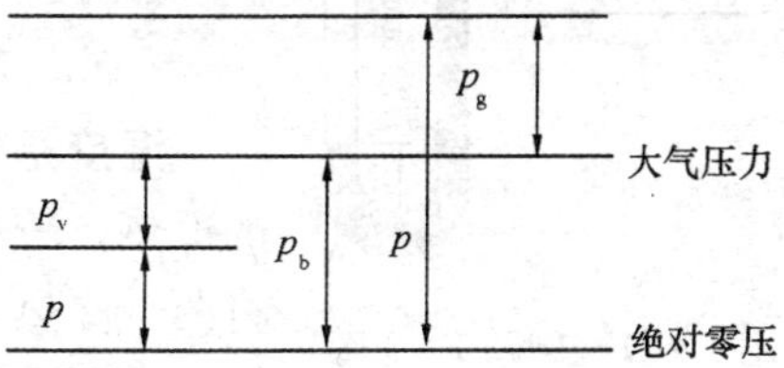

图 1-9　绝对压力与表压力

例 1-1　用斜管压力计测量管中气体压力(见图 1-10)，斜管中的水拄长度 $L=200mm$，气压计读数为0.1MPa，$\alpha=30°$，求管中 D 点的气体压力及真空度。

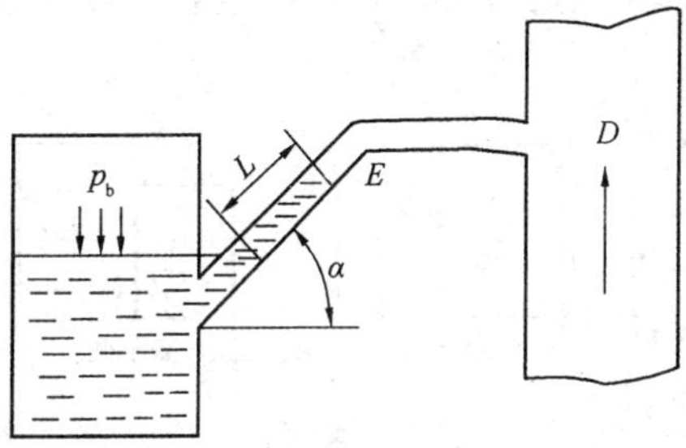

图 1-10　例 1-1 图

解　由于气体密度 ρ_g 远小于水的密度 ρ_w，故压差计管中气柱的压力可以忽略不计，即忽略 D 点与 E 点间的压差。故

$$
\begin{aligned}
p_D &= p_E \\
&= p_b - \rho_w g h_w \\
&= p_b - \rho_w g L\sin\alpha \\
&= 0.1\times10^6 - 1000\times9.81\times200\times10^{-3}\sin30° \\
&= 99019\text{Pa}
\end{aligned}
$$

管道内的真空度为 $p_v=p_b-p_D=981\text{Pa}$

例 1-2　用压力计测量某容器内气体的压力，压力计上的读数为0.27MPa。气压计的读数为755mm水银柱。求气体的绝对压力。又若气体的压力不变而大气压力下降至740mm水银柱，问压力计上的读数有无变化？如有，变化了多少？(水银密度为13332kg/m³)

解　在第一种情况下，大气压力为

$$p_b = \rho gh = 13332\text{kg/m}^3\times9.8\text{m/s}\times0.755\text{m}\times10^{-6} = 0.0986\text{MPa}$$

气体的压力大于大气压力 p_b，故采用式(1-7)来求其绝对压力，即

$$p = p_g + p_b = 0.27\text{MPa} + 0.0986\text{MPa} = 0.356\text{MPa}$$

在第二种情况下，大气压力为

$$p'_b = 13332\text{kg/m}^3\times9.8\text{m/s}^2\times0.74\text{m}\times10^{-6} = 0.0967\text{MPa}$$

则在压力计上读出的气体表压力应为

$$p'_g = p - p'_b = 0.356\text{MPa} - 0.0967\text{MPa} = 0.2593\text{MPa}$$

此时压力计上的读数有变化，将由0.27MPa变为0.2593MPa。

例 1-3　用U形管压力计测量冷凝器内蒸汽的压力。采用水银作测压液体时，测得水银柱高为720.6mm，如图1-11所示。若当时当地气压计读数为750mm水银柱，求冷凝器内的绝对压力(用MPa表示)。

解　根据题意，蒸汽的压力低于大气压力，故采用式(1-8)求其绝对压力

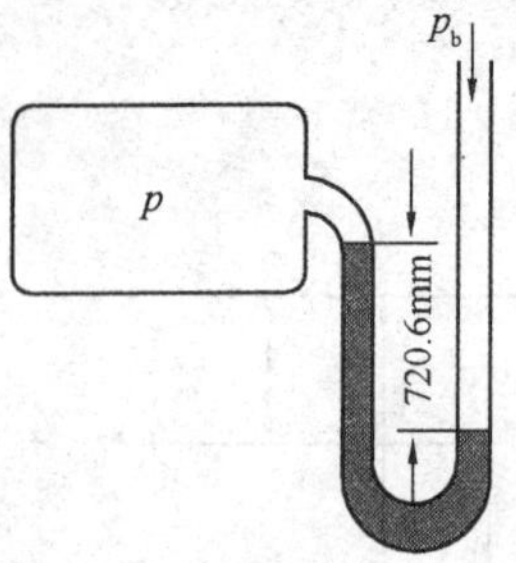

图1-11 例题1-3图

$$p = p_b - p_v = \rho g(h_b - h_v)$$
$$= 13332\text{kg/m}^3 \times 9.8\text{m/s}^2 \times (0.750\text{m} - 0.7206\text{m}) \times 10^{-6}$$
$$= 0.0038\text{MPa}$$

1.3.2 温度

1.3.2.1 温度及热力学第零定律

温度是标志物体冷热程度的参数。人们可以根据直觉感知物体的冷热，较热的物体被说成温度高，较冷的物体被说成温度低。若将两个冷热程度不同的物体相互接触，它们之间就会发生热量交换。在不受外界影响的条件下，经过一定时间后，它们将达到相同的冷热程度而不再进行热量交换。这时称它们达到了热平衡，也称它们温度相同。所以温度是确定一个系统是否与其他系统处于热平衡的物理量。

经验表明，如果A、C两系统可分别与系统B处于热平衡，则只要不改变它们各自的状态，令A与C相互接触，可以发现它们的状态仍维持恒定不变，即A与C也处于热平衡。这个结论称为**热力学第零定律**。

根据这个定律，要比较两个物体的温度，就无需让它们相互接触，而只要用第三个物体分别与它们接触就行了。这个第三个物体B就是**温度计**，如图1-12所示。将温度计与各被测物体接触，达到热平衡时，即可由温度计读出被测物体的温度。温度计的示值是利用它所采用的测温物质的某种物理特性来表示的。当温度改变时，物质的某些物理性质，如体积、压力、电阻、电势等会随之变化。只要这些物理性质随温度改变且发生显著的单调变化，就可用来标志温度的高低，相应地就可建立各种温度计，如水银温度计、酒精温度计、气体温度计、电阻温度计、热电偶等等。

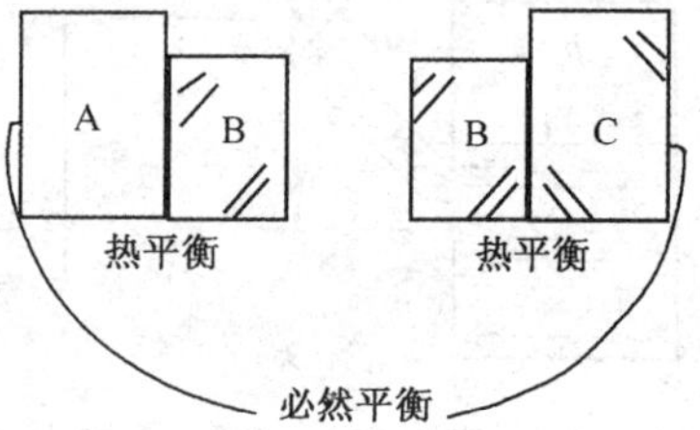

图1-12 温度测量的理论基础

1.3.2.2 温度的标尺——温标

为了进行温度测量，需要有温度的数值表示法，即建立温度的标尺，这个标尺就称为**温标**。建立任何一种温标需要包含**三个要素**：① 选用测温物质及其某一物理性质，例如水银的体积随温度的变化。② 规定温标的基准点，摄氏温标规定，取标准大气压下纯水的冰点温度为0℃，沸点温度为100℃。③ 分度方法，两基准点间的温度，按温度与测温物质的某物理量(如液柱体积、金属电阻等)的线性函数确定。这样，采用不同的测温物质，或者采用同种测温物质的不同物理量进行测温。用它们测量温度时，除基准点相同外，其他点的温度值均有微小差异。因而需寻求一种与测温物质无关的温标，这就是建立在热力学第二定律基础上的**热力学温标**。用这种温标确定的温度称为**热力学温度或绝对温度**，符号为T，单位为开尔文，简写为“开”，代号为“K”。热力学温标选取水的三相点的温度为273.16K，也就是定义1K的温度间隔等于水的三相点热力学温度的1/273.16。与热力学温标并用的还有热力学摄氏温标，以符号t表示，单位为摄氏度，符号为℃。热力学摄氏温度定义为$t = T - 273.15$，即规定热力学温度的273.15K为摄氏温度的零点。这两种温标的温度间隔完全相同($\Delta t = \Delta T$)。这样，冰的三相点为0.01℃，标准大气压下水的冰点也非常接近0℃，沸点也非常接近100℃。

在国外，还常用华氏温标(符号也为t，单位为华氏度，代号为℉)和朗肯温标(符号也为T，单位为朗肯度，代号为°R)。这四种温度间的换算关系如下。

$$T(\mathrm{K}) = t(℃) + 273.15$$

$$T(°\mathrm{R}) = t(℉) + 459.67$$

$$t(℉) = 1.8t(℃) + 32$$

$$T(°\mathrm{R}) = 1.8T(\mathrm{K})$$

$$\Delta T(\mathrm{K}) = \Delta t(℃)$$

$$\Delta T(°\mathrm{R}) = \Delta t(℉)$$

$$\Delta T(°\mathrm{R}) = 1.8\Delta t(℃)$$

1.3.3 比体积

若系统中的物质是均匀、平衡的，其体积为V，质量为m，则比体积为$v = V/m$。比体积以符号v表示，单位为$\mathrm{m^3/kg}$。比体积表示工质聚集的疏密程度。

密度是指单位体积中物质的质量，即比体积的倒数

$$\rho = 1/v \tag{1-10}$$

式中：ρ表示密度，单位为$\mathrm{kg/m^3}$。

1.4 状态方程 状态参数坐标图

1.4.1 状态公理

虽然系统的状态由其参数来描述，这些参数分别从不同的角度来描述系统某一方面的宏观特性。但是，确定一个状态不需要给出全部参数，也就是说给出一定数目的参数就足以确定状态。确定系统状态所需要的参数数目可由状态公理确定。

如前所说，若存在某种不平衡势差，就会引起闭口系统状态的改变以及系统与外界之间的能量交换。每消除一种不平衡势差，就会使系统达到某一种平衡。各种不平衡势差是相互独立的。因而，确定闭口系统平衡状态所需的独立变量数目应该等于不平衡势差的数目。由于每一种不平衡势差会引起系统与外界之间某种方式的能量交换，所以这种确定闭口系统平衡状态所需的独立变量数目也就应等于系统与外界之间交换能量方式的数目。在热力过程中，除传热外，系统与外界还可以传递不同形式的功。因此，对于组元一定的闭口系统，当处于平衡状态时，可以用与该系统有关的准静功数目n加一个象征传热方式的独立状态参数，即$n+1$个独立状态参数来确定。这就是所谓的**状态公理**。

对于简单可压缩系统而言，由于没有电功、磁功、重力功等，热力系统与外界交换的准静功只有气体的体积变化功(膨胀功或压缩功)一种形式。根据状态公理，可确定简单可压缩系统平衡状态的独立状态参数为$n+1=1+1=2$个。

状态公理要求两个给定参数是独立参数。如果一个参数改变，另一个参数仍保持恒定，那么这两个参数是独立参数。温度和比体积是独立参数，并能一起确定简单可压缩系统的状态。温度和压力对单相系统是独立参数，对多相系统是互相对应的参数。在海平面($p = 1\mathrm{atm} = 101325\mathrm{Pa}$)，水在100℃沸腾；但在高山顶，压力较小，水在较小温度沸腾，也就是说对相变过程有$T = f(p)$；因此，温度和压力不足以确定两相系统的状态。

1.4.2 状态方程

对任意简单可压缩系统所处的状态来说，只有两个独立状态参数作为自变量，其他参数均可视为因变量。将任一因变量表示为自变量的函数关系式就称为**状态方程**。

即只需2个独立状态参数就可确定系统的状态。由于压力 p、温度 T、比体积 v 是基本状态参数，故经常被选作自变量。这样，气体状态方程可表示为

$$f(p,v,T)=0$$

$$p=p(v,T) \tag{1-11}$$

对单组分理想气体，$pv=RT$ 就是最简单的一个状态方程。

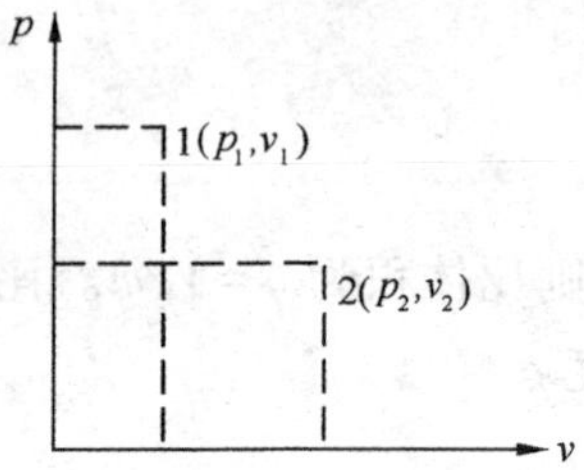

图1-13 $p-v$ 状态参数坐标图

1.4.3 状态参数坐标图

对于只有两个独立状态参数的系统，可以很清晰地在平面坐标图中表示系统所处的状态。$p-v$ 图就是最常用的坐标图之一，如图1-13所示。坐标图中的任意一点都代表系统的一个状态，两者是一一对应的关系。这种由热力状态参数所组成的坐标成为**热力状态坐标系**，如 $p-v$ 系，$T-s$ 系等。

只有平衡状态才能在状态坐标图上用点来表示，不平衡状态由于没有确定的热力状态参数，无法在图上表示。

1.5 热力过程

当系统存在某种不平衡势差时，就会破坏原有的平衡，使系统的状态发生变化。系统状态的连续变化称为系统经历了一个热力过程，简称过程。

热力过程就是系统状态的变化。在一个过程中系统所经过的状态系列称为途径。正如两点之间有无数条通路一样，对于一个系统也有无数个途径可从状态1到状态2。当一个系统经过一个特殊的过程从状态1到状态2时，该途径就描述了所出现的无数个系统状态。为了完整地描述一个过程，就应说明过程的初态和终态、过程的途径以及与环境的相互作用。

在实际的热力过程中，由于不平衡势差的作用必将经历一系列非平衡态。这种非平衡状态实际上无法用少数状态参数描述。为此，研究热力过程时，需要对实际过程进行简化，建立某些理想化的物理模型。准静态过程和可逆过程就是两种理想化的物理模型。

1.5.1 准静态过程

在过程进行中系统随时保持无限接近平衡状态，就称为**准静态过程或准平衡过程**。一个准静态过程可以看作是系统内不平衡势无限小、过程进行得足够慢的过程。下面以气体在汽缸内的绝热膨胀为例，如图1-14所示。设想由理想绝热材料制成汽缸与活塞，汽缸中储有气体，并以这部分气体作为系统。起初，汽缸内气体在外界压力作用下处于平衡状态1，参数为 p_1、V_1。显然此时外界压力 $p_{ex,1}$ 与气体压力 p_1 相等，活塞静止不动。如果外界压力突

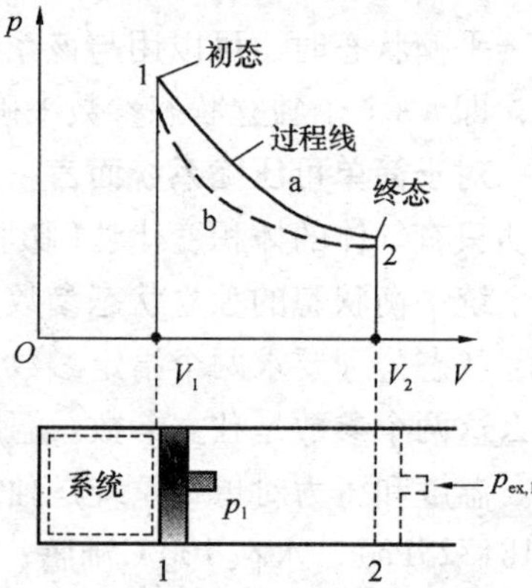

图1-14 压缩过程的 $p-V$ 图

然减小很多，即 $p_{ex,2} \ll p_{ex,1}$，这时活塞两边存在一个很大的压力势差，势必气体压力将推动活塞右行，系统的平衡遭受破坏，气体膨胀，其压力、温度不断变化，呈现非平衡性。经过一段时间后气体压力与外界压力趋于相等，且气体内部压力、温度也趋于均匀，即重新建立了平衡，到达一个新的平衡态2。这一过程除了初态1与终态2以外都是非平衡态。在 $p-V$ 图上除1、2点外都无法确定，通常以虚线代表所经历的非平衡过程，如图1－14中虚线b所示。曲线上除1与2以外的任何一点均无实际意义，绝不能看成是系统所处的状态。

上述例子中，若外界压力每次只改变一个很小的量，等待系统恢复平衡以后，再改变一个很小的量，依次类推，一直变化到系统达到终态点2。也就是说，如果每一次破坏平衡所需时间大于系统恢复平衡所需时间，气体内部压力与温度处处均匀，而且压力等于外界压力 $p_{ex,2}$ 值。这样，在初态1与终态2之间又增加了若干个平衡态。外界压力每次改变的量越小，中间的平衡态越多。极限情况下，外界压力每次只改变一个微小量，那么初、终态之间就会有一系列为连续平衡态，也就是说，状态变化的每一步，系统都处在平衡态，这样的过程称为准静态过程。在 $p-V$ 图上就可以在1、2点之间用实线表示，如图1－14中的曲线a。

应该指出，准静态过程是一个理想的过程，并不是实际过程的真实代表。但许多实际过程可近似地用准静态过程来表示，而可建模为准静态过程，其误差可忽略不计。人们对准静态过程感兴趣，一是因为用它分析方便，二是可以用作与实际过程比较的标准。

当然，在准静态过程中，还需要热平衡。如图1－15所示的装置，汽缸内盛有压力为 p 的气体并已处于平衡态。假设汽缸侧壁和活塞由理想绝热材料制成，气体只是通过汽缸端壁与热源交换热量。取汽缸内气体为系统。如果将温度远远高于气体温度的热源与汽缸端部接触，则靠近汽缸端部的气体首先被加热，温度首先升高，这同样引起系统内部的不平衡。它也需要一个弛豫时间以达到新的平衡。如果热源与气体间温差为无限小量，则传热就无限缓慢，传热速率小于气体恢复平衡的速率，则气体的变化过程即为准静态过程。

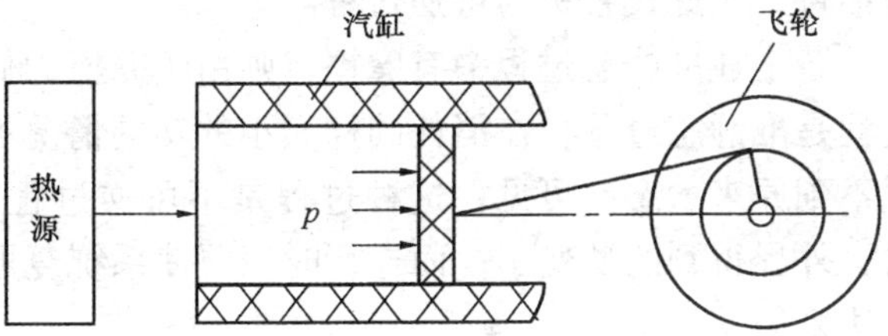

图1－15 热力过程分析

如果过程中还有相变或化学反应，则还要求相应的化学位差为无限小。准静态过程要求一切不平衡势差为无限小，因而是一个无限缓慢的过程。而实际过程都是在有限速度下进行的，严格地说都是不平衡过程。但如果系统状态变化时所经历的时间比其弛豫时间长（处于非平衡态的系统经过一定时间便趋向于平衡，从不平衡态到平衡态所需要经历的时间间隔，称为**弛豫时间**），也就是说系统状态的变化速度小于系统恢复平衡态的速度，则可视为准静态过程。例如，活塞式机械中，活塞的移动速度约为10m/s，而空气压力波的传播速度为当地音速，通常约为340m/s，因此，这种活塞移动的过程可视为准静态过程。

综上所述，热力系的一切变化过程都是在不平衡势推动下进行的，没有不平衡势就没有变化，也就没有过程。当不平衡势为无限小时所进行的极限过程称为准平衡过程。

只有准静态过程才能用确定的状态参数的变化来描述，才能在坐标图中用连续实曲线来表示，才能用热力学方法来分析。

1.5.2 耗散效应

在讨论准静态过程时并没有涉及摩擦现象。其实上一节汽缸内气体绝热膨胀例子中，即使汽缸壁面与活塞之间存在摩擦，活塞移动时由于摩擦力做功要损耗一部分能量，但只要每次使外界压力降低一个微量，等待气体重新平衡以后再次降低外界压力，过程的每一步，系统仍可保持平衡态，也就是说摩擦现象并不影响准静态过程的实现。

类似地，电阻、磁阻以及非弹性变形等的存在，也不影响准静态过程。

摩擦使功和动能转化为热，电阻使电能转化为热。这种通过摩擦、电阻、磁阻等使功变热的效应称为**耗散效应**，耗散效应并不影响准静态过程的实现。

1.5.3 可逆过程

如图 1 - 14 所示，在无摩擦的准静态过程中，气体压力始终和外界压力相等，气体膨胀时，对外做功。当气体到达状态 2 后，外界推动活塞逆行，使气体沿原过程线逆向进行一准静态压缩过程，外界对气体做功。由于正向、逆向过程中均无摩擦损失，因而压缩过程所需要的功与原来膨胀过程所产生的功相等，也就是说气体膨胀后经原来路径返回原状时，外界也同时回复到了原来状态，没有留下任何影响。上述准静态过程中系统与外界同时复原的特性称为可逆性。这种具有可逆特性的过程称为可逆过程。一般定义如下：

系统经历一个过程后，如令过程逆行而能使系统与外界同时恢复到初始状态而不留下任何痕迹，则此过程称为**可逆过程**。

若上述准静态过程中有摩擦，则由于摩擦力做功而造成能量损耗，因此，即使气体压缩过程是准静态过程，在消耗同样大小的功的情况下，活塞回复不到膨胀前的位置，气体也回复不到原来状态。可见，这种过程是不可逆过程。对图 1 - 14 所示例子，若有摩擦，正行时，外界得到的功变小；而逆行时，要使系统复原所需的功却变大。因此外界复原时，系统无法复原。

不平衡过程也一定是不可逆过程。如图 1 - 15 所示的装置，气体自热源吸热、膨胀并对外做功，这部分功则以动能的形式存储在飞轮中。若为无摩擦的准静态过程，则可利用飞轮的动能推动活塞逆行，使系统与外界均回复原状。因压缩工质消耗的功与气体膨胀时产生的功相等，压缩过程排出的热量也与膨胀过程吸收的热量相等。但若膨胀过程为不平衡过程，则气体压力大于外界压力，因此气体所做的功大于外界得到的功，即飞轮获得的动能小于膨胀功，因而在逆行时，想利用飞轮动能使气体回复到原来状态是不可能的。此外，吸热时，若热源温度远高于气体温度，则逆行时，温度较低的工质也无法把热量传给高温的热源，即热源也无法回复原状。

总之，实现可逆过程的充分条件是：① 过程是准静态过程，即过程所涉及的有相互作用的各物体之间的不平衡势差为无限小；② 过程中不存在耗散效应，即不存在由于摩擦、非弹性变形、电流流经电阻等使功不可逆地转变为热的现象。

可见，准静态过程与可逆过程的共同之处在于，它们都是无限缓慢的，由连续的、无限接近平衡的状态所组成的过程，都可在坐标图上用连续实线描绘；它们的区别在于，准静态过程着眼于平衡，耗散效应对它无影响，而可逆过程不但强调平衡，而且强调能量传递效果。可逆过程中不存在任何能量损耗，因而它是衡量实际过程效率高低的一个标准，也是实际过程的理想极限。

凡是导致过程不可逆的因素(耗散效应、不平衡势差)统称为不可逆因素。系统内部无不可逆因素的过程称为**内部可逆过程**；系统外部无不可逆因素的过程称为**外部可逆过程**；只有系统和外界均无不可逆因素时，才是可逆过程。

引入可逆过程的意义：准静态过程是实际过程的理想化过程，但并非最优过程，可逆过程是最优过程；可逆过程的功与热完全可用系统内工质的状态参数表达，可不考虑系统与外界的复杂关系，易分析；实际过程不是可逆过程，但为了研究方便，先按理想情况（可逆过程）处理，用系统参数加以分析，然后考虑不可逆因素加以修正。

1.6　热　力　循　环

1.6.1　循环种类

热能和机械能之间的转换，通常是通过工质在相应的设备中进行循环来实现的。工质从某一状态出发，经历一系列过程之后又回复到初始状态，这些过程的综合称为**热力循环**，简称**循环**。循环的目的在于实现连续做功。

如果循环中的每个过程都是可逆的，则这个循环称为**可逆循环**。在坐标图上，可逆循环用闭合实线表示，如图 1－16 所示。循环方向通常以箭头表示。若为顺时针方向，则称为**正循环**，它是将热变为功的循环，所以也叫做**动力循环**（热机循环）。动力循环是系统对外做功，其结果表现为系统从外界吸收热量。若为逆时针方向，则称为**逆循环**，它是消耗功而把热量由低温热源送至高温热源的循环，也称为**制冷循环**。如果用作供热，则称为**供热循环**（热泵循环）。制冷循环是消耗功，其结果表现为系统向外界放出热量。

含有不可逆过程的循环称为**不可逆循环**。不可逆循环中的可逆过程在坐标图上仍以实线表示，而不可逆过程则以虚线表示，如图 1－17 所示。这条虚线不代表实际热力过程线，只有虚线的两个端点才有实际意义。

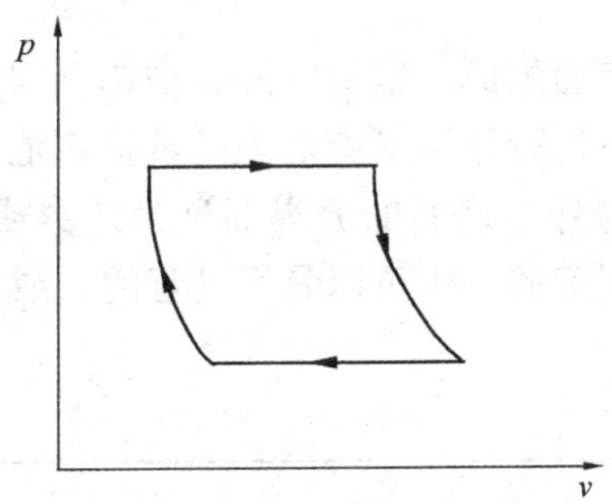

图 1－16　可逆循环

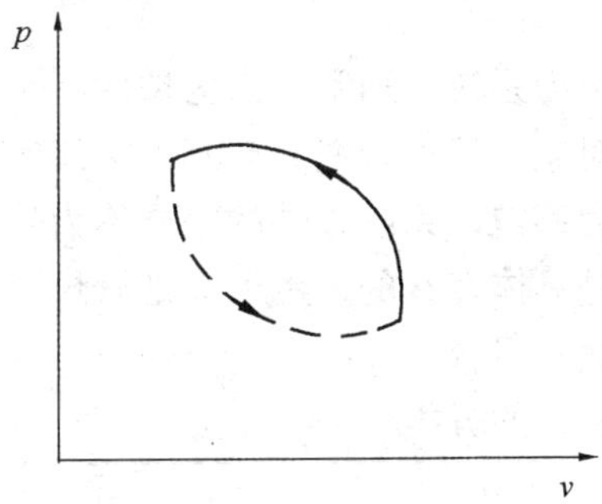

图 1－17　不可逆循环

1.6.2　循环的经济指标

循环的经济指标用工作系数来表示：

$$\text{工作系数} = \frac{\text{得到的收益}}{\text{花费的代价}} \tag{1-12}$$

热机循环（动力循环）的经济性指标用热效率 η_t 表示：

如图 1－18 所示，热机循环得到的收益为循环对外做的净功 W_{net}，花费的代价是为了完成 W_{net} 净工的输出，而从高温热源获得的热量 Q_1。

则
$$\eta_t = \frac{W_{net}}{Q_1} \qquad (1-13)$$

制冷循环的经济性指标用制冷系数 ε 表示：

如图 1-19 所示，制冷循环得到的收益为该循环从低温热源（冷库）取出的热量 Q_2，花费的代价是为取出 Q_2 热量所耗费的净功量 W_{net}。

则
$$\varepsilon = \frac{Q_2}{W_{net}} \qquad (1-14)$$

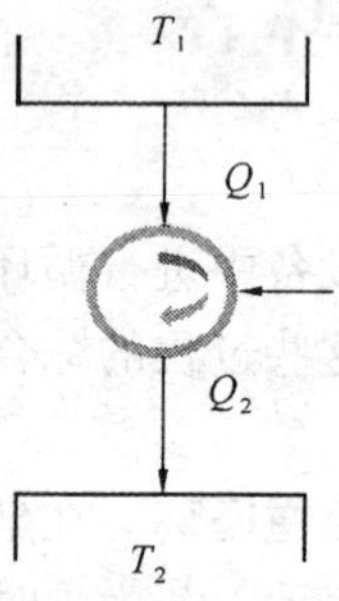

图1-18　动力循环简图

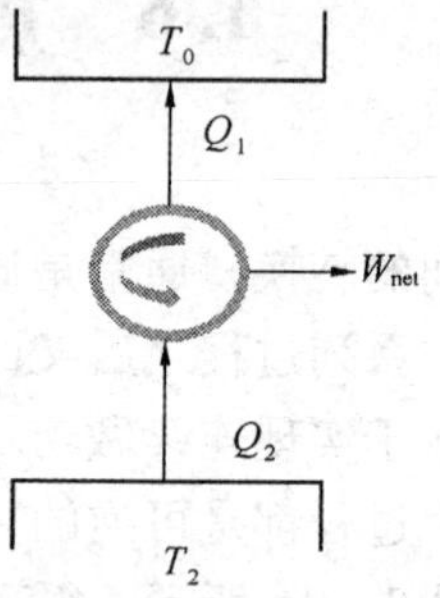

图1-19　制冷（热泵）循环简图

供热循环（热泵循环）的经济性指标用供热系数 ε' 表示：

热泵循环得到的收益为热泵循环给高温热源（供暖房间）提供的热量 Q_1，花费的代价为为循环提供热量 Q_1 所耗费的净功量 W_{net}。

则
$$\varepsilon' = \frac{Q_1}{W_{net}} \qquad (1-15)$$

本　章　小　结

（1）热力系统：通常，人为地由一个或几个几何面围成一定的空间，把该空间内的物质作为研究对象，然后研究它与其他物体的相互作用。这种作为研究对象的某指定范围内的物质称为**热力系统**，系统之外的物质称为**外界**。系统与外界之间的分界面称为**边界或控制面**。边界可以是具体存在的，也可以是假想的；可以是固定的，也可以是运动着的；或可以是这几种边界面的组合。

（2）系统的分类：

		有	无
以系统与外界关系划分	是否传质	开口系	闭口系
	是否传热	非绝热系	绝热系
	是否传功	非绝功系	绝功系
	是否传热、功、质	非孤立系	孤立系
热力系统其他方式分类	物理化学性质	均匀系	非均匀系
	工质组分	单组分	多组分
	相　态	单　相	多　相
最重要的系统	**简单可压缩系统：只交换热量和一种准静态的容积变化功**		

（3）状态参数：工质的宏观物理状况随时在变化。我们把热力系统在某一瞬间所呈现的

宏观物理状况称为系统的**状态**。用以描述系统所处状态的宏观物理量称为**状态参数**。

(4) 状态参数特性

积分特性
$$\Delta f = \int_1^2 \mathrm{d}f = f_2 - f_1$$
$$\oint \mathrm{d}f = 0$$

微分特性
$$\mathrm{d}f = \left(\frac{\partial f}{\partial x}\right)_y \mathrm{d}x + \left(\frac{\partial f}{\partial y}\right)_x \mathrm{d}y$$
$$\frac{\partial^2 f}{\partial x \partial y} = \frac{\partial^2 f}{\partial y \partial x}$$

(5) 基本状态参数

压力
$$p = p_g + p_b$$
$$p = p_b - p_v$$
$$p_g(p_v) = \rho_1 g h$$

温度
$$T(\mathrm{K}) = t(℃) + 273.15$$
$$T(^\circ\mathrm{R}) = t(℉) + 459.67$$
$$t(℉) = 1.8t(℃) + 32$$
$$T(^\circ\mathrm{R}) = 1.8T(\mathrm{K})$$
$$\Delta T(\mathrm{K}) = \Delta t(℃)$$
$$\Delta T(^\circ\mathrm{R}) = \Delta t(℉)$$
$$\Delta T(^\circ\mathrm{R}) = 1.8\Delta t(℃)$$

比体积
$$v = V/m$$

(6)状态公理：对于组元一定的闭口系统，当处于平衡状态时，可以用与该系统有关的准静功数目 n 加一个象征传热方式的独立状态参数，即 $n+1$ 个独立状态参数来确定。这就是所谓的**状态公理**。

(7)平衡状态：指在没有外界影响的条件下，系统的宏观状态不随时间而改变。

(8)热力过程：

准平衡过程 在过程进行中系统随时保持无限接近平衡状态。

可逆平衡 系统经历一个过程后，如令过程逆行而能使系统与外界同时恢复到初始状态而不留下任何痕迹，则此过程称为**可逆过程**。

(9)热力循环：正循环系统消耗热量而对外做功，逆循环消耗功而把热量由低温热源送至高温热源。

思考题

1. 闭口系统与外界没有质量交换，系统内质量保持恒定的热力系统一定是闭口系统，这种说法是否正确？

2. 开系与闭系是可以相互转变，系统的选择对问题的分析有无影响？

3. 系统处于热力学平衡，是否温度和压力必须处处相等？

4. 状态参数有什么特点？

5. 平衡状态与稳定状态有何区别与联系？平衡状态与均匀状态有何区别与联系？

6. 什么是准平衡过程？引入这一概念在工程上有什么好处？

7. 容器内压力不变，测该容器压力的压力表的读数是否会改变？

8. 经历一不可逆过程后，系统和外界能否恢复原来的状态？

9. 实现可逆过程的基本条件是什么？可逆过程与准静态过程有何不同？

10. 表压力或真空度为什么不能当作工质压力？工质的压力不变，测量它的压力表或真空度的读数是否会变化？

11. 平衡状态是不随时间改变的，所以一定是均匀状态，对吗？

习　题

1. 水银的密度为 13.6g/cm^3，水的密度为 1g/cm^3，试分别确定与 1MPa 相当的液柱高度。

2. 如果大气压计计数为 78kPa，试计算：① 表压为 255kPa 的绝对压力；② 真空度为 19kPa 的绝对压力；③绝对压力为 350kPa 的表压力。

3. 分别将 0℃、25℃、36.5℃、100℃换算成绝对温度、华氏温度和朗肯温度。

4. 某烟囱高 40m，地面气压计读数为 735mmHg，大气密度为 1.2kg/m^3，烟气密度为 0.8kg/m^3，求烟道底部的真空度。

5. 判断下列系统是敞开系统还是封闭系统：①蓄电池；②家用电冰箱；③燃料电池；④燃烧炉。

6. 一容积为 1.22m^3 的容器内装有 6.48kg 的氮气和 7.78kg 的氧气，试求该气体混合物的密度和比体积。

选读材料　热寂说

克劳修斯把熵增加原理应用到无限的宇宙中。他于 1865 年指出，宇宙的能量是常数，宇宙的熵趋于极大，并认为宇宙最终也将死亡。这就是所谓的“**热寂说**”。热寂说的荒谬，首先在于它把从有限的空间、时间范围内的现象进行观察而总结出的规律——热力学第二定律绝对化地推广到无限的宇宙中去。其次，从能量角度来考虑，热寂说只考虑到物质和能量从集中到分散这一变化过程。恩格斯指出：“放射到太空中去的热一定有可能通过某种途径（指明这种途径将是以后自然科学的课题）转变为另一种运动形式，在这种运动形式中，它能够重新集结和活动起来。”现代天文观察已发现不少新的恒星重新在集结形成之中。康德（Kant，1724～1804）在《宇宙发展史概论》中指出：“自然界既然能够从混沌变为秩序井然，系统整齐，那么在它由于各种运动衰减而重新陷入混沌之后，难道我们没有理由相信，自然界会从这个新的混沌中把从前的结合更新一番吗？”控制论创立者维纳（Wiener，1894～1964）认为“当宇宙一部分趋于寂灭时却存在着同宇宙的一般发展方向相反的局部小岛，这些小岛存在着组织增加的有限度的趋势。正是在这些小岛上，生命找到了安身之处，控制论这门新科学就是以这个观点为核心发展起来的。”另外，耗散结构的发现，也为“热寂说”的批判增加了新的论据。

所有上述批判热寂说的论点都说明了，宇宙中还有局部的从分散到集中的趋向，即宇宙中均匀物质凝成团块（星系、恒星等）的过程。但这种趋向存在的必然性却缺乏理论证明，因而多年来人们总感到批判力不强。而解决这个问题的关键有两点：一是宇宙在膨胀；二是宇宙引力系统所经历的是一个多方过程，它具有负热容特性。而具有负热容的系统是不稳定的，它不满足稳定性条件。泽尔多维奇(Zel'dovieh)从理论上说明，天体形成是引力系统自发过程，不仅它的熵要增加，而且不存在恒定不变的平衡态，即使系统达到了平衡态，由于不满足稳定性条件，若稍有扰动，它就会向偏离平衡态的方向逐步发展又变为非平衡态，不会出现整个宇宙的平衡态，则熵没有恒定不变的极大值，熵的变化是没有止境的。从以上两点分析可知，宇宙绝不会走向热死。

第2章　热力学基本定律

基本要求： ① 熟练掌握热力学能、总能、焓的定义及系统与外界传递的能量；② 掌握热力学第一定律应用于闭口系统和开口系统的能量方程式，了解开口系统的能量方程式在一些热工设备中的应用；③ 理解和掌握热力学第二定律的实质及表述，了解基于循环过程、一般热力过程和绝热过程的热力学第二定律的数学表达式，理解卡诺循环、卡诺定理、熵与熵方程及孤立系统熵增原理。

2.1　热力学第一定律的实质

运动是物质存在的形式，是物质固有的属性，没有运动的物质正如没有物质的运动一样是不可思议的。能量是物质运动的度量。物质存在各种不同形态的运动，因而能量也具有不同的形式。各种运动形态可以相互转化，这就决定了各种形式的能量能够相互转换。

在研究能量的转换中，人们首先关心的是各种能量在其相互转换过程中彼此之间量的关系。物质和能量是相互依存的，既然物质是某种既定的东西，是某种既不能创造也不能消灭的东西，那么能量也就是不能创造也不能消灭的。自然界中一切物质都具有能量，能量既不可能被创造，也不可能被消灭，而只能从一种形式转变成另一种形式，在转换中能量总量保持不变。这就是**能量守恒和转换定律**。

这个定律广泛适用于机械的、电的、热的、电磁的、化学的、生物的各种变化过程。

能量守恒与转换定律在热力学中的应用就得到了热力学第一定律，它确定热力过程中各种能量在数量上的相互关系。

热力学是研究热能和其他形式能间的相互转换以及能量与物质特性之间的关系的，其所涉及的各热力过程应遵从能量守恒定律。所以，**热力学第一定律**有许多种形式的表述，如：① 热能可以与其他形式的能相互转换，转换过程中，能的总量保持不变；② 在孤立系统中，能的形式可以转换，但能量总值不变；③ 第一类永动机是不可能制成的。

历史上，有人设想发明一种不消耗能量而能永远对外作功的机器—第一类永动机。热力学第一定律的第③种表述就否定了这种发明的可能性。

经过多年的研究，对任意的一个热力系统，热力学第一定律可表示为：

进入系统的能量 - 离开系统的能量 = 系统储存能量的增量

热力学第一定律适用于一切工质和一切的热力过程。

2.2　能量的传递形式

热力系与外界之间在不平衡势的作用下会发生能量交换，实施热力过程。进入或离开系统的能量主要有三种形式：做功、传热、随物质进入或离开系统而带入或带出的其本身具有的能量。做功与传热取决于系统与外界的相互作用，即与过程有关，第三种形式取决于物质进、出系统的状态。

2.2.1 功

在力学中功的定义为物体所受的力 F 与沿力方向所产生的位移 x 的乘积。如图2-1所示，在一微小做功过程中，若物体在力 F 的作用下沿力的方向发生微小位移 dx，则该力所做功为：$\delta W = Fdx$。如在力 F 作用下使物体沿力的方向发生有限位移，从位置1移到位置2，则力完成的总功量为 $W = \int_1^2 Fdx$。

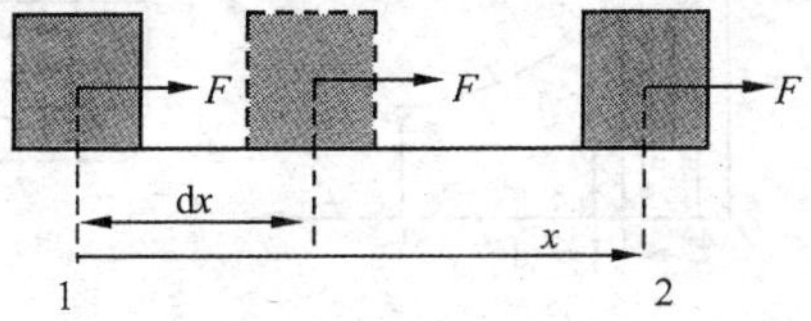

图2-1 功的示意图

热力学中功的定义：在热力过程中，系统与外界相互作用而传递的能量(除因温差传递的能量以外)，若其全部效果可表现为使外界物体改变宏观运动状态，则传递的能量是功。如：汽缸中的工质膨胀推动活塞移动，则气体对外做功，如果位移停止，做功也停止。

在热力学中规定：系统对外做功时取正值，外界对系统做功时取负值，单位为焦耳(J)。

在工程热力学中，热和功的相互转换是通过气体的体积变化来实现的。气体膨胀时对外所做功为**膨胀功**，气体受压缩时外界对气体所做功为**压缩功**，两者统称**体积功**或**容积功**。

2.2.1.1 可逆过程的功

如图2-2所示，取汽缸活塞机构中的气体为系统，汽缸、活塞为外界，设 m kg的气体从状态1膨胀到状态2为一可逆过程。任一时刻，气体的压力为 p，活塞的面积为 A，气体作用于活塞上的力 $F = pA$。由于热力系为可逆过程，外界压力必须始终与系统压力相等，因此当活塞移动 dx 时，系统对外界做功为：

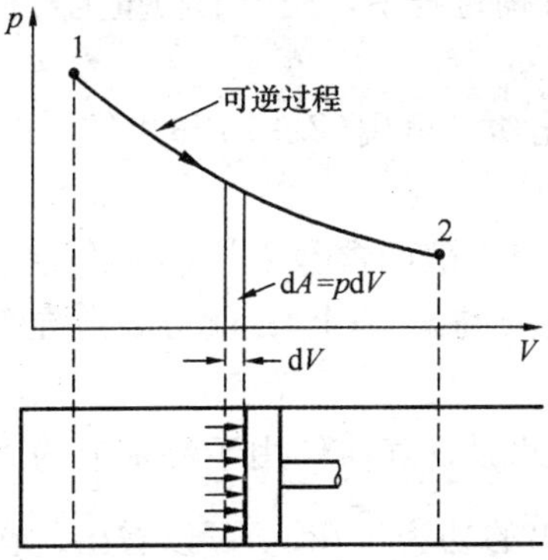

图2-2 汽缸-活塞系统的做功过程

$$\delta W = Fdx = p \cdot Adx = pdV$$

式中 dV——膨胀过程中气体体积的变化量。

则气体从状态1膨胀到状态2所作的容积功为：

$$W = \int_1^2 \delta W = \int_1^2 pdV \qquad (2-1)$$

对汽缸中每kg(单位)质量工质而言：

$$w = \frac{W}{m} = \int_1^2 pdv \qquad (2-2)$$

式(2-1)和式(2-2)是系统进行可逆过程时容积功表达式。只要知道初、终状态和过程函数 $p = f(v)$，就可计算出容积功。在图2-2的 $p-V$ 图上，容积功表现为过程曲线 p 与横坐标轴围成的面积，所以 $p-V$ 图或 $p-v$ 图也叫示功图。

功不仅与过程的初始、终了状态有关，还与描述过程的函数 $p = f(v)$ 有关，而 p 与过程进行的情况有关，若过程线不同，则同一初、终态下所完成的功量不等(曲线下面积不等)，所以功是过程量。

注：δW——微元过程中系统与外界交换的功，以区别于相应过程中任意状态量的变化量 dv；δ——微元过程中传递的微小量；d——状态量的微小增量。

2.2.1.2 准静态过程的功

如活塞与汽缸间有摩擦，即为不可逆过程，只是准静态过程，下面我们来讨论准平衡过

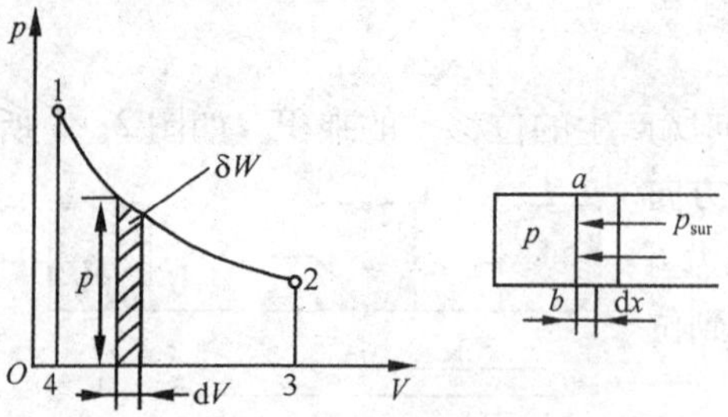

图 2－3　气体在汽缸内的膨胀过程

程中系统所做的功。

如图 2－3 所示，汽缸内盛有一定量的气体，并有一个可移动的活塞。取汽缸内的气体为热力系，则此热力系具有一个可移动的边界 ab。假定活塞面积为 A，在边界上系统作用于活塞上的压力为 p，则系统作用在活塞上的总作用力 $F = pA$。与此同时，外界也施一相反方向的力 $p_{sur}A$ 于边界上。这个反方向的力是系统受到的外力。此外力可来源于活塞与汽缸壁面间的摩擦、外界负载或其他作用。由于讨论的是准平衡过程，因此在边界上作用的这个外力必须随时与系统的作用力相差为无限小，即系统内部及边界上均应满足准平衡条件。也就是说

$$p \approx p_{sur}$$

这样，若活塞移动一微小距离 dx，则系统在移动边界上完成的功量应为

$$\delta W = p_{sur}Adx = pAdx = pdV$$

式中，dV 为活塞移动 dx 时所扫过的体积，也即膨胀过程中气体体积的变化量。

若活塞从位置 1 移动到位置 2，其所作功量为

$$W = \int_1^2 \delta W = \int_1^2 pdV$$

这是任意准平衡过程体积变化功的表达式。系统在准平衡过程中，完成的功量也可称为**准静功**。

经过以上推导可知，可逆过程和准静态过程的容积变化功均可用(2－1)和式(2－2)这两个式子确定。

由式(2－1)和式(2－2)可见，准静态功可以仅通过系统内部的参数来描述，而无须考虑外界的情况，只要已知过程的初、终状态以及描写过程性质的 $p = f(V)$，就可确定准静态的容积变化功。

图 2－3 的热力过程是不可逆过程，但是准静态过程。此时，气体作用于活塞上的力可写为 $F = R$(外界压力) $+f$(摩擦力)，则准静态过程活塞输出的功为 $\int_1^2 Rdx$，可以看出，在准静态过程活塞输出功小于气体做功。活塞输出功在工程实际中更有实际意义。通常所说的过程功即是指整套设备输出功，把汽缸、活塞、气体合为一系统，摩擦力构成内部不可逆，此时的过程功不能用式(2－1)或式(2－2)计算，而是

$$w = \int_1^2 Rdx \tag{2-3}$$

不平衡过程没有确定的状态参数，也没有确定的过程函数 $p = f(v)$ 的关系，故不能用式(2－1)或式(2－2)计算过程功，而只能用式(2－3)来计算，或通过对系统进行实际测量来确定。不平衡过程及内部不可逆过程，常用虚线表示，虚线下的面积也不代表体积功。

【结论】：功的特性： ① 功的大小与过程有关。

② 功仅与容积变化的大小有关，与容积形状无关。

③ 系统对外做功为正，外界对系统做功为负。

例 2－1　如图 2－4 所示，1kg 理想气体，自状态 1(p_1，v_1)变化到状态 2(p_2，v_2)，若

第一次变化过程沿1－3－2进行，第二次沿1－2进行，分别计算这两个过程中气体所做的膨胀功。

解　(1) 计算1－3－2过程的膨胀功

由于该过程可以图示在$p-v$图上，说明此过程必是准静态过程，可用式(2－2)计算膨胀功

$$w_{132}=\int_1^3 p\mathrm{d}v+\int_3^2 p\mathrm{d}v=p_1(v_3-v_1)+0=p_1(v_2-v_1)$$

(2) 计算1－2过程的膨胀功

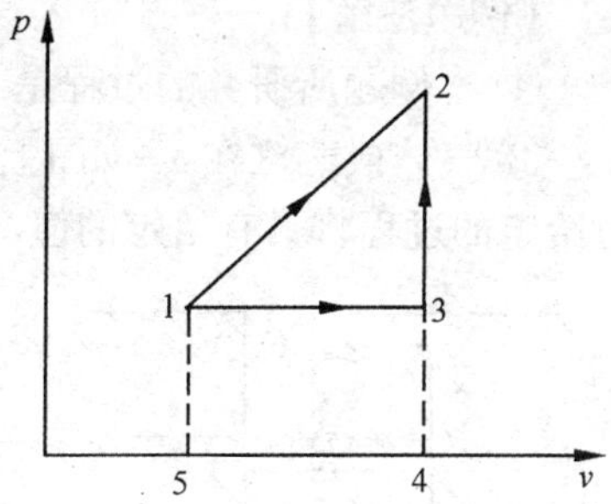

图2－4　例2－1过程$p-v$图

解法一　用式(2－2)计算，此时必须先求出p与v的函数关系，即直线1－2的方程：

$$p=\left(\frac{p_2-p_1}{v_2-v_1}\right)\times(v-v_1)+p_1$$

$$w_{12}=\int_1^2 p\mathrm{d}v=\int_1^2\left[\left(\frac{p_2-p_1}{v_2-v_1}\right)\times(v-v_1)+p_1\right]\mathrm{d}v=\frac{1}{2}(p_1+p_2)(v_2-v_1)$$

解法二　计算$p-v$图上过程线1－2下的面积，即w_{12}＝三角形123的面积＋矩形1345的面积

$$w_{12}=\frac{1}{2}(v_2-v_1)(p_2-p_1)+p_1(v_2-v_1)$$
$$=\frac{1}{2}(v_2-v_1)(p_1+p_2)$$

【结论】：① 读者要善于判断准静态过程。凡能在$p-v$图上用实线表示的过程必为准静态过程。

② 计算准静态过程的膨胀功不仅可用式(2－1)、式(2－2)，还可通过计算$p-v$图上过程线下的面积来求得。对于规则图形，此法常常更为简便。

例2－2　设有空气在汽缸内膨胀。初容积为0.03m^3，初压力为100×10^5Pa。设膨胀过程是可逆的，其过程线为$pV^{1.4}$＝常数，若最终容积为0.24m^3，试计算气体做的总功量。

解　所选定的热力系统为汽缸内的空气。过程为可逆过程。

因过程是可逆的，故可以采用式2－1计算，即：

$$W=\int_1^2\delta W=\int_1^2 p\mathrm{d}V$$

$$pV^{1.4}=\text{常数}=p_1V_1^{1.4}$$

$$p=\frac{p_1V_1^{1.4}}{V^{1.4}}$$

将其代入上式得：

$$W=\int_1^2\delta W=\int_1^2 p\mathrm{d}V=\int_1^2\frac{p_1V_1^{1.4}}{V^{1.4}}\mathrm{d}V$$
$$=\frac{p_1V_1^{1.4}}{1-1.4}(V_2^{1-1.4}-V_1^{1-1.4})$$
$$=\frac{(100\times10^5)(0.03)^{1.4}}{-0.4}(0.24^{1-1.4}-0.03^{1-1.4})=423.5\mathrm{kJ}$$

【例题注解】:

① 本例题所研究的过程是一个理想的可逆过程，所以采用可逆过程公式进行计算。

② 气体或蒸汽在 $p-v$ 图上的过程线可以用 pV^n = 常数的普遍形式来表示，式中的指数 n 对给定的过程将具有给定的值。

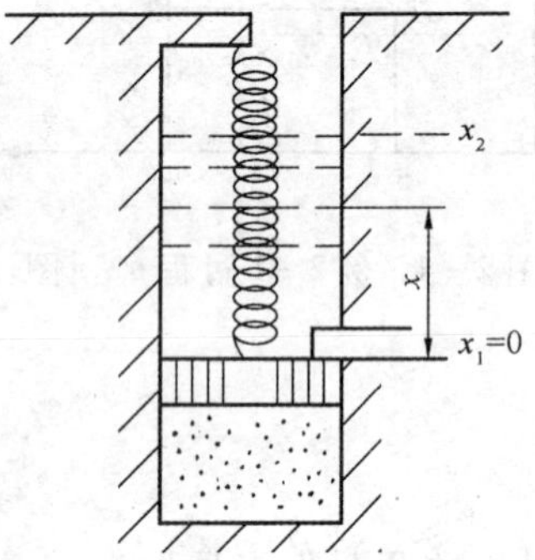

图 2-5　例 2-3 过程图

例 2-3　如图 2-5 所示，汽缸内存有一定量气体。初始状态下 $p_1=0.6\text{MPa}$，$V_1=1000\text{cm}^3$，活塞面积 $A=100\text{cm}^2$，大气压力 $p_b=0.1\text{MPa}$，若不计活塞重量及摩擦阻力，拔掉销钉后，气体分别按下列两种过程膨胀至 $V_2=3000\text{cm}^3$，求气体所做的功。

① 按 $pV^{1.4}=\text{const}$ 规律可逆膨胀。

② 初始状态下，弹簧与活塞接触但不受力。弹簧刚度为 150N/cm。

解　取汽缸内气体为系统。

(1) 按 $pV^{1.4}=\text{const}$ 规律可逆膨胀，此过程做功为可逆过程功，可以按式(2-1)计算

$$W_1=\int_1^2\delta W=\int_1^2 p\mathrm{d}V=\int_1^2\frac{p_1V_1^{1.4}}{V^{1.4}}\mathrm{d}V=\int_{0.001}^{0.003}\frac{p_1V_1^{1.4}}{V^{1.4}}\mathrm{d}V=\frac{p_1V_1^{1.4}}{1-1.4}(V_2^{1-1.4}-V_1^{1-1.4})$$

$$=0.6\times10^6\times10^{-3\times1.4}\times\frac{1}{(1-1.4)}\times\left(\frac{1}{3^{0.4}\times10^{-3\times0.4}}-\frac{1}{10^{-3\times0.4}}\right)$$

$$=1000\text{J}$$

(2) 初始状态下，弹簧与活塞接触但不受力，气体在有限压差下突然膨胀，为不平衡过程，过程功按式(2-3)计算

取活塞初始位置 $x_1=0\text{m}$，则终了位置为 $x_2=\dfrac{V_2-V_1}{A}=\dfrac{3000-1000}{100}=20\text{cm}=0.2\text{m}$

当活塞移到任一位置 xm 时，弹簧力为

$$F=kx=150\times10^2x\quad\text{N}$$

此系统的总外力为

$$R=p_b\times A+F=0.1\times10^6\times100\times10^{-4}+15000x=1000+15000x$$

外力 R 做功为

$$W=-\int_1^2R\mathrm{d}x=-\int_0^{0.2}(1000+15000x)\mathrm{d}x=-500\text{J}$$（力 R 与位移 x 方向相反，故取负值）

外力 R 做功为负，说明气体对外做功 500J。

2.2.2　热量

热力学中把**热量**定义为：在一个热力过程中，仅由于温度不同，系统与外界间通过边界而传递的能量。可见，热量是一个过程量，热量是传递的能量(瞬时量)。用 Q 或 q 表示，其中 $q=\dfrac{Q}{m}$，单位焦耳，用符号“J”或“J/kg”来表示。

在工程热力学中规定，当热力系统从外界吸收热量时，此热量取正值，系统向外放出热量，此热量取负值。

热量在计算时，可以采用以下两种方法：

① 在物理学中：

$$\delta Q = mc\mathrm{d}T \text{ 或 } Q_{12} = \int_{T_1}^{T_2} mc\mathrm{d}T \quad (2-4)$$

式中 c——比热容，kJ/kg·K。

② 在热力学中：热量是物体间通过紊乱的分子运动发生相互作用而传递的能量，传递过程中不出现能量形态的转化。系统在可逆过程中与外界交换的微元热量，可用 $\delta Q = T\mathrm{d}S$ 计算。故可逆过程有：

$$Q = \int_1^2 T\mathrm{d}S \quad (2-5)$$

对 1kg 工质，则有：

$$q = \int_1^2 T\mathrm{d}s \quad (2-6)$$

式中 s——单位质量工质的熵，kJ/(kg·K)。

若其热力过程为可逆绝热的，则熵变 $\mathrm{d}s = 0$。因此，通常称可逆绝热过程为**定熵过程**。

由图 2-6 可见，可逆过程的过程曲线与横坐标轴围成面积，可表示该过程中系统与外界交换的热量，因此 $T-s$ 图也称为示热图。

热和功一样是物系在与外界相互作用的过程中传递的能量，是过程量，而不是状态量。所以不能说系统具有多少热量。微元过程传递的微小热量用 δQ 表示，不能用状态量的全微分 $\mathrm{d}Q$ 表示。

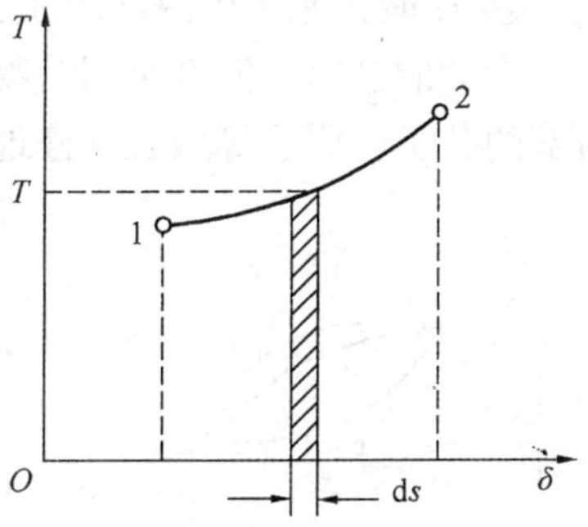

图 2-6 $T-s$ 状态坐标表示

2.2.3 储存能

能量是物质运动的量度，运动有各种不同的状态，相应地就有各种不同的能量。物质本身具有的能量称为**储存能**。储存能分为两类，一类是与热力系整体运动有关的能量，称为**外部储存能**，它分为动能和位能两种。另一类是只取决于系统本身(内部)的状态，称为**内部储存能**(也叫**热力学能**)。

2.2.3.1 外部储存能

外部储存能包括宏观动能和重力位能，它们的大小要借助在系统外的参考坐标系测得的参数来表示。

① 宏观动能：系统作为一个整体，相对系统以外的参考坐标，因宏观运动速度而具有的能量，称为**宏观动能**，简称**动能**，用 E_k 表示。如果热力系工质的质量为 m(kg)，速度为 c(m/s)，则热力系的动能 E_k 为

$$E_k = \frac{1}{2}mc^2 \quad (2-7)$$

② 重力位能：系统由于重力场的作用而具有的能量称为**重力位能**，简称**位能**，用 E_p 表示。只考虑重力场的作用，如果热力系的质量为 m(kg)，热力系质量中心在参考坐标系内的高度为 z(m)，则它的位能 E_p 为

$$E_p = mgz \quad (2-8)$$

式中，g 为重力加速度，$\mathrm{m^2/s}$。

上述宏观动能和位能是热力系本身所储存的机械能。由于它们需要借助于热力系以外的参考坐标系内测量的参数速度 c 和高度 z 来表示，故有时称为外部储存能。

2.2.3.2　内部储存能(热力学能)

内部储存能(热力学能)：储存于系统内部的能量。热力学能是指组成热力系的大量微观粒子本身具有的能量，与物质内部分子结构及微观运动有关。用 U 表示。它主要包括以下几种形式，即物理内能、化学内能和核能。

① 物理内能：系统发生物理变化时能量，它包括以下两种形式。

内动能：分子移动、转动、振动运动的动能。物体内部的分子、原子等微粒不停地做热运动，这样热运动而具有的内动能是温度的函数，温度越高，内动能越大。

内位能：分子由于相互作用力的存在而具有的位能。与分子的平均距离有关，即与物质的比体积有关。

② 化学内能：维持一定分子结构的化学能。

③ 核能：原子核内部的原子能。

内动能与内位能都是因为物体作机械运动而具有的能量都属于机械能。宏观静止物体其内部的分子、原子等微粒不停地做着热运动，这样热运动而具有的内动能是温度的函数。此外由于分子间相互作用力存在，因此还具有内位能，它决定于比体积与温度。工程热力学中，一般热力系不包括化学反应和核反应，所以热力学能仅包括分子的内动能和内位能，即热力学能(内能)是温度和比体积的函数，$U=f(T,\ v)$，所以热力学能是状态参数。

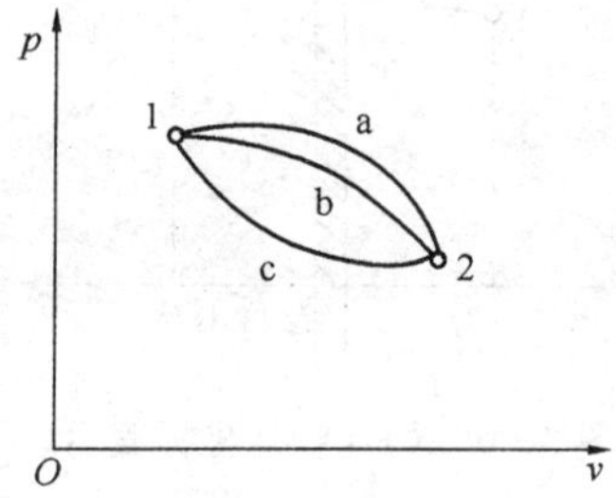

图2-7　热力过程

证明：用热力学第一定律证明热力学能是状态参数。

如图2-7所示的 $p-v$ 图上，工质完成1-a-2-b-1循环，工质回复到原来状态，则系统的储存能量变化为零。即从外界得到的能量等于离开系统的能量：

$$\oint \delta Q = \oint \delta W \rightarrow \oint (\delta Q - \delta W) = 0$$

取 $\mathrm{d}U = \delta Q - \delta W$，则 $\oint \mathrm{d}U = 0 \rightarrow \int_{1a2} \mathrm{d}U + \int_{2b1} \mathrm{d}U = 0$

同样，另一个任选的循环1-c-2-b-1，有 $\int_{1c2} \mathrm{d}U + \int_{2b1} \mathrm{d}U = 0$

因此：$\int_{1a2} \mathrm{d}U = \int_{1c2} \mathrm{d}U$

由上两式可知，积分结果与积分途径无关，且一个循环后 U 变化为零，所以 U 为状态参数。

$\mathrm{d}U$——系统从外界得到的净能量，不会自行消失，必然以某种方式储存于热力系统中，即 $\mathrm{d}U$ 是系统储存能的变化量。系统进行一个循环后，外部储存能变化量为零，所以 U 只能是热力学能，是广度参数，法定计量单位为焦耳(J)。

单位质量物质的热力学能叫**比热力学能**，用 u 表示：$u=U/m$，法定计量单位：J/kg。

2.2.3.3　热力系的总储存能量 E

热力系的总储存能量为内部储存能(热力学能)和外部储存能之和。即有：

$$E = E_k + E_p + U \tag{2-9}$$

法定计量单位：焦耳 J。

比总储存能：
$$e = e_k + e_p + u = \frac{1}{2}c^2 + gz + u \tag{2-10}$$

法定计量单位：J/kg

2.3　封闭系统的能量方程

为了定量地分析系统在热力过程中的能量转换，需要根据热力学第一定律，导出参与能量转换的各项能量之间的数量关系式，这种关系式称为能量方程。

分析工质的各种热力过程时，一般来说，凡工质流动的过程，按开口系统分析比较方便；而工质不流动的过程，则按闭口系统分析。因此，对于闭口系统来说，比较常见的情况是在状态变化过程中，宏观动能和宏观位能的变化为零。当系统宏观动能和宏观位能的变化与过程中参与能量转换的其他各项能量相比很小，可忽略不计时，亦可按闭口系统处理。在此前提下，推导闭口系统的能量方程。

汽缸活塞系统是一个典型的封闭系统，取气体为系统，导出闭口系统能量方程。系统与外界无物质交换，且宏观动能和位能均无变化（一般不作整体位移，因此与外界交换能量只是功 W 和热量 Q），做功为容积变化功。气体从状态 1 变化到状态 2，其在状态变化中和外界进行能量交换，工质从外界吸入热量 Q，并对外做功 W，导致热力学能 U 的变化，变化量为 ΔU。

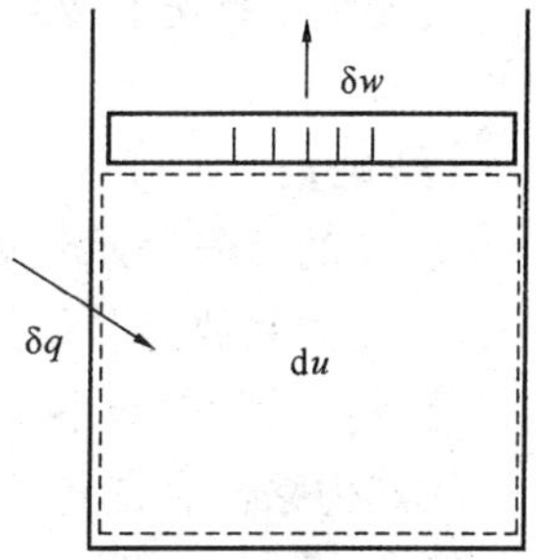

图 2-8　封闭系统能量变化

对于图 2-8 所示的封闭系统，根据热力学第一定律：进入系统的能量 - 离开系统的能量 = 系统储存能量的增量，有

$$Q - W = \Delta U = U_1 - U_2$$

或
$$Q = \Delta U + W \tag{2-11}$$

式中，U_1 和 U_2 分别表示系统在状态 1 和状态 2 下的热力学能。

对于微元过程

$$\delta Q = \mathrm{d}U + \delta W \tag{2-12}$$

对于 1kg 工质
$$q = \Delta u + w \tag{2-13}$$

$$\delta q = \mathrm{d}u + \delta w \tag{2-14}$$

式(2-11)~式(2-14)为**封闭系统能量方程**，是热力学第一定律的基本表达式。

根据封闭系统能量方程，可以得出能量方程式的意义：加给工质的热量一部分用于增加工质的热力学能，储存于工质内部，余下的一部分以做功的方式传递至外界。

通过对热力学第一定律的基本表达式的推导，得出该公式的适用条件为：

① 闭口系统；

② 任一热力过程，不论过程是可逆还是不可逆；

③ 一切工质，理想气体、实际气体、液体等等；

④ 工质的初态和终态必须是平衡状态。

由于可逆过程功 $\delta W = p\mathrm{d}V$，则对于可逆过程，热力学第一定律的能量方程式为：

$$Q = \Delta U + \int_1^2 p\mathrm{d}V$$

或

$$q = \Delta u + \int_1^2 p\mathrm{d}v \tag{2-15}$$

微元过程能量方程：

$$\delta Q = \mathrm{d}U + p\mathrm{d}V$$

或

$$\delta q = \mathrm{d}u + \delta w \tag{2-16}$$

对于一个热力循环过程：$\oint \delta q = \oint \mathrm{d}u + \oint \delta w$

当热力系统完成一个热力循环后，工质恢复原来状态，所以 $\oint \mathrm{d}u = 0$ 故 $\oint \delta q = \oint \delta w$。如果过程是一个闭口循环，它在循环中与外界交换的净热量等于与外界交换的净功量，即：$Q_{\mathrm{net}} = W_{\mathrm{net}}$ 或 $q_{\mathrm{net}} = w_{\mathrm{net}}$。

例 2-4 定量空气在状态变化过程中放热 40kJ/kg，热力学能增加 80kJ/kg，试问空气是膨胀还是被压缩？功量为多少？

解 热力系统取为定量空气，可看作封闭系统，参与热力过程的各种能量分别为

$$q = -40\mathrm{kJ/kg}, \Delta u = 80\mathrm{kJ/kg}$$

由能量平衡方程 $q = \Delta u + w$，可求功

$$w = q - \Delta u = -40 - 80 = -120\mathrm{kJ/kg}$$

【结论】：

① 功的负号表示外界是对热力系空气做功，即空气被压缩，压缩耗功量为 120kJ/kg；

② 热力系放热，使热力系本身储存能量减少，而外界对热力系做功，增加了热力系的储存能量，总的效果取决于通过边界传递的净能量的正负。本例中输入的能量大于输出的能量，故热力系储存能量增加，使热力学能（内能）增加了 80kJ/kg。

例 2-5 一个闭口系统，从状态 1 沿 1-2-3 途径到状态 3，向外界放出的热量为 47.5kJ，而系统对外做功为 30kJ，如图 2-9 所示。

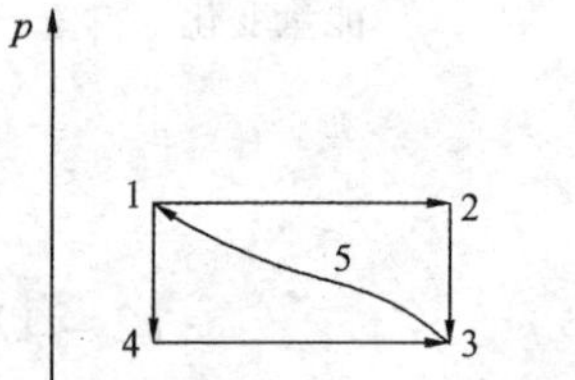

图 2-9 例 2-5 热力过程

（1）若沿 1-4-3 途径变化时，系统对外做功为 15kJ，求过程中系统与外界交换的热量；

（2）若系统由状态 3 沿 3-5-1 途径到达状态 1，外界对系统做功为 6kJ，求该过程系统与外界的传热量；

（3）若 $U_2 = 175\mathrm{kJ}$，$U_3 = 87.5\mathrm{kJ}$，求：过程 2-3 传递的热量及状态 1 的热力学能 U_1。

解

（1）根据热力学第一定律可得，对于过程 1-2-3，热力学能的变化量为

$$\Delta U_{13} = Q_{123} - W_{123} = (-47.5) - 30 = -77.5\mathrm{kJ}$$

对于过程 1-4-3，系统与外界交换的热量为

$$Q_{143} = \Delta U_{13} + W_{143} = -77.5 + 15 = -62.5\mathrm{kJ}$$

（2）对于过程 3-5-1，系统与外界的传热量为

$$Q_{351} = \Delta U_{31} + W_{23} = 77.5 + (-6) = 71.5\mathrm{kJ}$$

(3) 对于过程 2 - 3，$dv=0$，故系统与外界交换的功量为 0，所以系统与外界交换的热量为

$$Q_{23} = \Delta U_{23} + W_{23} = (87.5 - 17.5) + 0 = -87.5\text{kJ}$$

状态 1 的热力学能 U_1 为

$$U_1 = \Delta U_{31} + U_3 = 77.5 + 87.5 = 165\text{kJ}$$

2.4　敞开系统的能量方程

开口系统有很大的实用意义，因为在工程上碰到的许多连续流动问题，例如工质流过汽轮机、风机、锅炉、换热器等，都可以当作开口系统来处理。

工质流进(或流出)开口系统时，必将其本身所具有的各种形式的能量(储存能)带入(或带出)开口系统。因此，开口系统除了通过做功与传热方式传递能量外，还可以借助物质的流动来转移能量。分析开口系统时，除了能量平衡外，还必须考虑质量平衡。根据质量守恒原理，质量平衡的基本关系为：

进入系统的质量 - 离开系统的质量 = 系统质量的变化

2.4.1　推动功和流动功

开口系统与外界交换的功除了前面已介绍过的体积变化功外，还有因工质出、入开口系统而传递的功，这种功叫**推动功**。推动功是为推动工质流动所必需的功，它常常是由泵、风机等所供给。

按照功的力学定义，推动功应等于推动工质流动的作用力和工质位移的乘积。

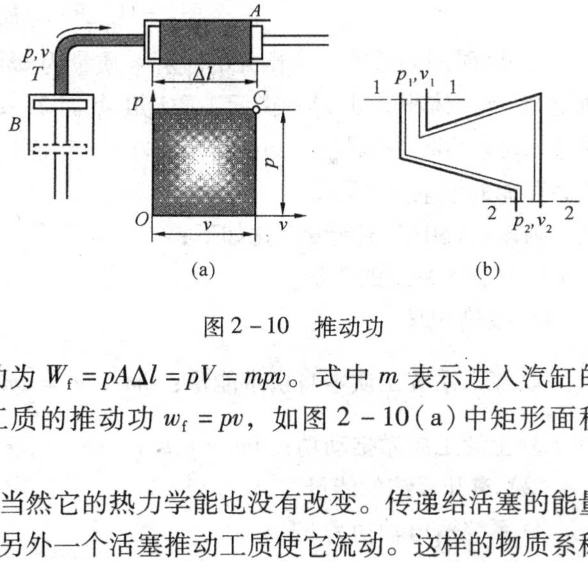

图 2 - 10　推动功

如图 2 - 10(a)所示为工质经管道进入汽缸的过程。设工质的状态参数是 p、v、T，用 $p-v$ 图中点 C 表示，移动过程中工质的状态参数不变。工质作用在面积为 A 的活塞上的力为 pA，当工质流入汽缸时推动活塞移动了距离 Δl，所做的功为 $W_f = pA\Delta l = pV = mpv$。式中 m 表示进入汽缸的工质质量。这一份功叫做推动功。1kg 工质的推动功 $w_f = pv$，如图 2 - 10(a)中矩形面积所示。

在做推动功时工质的状态没有改变，当然它的热力学能也没有改变。传递给活塞的能量显然是从别处传来的，譬如在后方某处有另外一个活塞推动工质使它流动。这样的物质系称为外部功源，它与系统只交换功量。例如：对于汽轮机，蒸汽进入汽轮机所传递的推动功来源于锅炉中定压吸热汽化的水在汽化过程中的膨胀功。锅炉中不断汽化的水即是进入汽轮机蒸汽的外部功源。工质，如蒸汽，在移动位置时总是从后向前获得推动功，而对前面作出推动功，即使没有活塞存在时也完全一样。工质在传递推动功时没有热力状态的变化，当然也不会有能量形态的变化，此外工质所起的作用只是单纯地运输能量，像传输带一样。需要强调的是，推动功只有在工质移动位置时才起作用。

通过以上的分析可以得出推动功的几点结论：

① 推动功与宏观流动有关，流动停止，推动功就不存在了。

② 作用过程中，工质仅发生位置变化，无状态变化。

③ 推动功与所处状态无关，是一个过程量。

④ 推动功并非是工质本身的能量变化引起的，而是外界做出的。

下面考察开口系统和外界之间功的交换。如图 2－10(b) 所示，取燃气轮机为一开口系统，当 1kg 工质从截面 1—1 流入该热力系时，工质带入系统的推动功为 $w_{f1}=p_1v_1$，工质在系统中进行膨胀，由状态 1 膨胀到状态 2，做膨胀功 w，然后从截面 2—2 流出，带出系统的推动功为 $w_{f2}=p_2v_2$。推动功差为 $\Delta(pv)=p_2v_2-p_1v_1$ 是系统为维持工质流动所需的功，称为**流动功**。

2.4.2 敞开系统的能量方程

为了研究开口系能量之间的变化关系。建立如图 2－11 的物理模型。

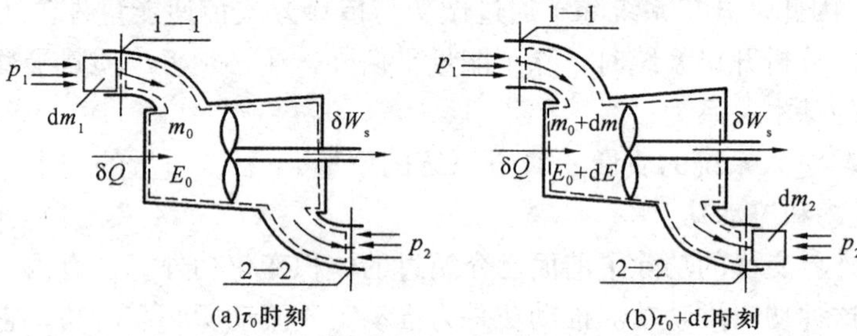

图 2－11 开口系能量的变化

在 dτ 时间内进行一个微元的过程。质量为 dm_1（体积为 dV_1）的微元工质进入截面 1—1，质量为 dm_2（体积为 dV_2）的微元工质流出截面 2—2，同时系统从外界接受热量 δQ，系统对外输出轴功 δW_s（机器轴上向外传出轴功），完成该过程后系统内工质质量增加了 dm，系统的储存能的增量为 dE。

则该过程中系统能量变化如下：

(1) 进入系统的能量

① 吸热 δQ；

② 流入系统工质本身携带能量：$\mathrm{d}m_1\cdot e_1=\mathrm{d}m_1\left(u_1+\dfrac{c_1^2}{2}+gz_1\right)$；

③ 上游工质做推动功：$\mathrm{d}m_1\cdot p_1v_1$。

(2) 离开系统的能量

① 系统输出轴功为 δW_s；

② 流出系统工质本身携带能量：$\mathrm{d}m_2\cdot e_2=\mathrm{d}m_2\left(u_2+\dfrac{c_2^2}{2}+gz_2\right)$；

③ 系统推动工质流出推动功：$\mathrm{d}m_2\cdot p_2v_2$。

根据热力学第一定律：进入系统的能量－离开系统的能量＝系统储存能量的增量，可得

$$\left[\delta Q+\mathrm{d}m_1\left(u_1+\frac{c_1^2}{2}+gz_1\right)+\mathrm{d}m_1\cdot p_1v_1\right]-\left[\delta W_s+\mathrm{d}m_2\left(u_2+\frac{c_2^2}{2}+gz_2\right)+\mathrm{d}m_2\cdot p_2v_2\right]=\mathrm{d}E$$

$$\delta Q=\mathrm{d}m_2\left(u_2+\frac{c_2^2}{2}+gz_2+p_2v_2\right)-\mathrm{d}m_1\left(u_1+\frac{c_1^2}{2}+gz_1+p_1v_1\right)+\delta W_s+\mathrm{d}E \quad (2-17)$$

考虑单位时间内的系统能量关系，式子两边均除以 $d\tau$ 得：

令 $\dot{Q} = \dfrac{\delta Q}{d\tau}$——系统吸热速率，单位为 kJ/s；

$q_{m1} = \dfrac{dm_1}{d\tau}$——进入系统的质量流量，单位为 kg/s；

$q_{m2} = \dfrac{dm_2}{d\tau}$——离开系统的质量流量，单位为 kg/s；

$\dot{W}_s = \dfrac{\delta W_s}{d\tau}$——系统输出轴功率，单位为 kW；

$\dot{E} = \dfrac{dE}{d\tau}$——系统储存能的增加速率，单位为 kg/s。

则上式得

$$\dot{Q} = q_{m_2}\left(u_2 + \frac{c_2^2}{2} + gz_2 + p_2v_2\right) - q_{m_1}\left(u_1 + \frac{c_1^2}{2} + gz_1 + p_1v_1\right) + \dot{W}_s + \dot{E} \qquad (2-18)$$

令 $h = u + pv$，称之为焓，单位 kJ/kg。

则上式得

$$\dot{Q} = q_{m_2}\left(h_2 + \frac{c_2^2}{2} + gz_2\right) - q_{m_1}\left(h_1 + \frac{c_1^2}{2} + gz_1\right) + \dot{W}_s + \dot{E} \qquad (2-19)$$

式(2－18)和式(2－19)为敞开系统能量方程的普遍式，适用于任何工质的任何流动过程。

2.4.3　焓

在热力分析与计算中，经常遇到 $U + pV$ 的形式。故为了简化公式与计算，常把它们的组合定义为另一个状态参数——**焓**，以符号 H 表示，即

$$H = U + pV \qquad (2-20)$$

焓的单位为 J。

1kg 工质的焓，称比**焓**，以 h 表示，即

$$h = u + pv \qquad (2-21)$$

比焓单位为 J/kg。

从焓的定义式还可以看出，焓是状态参数。因为 u、p、v 都是状态参数，在任一平衡状态下，u、p、v 都有一定的值，因而焓也有一定的值，而与达到这一状态的路径无关。这符合状态参数的基本性质，满足状态参数的定义，所以焓是状态参数，可以表示成任两个独立状态参数的函数，既 $H = f(p, U)$ 或 $H = f(p, V)$ 等。同理，比焓也是状态参数，可表示成任意两个独立状态参数的函数。

由于焓是状态参数，与工质经历的过程无关。则如图 2－12 的热力过程的比焓变可表示为

$$\Delta h_{a-b-c} = \Delta h_{a-d-c} \int_a^c dh = h_c - h_a$$

对于循环则有：$\oint dh = 0$

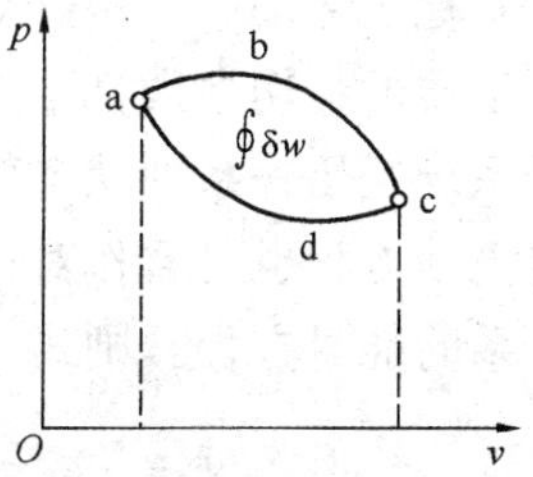

图 2－12　封闭热力过程

焓的物理意义：在敞开系中，焓为热力学能与推动功的和，

只要有工质流入或流出系统，工质的热力学能和推动功必然结合在一起流入或流出系统。因此，焓是工质流动时与外界传递的与其热力状态有关的总能量。

对封闭系统而言，由于工质不流动，pv 不是推动功，所以焓仅是一复合的状态参数。

2.5 稳定流动能量方程

2.5.1 稳定流动能量方程

所谓的稳定流动是指在流动过程中，系统内各点工质的热力参数和运动参数都不随时间而变的流动过程。要使流动达到稳定，需要满足以下三个条件。

① 系统进、出口状态参数不随时间改变；

② 系统进、出口工质流量相等，且不随时间改变，即 $q_{m1}=q_{m2}=q_{m3}=const$；

③ 系统进、出能量相等，且不随时间改变(即与外界交换的功和热量等所有能量不随时间而变)，有 $\dot{E}=0$。

根据上述条件，以及敞开系统的能量方程

$$\dot{Q}=q_{m_2}\left(h_2+\frac{c_2^2}{2}+gz_2\right)-q_{m_1}\left(h_1+\frac{c_1^2}{2}+gz_1\right)+\dot{W}_s+\dot{E}$$

可得稳定流动能量方程

$$\dot{Q}=q_m\left[\left(h_2+\frac{c_2^2}{2}+gz_2\right)-\left(h_1+\frac{c_1^2}{2}+gz_1\right)\right]+\dot{W}_s \tag{2-22}$$

$$q=(h_2-h_1)+\frac{1}{2}(c_2^2-c_1^2)+g(z_2-z_1)+w_s$$

$$q=(u_2-u_1)+(p_2v_2-p_1v_1)+\frac{1}{2}(c_2^2-c_1^2)+g(z_2-z_1)+w_s \tag{2-23}$$

微元过程有：

$$\delta q=\mathrm{d}h+\frac{1}{2}\mathrm{d}c^2+g\mathrm{d}z+\delta w_s \tag{2-24}$$

以上这些方程式就是稳定流动能量方程，它们适用于任何工质稳定流动的任何过程。

正常运行工况和设计工况下，实际热工设备大多属于稳定流动系统。只有当其在启动、加速，停机时为不稳定流动。对于连续工作的周期性动作的周期性设备(如活塞)，如果单位时间的传热量及轴功的平均值分别保持不变，工质的平均流量也保持不变，即虽然工质流动是不稳定的，但仍可用稳定流动能量方程分析能量关系。

2.5.2 能量方程的分析

稳定流动中，敞开系统本身的热力状态及流动情况不随时间变化，即热力系中任何截面上工质的一切参数都不随时间变化。因此整个流动过程可看作一定质量的流体由进口穿过敞开系统经历一系列状态变化并与外界发生热和功的交换，最后流到了出口。所以敞开系统稳定流动方程也可看作对这部分流体流动过程的描写，即可看作一定控制质量的流体流过给定开系的能量方程。则式

$$q=(u_2-u_1)+(p_2v_2-p_1v_1)+\frac{1}{2}(c_2^2-c_1^2)+g(z_2-z_1)+w_s$$

可以理解为 1kg 工质流入敞开系统，在整个流动过程中，吸热 q，对外输出轴功 w_s，维

持流动消耗的流动功为 $\Delta(pv)$，工质本身能量由入口时的 $\left(u_1+\frac{c_1^2}{2}+gz_1\right)$ 变为出口时的 $\left(u_2+\frac{c_2^2}{2}+gz_2\right)$。

对于1kg控制质量的流体，由热力学第一定律可知

$$q = \Delta u + w$$

则有

$$w = \Delta(pv) + \frac{1}{2}\Delta c^2 + g\Delta z + w_s \tag{2-25}$$

【结论】：

① 对于不流动过程：$q-(u_2-u_1)=w$，如果过程可逆，则有 $q-(u_2-u_1)=w=\int_1^2 p\mathrm{d}v$，即 w 表现为对外做的容积功。

② 对于流动过程：w 一部分用于维持工质流动所需的流动功 $\Delta(pv)$，一部分用于宏观动能和位能的变化 $\frac{1}{2}\Delta c_f^2+g\Delta z$，其余的才是热力设备输出的轴功 w_s。

2.5.3　技术功

式(2-25)的后三项分别是工质的宏观动能的变化、宏观位能的变化及输出的轴功。它们均是机械能，是技术上可资利用的功，称之为**技术功** W_t。而 $\Delta(pv)$ 是维持工质流动所必需的流动功，不能被直接利用。所以

技术功 = 膨胀功 - 流动功

即

$$w_t = w - \Delta(pv) = \frac{1}{2}\Delta c^2 + g\Delta z + w_s \tag{2-26}$$

对于微元过程，有

$$\delta w_t = \delta w - \mathrm{d}(pv) = \frac{1}{2}\mathrm{d}c^2 + g\mathrm{d}z + \delta w_s \tag{2-27}$$

式(2-26)和式(2-27)反映了稳定流动过程中体积功、技术功和轴功之间的关系。如果系统的动能和位能的变化量为零，则 $w_t = w_s$。

因此，稳定流动能量方程 $q=(h_2-h_1)+\frac{1}{2}(c_2^2-c_1^2)+g(z_2-z_1)+w_s$，还可以写成

$$q = \Delta h + w_t \tag{2-28}$$

对于微元过程，有

$$\delta q = \mathrm{d}h + \delta w_t \tag{2-29}$$

对于可逆过程，有

$$w_t = w - \Delta(pv) = \int_1^2 p\mathrm{d}v - \int_1^2 \mathrm{d}(pv) = -\int_1^2 v\mathrm{d}p \tag{2-30}$$

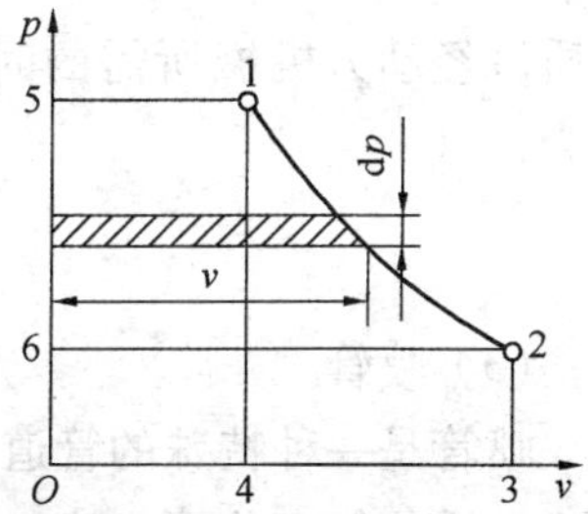

图2-13　技术功示意图

式中的 $-v\mathrm{d}p$ 可用图2-13中所示的热力过程线的微元面积表示，则技术功 $w_t=-\int_1^2 v\mathrm{d}p$ 可用面积1-2-6-5-1表示。

由式(2-30)可见，若 $\mathrm{d}p<0$，即过程中工质压力降低，技术功为正，此时，工质对外界做功；若 $\mathrm{d}p>0$，即过程中工质

压力增加，技术功为负，外界对工质作功。蒸汽轮机、燃气轮机属于前一种情况，活塞式压气机和叶轮式压气机属于后一种情况。若 $\mathrm{d}p=0$，即工质和外界无功交换。

2.5.4 机械能守恒方程

对于可逆过程，式(2-26)可写成：

$$v\mathrm{d}p+\frac{1}{2}\mathrm{d}c^2+g\mathrm{d}z+\delta w_s=0 \tag{2-31}$$

对于有摩擦的准静态过程，则有：

$$v\mathrm{d}p+\frac{1}{2}\mathrm{d}c^2+g\mathrm{d}z+\delta w_s+\delta w_F=0 \tag{2-32}$$

式中，δw_F——摩擦损失功。该式即为广义机械能守恒定律。

若流动过程无轴功，则式2-26可写成：

$$v\mathrm{d}p+\frac{1}{2}\mathrm{d}c^2+g\mathrm{d}z+\delta w_F=0 \tag{2-33}$$

该式为广义的伯努利方程。

2.5.5 稳定流动能量方程式应用

热力学第一定律的能量方程式在工程上应用很广。可用于计算任何一种热力设备中能量的传递和转化，封闭系统能量方程式反映出热力状态变化过程中热能和机械能的互换。敞开系统热能转化成的机械能可看作是相当于 $Q-\Delta U$ 的膨胀功 W。可见，$Q=\Delta U+W$ 是热力状态变化过程中的核心最基本的能量方程。

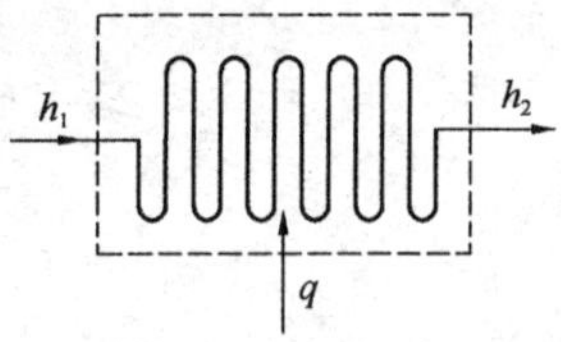

图2-14 加热器或冷却器

(1) 加热器或冷却器

如图2-14所示为热交换器示意图。工质流经换热器时，通过管壁与另外一种流体交换热量。显然，这种情况下，$w_s=0$，$z_2=z_1$；又由于进、出口工质速度变化不大，则 $c_1=c_2$。根据稳定流动能量方程，可得

$$q=h_2-h_1 \tag{2-34}$$

即工质吸收的热量等于焓的增量。如果 q 为负值，则说明工质向外放热。

(2) 压气机

工质流经压气机(参见图2-15)时，机器对工质作功使工质升压，工质对外界略有放热。压气机可以增大气体的压力，消耗外界的功。由于工质进、出口速度相差不大，故可认为$\frac{1}{2}m\Delta c_f^2=0$，进、出口高度差很小，即 $z_2=z_1$，此时就可以忽略动能和位能的变化；又因工质流经动力机械所需的时间很短，可近似看成绝热过程 $q=0$，因此，压气机消耗功的值为：

$$w_s=h_1-h_2 \tag{2-35}$$

(3) 喷管

喷管是一种特殊的管道，工质流经喷管后，压力下降，速度增加，如图2-16所示。通常，工质位能变化可忽略；由于流体在管内流动，不对外做轴功，$w_s=0$；又因工质流速一般很高，来不及与外界换热，可按绝热处理 $q=0$。因此，稳定流动能量方程可写成

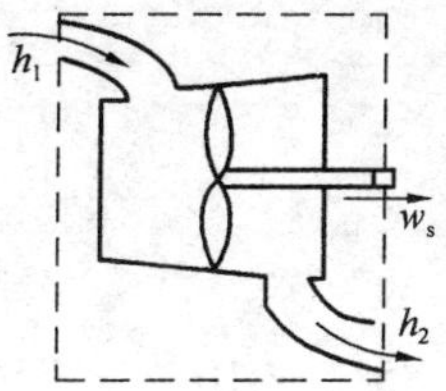

图2-15 压气机

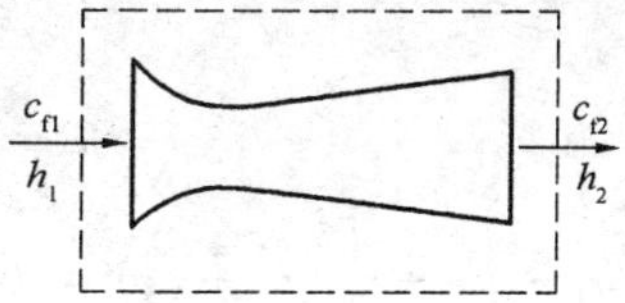

图2-16 喷管

$$h_1 - h_2 = \frac{1}{2}(c_{f2}^2 - c_{f1}^2) \qquad (2-36)$$

例2-6 如图2-17所示的动力装置，压缩机入口空气焓 $h_1=280\text{kJ/kg}$，流速 $c_1=10\text{m/s}$，经压缩机绝热压缩后，出口空气焓 $h_2=560\text{kJ/kg}$，流速 $c_2=10\text{m/s}$，然后进入换热器吸热 $q_1=630\text{kJ/kg}$，再进入喷管绝热膨胀，出口焓 $h_4=750\text{kJ/kg}$，最后进入汽轮机绝热膨胀，出口焓 $h_5=150\text{kJ/kg}$，流速 $c_5=85\text{m/s}$。各过程中的位能变化忽略不计。若空气流量为100kg/s，试计算：①压缩机功率；②喷管出口流速 c_4；③汽轮机功率；④整套装置功率。

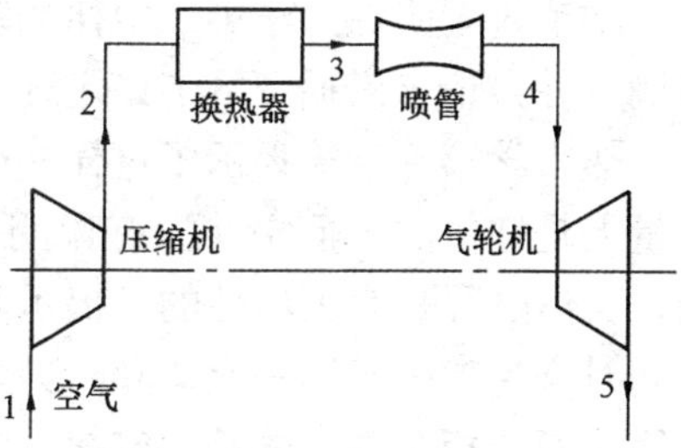

图2-17 例2-6图动力装置图

解 工质在整个装置内的流动为稳定流动，可应用稳定流动能量方程式进行求解。

（1）压缩过程1-2

依题意可知：$q=0$，$g\Delta z=0$，$\frac{1}{2}(c_2^2-c_1^2)=0$

故有：$w_{s1}=h_1-h_2=280-560=-280\text{kJ/kg}$

$N_{s1}=q_m w_{s1}=100\times(-280)=-28000\text{kW}$（负号表示压缩机对气体做功）

（2）流经换热器和喷管的过程2-4

$$q=630\text{kJ/kg}, g\Delta z=0, w_s=0$$

故
$$\frac{1}{2}(c_4^2-c_2^2)+(h_4-h_2)=q$$

$$c_4=\sqrt{2(q-h_4+h_2)+c_2^2}$$
$$=\sqrt{2\times(630\times10^3-750\times10^3+560\times10^3)\times10^2}=938\text{m/s}$$

（3）流经汽轮机过程4-5

$$q=0, g\Delta z=0$$

故
$$w_{s2}=h_4-h_5+\frac{1}{2}(c_4^2-c_5^2)$$

$$=750-150+\frac{1}{2}(938^2-85^2)=1036\text{kJ/kg}$$

$$N_{s2}=q_m w_{s2}=100\times1036=103600\text{kW}$$

（4）**解法一** $N_s=N_{s1}+N_{s2}=-28000+103600=75600\text{kW}$

解法二 将整套装置取为系统

$$q = 630\text{kJ/kg}, g\Delta z = 0,$$

故
$$q = w_s + h_5 - h_1 + \frac{1}{2}(c_5^2 - c_1^2)$$

$$w_s = h_1 - h_5 + \frac{1}{2}(c_1^2 - c_5^2) = 630 - 150 + 280 + \frac{1}{2} \times (10^2 - 85^2) \times 10^{-3} = 756\text{kJ/kg}$$

$$N_s = q_m w_s = 100 \times 756 = 75600\text{kW}$$

2.6 热力学第二定律的实质

本节将阐明热力学第二定律的基本内容，建立其数学表达式，根据第二定律导出状态参数熵，并讨论卡诺循环、卡诺定理和熵增原理。

热力学第一定律揭示了这样一个自然规律，即热力过程中参与转换与传递的各种能量在数量上是守恒的。但它并没有说明，满足能量守恒原则的过程是否都能实现。经验告诉我们，自然过程是有方向性的。揭示热力过程方向、条件与限度的定律是热力学第二定律。只有同时满足热力学第一定律和热力学第二定律的热力过程才能实现。热力学第一定律、第二定律是两个相互独立的基本定律，它们共同构成了热力学的理论基础。

2.6.1 自发过程

通过对自然现象的观察，人们发现大量的自然过程具有方向性。对于可逆过程，当过程沿逆向不留下任何痕迹地回复到原来状态时，不但要求工质内部是可逆的，而且要求外部也是可逆的。事实上，一切自然过程由于不可避免地存在着种种不可逆因素，所以都是不可逆的。自然过程一般分为两种热力过程即自发过程和非自发过程。自然过程中凡是能够独立的无条件自动进行的过程称自发过程。不能独立的自动进行而需要外界帮助作为补充条件的过程称为非**自发过程**。

下面介绍几种常见的不可逆过程：

（1）机械能和热能的转换过程

机械摩擦生热：如图 2－18 所示，一个密闭绝热的刚性容器内盛有一定量的气体，其内的搅拌器可随滑轮由重物带动旋转。当重物下落时，搅拌器旋转，重物所做的功转变成搅拌器的动能，由于搅拌器与气体之间的摩擦，使搅拌器的动能转变为热能而被气体和搅拌器吸收，温度升高。这一过程可以自发进行（可以自动发生的过程）。该过程机械能转化为热能，符合热力学第一定律。但是若让气体和搅拌器温度下降，搅拌器带动重物升高，这个过程是不可能的。这说明：机械能可自发的、不可逆的转变热能，而热能转变为机械能则是非自发过程——不可逆过程，热能转变为功为非自发过程。

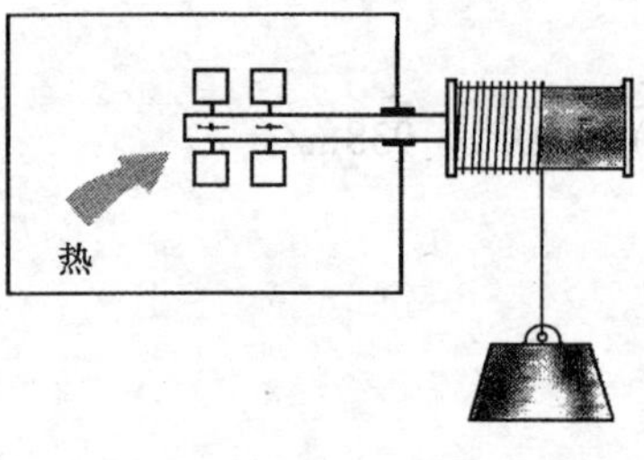

图 2－18 摩擦生热

（2）不等温传热过程

温度高的物体和温度低的物体接触，则有热量从高温物体传向低温物体。相反的过程，同样的热量从低温物体传向高温物体，虽然满足热力学第一定律，却不可能自动发生。否则就会出现夏天不用空调，而用火炉从环境和人体吸热以取得制冷效果的荒诞现象。因而，不等温传热过程是不可逆过程。

（3）气体自由膨胀过程

高压气体可向真空膨胀，即自由膨胀可自发进行。其相反过程，如在刚性容器中插进一刚性隔板，使得隔板两侧分别形成压力较高的空间和真空，虽然可分析出其不违反热力学第一定律，但这一过程是不可能自动发生的。

（4）混合过程

将一滴墨水滴到一杯清水中，墨水与清水很快就混为一体，或者把两种不同的气体放在一起，两种气体也就混合为混合气体。这都是常见的自发过程，不需任何其他代价，只要使两种物质接触在一起就能完成。而相反的分离过程却是不可能自发进行的，如果要将混合着的液体或气体分离必须以付出其他代价为前提，例如消耗功或热量。

（5）燃烧过程

燃料燃烧变成燃烧产物（烟气、渣等），只要达到燃烧条件就能自发进行，但将燃烧产物放在一起，若不花代价就无法使其还原成燃料。

上述诸现象说明了自然的过程具有方向性。只能单独自动地朝一个方向发生，即自发过程。而逆向则不能自发进行，即非自发过程。一个非自发过程的进行必须付出某种代价作为补偿。如制冷，就是要消耗功以实现热量从低温向高温的传递。为提高能量利用的经济性，人们一直在最大限度地减少补偿。

总之，热力过程若要发生，必然遵循热力学第一定律。研究热力过程的方向性，以及由此而引起的非自发过程的补偿和补偿限度等问题是热力学第二定律的任务。

2.6.2 热力学第二定律的表述与实质

热力学第二定律与热力学第一定律一样是根据无数实践经验得出的经验定律，是基本的自然定律之一。

热力学第二定律应用范围极为广泛。由于热力过程的种类是大量的，可利用任意一种热力过程来揭示此规律，所以它有各种形式的表述，表面上看各种说法不一，但实质和揭示的基本原理是一致的、等效的。下面介绍两种比较经典的表述。

（1）克劳修斯说法

1850 年克劳修斯从热量传递方向性的角度，将热力学第二定律表述为：不可能将热从低温物体传至高温物体而不引起其他变化。这称为热力学第二定律的克劳修斯表述。它说明热从低温物体传至高温物体是一个非自发过程，要使之实现，必须花费一定的“代价”或具备一定的“条件”（或者说要引起其他变化），例如制冷机或热泵中，此代价就是消耗的功量或热量。反之热从高温物体传至低温物体可以自发地进行，直到两物体达到热平衡为止。因此它指出了传热过程的方向、条件及限度。

（2）开尔文 - 普朗克说法

1851 年，开尔文从热功转换的角度将热力学第二定律表述为：不可能从单一热源取热，并使之完全变为有用功而不引起其他变化。此后不久普朗克也发表了类似的表述：不可能制造一部机器，它在循环工作中将重物升高而同时使一热库冷却。开尔文与普朗克的表述基本相同，因此把这种表述称为开尔文 - 普朗克表述。此表述的关键也仍然是“不引起其他变化”。

第二类永动机是不可能制成的。第二类永动机是从单一热源吸热就能连续工作而使热完全转变为功的机器。这一想法不违背热力学第一定律却违背热力学第二定律。如果这一过程可行，就可以以环境为单一热源，使机器从中吸热对外做功。由于环境中能量是无穷无尽的，因而，这样的机器就可以永远工作下去，但实际这一过程是不可能实现的。

用任何技术手段都不可能使取自热源的热，全部转变为机械功，不可避免地有一部分要排给温度更低的低温热源。所以“热机的热效率不可能达到100%”。

如果一个热力过程中不存在任何不可逆因素，那么热力过程就没有方向性问题。例如，若两物体间传热温差趋于零，则热量传递就不存在方向性问题；若能实现没有摩阻、电阻和磁阻等耗散效应的准平衡过程，也不会有过程的方向性问题。因此，热力过程的方向性在于热力过程的不可逆性，正是由于自然界中不存在没有不可逆因素的可逆过程，故而才有热力过程方向性问题。

热力学第二定律的各种说法是一致的，若假设能违反一种表述，则可证明必然也违反另一种表述。

理解热力学第二定律应注意以下几点：

第一、热力学第二定律并不是说热量从低温物体传至高温物体的过程是不可能实现的，而是说要使之实现，必须花费一定的代价。在制冷过程中，此代价就是消耗功，即以功变热这个自发过程作为补充条件。

第二、热变功过程也是一个非自发过程，要使之实现，也必须有一个补充条件。热机把从高温热源吸收热量的一部分转变成功，是以向低温热源放热这个自发过程为补充条件的。热机的热效率一定是小于100%的。

第三、不能把热力学第二定律理解为“功可以完全变为热，而热却不能完全变为功”。在理想气体的定温膨胀过程中，可以把所吸收的热全部转变成功，但其补充条件为气体压力降低这个自发过程。

总之，**热力学第二定律的实质**是：自发过程是不可逆的；要使非自发过程得以实现，必须伴随一个适当的自发过程作为补充条件。这就是说，各种自发过程之间是有联系的，从一种自发过程的不可逆性可以推断另一种自发过程的不可逆性，即热力学第二定律的各种表述是等效的。

2.7 卡诺循环

在第二定律的讨论中已经指出，机械能转换为热能没有条件的限制，而热能转换为机械能受一定条件的限制，这个限制条件就是必须将其中一部分热量从高温热源排放到低温热源中去。因此，即使在最理想的情况下，依照可逆循环把热能转换为机械能也是有限度的。下面通过卡诺(Carnot)循环和卡诺定理，阐明了在一定条件下，如何确定热转换为功的最高极限，以及提高循环热经济性的基本途径。最简单的循环热机必须至少有两个热源，那么热效率最高极限是多少呢？卡诺定理解决了这一问题，并且指出了改进循环提高热效率的途径和原则。卡诺在提高热效率的研究中，发现有任何不可逆因素都会引起功损失，设想工质在与热源同样温度下定温吸热再与冷源同样温度下定温放热就可以避免损失，最为理想。

2.7.1　卡诺循环

卡诺循环是工作在恒温的高温热源 T_1 和低温热源 T_2 之间的理想可逆正循环。它是由两个可逆定温过程和两个可逆绝热过程所构成。如图 2－19 所示。

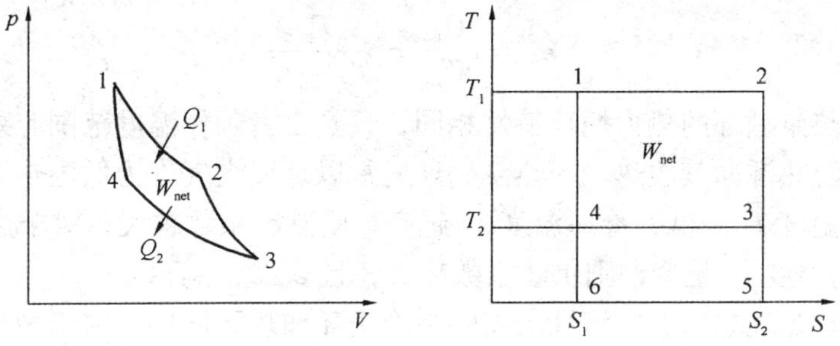

图 2－19　卡诺循环的 $p-V$ 图、$T-S$ 图

图 2－19 是卡诺循环的 $p-V$ 图和 $T-S$ 图。热力过程 1－2 是工质在温度 T_1 下，定温膨胀做功，从高温热源吸热 Q_1；热力过程 2－3 是工质可逆绝热膨胀做功，温度由 T_1 降至 T_2；热力过程 3－4 是工质在温度 T_2 下，定温压缩放热 Q_2，得到压缩功；热力过程 4－1 是工质被可逆绝热压缩，得到压缩功，温度由 T_1 升温至 T_2。

如此构成的原因是为了实现两恒温热源间的可逆循环，必须消除循环过程中包括系统内不可逆和系统外不可逆的所有不可逆因素。为此，工质从高温热源吸热和向低温热源放热必须是工质和热源间温差趋于零的定温吸热过程和定温放热过程，当工质温度在热源温度和冷源温度间变化时，不允许工质与热源进行有温差的热交换，且内部无耗散效应，故只能是可逆绝热过程。

工质完成一个循环过程，其状态回复原状，根据热力学第一定律可知，工质对外做净功：

$$W_{net} = Q_1 - Q_2$$

循环的经济指标用工作系数参见公式(1－12)，得卡诺循环热效率：

$$\eta_c = \frac{W_{net}}{Q_1} = 1 - \frac{Q_2}{Q_1}$$

由图 2－19 的 $T-S$ 图可知，$Q_1 = T_1\Delta S$，可用 12561 的面积表示；$Q_2 = T_2\Delta S$，可用 34653 的面积表示。故有

$$\frac{Q_2}{Q_1} = \frac{T_2}{T_1}$$

$$\eta_c = \frac{W_{net}}{Q_1} = 1 - \frac{Q_2}{Q_1} = 1 - \frac{T_2}{T_1} \qquad (2-37)$$

卡诺循环是可逆循环，如果使循环沿相反方向进行，该循环称**逆向卡诺循环**，逆向卡诺循环是理想的制冷循环(或热泵循环)，与卡诺循环完全相同，其也是由四个可逆过程，即两个定温过程和两个绝热过程所组成，不同之处就在于状态变化方向相反，逆向卡诺循环运行结果是消耗了外功，而从低温热源等温地吸取热量 Q_2，并连同消耗的循环功 W_{net} 一起等温地放热给高温热源。

若为逆向卡诺循环，则用于制冷时称**制冷系数**：

$$\varepsilon_c = \frac{Q_2}{W_{net}} = \frac{T_2}{T_1 - T_2} \tag{2-38}$$

用于供暖时称**供暖系数**：

$$\varepsilon_w = \frac{Q_1}{W_{net}} = \frac{T_1}{T_1 - T_2} \tag{2-39}$$

制冷循环和热泵循环的热力循环特性相同，只是二者工作温度范围有差别。制冷循环以环境大气作为高温热源向其放热，而热泵循环通常以环境大气作为低温热源从中吸热。对于制冷循环，环境温度 T_1 越低，冷库温度 T_2 越高，则制冷系数越大；对于热泵循环，环境温度 T_2 越高，室内温度 T_1 越低，则供暖系数越大，且 ε_w 总大于1。

逆向卡诺循环是理想的、经济性最高的制冷循环和热泵循环。由于种种困难，实际的制冷机和热泵难以按逆向卡诺循环工作，但逆向卡诺循环有着极为重要的理论价值，它为提高制冷机和热泵的经济性指出了方向。

2.7.2 极限回热循环

除卡诺循环外还有其他可逆循环，如图2-20是极限回热循环。为使该循环可逆，工质从高温热源 T_1 的吸热过程和向低温热源 T_2 的放热过程，依然是工质与热源间无温差的定温吸热和定温放热过程。当工质温度在 T_1 和 T_2 间变化时，不再是绝热过程。如果在任意温度 T 处，可逆放热过程的放热量和可逆吸热过程的吸热量相等，就可以设置无穷多个回热加热器。在 T_1 和 T_2 间的任意温度 T 下，使放热过程所释放的热量在回热加热器中传递给吸热过程的工质，实现工质的等温换热，不存在与热源间的不可逆温差传热，从而实现了整个循环的可逆。所谓回热就是指工质在回热器中实现工质内部相互传热，即工质自己加热自己。回热是提高循环能量利用经济性的一个重要措施。采用理想气体为工质的极限回热循环热效率与卡诺循环热效率相同。

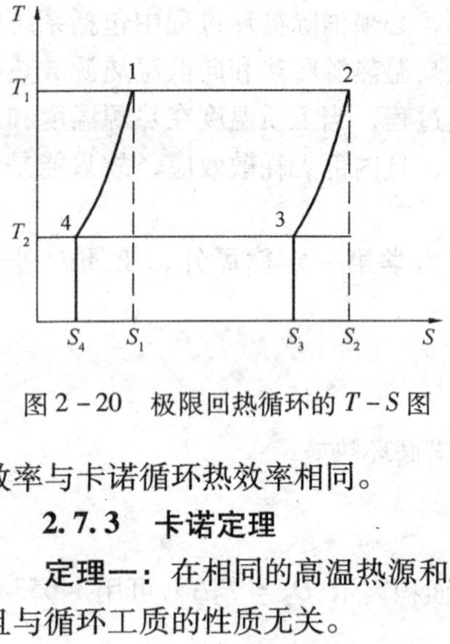

图2-20 极限回热循环的 $T-S$ 图

2.7.3 卡诺定理

定理一：在相同的高温热源和相同的低温热源间工作的一切可逆循环，热效率相等，并且与循环工质的性质无关。

定理二：在相同的高温热源和相同的低温热源间工作的一切不可逆循环的热效率必小于相应的可逆循环的热效率。

在卡诺循环热效率的推导公式中，并未涉及工质性质，故 η_c 与工质性质无关。

在相同温度的高温热源和相同温度的低温热源之间工作的可逆循环，除卡诺循环外，还可以有其他的可逆循环，如极限回热循环(图2-20)。该循环的定温吸热过程和定温放热过程与卡诺循环相同，但卡诺循环的定熵膨胀在这里变为有放热的可逆膨胀过程。同样，压缩过程也有吸热，其吸热量恰好等于膨胀过程的放热量。可见，极限回热循环中，高温热源失去的热量 Q_1、低温热源得到的热量 Q_2，以及功量 W_{net} 均与相应的卡诺循环相同，故其热效率也与卡诺循环相同。

若在温度为 T_1 和 T_2 的两个恒温热源之间工作的可逆循环和不可逆循环的吸热量 Q_1 相同，则对于不可逆循环，由于有不可逆因素(如摩擦)必造成功量损失，即其循环净功 $W'_{net} < W_{net}$，而其向低温热源的放热量 $Q'_2 > Q_2$，故其热效率小于卡诺循环热效率，即 $\eta'_t < \eta_c$。

根据卡诺定理，可得到以下几个重要结论：

① 卡诺循环的热效率只决定于高温热源和低温热源温度，即工质的吸热温度 T_1 与放热温度 T_2，而与工质的种类无关。

② 卡诺循环热效率只能小于 1。若要等于 1，则意味着 $T_1 = \infty$ 或 $T_2 = 0$，故这是不可能的，这说明卡诺循环热机不可能将热能全部变为机械能。由于卡诺循环是可逆循环中的一种，根据卡诺定理可知，一切循环的热效率(η_t)只能小于或等于卡诺循环热效率(η_c)，即 $\eta_t \leqslant \eta_c = 1 - \dfrac{T_2}{T_1} < 1$，这就说明了一切热机循环都不可能把热源中吸收的热量全部转变为功。

③ 第二类永动机是不存在的。因为该机若存在，当 $T_1 = T_2$ 时，由式(2－37)可知，循环 $\eta_c = 0$ 即只从单一热源吸热的循环是不可能把热转变为功的，所以第二类永动机是不存在的。

④ 不可逆循环的热效率必定小于相同条件的可逆循环的热效率。如在 T_1 和 T_2 间的可逆循环和不可逆循环吸热量 Q_1 相同，则由于不可逆因素造成的功量损失，使得循环净功 $W'_{net} < W_{net}, T'_2 > T_2, Q'_2 > Q_2$，所以 $\eta_t < \eta_c$。所以一切的热力循环过程中，为了提高效率应尽量减小不可逆性。

例 2－7　设工质在 $T_H = 1000K$ 的恒温热源和 $T_L = 300K$ 的恒温冷源间按热力循环工作(见图 2－21)，已知吸热量为 100kJ，求热效率和循环净功。

(1) 理想情况，无任何不可逆损失；

(2) 吸热在 200K 温差，放热时有 100K 温差。

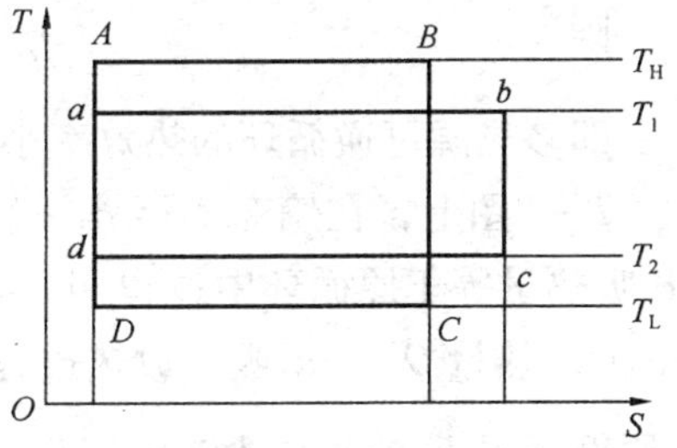

图 2－21　例 2－7 图

解　(1) 在两个恒温热源间工作的可逆循环热效率与卡诺循环热效率相同：$\eta_c = 1 - \dfrac{T_L}{T_H} = 1 - \dfrac{300}{700} = 70\%$

又因为　$\eta_c = \dfrac{W_{net}}{Q_1}, W_{net} = \eta_c Q_1$

所以　$W_{net} = 70\% \times 100 = 70kJ$

也是该循环过程中的最大循环净功。

(2) 这时工质的吸热和放热温度分别为 $T_1 = 800K$、$T_2 = 400K$，与热源间存在传热温差。设想在热源和工质之间插入中间热源，比如热阻板，使之与热源接触的一侧温度接近 T_H，与工质接触一端温度接近 T_1。将不可逆循环问题转换为与 $T_1 = 800K$、$T_2 = 400K$ 的两个中间热源换热的可逆循环，因而热效率

$$\eta_t = 1 - \frac{T_2}{T_1} = 1 - \frac{400}{800} = 50\%$$

净功：$W_{net} = 50\% \times 100 = 50kJ$

通过以上的计算可以得出：$\eta_t < \eta_c$，即在进行的不可逆循环的热效率低于可逆循环的热效率，验证了卡诺定律二。

2.8　多热源的可逆循环

实际循环中热源的温度常常并非恒温，而是变化的。例如：锅炉中烟气的温度在炉膛中、过热器和尾部烟道是不相同的。当热源的温度在热力循环中是非恒定的，工质温度随时与热源温度相等，进行无温差的传热，这种可逆循环可看作是由温度相差无限小的无穷多个恒温热源组成的可逆循环——**多热源可逆循环。**

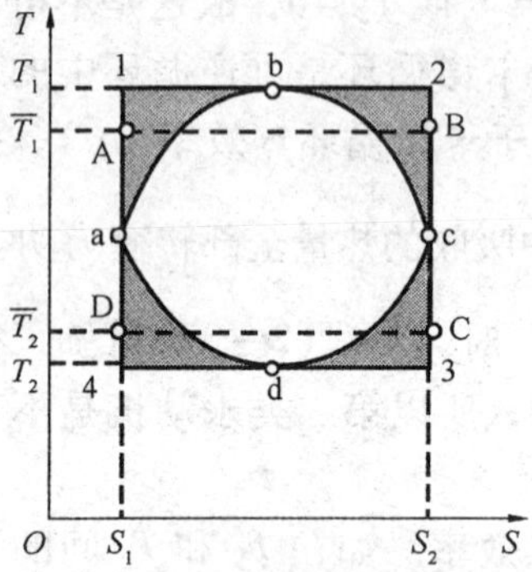

图 2-22　多热源可逆循环 $T-s$ 图

如图 2-22 所示，abcda 为一个任意的可逆循环。在整个循环过程中，工质温度是变化的。为保证过程可逆，需有无穷多个高温和低温热源与之相适应，故该循环为一个多热源的可逆循环。

该循环中高温热源的最高温度为 T_1，低温热源的最低温度为 T_2。整个循环中吸热量 Q'_1，放热量 Q'_2。在温度分别为 T_1 和 T_2 的两个恒温热源之间建立卡诺循环 12341，其吸热量 Q_1，放热量 Q_2。由图 2-22 可以看出 Q_1 比 Q'_1 多出面积 1ba1 和面积 b2cb，即有

$$Q_1 > Q'_1$$

同理可知

$$Q'_2 > Q_2$$

则

$$\eta_t = 1 - \frac{Q'_2}{Q'_1} < 1 - \frac{Q_2}{Q_1} = \eta_c$$

即多热源可逆循环的热效率小于同一温度界限内卡诺循环的热效率。

$T-s$ 图上，在熵变 $\Delta S = S_2 - S_1$ 不变的前提下，假定一个卡诺循环 ABCDA，其定温过程 AB 吸热量等于原循环中过程 abc 的吸热量 Q'_1，其定温过程 CD 放热量等于原循环中过程 cda 的放热量 Q'_2，即吸、放热过程线与横坐标包围的面积分别相等。此时过程 AB 的温度就是原循环 abcd 的**平均吸热温度** $\overline{T}_1$，过程 CD 的温度就是原循环的**平均放热温度**，即

$$\overline{T}_1 = \frac{Q'_1}{S_2 - S_1} < T_1 \tag{2-40}$$

$$\overline{T}_2 = \frac{Q'_2}{S_2 - S_1} > T_2 \tag{2-41}$$

这样，多热源的可逆循环就与在温度 $\overline{T}_1$ 和温度 $\overline{T}_2$ 之间工作的卡诺循环相当，其循环热效率可写成

$$\eta_t = 1 - \frac{Q'_2}{Q'_1} = 1 - \frac{\overline{T}_2}{\overline{T}_1} < \eta_c \tag{2-42}$$

由此可以看出，工作于两个热源间的一切可逆循环（包括卡诺循环）的热效率高于相同温限间多热源的可逆循环。

在比较各循环的热效率时，使用式(2-42)更方便。

例 2-8　如果室外温度为 -10℃，为保持车间内最低温度为 20℃，需要每小时向车间供热 36000kJ，求：(1)如采用电热器供暖，需要消耗电功率多少；(2)如采用热泵供暖，供

给热泵的功率至少是多少；(3)如果采用热机带动热泵进行供暖，向热机的供热率至少为多少。图 2－23 所示为热机带动热泵联合工作的示意图。假设：向热机的供热温度为 600K，热机在大气温度下放热。

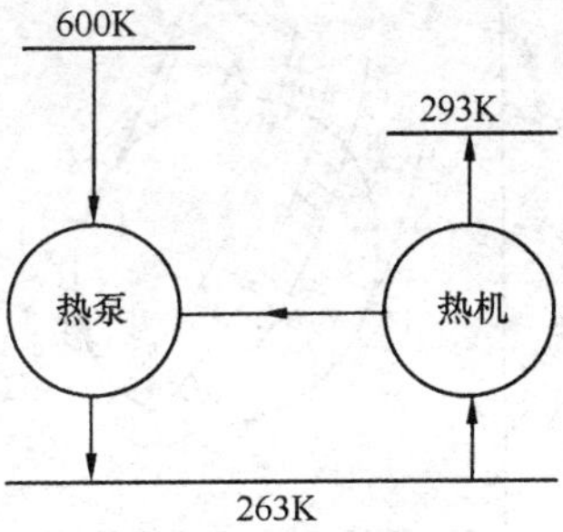

图 2－23　例 2－8 图
热力过程图

解　(1)用电热器供暖，所需的功率即等于供热率，故电功率为

$$\dot{W}=\dot{Q}=\frac{36000}{3600}=10\text{kW}$$

(2) 如果热泵按逆向卡诺循环运行，而所需的功最少。则逆向卡诺循环的供暖系数为

$$\varepsilon_w=\frac{\dot{Q}}{\dot{W}}=\frac{T_1}{T_1+T_2}=9.77$$

热泵所需的最小功率为 $\dot{W}=\dfrac{\dot{Q}}{\varepsilon_w}=1.02\text{kW}$

(3) 按题意，只有当热泵按逆向卡诺循环运行时，所需功率为最小。只有当热机按卡诺循环运行时，输出功率为 $\dot{W}$ 时所需的供热率为最小。

有
$$\eta_c=1-\frac{T_2}{T_1}=1-\frac{263}{600}=0.56$$

热机所需的最小供热率为

$$\dot{Q}_{\min}=\dot{W}/\eta_c=\frac{1.02}{0.56}=1.82\text{kW}$$

2.9　熵与克劳修斯不等式

2.9.1　熵的导出

熵是热力学第二定律的重要参数，是热力过程方向性的重要判据。通过熵的定量计算，不但可以解决热力过程、热力循环的方向性，判断过程是否可逆，而且对于过程不可逆程度方面有至关重要的作用。下面根据卡诺循环导出这个状态参数。

根据卡诺定理，在两个不同温度的恒温热源间工作的可逆热机，从高温热源 T_1 吸热 Q_1，向低温热源 T_2 放热 Q_2，则可逆热机的热效率与相应热源间工作的卡诺热机效率相同。即

$$\eta_c=1-\frac{Q_2}{Q_1}=\eta_t=1-\frac{T_2}{T_1}$$

由此可知 $\dfrac{Q_2}{Q_1}=\dfrac{T_2}{T_1}$,即$\dfrac{Q_1}{T_1}-\dfrac{Q_2}{T_2}=0$,式中的 Q_2 为绝对值。

若 Q_2 取为代数值,则放热为负,就有$\dfrac{Q_1}{T_1}+\dfrac{Q_2}{T_2}=0$。

对于如图 2－24 所示的任意可逆循环，用无数条可逆绝热过程线把循环分割成无数个微

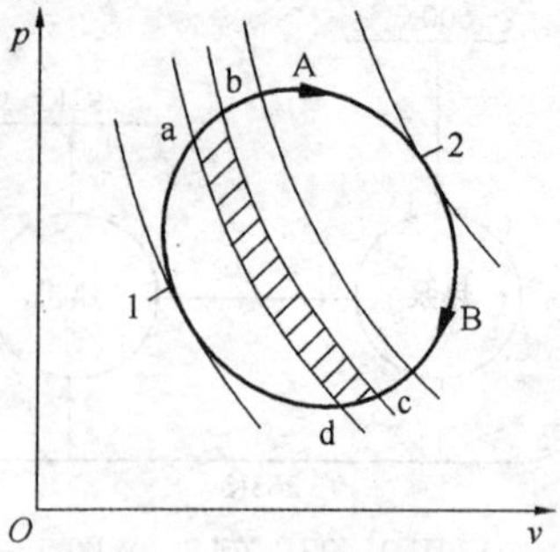

图 2-24 任意可逆循环

元循环。对于每一个微元循环，由于两根绝热可逆过程线无限接近，可以认定是由两个定温可逆过程和两个可逆绝热可逆过程构成的微元卡诺循环。若微元卡诺循环的热源和冷源的温度分别为 T_1 和 T_2，工质在循环中吸热量和放热量分别为 δQ_1 和 δQ_2，则由上式有 $\dfrac{\delta Q_1}{T_1}+\dfrac{\delta Q_2}{T_2}=0$。

全部微元卡诺循环积分求和得

$$\int_{1A2}\frac{\delta Q_1}{T_1}+\int_{2B1}\frac{\delta Q_2}{T_2}=0$$

δQ_1、δQ_2 都是工质与热源间的换热量，既然采用了代数值，可以统一用 δQ 表示，温度统一用 T 表示，上式改写为

$$\int_{1A2}\frac{\delta Q}{T}+\int_{2B1}\frac{\delta Q}{T}=0$$

即
$$\oint\left(\frac{\delta Q}{T}\right)_{可逆}=0 \qquad (2-43)$$

又因为这个过程为可逆过程，所以

$$\int_{2B1}\frac{\delta Q}{T}=-\int_{1B2}\frac{\delta Q}{T} \qquad (2-44)$$

则
$$\int_{1A2}\frac{\delta Q}{T}=\int_{1B2}\frac{\delta Q}{T} \qquad (2-45)$$

式(2-43)和式(2-45)表明，对于 $\dfrac{\delta Q}{T}$ 的积分，只要初、终状态不变，无论经 1-A-2 过程还是经 1-B-2 过程，或是其他的过程，只要是可逆过程其积分值均相等，亦即 $\dfrac{\delta Q}{T}$ 的积分与路径无关。因此根据状态参数的数学特性，可以断定可逆过程 $\dfrac{\delta Q}{T}$ 一定是某一状态参数的全微分形式。克劳修斯 1865 年定义这一状态参数为**熵**，用 S 表示，单位 J/K。

即
$$dS=\left(\frac{\delta Q}{T}\right)_{可逆} \qquad (2-46)$$

式中 δQ 为可逆过程的换热量，T 为热源的温度，换热过程为可逆无温差传热，故热源温度也等于工质温度 T，这就是熵参数的定义式。

从状态 1 到状态 2 的热力过程有：$S_2-S_1=\displaystyle\int_1^2\left(\frac{\delta Q}{T}\right)_{可逆}$ (2-47)

1kg 工质的**比熵**为
$$ds=\left(\frac{\delta q}{T}\right)_{可逆} \qquad (2-48)$$

可见，熵的变化反映了可逆过程中热交换的方向。当系统可逆地从外界吸热时，$\delta Q>0$，系统熵增加；当系统可逆地向外界放热时，$\delta Q<0$，系统熵减少。可逆绝热时熵不变。

熵是状态参数，因而只要系统初、终状态一定，无论过程可逆与否其熵变都有确定的值。

对于简单可压缩系统可作出 $T-s$ 图，图中曲线表示可逆过程，系统与外界换热量 $q=$

$\int T\mathrm{d}s$ 可用过程线下方的面积表示。如图 2－25 所示，1－2 过程线代表一个可逆吸热过程，在 1－2 线上，取任一微元过程 a－b，a－b 线下微元面积为 $T\mathrm{d}s$。按熵的定义知

$$\delta q = T\mathrm{d}s$$

微元面积 abcda 即代表该可逆吸热微元过程中所吸收的热量。故可逆吸热过程 1－2 的吸热量即为 $q_{12} = \int_1^2 T\mathrm{d}s$ ＝ 面积 12341。

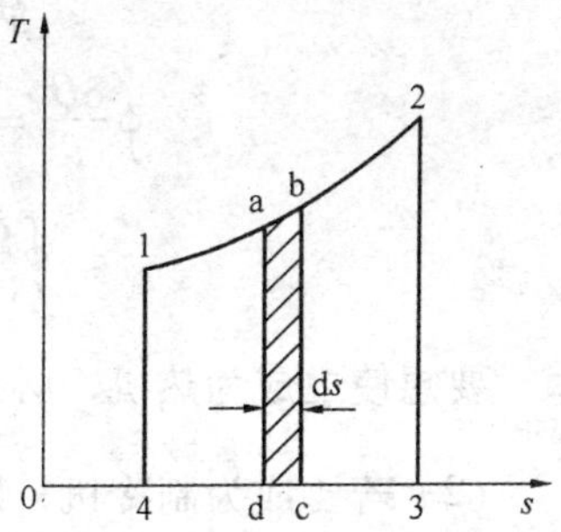

图 2－25　任意可逆循环 $T-s$ 图

2.9.2　克劳修斯不等式

前述的克劳修斯积分等式(2－43)，是可逆循环过程的一种判据。但自然界有大量的各种形式的热力过程，实际热力过程都是不可逆的，都具有一定的方向性，为寻求更普遍的，适用于一切热力过程进行方向的判据，或者说建立起热力学第二定律相应的数学判据是下面要解决的问题。

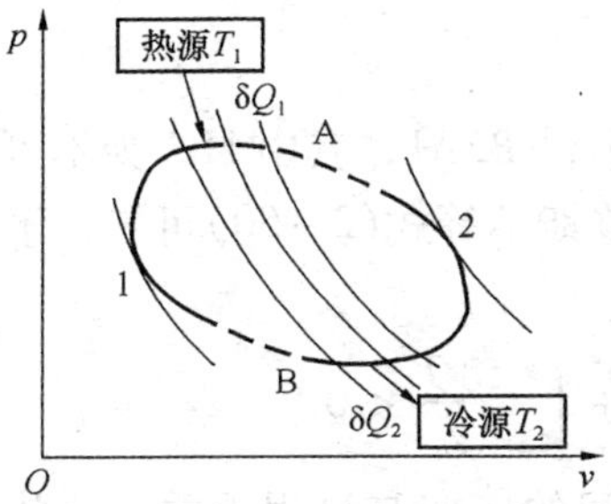

图 2－26　克劳修斯积分不等式导出图

如图 2－26 所示的不可逆循环，其中虚线表示不可逆过程。用无数条可逆绝热过程线将循环分成无穷多个微元循环。对于其中每一个不可逆微元循环，根据卡诺定律二可知，在相同高温和低温热源间的一切不可逆热机的热效率小于可逆热机的热效率。所以：

$$\eta_t = 1 - \frac{\delta Q_2}{\delta Q_1} < \eta_c = 1 - \frac{T_2}{T_1}$$

即：$$\frac{\delta Q_1}{T_1} < \frac{\delta Q_2}{T_2}$$

采用代数值，就有：$$\frac{\delta Q_1}{T_1} + \frac{\delta Q_2}{T_2} < 0$$

对于所有微元循环进行积分求和得

$$\oint\left(\frac{\delta Q}{T}\right)_{\text{不可逆}} < 0 \qquad (2-49)$$

与式(2－43)结合得

$$\oint\left(\frac{\delta Q}{T}\right) \leqslant 0 \qquad (2-50)$$

此式为克劳修斯不等式，也是热力学第二定律的数学表达式之一。

【结论】：当 $\oint\left(\frac{\delta Q}{T}\right) = 0$ 时，为可逆循环过程；当 $\oint\left(\frac{\delta Q}{T}\right) < 0$ 时，为不可逆循环过程；当 $\oint\left(\frac{\delta Q}{T}\right) > 0$ 循环不可能实现。所以，$\oint\left(\frac{\delta Q}{T}\right) \leqslant 0$——克劳修斯不等式是判断循环是否可逆的判据。

例题 2－9　有一个循环装置，工作在 800K 和 300K 的热源之间。若与高温热源换热 3000kJ，与外界交换功 2400kJ，试判断该装置能否成为热机？能否成为制冷机？

解　(1)若要成为热机，则 Q_1＝3000kJ，W＝2400kJ

$$Q_2 = W - Q_1 = 2400 - 3000 = -600\text{kJ}$$

$$\oint \frac{\delta Q}{T} = \frac{Q_1}{T_1} + \frac{Q_2}{T_2} = \frac{3000}{800} + \frac{-600}{300} = 1.75\text{kJ/K} > 0$$

$$\oint \frac{\delta Q}{T} > 0 \text{ 故该循环装置不可能成为热机。}$$

要想使之成为热机，必须再少做功，多放热，使 $\oint\left(\frac{\delta Q}{T}\right) \leqslant 0$。

（2）若要成为制冷机，即为逆循环，从低温热源吸热，向高温热源放热，同时外界对系统做功。

$$Q_1 = -3000\text{kJ} \quad W = -2400\text{kJ}$$

$$Q_2 = W - Q_1 = -2400 + 3000 = 600\text{kJ}$$

$$\oint \frac{\delta Q}{T} = \frac{Q_1}{T_1} + \frac{Q_2}{T_2} = \frac{-3000}{800} + \frac{600}{300} = -1.75\text{kJ/K} < 0$$

$$\oint \frac{\delta Q}{T} < 0\text{，所以能成为制冷机。}$$

2.9.3 不可逆过程的熵变

为了分析不可逆过程熵的变化，分析图 2－27 的不可逆循环 1B2A1，其中 1B2 为不可逆过程，2A1 为可逆过程。依克劳修斯不等式(2－50)可知，不可逆循环 1B2A1 有

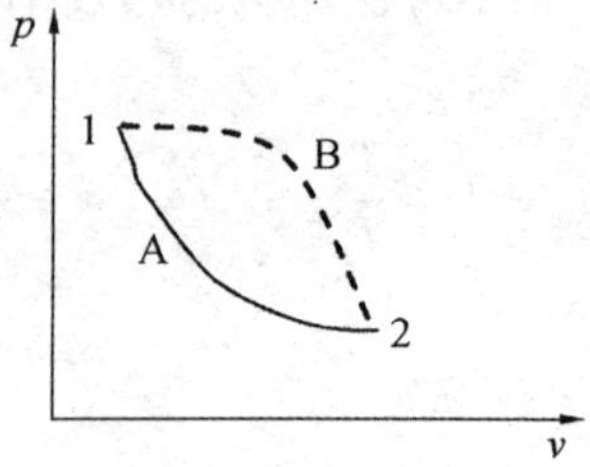

图 2－27 不可逆过程熵变计算

$$\oint \frac{\delta Q}{T} = \int_{1B2} \frac{\delta Q}{T} + \int_{2A1} \frac{\delta Q}{T} < 0$$

因为熵是状态函数，两状态间的熵变与过程无关，故状态 2 与状态 1 间熵变可按可逆过程 1A2 计算，即

可逆过程 $\Delta S_{12} = S_2 - S_1 = \int_{1A2} \frac{\delta Q}{T} = -\int_{2A1} \frac{\delta Q}{T}$，代入上式得

$$S_2 - S_1 > \int_{1B2} \frac{\delta Q}{T} \tag{2-51}$$

考虑可逆过程式(2－47)，则

$$S_2 - S_1 \geqslant \int_{1B2} \frac{\delta Q}{T} \tag{2-52}$$

对于 1kg 工质，则可表示为 $$s_2 - s_1 \geqslant \int_1^2 \frac{\delta q}{T} \tag{2-53}$$

式(2－52)和式(2－53)中，可逆过程时，取"＝"号，不可逆过程时，取"＞"号。表明初、终态是平衡态的过程的熵变等于可逆过程中系统吸热量与热源温度比值的积分，而大于不可逆过程中对工质加入的热量与热源温度比值的积分。

对于微元过程有 $\mathrm{d}S \geqslant \frac{\delta Q}{T}$，$\mathrm{d}s \geqslant \frac{\delta q}{T}$，这是用于判断热力过程是否可逆的热力学第二定律数学表达式的积分形式。

若为绝热过程，则无论是否可逆均有 $\delta q = 0$，所以有

$$\mathrm{d}s \geqslant \frac{\delta q}{T} = 0 \tag{2-54}$$

即在绝热可逆过程中，$ds=0$，故绝热可逆过程也称为定熵过程；对于绝热不可逆过程，有 $ds>0$，即工质熵一定增大，增大部分是不可逆因素引起的。

2.9.4　熵流和熵产

由上述分析可知，对于不可逆过程 $dS > \frac{\delta Q}{T}$，因而可写成

$$dS = \frac{\delta Q}{T} + dS_g = dS_f + dS_g \qquad (2-55)$$

在不可逆过程中熵的变化由两部分构成：一部分是由于系统与外界热交换引起的熵变 $dS_f = \frac{\delta Q}{T}$，称为**熵流**。另一部分是由不可逆因素引起的熵增加 $dS_g = dS - dS_f$，叫**熵产**，这是由于不可逆过程中存在不可逆因素引起的耗散效应，使损失的机械功在工质内部重新转化为热能(耗散热)被工质吸收，这部分由耗散热产生的熵增量即熵产。

熵流可大于零(吸热过程)，也可以小于零(放热过程)，绝热过程时熵流等于零。

熵产只能大于零(不可逆过程)或等于零(可逆过程)。不可逆性越大，熵产的值越大，所以，熵产量是不可逆性大小的度量。下面介绍由摩擦和温差传热引起的熵产。

(1) 摩擦引起熵产

若系统经历一微元不可逆过程，吸热 δQ，对外做功 δW，由于摩擦损失所耗的机械功为 δW_g。而与之相应的可逆过程，吸热 δQ_R，对外做功 δW_R。则有

$$\delta Q = \delta W + dU, \delta Q_R = \delta W_R + dU, \text{且 } \delta W = \delta W_R - \delta W_g$$

联立上述三式可得

$$\delta Q_R = \delta Q + \delta W_g$$

即

$$dS = \frac{\delta Q_R}{T} = \frac{\delta Q}{T} + \frac{\delta W_g}{T}$$

$$dS_g = dS - dS_f = dS - \frac{\delta Q}{T} = \frac{\delta W_g}{T} \qquad (2-56)$$

这相当于摩擦耗功变成热，从而使系统的熵增。可见熵产也可作为过程是否可能或是否可逆的判据。

(2) 温差传热引起熵产

对于有温差传热的情况，热源温度 T 与工质温度 T' 不同。工质的熵变等于相同初、终状态间的可逆过程的熵变。如认为工质与温度为 T' 热源进行可逆传热，工质的熵变为：

$$dS = \frac{\delta Q}{T'}$$

而有温差的传热时熵流为

$$dS_f = \frac{\delta Q}{T}$$

则有熵产为

$$dS_g = dS - dS_f = \delta Q\left(\frac{1}{T'} - \frac{1}{T}\right) \qquad (2-57)$$

2.9.5　熵方程

对于一个敞开系统，在 $d\tau$ 时间内，控制体积系统与外界交换热量 δQ；进入系统的工质

质量为 dm_1，携带有能量，同时也带入熵 $dS_1 = s_1 dm_1$；流出系统的工质质量为 dm_2，同时也带出熵 $dS_2 = s_2 dm_2$；系统熵流为 dS_f，系统熵产为 dS_g。则可列出系统熵平衡方程：

系统内储存熵的增量 $$dS_v = dS_f + dS_g + s_1 dm_1 - s_2 dm_2 \tag{2-58}$$

或 $$dS_g = dS_v - dS_f - s_1 dm_1 + s_2 dm_2 \geqslant 0 \tag{2-59}$$

多股流体进、出系统时：$dS_g = dS_v - dS_f - \sum_{in} s_i dm_i + \sum_{out} s_i dm_i \geqslant 0$

（1）稳定流动系统：$dS_v = 0, dm_1 = dm_2$ 则

单股流体时 $$\Delta S_g = S_2 - S_1 - \Delta S_f \geqslant 0 \tag{2-60}$$

多股流体时 $$\Delta S_g = \sum_{out} s_i m_i - \sum_{in} s_i m_i - \Delta S_f \geqslant 0 \tag{2-61}$$

（2）绝热稳定流动系统：$dS_f = 0$ 则

单股流体时 $$\Delta S_g = S_2 - S_1 \geqslant 0 \tag{2-62}$$

多股流体时 $$\Delta S_g = \sum_{out} s_i dm_i - \sum_{in} s_i dm_i \geqslant 0 \tag{2-63}$$

（3）封闭系统：$dm_1 = dm_2 = 0$，$dS_v = dS$ 则

$$\Delta S_g = \Delta S - \Delta S_f \geqslant 0 \tag{2-64}$$

（4）封闭绝热系统：$\Delta S_f = 0$ 则

$$\Delta S_g = \Delta S \geqslant 0 \tag{2-65}$$

例 2-10 某绝热刚性容器中盛有 1kg 空气，初温 $T_1 = 300\text{K}$。现用一搅拌器扰动气体，搅拌停止后，气体达到终态 $T_2 = 350\text{K}$。试问该过程是否可能？若可能是否为可逆过程？空气熵变计算式为 $\Delta s = 0.716\ln\dfrac{T_2}{T_1} + 0.287\ln\dfrac{v_2}{v_1}$。

解 判断一个过程能否实现，就是看它能否同时满足热力学第一定律和第二定律。本问题显然能满足热力学第一定律，只判断是否满足热力学第二定律即可。刚性容器容积不变，$v_1 = v_2$，则有

$$\Delta s = 0.716\ln\frac{350}{300} = 0.11\text{kJ/(kg·K)}$$

对于绝热封闭系统，$\Delta s_g = \Delta s = 0.11\text{kJ/(kg·K)} > 0$，故该过程能够实现，为一不可逆过程。

2.10 孤立系统熵增原理

判断过程的方向性或某个系统能否实现，就是看它是否同时满足热力学第一定律和热力学第二定律。热力学第一定律就是各条件下的能量方程，容易判断；而热力学第二定律比较抽象，其具体表述也较多，前面已介绍的有：任何循环的热效率小于 1、克劳修斯积分小于零、熵产大于零等等。然而，这些方法都只是在某些具体条件下较简便，在另一些情况下却较复杂。本节介绍一种较通用的简便判断方法——孤立系统熵增原理。

任何一个热力系（闭口系、开口系、绝热系、非绝热系）总可以将它连同与其相互作用的一切物体组成一个复合系统。该系统不再与外界有任何形式的能量和物质交换，其称为**孤立系统**。参见图 2-28。

在孤立系统中，如果进行可逆过程，据式(2－48)有 $ds=\left(\frac{\delta q}{T}\right)_{可逆}$，而由于孤立系统与外界是绝热的，故有

$$ds = 0$$

上式说明在孤立系统中进行可逆过程，其熵不变。

如果在孤立系统中进行不可逆过程，据式(2－54)就有

$$ds > \frac{\delta q}{T} = 0$$

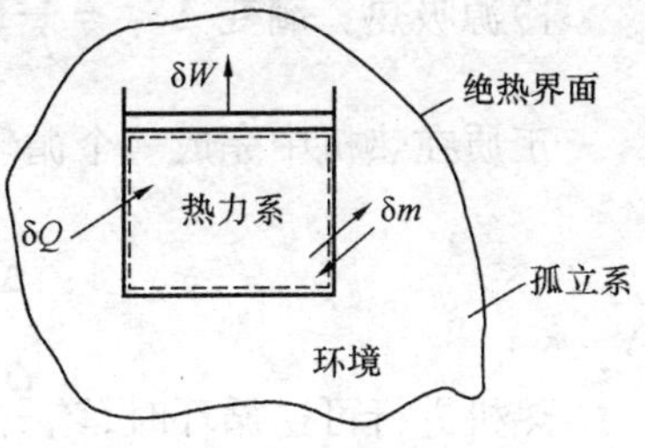

图 2－28　复合系统熵增

综合上述两种情况，可写为

$$ds \geqslant 0 \tag{2－66}$$

式(2－66)中，等号适用于孤立系统可逆过程，大于符号适用于孤立系统不可逆过程，该式所揭示的内容是孤立系统熵增原理。其内容为："孤立系的熵只能增加，不能减少，极限的情况(可逆过程)保持不变。"

值得注意的是：孤立系统熵增是指参与过程的所有物体熵变化的总代数和，如包括热源、冷源、工质物体等。

以下通过一些具体例子来了解熵增原理。

示例一：单纯的传热过程。

孤立系中有物体 A 和 B，温度各为 T_A 和 T_B，这时孤立系的熵增为

$$dS_{iso} = dS_A + dS_B \tag{a}$$

若为有限温差传热，$T_A > T_B$，微元过程中 A 物体放热，其熵变为：$dS_A = -\frac{\delta Q}{T_A}$。

B 物体吸热，其熵变为：$dS_B = \frac{\delta Q}{T_B}$。

又因为 $T_A > T_B$，所以有：$\frac{\delta Q}{T_A} < \frac{\delta Q}{T_B}$。

将上述关系式代入式(a)，得：

$$dS_{iso} = -\frac{\delta Q}{T_A} + \frac{\delta Q}{T_B} > 0$$

若为无限小温差传热，有 $T_A = T_B$，则 $\frac{\delta Q}{T_A} = \frac{\delta Q}{T_B}$，故

$$dS_{iso} = 0$$

可见，有限温差传热，孤立系的总熵变 $dS_{iso} > 0$，因而热量由高温物体传向低温物体是不可逆过程；同温传热时有 $dS_{iso} = 0$，则为可逆过程。

示例二：热转化为功。

可以通过两个温度为 T_1、T_2 的恒温热源间工作的热机实现热能转化为功。

这时孤立系熵变包括热源的熵变 ΔS_{T_1}、冷源的熵变 ΔS_{T_2} 和循环热机中工质的熵变 ΔS，即

$$\Delta S_{iso} = \Delta S_{T_1} + \Delta S + \Delta S_{T_2} \tag{b}$$

热源放热，熵变 $\Delta S_{T_1} = \frac{-Q_1}{T_1}$；

冷源吸热，熵变 $\Delta S_{T_2}=\dfrac{Q_2}{T_2}$（$Q_1$、$Q_2$ 均为绝对值）。

工质在热机中完成一个循环，$\Delta S=\oint dS=0$。将以上关系代入式(b)，得

$$\Delta S_{iso}=-\frac{Q_1}{T_1}+0+\frac{Q_2}{T_2}=\frac{Q_2}{T_2}-\frac{Q_1}{T_1}$$

热机进行可逆循环时，有$\dfrac{Q_2}{T_2}=\dfrac{Q_1}{T_1}$,所以 $\Delta S_{iso}=0$;进行不可逆循环时,因其热效率低于相应卡诺循环的热效率,即 $1-\dfrac{Q_2}{Q_1}<1-\dfrac{T_2}{T_1}$,故$\dfrac{Q_2}{T_2}>\dfrac{Q_1}{T_1}$,所以 $\Delta S_{iso}>0$。这再次验证了孤立系统中进行可逆变化时总熵不变,进行不可逆变化时系统总熵增大。

可见，孤立系统内只要有机械功不可逆地转化为热能，系统的熵必定增大。

熵增原理是讨论不可逆性、方向性与熵参数的内在联系，从而揭示热现象的理论。

孤立系统是封闭绝热系，绝热系统的熵变 $\Delta S=\Delta S_g\geqslant0$，它揭示了绝热封闭热力系统中的熵是增大的，这正是熵增原理的体现。孤立系统中同样 $\Delta S_{iso}\geqslant0$。

由以上的例子可知，根据熵增原理，可以判断热力过程进行的方向、条件和限度，在应用时应注意理解以下几点：

① 熵增原理是对孤立系统而言的，系统内的某个物体可与系统内其他物体相互作用，其熵可增、可减，也可以维持不变。

② ΔS_{iso}是指孤立系统内各部分熵变的代数和。它可以用来判断过程进行的方向：若 $\Delta S_{iso}>0$，则孤立系统内的过程可自发进行；若 $\Delta S_{iso}=0$，理论上可实现可逆过程，但实际上难以实现；若 $\Delta S_{iso}<0$，则孤立系统内的过程不能自发进行。

③ 要想使 $\Delta S_{iso}<0$ 的过程得以实现，则必须寻找一个使熵增加的过程与原孤立系统伴随进行，而且必须使原孤立系统与该伴随过程所组成的新的孤立系统的熵变大于零。这就为伴随过程（或称为补偿条件）提出了明确的要求，也就提出了过程进行的条件。

④ 随着孤立系统内各过程的进行，系统的熵不断增大，当其达到某个最大值时，系统处于平衡状态，过程即告终止，也就是过程进行的限度。

例 2-11　气体在汽缸中被压缩，气体的热力学能和熵的变化分别为 45kJ/kg 和 -0.289kJ/(kg·K)，外界对气体作功 165kJ/kg。过程中气体只与环境交换热量，环境温度为 300K。问该过程是否能够实现？

解　汽缸内气体与环境共同组成一个孤立系。计算孤立系的熵增

$$\Delta s_{iso}=\Delta s+\Delta s_{sur}$$

已知 $\Delta u=45$kJ/kg，$w=-165$kJ/kg，$\Delta s=-0.289$kJ/(kg·K)，由能量守恒式得

$$q=\Delta u+w=45-165=-120\text{kJ/kg}$$

q 为负值，表示工质放热，环境吸热，吸热量 $q_{sur}=-q=120$kJ/kg，故

$$\Delta s_{sur}=\frac{q_{sur}}{T_{sur}}=\frac{120}{300}=0.4\text{kJ/(kg·K)}$$

$$\Delta s_{iso}=\Delta s+\Delta s_{sur}=-0.289+0.4=0.111\text{kJ/(kg·K)}>0$$

$\Delta s_{iso}>0$，该过程可以实现，是一个不可逆过程。

【注意】：应用孤立系熵增原理计算每一物体熵变时，必须以该对象为主体来确定其熵

变的正、负。

例 2-12　求出下述情况下，由于不可逆性引起的系统熵变。已知大气 $p_0=101325\text{Pa}$，温度为 $T_0=300\text{K}$。

（1）将 200kJ 的热直接从压力为 $p_1=p_0$，温度为 400K 的恒温热源 A 传给大气。

（2）将 200kJ 的热直接从大气传向压力为 $p_B=p_0$，温度为 200K 的恒温热源 B。

（3）将 200kJ 的热直接从热源 A 传给热源 B。

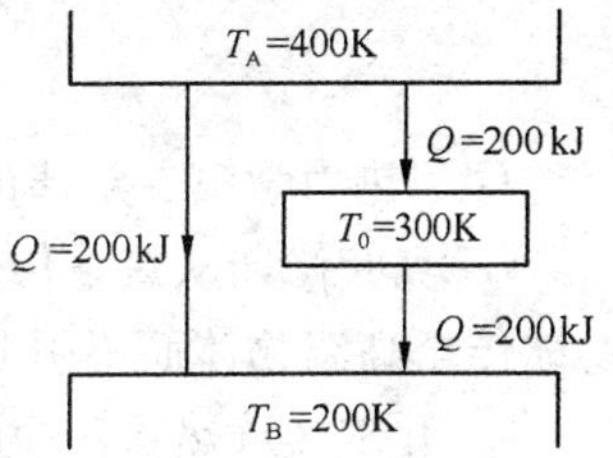

图 2-29　例 2-12 热力过程图

解　由题意画出示意图 2-29。

（1）将 200kJ 的热直接从 400K 恒温热源 A 传给 300K 的大气时

$$\Delta S_A=\frac{-Q}{T_A}=\frac{-200}{400}=-0.5\text{kJ/K}$$

$$\Delta S_0=\frac{Q}{T_0}=\frac{200}{300}=0.667\text{kJ/K}$$

热源 A 与大气组成的系统熵变为

$$\Delta S_1=\Delta S_A+\Delta S_0=-0.5+0.667=0.167\text{kJ/K}$$

（2）200kJ 的热直接从大气传向 200K 的恒温热源 B 时

$$\Delta S_B=\frac{Q}{T_B}=\frac{200}{200}=1\text{kJ/K}$$

$$\Delta S_0=\frac{-Q}{T_0}=\frac{-200}{300}=-0.667\text{kJ/K}$$

热源 B 与大气组成的系统熵变为

$$\Delta S_2=\Delta S_0+\Delta S_B=-0.667+1=0.333\text{kJ/K}$$

（3）200kJ 直接从恒温热源 A 传给恒温热源 B，则

$$\Delta S_A=\frac{-Q}{T_A}=\frac{-200}{400}=-0.5\text{kJ/K}$$

$$\Delta S_B=\frac{Q}{T_B}=\frac{200}{200}=1\text{kJ/K}$$

$$\Delta S_3=-0.5+1=0.5\text{kJ/K}$$

经过计算(1)和(2)两过程的综合效果与(3)过程是相同，这说明了熵是状态参数，与所走的路径无关，而与初、终状态有关。

本 章 小 结

（1）热力学第一定律的实质就是能量守恒与转换定律在热现象中的应用，即进入系统的能量减去离开系统的能量等于系统储存能量的增量，对于闭口系统有

$$Q=\Delta U+W$$

对稳定流动系统有

$$Q=\Delta H+W_t=\Delta H+\frac{1}{2}m\Delta c^2+mg\Delta z+W_s$$

（2）焓是状态参数：$H = U + pV$

（3）功和热量是过程量。系统对外界作的容积功为：$\delta W = p\mathrm{d}V$

可逆过程的容积功为：$W = \int p\mathrm{d}V$

与功类比，可逆过程的热量为：$Q = \int T\mathrm{d}S$

（4）热力学第二定律的两种表示方法：

① 克劳修斯从热量传递方向性的角度，将热力学第二定律表述为："不可能将热从低温物体传至高温物体而不引起其他变化。"

② 开尔文从热功转换的角度将热力学第二定律表述为："不可能从单一热源取热，并使之完全变为有用功而不引起其他变化。"

（5）卡诺定理：

定理一：在相同的高温热源和相同的低温热源间工作的一切可逆循环，热效率相等，并且与循环工质的性质无关。

定理二：在相同的高温热源和相同的低温热源间工作的一切不可逆循环的热效率必小于相应的可逆循环的热效率。

（6）多热源可逆热机的热效率小于同一温度界限内卡诺循环的热效率。

（7）熵流：系统与外界交换的热量与热源温度的比。

$$\mathrm{d}S_{\mathrm{f}} = \frac{\delta Q}{T}$$

（8）熵产：过程中不可逆因素引起的熵变，它反映了过程的不可逆程度。

$$\mathrm{d}S_{\mathrm{g}} = \mathrm{d}S - \mathrm{d}S_{\mathrm{f}} > 0 \quad \text{不可逆过程}$$

$$\mathrm{d}S_{\mathrm{g}} = \mathrm{d}S - \mathrm{d}S_{\mathrm{f}} = 0 \quad \text{可逆过程}$$

$$\mathrm{d}S_{\mathrm{g}} = \mathrm{d}S - \mathrm{d}S_{\mathrm{f}} < 0 \quad \text{不可能实现的过程}$$

由摩擦引起的熵产为 $\mathrm{d}S_{\mathrm{g}} = \dfrac{\delta W_{\mathrm{g}}}{T}$

由温差传热引起的熵产为 $\mathrm{d}S_{\mathrm{g}} = \delta Q\left(\dfrac{1}{T'} - \dfrac{1}{T}\right)$

（9）克劳修斯不等式

$$\text{当}\oint\left(\frac{\delta Q}{T}\right) = 0 \text{ 为可逆过程}$$

$$\text{当}\oint\left(\frac{\delta Q}{T}\right) < 0 \text{ 为不可逆过程}$$

$$\text{当}\oint\left(\frac{\delta Q}{T}\right) > 0 \text{ 循环不可能实现}$$

（10）孤立系统熵增原理：孤立系统的熵只能增大（实际不可逆过程），或维持不变（可逆过程），不可能减小，要使孤立系统熵减小的过程得以实现，必须再增加适当的使系统熵增加的过程。

$\mathrm{d}S_{\mathrm{iso}} > 0$ 不可逆过程；

$\mathrm{d}S_{\mathrm{iso}} = 0$ 可逆过程；

$dS_{iso}<0$ 不可能实现的过程。

ΔS_{iso}的计算方法有两种，一种是分别计算系统内各物体的熵变，再计算代数和；另一种是分别计算各不可逆因素引起的熵产，再求和。

（11）几种形式的热力学第二定律数学表达式及其适用范围：

$$\oint\frac{\delta Q}{T}\leqslant 0\text{:循环系统}\quad dS_{12}\geqslant\frac{\delta Q}{T}\text{:闭口系统}$$

$$dS_{ad}\geqslant 0\text{:绝热闭口系}\quad dS_{iso}\geqslant 0\text{:孤立系统}$$

思　考　题

1. 热力学第一、第二定律的下列说法能否成立？

（1）功量可以转换成热量，但热量不能转换成功量。

（2）自发过程是不可逆的。

（3）从任何具有一定温度的热源取热，都能进行热变功的循环。

2. 下列说法是否正确？

（1）系统熵增大的过程必须是不可逆过程。

（2）系统熵减小的过程无法进行。

（3）系统熵不变的过程必须是绝热过程。

（4）系统熵增大的过程必然是吸热过程，它可能是放热过程吗？

（5）系统熵减少的过程必然是放热过程，可以是吸热过程吗？

（6）工质经历一不可逆循环过程，因 $\oint\frac{\delta Q}{T}<0$，故 $\oint ds<0$

（7）在相同的初、终态之间，进行可逆过程与不可逆过程，则不可逆过程中工质熵的变化大于可逆过程中的工质熵的变化。

（8）在相同的初、终态之间，进行可逆过程与不可逆过程，则两个过程中，工质与外界之间传递的热量不相等。

（9）实际气体在绝热自由膨胀后，其热力学能不变。

（10）流动功的大小取决于系统进出口的状态，而与经历的过程无关。

（11）由于 Q 和 W 都是过程量，故 $(Q-W)$ 也是过程量。

（12）系统经历一个可逆定温过程，由于温度没有变化，故不能与外界交换热量。

（13）无论过程可逆与否，闭口绝热系统的膨胀功总是等于初、终态热力学能差。

（14）给理想气体加热，其热力学能总是增加的。

（15）只有可逆过程才能在 $p-v$ 图上描绘过程进行的轨迹。

（16）膨胀功是储存于系统的能量，压力愈高，则膨胀功愈大。

（17）$W=Q-\Delta U$ 同样适用闭口系统和开口系统。

3. 循环的热效率越高，则循环净功越大；反之，循环的净功越多，则循环的热效率也越高。对吗？

4. 任何热力循环的热效率均可用下列公式来表达：$\eta_t=1-\frac{q_2}{q_1}=1-\frac{T_2}{T_1}$ 这一说法对吗？为什么？

5. $T-s$ 图在热力学应用中有什么重要作用？不可逆过程能否在 $T-s$ 图上准确地表示出来？

6. 闭口系统经历一个不可逆过程，系统对外做功10kJ，并向外放热5kJ，问该系统熵的变化是正、是负还是可正可负？

习　题

1. 如图2－30，试填充表中空白。

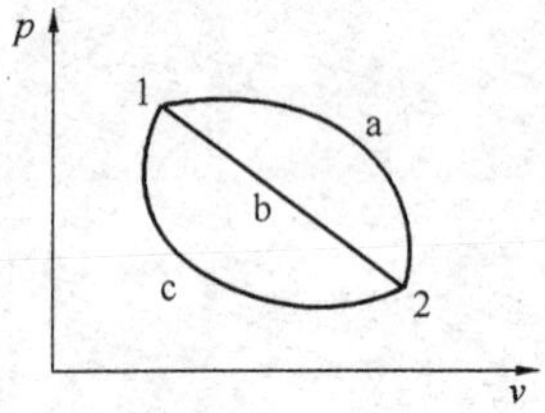

图2－30　习题1图

过程	热量 Q/kJ	膨胀功 W/kJ
1a2	10	
2b1	−7	−4
1c2		8

2. 气体某一过程中吸收了50J的热量，同时热力学能增加84J，问此过程是膨胀过程还是压缩过程？对外作功是多少？

3. 1kg空气的初态为 $p_1=5\text{kPa}$，$T_1=340\text{K}$。在闭口系统中进行可逆绝热膨胀，其容积变为原来的2倍（$V_2=2V_1$），求终态压力、温度、热力学能、焓的变化及膨胀功。

4. 气体从 $p_1=2\text{kPa}$，$V_1=0.4\text{m}^3$ 压缩到 $p_2=6\text{kPa}$，压缩过程中维持下列关系 $p=av+b$，其中 $a=20\text{kPa/m}^3$，试计算过程中所需的功，并将过程表示在 $p-v$ 图上。

5. 一可逆热机工作于三个温度分别为800K、450K和300K的恒温热源之间。已知该热机排给300K的热源的热量 $Q_3=-400\text{J}$，做出净功600J。试求该热机与其他两个热源的换热量。

6. 如图2－31所示，系统从状态a沿图中路径acb变化到状态b时，吸热80kJ，对外做功30kJ。试问：①系统从a经d到达b，若对外做功10kJ，则吸热量多少？②系统由b循曲线所示过程返回a，若外界对系统做功20kJ，吸热量为多少？③设 $U_a=0$，$U_d=40\text{kJ}$，那么ad、db过程吸热量各为多少？

7. 进入某汽轮机的新蒸汽比焓为 $h_1=3000\text{kJ/kg}$，流速为 $c_1=50\text{m/s}$。由汽轮机排出的乏汽的比焓降为 $h_2=2000\text{kJ/kg}$，流速为 $c_2=120\text{m/s}$，汽轮机对环境散热为 $6.81\times10^5\text{kJ/h}$，忽略高度差的影响。设蒸汽流量为40t/h，求该汽轮机的功率。

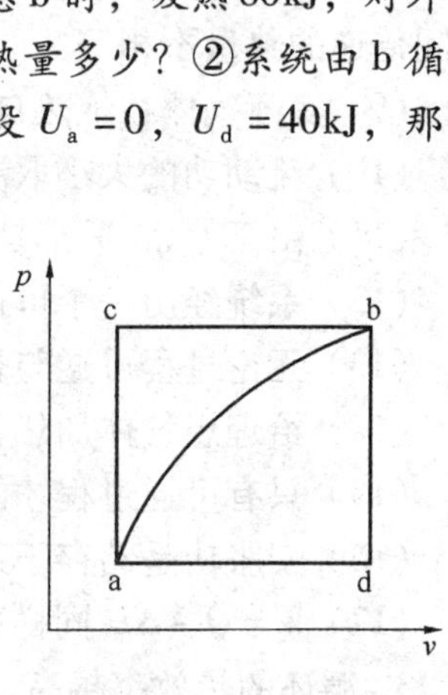

图2－31　习题6图

8. 一制冷机在－15℃和30℃的热源间工作，若其吸热量为20kW，循环制冷系数是同温限间逆向卡诺循环的75%，试计算：(1)散热量；(2)循环净耗功量。

9. 带有活塞运动汽缸，活塞面积为 f，初容积为 V_1 的汽缸中充满压力为 p_1，温度为 T_1 的理想气体，与活塞相连的弹簧，其弹性系数为 k，初始时处于自然状态。如对气体加热，压力升高到 p_2。求：气体对外做功量及吸收热量。（设气体比热容 c_v 及气体常数 R 为已知）。

10. 如图 2－32 所示的汽缸，其内充以空气。汽缸截面积 $A = 100\text{cm}^2$，活塞距底面高度 $H = 10\text{cm}$。活塞及其上重物的总重量 $G_i = 195\text{kg}$。当地的大气压力 $p_0 = 771\text{mmHg}$，环境温度 $t_0 = 27℃$。若当汽缸内气体与外界处于热力平衡时，把活塞重物取去 100kg，活塞将突然上升，最后重新达到热力平衡。假定活塞和汽缸壁之间无摩擦，气体可以通过汽缸壁和外界充分换热，试求活塞上升的距离和气体的换热量。

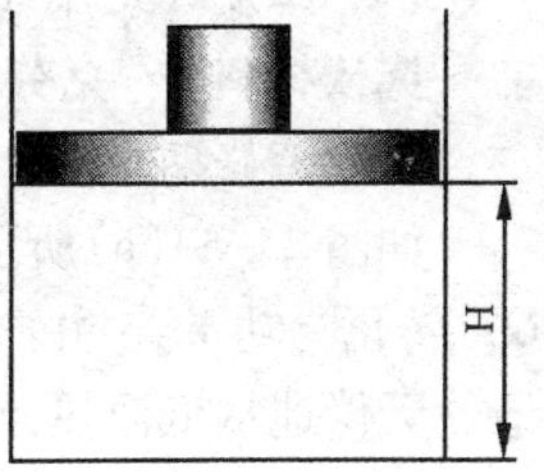

图 2－32　习题 10 图

11. 某制冷循环，工质从温度为 －73℃ 的冷源吸取热量 100kJ，并将热量 220kJ 传给温度为 27℃ 的热源，此循环满足克劳修斯不等式吗？

12. 有人声称设计了一台热力设备，该设备工作在高温热源 $T_1 = 540\text{K}$ 和低温热源 $T_2 = 300\text{K}$ 之间，若从高温热源吸入 1kJ 的热量，可以产生 0.45kJ 的功，试判断该设备可行吗？

13. 某卡诺热机每分钟从 500℃ 的热源吸热 5000kJ，向 30℃ 的环境放热。试求：

(1)该循环的热效率；(2)该循环的放热量；(3)该卡诺机输出的功率；(4)若热源温度为 800℃，工质的吸热温度为 500℃，吸热量不变，由温差传热而引起该系统的熵变量为多少？

14. 某热机工作于 $T_1 = 2000\text{K}$、$T_2 = 300\text{K}$ 的两个恒温热源之间，试问下列几种情况能否实现，是否是可逆循环：(1) $Q_1 = 1\text{kJ}$，$W_{net} = 0.9\text{kJ}$；(2) $Q_1 = 2\text{kJ}$，$Q_2 = 0.3\text{kJ}$；(3) $Q_2 = 0.5\text{kJ}$，$W_{net} = 1.5\text{kJ}$。

15. 有一可逆热机，如图 2－33 所示，自高温热源 t_1 吸热，向低温热源 t_2 和 t_3 放热。已知：$t_1 = 727℃$，$t_3 = 127℃$，$Q_1 = 1000\text{kJ}$，$Q_2 = 300\text{kJ}$，$W = 500\text{kJ}$，求：(1) $Q_3 = ?$ (2)可逆热机的热效率 $= ?$ (3)热源温度 $t_2 = ?$ (4)三热源和热机的熵变？

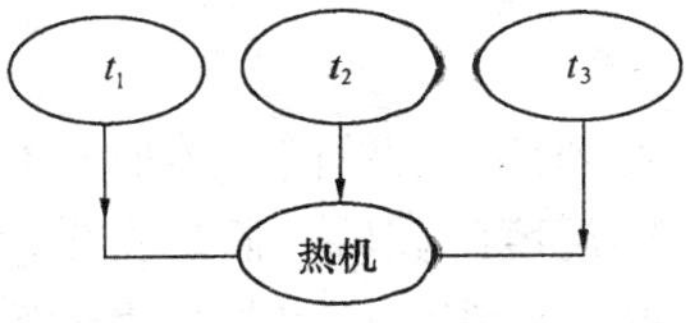

图 2－33　习题 15 过程图

16. 气体在汽缸中被压缩，气体的热力学能和熵的变化分别为 45kJ/kg 和 －0.289kJ/(kg · K)，外界对气体做功 170kJ/kg，过程中气体只与环境交换热量，环境温度为 300K。问该过程能否实现？

17. 已知新蒸汽流入汽轮机的比焓 $h_1 = 3232\text{kJ/kg}$，流速 $c_1 = 50\text{m/s}$；乏汽流出汽轮机时的比焓 $h_2 = 230\text{kJ/kg}$，流速 $c_2 = 120\text{m/s}$。散热损失和位能差可略去不计，试求每千克蒸汽流经汽轮机时对外界所做的功，若蒸汽流量是 10t/h，求汽轮机的功率。

18. 某发电厂设计的工作温度在 1650℃ 和 15℃ 之间，求：

(1) 该发电厂的理想热效率？

(2) 若该发电厂按理想循环工作，问生产 $1 \times 10^6\text{kW}$ 的功率时所需的能量和排热量是多少？

(3) 如果实际热效率只有 40%，仍产生 $1 \times 10^6\text{kW}$ 功率？所需的能量及排热量多少？

19. 试判别下列几种情况的熵变是：(a)正、(b)负、(c)可正可负？

(1) 闭口系中理想气体经历一可逆过程，系统与外界交换功量 20kJ、热量 20kJ；

(2) 闭口系经历一不可逆过程，系统与外界交换功量 20kJ、热量 20kJ；

(3) 工质稳定流经开口系，经历一可逆过程，开口系作功 20kJ，换热 －5kJ，工质在进、出口的熵变；

（4）工质稳定流经开口系，按不可逆绝热变化，系统对外做功 10kJ，系统的熵变。

选读材料 1　克劳修斯说法和开尔文－普朗克说法互证

以克劳修斯说法和开尔文－普朗克说法为例证明如下。

如图 2－34(a)所示，取热机 A 为系统，它自高温热源吸热 Q_1，将其一部分热量(Q_1-Q_2)转化为功 W_0，并向低温热源放热 Q_2。如果违反克劳修斯的说法，即热量 Q_2 可以自动地、无偿地从低温热源传至高温热源(如图中虚线所示)，则其总效果为热机 A 从高温热源吸热(Q_1-Q_2)，并使之全部转变为功 W_0，这也就否定了开尔文－普朗克说法。

如图 2－34(b)所示，取热机 A 和热机 B 为系统，热机 A 带动制冷机 B 工作。如果违反开尔文－普朗克说法，即热机 A 从高温热源吸热 Q_1，并使之全部转变为功 $W_0(=Q_1)$，则制冷机 B 把从低温热源的吸热量 Q_2 连同它所消耗的功 W_0 一起送入高温热源。其总效果为热量 Q_2 自动地、无偿地从低温热源传至了高温热源。因此也否定了克劳修斯说法。

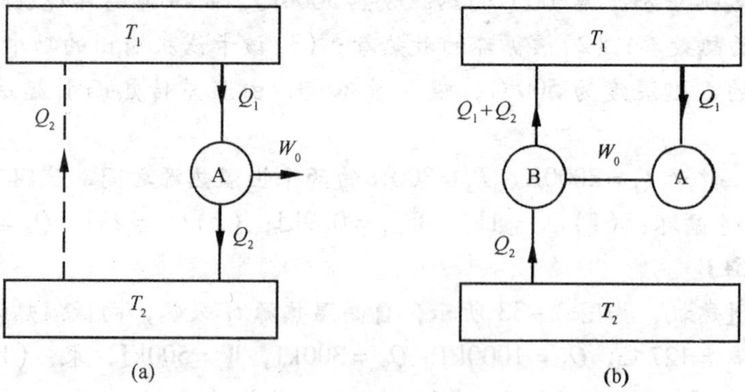

图 2－34　热力学第二定律表述的等效性

选读材料 2　热力学第二定律与热力学第零定律的区别

在 1.3.2 中曾介绍过热力学第零定律，并指出温度相同是达到热平衡的诸物体所具有的共同性质。热力学第零定律并不能比较尚未达热平衡的两物体间温度的高低，而热力学第二定律却能从热量自发流动的方向判别出物体温度的高低，所以热力学第零定律与热力学第二定律是两个相互独立的基本定律。

选读材料 3　第一定律对气体的应用

理想气体的内能·焦耳实验

我们知道，物质的内能是分子无规热运动动能与分子间互作用势能之和。分子间互作用势能随分子间距离增大而增加，所以体积增加时，势能增加，说明内能 U 是体积 V 的函数；而温度 T 升高时，分子无规热运动动能增加，所以 U 又是 T 的函数。一般说来，内能是 T 和 V 的函数。理想气体的分子互作用势能为零，它的内能是否与体积有关呢？焦耳于 1845 年所做的著名的自由膨胀实验，就是对这一问题的实验研究。

一、焦耳实验

图 2－35 为焦耳实验的示意图，气体被压缩在左边容器 A 中，右边容器 B 是真空。两容器用较粗的管道连接，中间有一活门可以隔开。整个系统浸在水中，打开活门让气体从容器 A 中冲出进入 B 中，然后测量过程前后水温的变化。焦耳测得水温始终不变。容器 B 中原为真空，从容器 A 中首先冲入容器 B 中的气体并未受到阻力。虽然稍后进入 B 中的气体

要推动稍早进入 B 中的气体做功，但这种系统内部各部分之间做的功，不能算作系统对外做功，所以在自由膨胀过程中，系统并部对外做功，即 $W=0$。又因为在自由时，气体流动速度很快，热量来不及传递，因而是绝热的，即 $Q=0$。将热力学第一定律应用于本实验，可知在自由膨胀过程中恒有

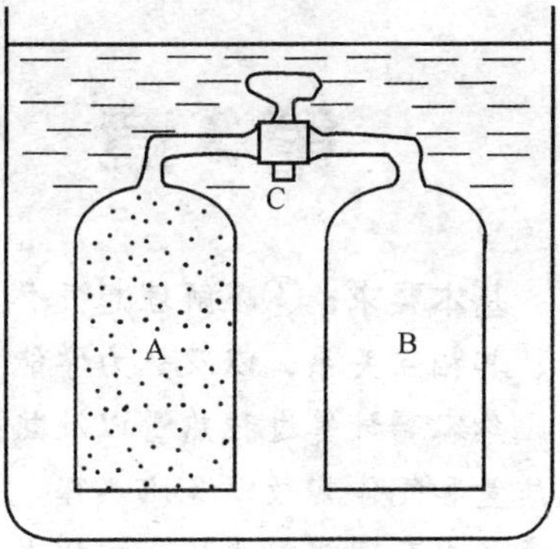

图 2-35　焦耳实验示意图

$$U_1(T_1,V_1) = U_2(T_2,V_2) = 常数 \quad (自由膨胀)$$

二、焦耳定律

焦耳所作的气体自由膨胀实验的结果表明气体的温度总是不变。而自由膨胀过程又是等内能的过程，这说明该气体的内能仅是温度的函数，与体积的大小无关。另外，在作焦耳实验时所充入容器 A 中的气体的压强都比较低，温度也维持在常温下，完全可认为焦耳实验所用的气体是理想气体。由焦耳实验可得如下结论：

理想气体内能仅是温度的函数，与体积无关

这是理想气体的一重要特征，通常称之为**焦耳定律**。注意：对于一般的气体（即非理想气体），因为 $U=U(T, V)$，内能还是 V 的函数，所以气体向真空自由膨胀时温度是要变化的。

第3章 气体与蒸气的热力性质

基本要求：①理解理想气体的概念，掌握理想气体状态方程式；②理解理想气体比热容、其相互关系，以及热力学能、焓、熵与比热容之间的关系式，掌握利用定值比热容、平均比热容等计算过程热量以及热力学能、焓、熵的变化；③掌握理想气体混合物的成分、摩尔质量和气体常数以及比热容、热力学能、焓和熵的计算方法；④理解压缩因子的概念、物理意义以及理想气体状态方程式，应用于实际气体产生偏离的原因，了解常用的实际气体状态方程，掌握范德华方程(包括各项的物理意义)，了解对应态定律及采用通用压缩因子图进行实际气体计算的方法；⑤掌握有关蒸气的各种术语(如饱和状态、湿饱和蒸气、过热蒸气、三相点、临界点、汽化潜热、干度等)及其意义，了解蒸气定压发生过程及其在$p-v$图和$T-s$图上的表示，了解蒸气图表的结构并掌握其应用；⑥理解湿空气、未饱和空气、饱和空气的含义，了解湿空气状态参数的意义及其计算方法，理解焓湿图。

3.1 理解气体及其状态方程

能量转换通常是借助于工质在热能动力设备中体积变化来实现的，不同性质的工质对能量转换有不同影响。因此，工质热力性质的研究是能量转换研究的一个重要方面。

通过上一章的学习知道，实际工程中许多热能动力设备的能量转换，是通过工质的体积变化实现的。例如，压缩机、膨胀机、内燃机等。因此，在这样的设备中，工质应具备膨胀能力(或收缩能力)，或者说工质的体积应具备较大的变化能力。自然界中体积变化较大的物质，只有气态的物质具有这一特性，因而热机的工质往往采用气态物质。

自然界中的气体分子本身有一定体积，分子间存在相互作用力，分子碰撞也并非直线运动，故很难描述和准确确定其复杂的运动。为了便于分析、计算，现引入理想气体的概念。

(1) 理想气体的概念

理想气体是一种实际上不存在的假想气体，其分子是些弹性的、不占体积的质点，分子之间没有相互作用力。在这两点假设条件下，气体分子的运动规律极大地简化了，分子之间的碰撞为直线运动，且为弹性碰撞无动能损失。

(2) 理想气体状态方程式

根据分子运动论对理想气体分子运动物理模型分析，得出理想气体遵循克拉贝龙方程式，即理想气体方程式：

$$pv = RT \tag{3-1a}$$

或

$$pV = mRT \tag{3-1b}$$

或

$$pV_m = R_m T \tag{3-1c}$$

或

$$pV = NR_m T \tag{3-1d}$$

式中 p——绝对压力，kPa(Pa)；

v——比体积，m^3/kg；

T——绝对温度，K；

m——质量，kg；

V——气体体积，m^3；

V_m——摩尔容积，$m^3/kmol(m^3/mol)$；

N——物质的量，kmol(mol)；

R——气体常数（只与气体种类有关，而与气体所处的状态无关），kJ/(kg·K)；

$R_m = 8.314kJ/(kmol \cdot K)$——摩尔气体常数（它是与工质的状态无关，并与气体性质无关的量，所以也称为普适恒量）。

气体常数 R 和摩尔气体常数 R_m 二者有如下关系：

$$R = \frac{R_m}{M} \quad kJ/(kg \cdot K)$$

式中　M——气体相对分子质量，kg/kmol。

克拉贝龙方程式只是气体性质的一种近似描述。只有当气体的压力极低，即 $p \to 0$，$v \to \infty$ 时，气体的性质才能完全符合这一方程。因此，理想气体可看作实际气体的压力 $p \to 0$，比体积 $v \to \infty$ 时的极限状态的气体。

那么在实际计算中，如何确定某种气体能否看作理想气体呢？一般来说，当实际气体压力较低或温度较高时，由于气体比体积较大，分子本身所占体积以及分子间相互作用力可忽略不计，就可以把某种气体看为理想气体。对于一般的气体热力发动机和热工设备中的气体工质，如氧气、氮气、氢气、一氧化碳等及其混合空气、燃气、烟气等工质，它们的临界温度低，在通常使用的工作温度和压力下均远离液态，所以在无特殊精度的要求下，可按理想气体对待。对于水蒸气和制冷工程中制冷剂的蒸气，这类物质的临界温度较高，蒸气在通常使用的工作温度和压力下离液态不远，且常常涉及气液相变，一般不能视为理想气体。但是燃气和大气中的水蒸气，因其分压力甚小，比体积很大，作为理想气体引起误差不大，因而可视为理想气体。

例 3-1　容积为 $0.1m^3$ 的容器内装有某种理想气体，已知压力和温度分别为 1.0 标准大气压和 25℃，质量为 0.123kg，试问该气体的相对分子质量是多少？

解　由理想气体状态方程式可得：

$$pV = mRT$$

又因为

$$M = \frac{R_m}{R}$$

得出

$$M = \frac{mR_mT}{pV} = \frac{0.123 \times 8314 \times (273 + 25)}{101325 \times 0.1} = 30kg/kmol$$

例 3-2　容积为 $0.1m^3$ 的容器内装有氧气，开始压力为 $p_1 = 0.3MPa$，温度为 20℃，随后发生泄漏，最终压力降为 $p_2 = 0.1MPa$ 时被发现，温度在此过程中没发生变化。设氧气具有理想气体的性质，试求漏掉氧气的质量。

解　查附表 3 可知氧气的气体常数 $R = 259.78J/(kg \cdot K)$，根据理想气体状态方程式可得泄漏前容器内氧气的质量：

$$m_1 = \frac{p_1V}{RT} = \frac{0.3 \times 10^6 \times 0.1}{259.78 \times (273 + 20)} = 0.394kg$$

同理可求出泄漏后容器内氧气的质量：

$$m_2 = \frac{p_2 V}{RT} = \frac{0.1 \times 10^6 \times 0.1}{259.78 \times (273 + 20)} = 0.131\text{kg}$$

所以泄漏掉氧气的质量为：

$$\Delta m = m_1 - m_2 = 0.394 - 0.131 = 0.263\text{kg}$$

3.2 理想气体的比热容、热力学能和焓

3.2.1 实际气体的热容

(1) 定义

气体在某一热力过程中与外界交换的热量的计算分析常常要涉及气体的比热容。更重要的是，气体的热力学能、焓和熵的计算分析与气体的比热容也有密切的关系。因此，气体的比热容是气体的重要热力性质之一。

热容：物质温度升高1K所需的热量，单位为J/K，即

$$C = \frac{\delta Q}{\mathrm{d}T} \tag{3-2}$$

比热容：1kg物质温度升高1K所需的热量，单位为kJ/(kg·K)，即

$$c = \frac{\delta q}{\mathrm{d}T} \tag{3-3}$$

摩尔热容：1kmol物质温度升高1K所需的热量，单位为kJ/(kmol·K)，即

$$C_{\mathrm{m}} = Mc \tag{3-4}$$

容积热容：标准状态下1m^3气体温度升高1K所需的热量，单位为kJ/(m^3·K)，即

$$c' = \frac{C_{\mathrm{m}}}{22.4} \tag{3-5}$$

(2) 实际气体的比热容

气体的比热容因工质不同而不同。由于热量是与过程有关的量，由比热容定义可知，气体比热容还受到热力过程的影响。所以同种气体升高相同的温度，经历不同的热力过程所需的热量不同。因此，比热容与过程的特征有关，是一个过程量。

在热能和机械能的相互转换中，往往是在接近压力不变或体积不变的条件下吸热和放热，故定容过程和定压过程是常见的两种热力过程，并且也是重要的热力过程，因而比定容热容和比定压热容是最常用的两种比热容。在气体的热力学能、焓及熵等热力性质的计算中，用到的也是这两种比热容。

比定容热容：比体积不变时，1kg物质温度升高1K所需的热量，单位为kJ/(kg·K)，即

$$c_v = \left(\frac{\delta q}{\mathrm{d}T}\right)_v \tag{3-6}$$

由热力学第一定律，对于可逆过程有：$\delta q = \mathrm{d}u + p\mathrm{d}v$

因为定容过程($\mathrm{d}v = 0$)，故有：

$$c_v = \left(\frac{\delta q}{\mathrm{d}T}\right)_v = \left(\frac{\mathrm{d}u + p\mathrm{d}v}{\mathrm{d}T}\right)_v = \left(\frac{\partial u}{\partial T}\right)_v \tag{3-7}$$

因此，比定容热容 c_v，是在定容条件下热力学能对温度的偏导数。也可理解为单位质量的物质，在定容过程中，温度变化 1K 时热力学能变化的数值。

比定压热容：压力不变时，1kg 物质温度升高 1K 所需的热量，单位为 kJ/(kg · K)，即

$$c_p = \left(\frac{\delta q}{\mathrm{d}T}\right)_p \tag{3-8}$$

根据热力学第一定律，对于可逆过程的能量方程还可以写成：$\delta q = \mathrm{d}h - v\mathrm{d}p$

对于定压过程($\mathrm{d}p=0$)，所以：

$$c_p = \left(\frac{\delta q}{\mathrm{d}T}\right)_p = \left(\frac{\mathrm{d}h - v\mathrm{d}p}{\mathrm{d}T}\right)_p = \left(\frac{\partial h}{\partial T}\right)_p \tag{3-9}$$

因此，比定压热容 c_p，是在定压条件下焓对温度的偏导数。也可理解为单位质量的物质，在定压过程中，温度变化 1K 时焓变化的数值。

式(3-7)和式(3-9)是由比热容定义式和热力学第一定律导出的，故适用于一切气体、一切过程。同时还可以看到，c_v、c_p 分别是状态参数 u 和 h 的偏导数，可见它们是与状态有关的状态参量。

3.2.2　理想气体的比热容

3.2.2.1　理想气体的比定压热容和比定容热容

理想气体是分子间无相互作用力的气体，故理想气体热力学能中不含分子间内位能，仅有与温度有关的内动能，故理想气体的热力学能与比体积无关，仅是温度的单值函数，即：$u=f(T)$

因而有 $\frac{\partial u}{\partial T} = \frac{\mathrm{d}u}{\mathrm{d}T}$

因此，由式(3-7)可以导出，理想气体的比定容热容为：

$$c_v = \frac{\mathrm{d}u}{\mathrm{d}T} \tag{3-10}$$

由焓的定义式及理想气体的状态方程得

$$h = u + pv = u + RT = f(T)$$

从上式可以看出对于理想气体，焓也只是与温度有关，为温度的单值函数。同理可得理想气体的比定压热容为：

$$c_p = \frac{\mathrm{d}h}{\mathrm{d}T} \tag{3-11}$$

由以上可得出结论：理想气体的热力学能、焓与比定容热容和比定压热容仅仅是温度的函数。

3.2.2.2　理想气体的比定压热容 c_p 与比定容热容 c_v 的关系

(1) 考察理想气体比定压热容与比定容热容之差

应用焓的定义及理想气体状态方程，由式(3-11)可写出下式

$$c_p - c_v = \frac{\mathrm{d}h - \mathrm{d}u}{\mathrm{d}T} = \frac{\mathrm{d}(pv)}{\mathrm{d}T} = \frac{\mathrm{d}(RT)}{\mathrm{d}T} = R \tag{3-12}$$

上式两边同乘以气体的摩尔质量 M，可得摩尔定压热容和摩尔定容热容之间的关系：

$$C_{pm} - C_{vm} = R_m \tag{3-13}$$

式中　C_{pm}——摩尔定压热容；

C_{vm}——摩尔定容热容。

以上式(3－12)和式(3－13)称为**迈耶公式**，迈耶公式表明：尽管理想气体的比定压热容和比定容热容都和温度有关，但两者之差却与温度无关。

分析上式：由于 $R>0$，所以 $c_p>c_v$。这是因为气体定容加热时，吸热量全部转变为分子的动能使工质的温度升高。而定压加热时气体受热膨胀，其容积增大，所吸收的热量在转变为分子的动能使温度升高的同时还要克服外力作功。因而定压过程气体温度升高 1K 所吸收的热量大于定容过程气体温度升高 1K 所吸收的热量，即比定压热容大于比定容热容的量。其差值就是使 1kg 气体在定压下温度升高 1K 时对外所做的功。

(2)比热容比/绝热指数 k

比定压热容和比定容热容二者之比称为**比热容比或绝热指数**，用 k 表示。

按定义可知

$$k=\frac{c_p}{c_v}=\frac{C_{pm}}{C_{vm}} \tag{3-14}$$

代入式(3－12)可以得到

$$c_p=kc_v=k(c_p-R)=\frac{k}{k-1}R \tag{3-15}$$

$$c_v=\frac{c_p}{k}=\frac{1}{k-1}R \tag{3-16}$$

3.2.2.3 理想气体比热容的种类

(1) 真实比热容

通过实验得出理想气体比热容是温度的复杂函数，随着温度的升高而增大，根据实验数据整理成多项式形式，称为**真实比热容**。如：

$$c_{pm}=a_0+a_1T+a_2T^2+a_3T^3 \tag{3-17}$$

$$c_{vm}=a_0+a_1T+a_2T^2+a_3T^3-R_m \tag{3-18}$$

可查附表2，a_0、a_1、a_2、a_3 为常数，只与气体种类有关，可根据一定温度范围内的实验值拟合得出。

(2) 平均比热容

利用真实比热容进行理想气体热力性质计算和热量计算均要进行积分，相对来说不太方便。工程上为了避免积分的麻烦，同时又不影响计算的精度，常利用平均比热容进行计算。**平均比热容**是在一定温度范围(t_1、t_2)内对真实比热容取积分平均值。

$$c\Big|_{t_1}^{t_2}=\frac{q}{t_2-t_1}=\frac{\int_{t_1}^{t_2}c\mathrm{d}t}{t_2-t_1}$$

$$c\Big|_{t_1}^{t_2}=\frac{\int_{t_1}^{t_2}c\mathrm{d}t}{t_2-t_1} \tag{3-19}$$

因此，从0℃到任意温度 t 的平均比热容为

$$c\Big|_{0}^{t}=\frac{\int_{0}^{t}c\mathrm{d}t}{t} \tag{3-20}$$

由于

$$\int_{t_1}^{t_2} c\mathrm{d}t = \int_0^{t_2} c\mathrm{d}t - \int_0^{t_1} c\mathrm{d}t = c\Big|_0^{t_2}(t_2 - 0) - c\Big|_0^{t_1}(t_1 - 0) \tag{3-21}$$

根据实验数据求出 0℃到任意温度 t 之间的平均比热容 $c\Big|_0^t$，然后将其列成平均比热容表，则任意两温度之间的平均比热容可直接用下式计算：

$$c\Big|_{t_1}^{t_2} = \frac{c\Big|_0^{t_2} \cdot t_2 - c\Big|_0^{t_1} \cdot t_1}{t_2 - t_1} \tag{3-22}$$

本书的附表 4 为平均比定压热容，附表 5 为平均比定容热容，这种查表求平均比热容的方法无疑会给工程计算带来很大的方便。

（3）定值比热容

在精度要求不高或温度范围变化不大的计算中及理论分析中，忽略比热容随温度的变化，取比热容为定值，即**定值比热容**。

根据分子运动理论，只考虑分子的移动与转动，不考虑分子内部的振动时，理想气体热力学能与温度成线性关系，即 1mol 理想气体的热力学能为：

$$U_{\mathrm{m}} = \frac{i}{2}R_{\mathrm{m}}T$$

由此可分别导出理想气体的摩尔定容热容、摩尔定压热容和比热容比分别为

$$C_{v\mathrm{m}} = \frac{\mathrm{d}U_{\mathrm{m}}}{\mathrm{d}T} = \frac{i}{2}R_{\mathrm{m}} \tag{3-23}$$

$$C_{p\mathrm{m}} = C_{v\mathrm{m}} + R_{\mathrm{m}} = \frac{i+2}{2}R_{\mathrm{m}} \tag{3-24}$$

$$k = \frac{i+2}{i} \tag{3-25}$$

式中 i 为分子运动的自由度。

对于单原子气体只有空间三个方向的平移运动，故 $i=3$；$\frac{C_{p\mathrm{m}}}{R_{\mathrm{m}}} = 2.5$；$k = 1.67$。

对于双原子气体除平移运动外，尚有绕垂直于原子联线的两个轴转动，故 $i=5$；$\frac{C_{p\mathrm{m}}}{R_{\mathrm{m}}} = 3.5$；$k=1.4$。

对于多原子气体，$i=7$；$\frac{C_{p\mathrm{m}}}{R_{\mathrm{m}}} = 4.5$；$k=1.3$。

在热工计算中，常采用温度为 298K 时的气体比热容的实验数据作为定值比热容的值，几种常见气体的定值比热容见附表 3。如温度较高，但变化范围较窄，则定值比热容应取过程始末温度下比热容的算术平均值或过程始末温度的平均比热容。

3.2.3　理想气体的热力学能和焓

由于实际气体的热力学能是温度与比体积的函数，即，$u=f(v,\ T)$，所以热力学能和焓的全微分形式可以写成以下式子。

热力学能：

$$\mathrm{d}u = \left(\frac{\partial u}{\partial T}\right)_v \mathrm{d}T + \left(\frac{\partial u}{\partial v}\right)_T \mathrm{d}v = c_v\mathrm{d}T + \left(\frac{\partial u}{\partial v}\right)_T \mathrm{d}v \tag{3-26}$$

焓：
$$dh = \left(\frac{\partial h}{\partial T}\right)_p dT + \left(\frac{\partial h}{\partial p}\right)_T dp = c_p dT + \left(\frac{\partial h}{\partial p}\right)_T dp \tag{3-27}$$

上式适用于一切工质。

前面 3.2.2 节讲过，理想气体的热力学能和焓仅仅是温度的函数，所以对于理想气体的平衡态，其温度一旦被确定，热力学能和焓就有确定值。

则对于理想气体的热力学能：

$$\left.\begin{aligned} u &= f(T) \\ \left(\frac{\partial u}{\partial v}\right)_T &= 0 \end{aligned}\right\} \tag{3-28}$$

对于理想气体的焓：

$$\left.\begin{aligned} h &= f(T) \\ \left(\frac{\partial h}{\partial p}\right)_T &= 0 \end{aligned}\right\} \tag{3-29}$$

将式(3-28)和式(3-29)分别代入式(3-26)和式(3-27)，可得：

$$du = c_v dT \tag{3-30}$$
$$dh = c_p dT \tag{3-31}$$

需注意的是，虽然式(3-30)和式(3-31)中分别含有比定容热容和比定压热容，但由于热力学能和焓是状态参数，且比定容热容和比定压热容均仅仅是状态参数温度的函数。因此，式(3-30)和式(3-31)不只限于定容和定压过程，而适用于理想气体的任何过程。

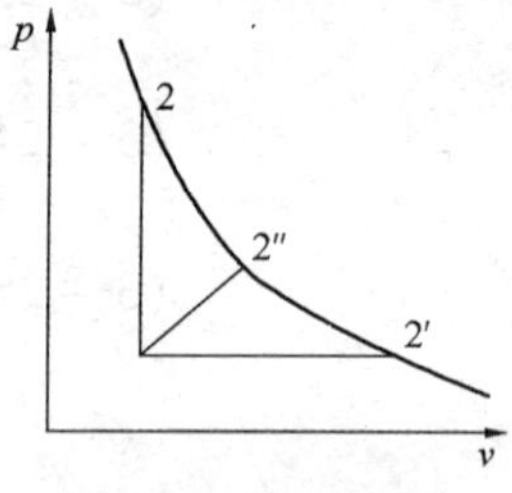

图 3-1 理想气体 u 与 h 的性质

由热力学第一定律的式(2-14)和式(2-29)知，在热力过程的能量分析计算中，并不需要求得热力学能和焓的绝对值，只需计算过程的热力学能和焓的变化量，因此可用式(3-30)和式(3-31)进行热力过程的能量分析计算。

为了更好的理解这个结论，对图 3-1 的热力过程进行推理：

如图 3-1 所示，2、2′、2″都在同一条等温线 T 上，1-2 为定容过程，1-2′为定压过程，1-2″为任意过程。因为 2、2′、2″各点温度相同，$u_2 = u_{2'} = u_{2''}$，$h_2 = h_{2'} = h_{2''}$。显然理想气体等温线即等热力学能线、等焓线。因此，

$$\Delta u_{1-2} = \Delta u_{1-2'} = \Delta u_{1-2''} = \int_1^2 c_v dt \tag{3-32}$$

$$\Delta h_{1-2} = \Delta h_{1-2'} = \Delta h_{1-2''} = \int_1^2 c_p dt。 \tag{3-33}$$

工程上可以采用以下四种方法计算 Δu、Δh，具体选用哪一种方法，取决于所要求的精度。

① 按定值比热容计算

$$\Delta u = c_v(T_2 - T_1) \tag{3-34}$$
$$\Delta h = c_p(T_2 - T_1) \tag{3-35}$$

② 按真实比热容计算

$$\Delta h = \int_1^2 c_p dT = \frac{1}{M}\int_1^2 (a_0 + a_1 T + a_2 T^2 + a_3 T^3) dT \tag{3-36}$$

$$\Delta u = \int_1^2 c_u \mathrm{d}T = \int_1^2 (c_p - R)\mathrm{d}T = \Delta h - R(T_2 - T_1) \qquad (3-37)$$

③ 按平均比热容计算

$$\Delta h = c_p \Big|_{t_1}^{t_2} \cdot \Delta t = c_p \Big|_0^{t_2} \cdot t_2 - c_p \Big|_0^{t_1} \cdot t_1 \qquad (3-38)$$

$$\Delta u = c_v \Big|_{t_1}^{t_2} \cdot \Delta t = c_v \Big|_0^{t_2} \cdot t_2 - c_v \Big|_0^{t_1} \cdot t_1 \qquad (3-39)$$

④ 由理想气体热力性质表，直接获得 h、u 值。

如果确定了气体在各温度下的 h、u 值，则可方便地求出 Δu 和 Δh。热工计算中只要求确定过程中热力学能或焓值的变化量，所以可相对某一基准点来确定 h、u 值，即选定一个基准温度，规定该温度下的焓和热力学能分别为 h_0、u_0。

$$u = u_0 + \int_{T_0}^{T} c_v \mathrm{d}T = u_0 + u(T) \qquad (3-40)$$

$$h = h_0 + \int_{T_0}^{T} c_p \mathrm{d}T = h_0 + h(T) \qquad (3-41)$$

通常取0℃或0K作为基准点，在此温度下，焓的值为0。

如果以0K为基点：此时 $\{h_{0K}\} = 0$、$\{u_{0K}\} = 0$，这时任意温度 T 时的 h、u 实际上是从0K计起的相对值，即

$$h = c_p \Big|_{0K}^{T} \times T, u = c_v \Big|_{0K}^{T} \times T \qquad (3-42)$$

若以0℃为基点：此时 $\{h_{0K}\} = 0$，由于 $h = u + pv = u + RT$，那么 $\{h_{0℃}\} = \{u_{0℃}\} + 273.15R$，因此 $\{u_{0℃}\} = -273.15R$，将其代入式(3-36)、式(3-37)可得：

$$h = c_p \Big|_{0℃}^{t} \times t, u = c_v \Big|_{0℃}^{t} \times t - 273.15R \qquad (3-43)$$

例3-3　在工业炉中采用预热器将空气先预热到一定温度，再送入炉膛内与燃料混合燃烧可以节约燃料。若空气在预热器中从300K定压加热到400K，试按下列比热容计算对1kg空气所加入的热量。

① 按定值比热容计算；

② 按真实比热容计算；

③ 按平均比热容计算；

④ 利用空气的热力性质表计算。

解　依据热力学第一定律有：

$$q = \Delta h + w_t$$

因为空气在预热器中加热是定压过程，$w_t = -\int_1^2 v\mathrm{d}p = 0$

因此，加热1kg空气所需的热量为

$$q = \Delta h = \int_{T_1}^{T_2} c_p \mathrm{d}T$$

① 按定值比热容计算

由附表3查得空气的比定压热容 $c_p = 1.004\text{kJ}/(\text{kg}\cdot\text{K})$

$$q = \Delta h = c_p(T_2 - T_1) = 1.004 \times (400 - 300) = 100.4\text{kJ}$$

② 按真实比热容计算

查附表2知 $C_{pm} = 28.15 + 1.967 \times 10^{-3}T + 4.801 \times 10^{-6}T^2 - 1.966 \times 10^{-9}T^3$

空气的相对分子质量为 $M = 28.95\text{kg/kmol}$

因此

$$q = \int_{300}^{400} \frac{C_{pm}}{M} \mathrm{d}T$$
$$= \int_{300}^{400} \frac{28.15 + 1.967 \times 10^{-3}T + 4.801 \times 10^{-6}T^2 - 1.966 \times 10^{-9}T^3}{28.95} \mathrm{d}T$$
$$= 101.5\text{kJ}$$

③ 按平均比热容计算

$$t_1 = 300 - 273 = 27\ ℃,\ t_2 = 400 - 273 = 127\ ℃$$

查附表4得：

$$c_p\Big|_0^0 = 1.004\text{kJ/(kg}\cdot\text{K)},\ c_p\Big|_0^{100} = 1.006\text{kJ/(kg}\cdot\text{K)},\ c_p\Big|_0^{200} = 1.012\text{kJ/(kg}\cdot\text{K)}$$

采用内插法计算

$$c_p\Big|_0^{27} = \frac{1.006 - 1.004}{100 - 0} \times (27 - 0) + 1.004 = 1.00454\text{kJ/(kg}\cdot\text{K)}$$

$$c_p\Big|_0^{127} = \frac{1.012 - 1.006}{200 - 100} \times (127 - 100) + 1.006 = 1.00762\text{kJ/(kg}\cdot\text{K)}$$

因此

$$q = \Delta h = c_p\Big|_0^{127} \times t_2 - c_p\Big|_0^{27} \times t_1 = 1.00762 \times 127 - 1.00454 \times 27 = 100.85\text{kJ}$$

④ 利用气体性质表计算

查附表6，$h_{300\text{K}} = 300.19\text{kJ/kg}$，$h_{400\text{K}} = 400.98\text{kJ/kg}$

$$q = h_{400\text{K}} - h_{300\text{K}} = 400.98 - 300.19 = 100.8\text{kJ/kg}$$

3.3 理想气体的熵

理想气体熵的热力性质与热力学能和焓不同，理想气体的熵不仅仅是温度的函数，它还与压力和比体积有关。但熵也是一个状态参数，当始末状态确定时，系统的熵变也就确定了，与过程性质及路径无关。所以熵变的计算也可以脱离实际过程独立地进行。因此，在建立理想气体的熵变计算公式时，可选择最简单的热力学模型——可逆过程来推导，由此得出的结论仍可适用于具有相同始末状态的任意过程。

由式(2-43)可知，在可逆过程中微元熵的定义为 $\mathrm{d}s = \left(\frac{\delta q}{T}\right)_{可逆}$，结合理想气体状态方程和热力学第一定律可以推导出理想气体熵变的三种计算式：

① 根据 $\delta q = \mathrm{d}u + p\mathrm{d}v$ 及 $pv = RT$

$$\mathrm{d}s = \frac{\delta q}{T} = \frac{\mathrm{d}u + p\mathrm{d}v}{T} = \frac{c_v \mathrm{d}T}{T} + \frac{p}{T}\mathrm{d}v = c_v \frac{\mathrm{d}T}{T} + R\frac{\mathrm{d}v}{v} \tag{3-44}$$

② 根据 $\delta q = \mathrm{d}h - v\mathrm{d}p$ 及 $pv = RT$

$$ds = \frac{\delta q}{T} = \frac{dh - vdp}{T} = \frac{c_p dT}{T} - \frac{v}{T}dp = c_p \frac{dT}{T} - R\frac{dp}{p} \tag{3-45}$$

③ 由理想气体状态方程微分形式 $\frac{dT}{T} = \frac{dp}{p} + \frac{dv}{v}$ 代入式(3-44)可得

$$ds = c_v \frac{dp}{p} + (c_v + R)\frac{dv}{v} = c_v \frac{dp}{p} + c_p \frac{dv}{v} \tag{3-46}$$

由于 c_p 和 c_v 是温度的函数，故与焓和热力学能的计算相类似，熵的计算有以下三种方法：

① 按真实比热容计算(精确计算)

$$\Delta s = \int_1^2 c_v \frac{dT}{T} + R\ln\frac{v_2}{v_1} \tag{3-47}$$

或

$$\Delta s = \int_1^2 c_p \frac{dT}{T} - R\ln\frac{p_2}{p_1} \tag{3-48}$$

或

$$\Delta s = \int_1^2 c_v \frac{dp}{p} + \int_1^2 c_p \frac{dv}{v} \tag{3-49}$$

② 按定值比热容或平均比热容计算

$$\Delta s = c_v \ln\frac{T_2}{T_1} + R\ln\frac{v_2}{v_1} \tag{3-50}$$

或

$$\Delta s = c_p \ln\frac{T_2}{T_1} - R\ln\frac{p_2}{p_1} \tag{3-51}$$

或

$$\Delta s = c_v \ln\frac{p_2}{p_1} + c_p \ln\frac{v_2}{v_1} \tag{3-52}$$

③ 利用气体性质表计算

若规定 $p_0 = 101325$Pa、$T_0 = 0$K 时工质的熵为零，即 $s_0^0 = 0$J/(kg · K)(上标表示 $p = p_0$，下标表示 $T = T_0$)，那么由式(3-48)可得状态为 p、T 时理想气体的熵为

$$s = s_0^0 + \int_{T_0}^{T} c_p \frac{dT}{T} - R\ln\frac{p}{p_0} = \int_{T_0}^{T} c_p \frac{dT}{T} - R\ln\frac{p}{p_0} \tag{3-53}$$

因为理想气体的 c_p 仅为温度的函数，所以式中积分项 $\int_{T_0}^{T} c_p \frac{dT}{T}$ 也只是温度 T 的函数。当 $p = p_0$ 时，上式变为

$$s_T^0 = \int_{T_0}^{T} c_p \frac{dT}{T}$$

式中 s_T^0 为压力为 101325Pa、温度为 T 时理想气体的熵。显然，其数值取决于温度 T，因而可将各种理想气体 s^0 的值做成表格(见附表 6 ~ 附表 12)，以方便查用。这样，任意状态 1 (p_1，T_1)和状态 2(p_2，T_2)的熵差为

$$\Delta s = \int_{T_1}^{T_2} c_p \frac{dT}{T} - R\ln\frac{p_2}{p_1} = \int_{T_0}^{T_2} c_p \frac{dT}{T} - \int_{T_0}^{T_1} c_p \frac{dT}{T} - R\ln\frac{p_2}{p_1} = s_{T_2}^0 - s_{T_1}^0 - R\ln\frac{p_2}{p_1} \tag{3-54}$$

由上式可以看出，过程中理想气体熵的变化取决于它的初、终态，而与热力过程无关，这就证明了理想气体的熵是一个状态参数。

例 3-4　空气的状态由 0.24MPa，290K 变化到 0.69MPa，450K。试在下列条件下计算

空气比焓的变化和比熵的变化。

① 按定值比热容计算；

② 查空气的热力性质表进行计算。

解 ①按定值比热容计算：

查附表 3 可得空气的比定压热容 $c_p = 1.004\text{kJ/(kg·K)}$

空气比焓的变化为

$$\Delta h = c_p(T_2 - T_1) = 1.004 \times (450 - 290) = 160.64\text{kJ/kg}$$

比熵的变化为

$$\Delta s = c_p \ln \frac{T_2}{T_1} - R\ln \frac{p_2}{p_1} = 1.004 \times \ln \frac{450}{290} - 0.287\ln \frac{0.69}{0.24} = 0.138\text{kJ/(kg·K)}$$

② 查空气的热力性质表进行计算

由附表 6 查得：

空气比焓的变化为

$$\Delta h = h_2 - h_1 = 451.8 - 290.16 = 161.64\text{kJ/kg}$$

空气比熵的变化为

$$\Delta s = s_2 - s_1 = s_{T_2}^0 - s_{T_1}^0 - R\ln \frac{p_2}{p_1} = 2.111 - 1.668 - 0.287 \times \ln \frac{0.69}{0.24} = 0.14\text{kJ/(kg·K)}$$

从以上计算结果可以看出，本题按照定值比热容进行计算的结果和实际情况吻合良好，这是由于在本题中的压力和温度范围内，气体的密度比较低，因而 c_p 变化甚微的缘故。

3.4 理想气体的混合物

除单一组分的理想气体外，工程上还常遇到由多种不同性质的气体组成的混合物。比如空气是由氮气、氧气和其他少量气体组成，燃气是由氮气、二氧化碳、水蒸气和一氧化碳组成等等。组成混合物的各单一气体称为组分，各组分间不发生化学反应。当各组分均为理想气体时，其混合物也必是理想气体，称为**理想气体的混合物**。仍具有理想气体的一切特性，因此，所有适用于理想气体工质的计算公式对于理想气体混合物同样适用。

3.4.1 理想气体混合物的性质

理想气体混合物的各组分均为理想气体，其热力性质取决于各组分的热力性质和成分。现将理想气体混合物的热力学性质概括为以下几点：

① 混合气体也遵守理想气体状态参数状态式：$pV = NR_m T$

② 混合物的质量等于各组成气体质量之和：

$$m = m_1 + m_2 + \cdots + m_i + \cdots + m_n$$

③ 混合物物质的量等于各组成气体物质的量之和：

$$N = N_1 + N_2 + \cdots + N_i + \cdots + N_n$$

④ 混合气体的摩尔体积与同温同压的任何一种单一气体的摩尔体积相等。标准状态下为：$0.022414\text{m}^3/\text{mol}$。

⑤ 混合气体的摩尔气体常数也是 $R_m = MR = 8.3145\text{J/(mol·K)}$。

⑥ 混合气体的热力学能差、焓差、比热容同样也满足以下式子：

$$\Delta u = c_v \Big|_{t_1}^{t_2} (t_2 - t_1), \Delta h = c_p \Big|_{t_1}^{t_2} (t_2 - t_1), c_p - c_v = R$$

3.4.2　分压力定律和分容积定律

3.4.2.1　分压力定律

处于平衡状态的理想气体混合物，其内部不存在热势差，故理想气体混合物的温度与各组分的温度相等。

理想气体混合物的压力是各组分分子撞击器壁而产生的。各组分分子的热运动不因存在其他组分分子而受影响，与各组分单独占据混合物所占体积 V 的热运动一样。各组分在单独处于混合气体的温度 T 和容积 V 下，分子撞击器壁而产生的压力称为该组分的分压力，用符号 p_i 表示。如混合物由 n 种理想气体组成，如图 3－2 所示，p_1、p_2、…… p_n 分别为组分 1、组分 2、……组分 n 的分压力，p 为混合物的总压力。各组分的状态可由状态方程来描述。则第 i 种气体的分压力可表示为：

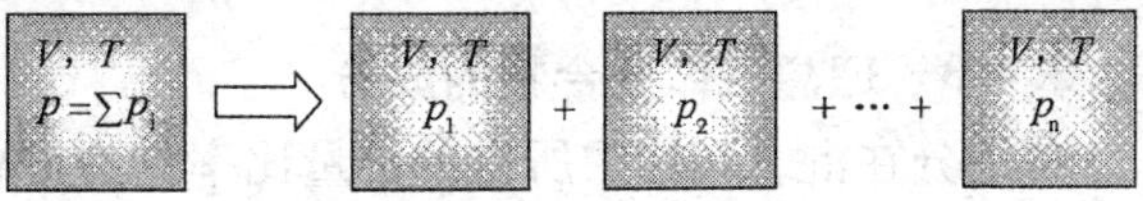

图 3－2　分压力示意图

$$p_i = \frac{N_i R_m T}{V}$$

式中　N_i——第 i 种气体的物质的量，单位 kmol。

于是，各组成气体分压力的总和为：

$$\sum_{i=1}^{n} p_i = \frac{R_m T}{V} \sum_{i=1}^{n} N_i = N \frac{R_m T}{V} = p \tag{3-55}$$

式中　N——混合气体的总物质的量，单位 kmol。

即：

$$p_1 + p_2 + \cdots + p_n = p$$

这就是**道尔顿分压定律**，它表明彼此不发生化学反应的多种理想气体，同置于一个容器中，混合物的压力等于各组分的分压力之和。

3.4.2.2　分容积定律

所谓**分容积**就是指混合物中的某种组成气体具有与混合物相同的温度和压力而单独存在时所占有的容积，用 V_i 表示。

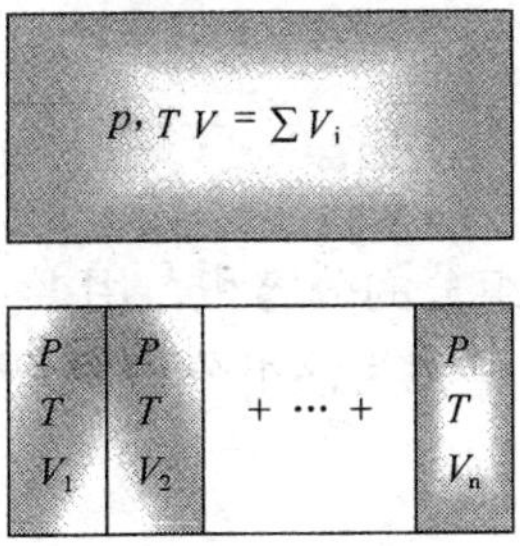

图 3－3　分容积示意图

如混合物由 n 种理想气体组成，如图 3－3 所示，V_1、V_2、…… V_n 分别为组分 1、组分 2、……组分 n 的分容积，V 为混合物的总容积。各组成气体的状态可由状态方程来描述。则第 i 种气体的分容积可表示为：

$$V_i = \frac{N_i R_m T}{P}$$

由于混合气体的总物质的量应等于各组分物质的量之和，即

$$N = N_1 + N_2 + \cdots + N_n = \sum_{i=1}^{n} N_i$$

于是，各组成气体分容积的总和为：

$$\sum_{i=1}^{n} V_i = \frac{R_m T}{p} \sum_{i=1}^{n} N_i = N \frac{R_m T}{p} = V \tag{3-56}$$

即：
$$V_1 + V_2 + \cdots + V_n = V$$

理想气体混合物的容积等于各组成气体分容积之和，这就是**阿马伽(Amagat)定律**。

对某一组成气体 i，按分压力及分容积分别列出其状态方程式，则有：
$$p_i V = N_i R_m T \quad pV_i = N_i R_m T$$

另外混合物的状态方程式为
$$pV = NR_m T$$

以上三式联立化简可得：
$$\frac{p_i}{p} = \frac{V_i}{V} = \frac{N_i}{N} \tag{3-57}$$

3.4.3 理想气体混合物的成分

各组分在混合气体中所占的数量比率称为**混合气体的成分**。基于所用物质单位的不同，成分有三种表示法，即质量分数、摩尔分数和容积分数。

(1) 质量分数

混合气体中第 i 种组分的质量 m_i 与总质量 m 之比称为该组分的**质量分数**，用 x_i 表示。根据能量守恒定律，混合气体的质量应等于各组分气体的质量之和，即
$$m = m_1 + m_2 + \cdots + m_n = \sum_{i=1}^{n} m_i$$

则质量分数
$$x_i = \frac{m_i}{m} = m_i / \sum_{i=1}^{n} m_i \tag{3-58}$$

且
$$\sum_{i=1}^{n} x_i = 1$$

(2) 摩尔分数

混合气体中第 i 种组分的物质的量 N_i 与总物质的量 N 之比称为该组分的**摩尔分数**，用 y_i 表示。

由于
$$N = N_1 + N_2 + \cdots + N_n = \sum_{i=1}^{n} N_i$$

则摩尔分数
$$y_i = \frac{N_i}{N} = N_i / \sum_{i=1}^{n} N_i \tag{3-59}$$

且
$$\sum_{i=1}^{n} y_i = 1$$

(3) 容积分数

各组分处于混合气体的压力 p、温度 T 下，单独占有的容积为该组分的分容积，用 V_i 表示。混合气体中第 i 种组分的分容积 V_i 与混合气体的容积分容积 V 之比称为该组分的**容积分数**，用 r_i 表示。

根据分容积定律或阿马伽(Amagat)定律可得容积分数
$$r_i = \frac{V_i}{V} = V_i / \sum_{i=1}^{n} V_i \tag{3-60}$$

且
$$\sum_{i=1}^{n} r_i = 1$$

三种成分之间的关系
$$r_i = \frac{V_i}{V} = \frac{N_i}{N} = y_i \tag{3-61}$$

$$x_i = \frac{m_i}{m} = \frac{N_i M_i}{\sum_{i=1}^{n}(N_i M_i)} = \frac{(N_i/N)M_i}{\sum_{i=1}^{n}[(N_i/N)M_i]} = \frac{y_i M_i}{\sum_{i=1}^{n}(y_i M_i)} \tag{3-62}$$

$$y_i = \frac{N_i}{N} = \frac{x_i/M_i}{\sum_{i=1}^{n}(x_i/M_i)} \tag{3-63}$$

3.4.4　理想气体混合物的平均相对分子质量和气体常数

理想气体状态方程的应用，关键在于气体常数。气体常数取决于气体的摩尔质量。由于混合物是由摩尔质量不相同的多种气体组成，为了计算方便，取混合物的总质量 m 与混合物总的物质的量 N 之比为混合物的摩尔质量，称为折合相对分子质量或平均相对分子质量。

$$M_{\mathrm{eq}} = \frac{m}{N} = \frac{\sum_{i=1}^{n}(N_i M_i)}{N} = \sum_{i=1}^{n}(y_i M_i) = 1/\sum_{i=1}^{n}(x_i/M_i) \tag{3-64}$$

由平均相对分子质量求得的混合物的气体常数称为折合气体常数或平均气体常数：

$$R_{\mathrm{eq}} = \frac{R_{\mathrm{m}}}{M_{\mathrm{eq}}} = \frac{8.3145}{M_{\mathrm{eq}}} = \sum_{i=1}^{n}(x_i R_i) \tag{3-65}$$

式中　R_i——第 i 种气体的气体常数。

3.4.5　理想气体混合物的比热容、热力学能、焓和熵

3.4.5.1　比热容

混合气体的比热容为1kg混合气体中各组分气体的温度都升高1K所需的热量，则

$$c = \sum_{i=1}^{n}(x_i c_i) \tag{3-66}$$

同理摩尔热容和容积热容分别为：

$$C_{\mathrm{m}} = \sum_{i=1}^{n}(y_i C_{\mathrm{m}i}) \tag{3-67}$$

$$c' = \sum_{i=1}^{n}(y_i c'_i) \tag{3-68}$$

上述的混合气体的比热容公式，对于定值比热容、平均比热容及真实比热容都是适用的。利用迈耶公式和不同比热容之间的关系，求出一种比热容，就可以推算出其他比热容的值。

3.4.5.2　热力学能

理想气体混合物的热力学能等于其各组分热力学能之和。对于质量为 m 的混合气体其热力学能及热力学能的变化分别为

$$U = \sum_{i=1}^{n} U_i = \sum_{i=1}^{n}(m_i u_i) \tag{3-69}$$

$$\Delta U = \sum_{i=1}^{n} \Delta U_i = \sum_{i=1}^{n}(m_i \Delta u_i) \tag{3-70}$$

对于1kg的混合气体，其热力学能和热力学能的变化分别为

$$u = \frac{U}{m} = \sum_{i=1}^{n}(x_i u_i) \tag{3-71}$$

$$\Delta u = \sum_{i=1}^{n} (x_i \Delta u_i) \tag{3-72}$$

3.4.5.3 焓

理想气体混合物的焓等于其各组分的焓值之和，对于质量为 m 混合气体其焓值及焓的变化分别为

$$H = \sum_{i=1}^{n} H_i = \sum_{i=1}^{n} (m_i h_i) \tag{3-73}$$

$$\Delta H = \sum_{i=1}^{n} \Delta H_i = \sum_{i=1}^{n} (m_i \Delta h_i) \tag{3-74}$$

对于1kg的混合气体，其焓值及焓的变化分别为

$$h = \frac{H}{m} = \sum_{i=1}^{n} (x_i h_i) \tag{3-75}$$

$$\Delta h = \sum_{i=1}^{n} (x_i \Delta h_i) \tag{3-76}$$

3.4.5.4 熵

理想气体混合物的熵等于其各组分的熵之和，对于质量为 m 混合气体其熵值及熵的变化分别为

$$S = \sum_{i=1}^{n} S_i = \sum_{i=1}^{n} (m_i s_i) \tag{3-77}$$

$$\Delta S = \sum_{i=1}^{n} \Delta S_i = \sum_{i=1}^{n} (m_i \Delta s_i) \tag{3-78}$$

对于1kg的混合气体，其熵值及熵的变化分别为

$$s = \sum_{i=1}^{n} (x_i s_i) \tag{3-79}$$

$$\Delta s = \sum_{i=1}^{n} (x_i \Delta s_i) \tag{3-80}$$

需要说明的是混合气体中各组分的参数均按其在分压为 p_i、温度为混合气体温度 T 状态下确定。

理想气体混合物仍属理想气体，因此理想气体混合物的热力学能和焓仅是温度的函数。熵不仅仅是温度的函数，还与压力有关，所以上式中各组分的熵是温度与组分分压力的函数。

综上所述，理想气体混合物的总参数具有加和性，而比参数具有加权性。另外，一方面理想气体混合物与单一的理想气体有相同的属性，即有关理想气体的特性、公式和定律完全适用；另一方面它又与单一的理想气体有不同之处，它的参数还与其组成有关，即与其包含的各种组分气体的种类以及它们的成分有关。强调这个特点就能全面理解理想气体混合物的性质。例如它的比热力学能与比焓，不仅仅是温度的函数，而且还与组成的种类和成分有关，认为理想气体混合物的比热力学能与比焓也只是温度的单值函数，显然是不妥的。

3.4.6 在相同参数条件下理想气体绝热混合过程的熵增

两种或多种理想气体的混合过程是不同分子相互扩散的过程，因此它是一个不可逆过程，体系的总熵将增加。当混合过程是绝热的，而且混合前各理想气体的状态参数相同，那

么这样的混合过程称为**在相同参数条件下理想气体的绝热混合过程**。否则称为不同参数条件下理想气体的绝热混合过程。本节内容主要讨论在相同参数条件下理想气体绝热混合过程的熵增。

设有 A、B 两种理想气体在同温、同压下绝热混合为 1mol 理想混合气体，其摩尔分数为 y_A 与 y_B。混合气体中各组分气体的分压力分别为 p_A 和 p_B，而且 $p_A = y_A p$，$p_B = y_B p$，因此，每摩尔组分的气体 A 与 B 混合前后的熵变可分别表示为

$$S'_{mA} - S_{mA} = -R_m \ln \frac{p_A}{p} = -R_m \ln y_A \tag{3-81}$$

$$S'_{mB} - S_{mB} = -R_m \ln \frac{p_B}{p} = -R_m \ln y_B \tag{3-82}$$

式(3-81)和式(3-82)中 S_{mA}、S'_{mA} 分别为每摩尔的 A 气体混合前、后的熵值；S_{mB}、S'_{mB} 分别为每摩尔的 B 气体混合前、后的熵值。

于是，在同温同压条件下由组分气体经绝热混合成为 1mol 混合气体的总熵增 ΔS_m 为

$$\Delta S_m = y_A(S'_A - S_A) + y_B(S'_B - S_B) = -R_m(y_A \ln y_A + y_B \ln y_B) \tag{3-83}$$

由于式中 $y_A < 1$、$y_B < 1$ 所以 $\Delta S_m > 0$，而且当 $y_A = y_B = 0.5$ 时达到最大值。此式可推广到多种组分理想气体混合的情况，即在相同参数条件下 n 种组分的理想气体绝热混合为 1mol 的混合气体，其混合过程的熵增 ΔS_m 为

$$\Delta S_m = -R_m \sum y_i \ln y_i \tag{3-84}$$

分析式(3-84)可得出结论：

① 混合气体总熵增与组分气体的种类无关，仅仅取决于它们的摩尔分数 y_i，也就是说，只要各组分气体的 y_i 一定，不论参与混合的气体种类如何，此混合前后的熵增 ΔS_m 相同。

② 式(3-83)和式(3-84)只适用于非同种类气体之间的混合。对于同种气体在等温等压下的绝热混合，其熵增为零，这是因为单一理想气体没有分压力的概念。

所以，混合后 1mol 理想气体混合物的熵 S'_m 为

$$S'_m = \sum y_i S_{mi} + \Delta S_m = \sum y_i (S_{mi} - R_m \ln y_i) \tag{3-85}$$

式中　S_{mi} ——每摩尔第 i 种组分气体混合前的熵值。

例 3-5　一绝热刚性容器被一绝热隔板分成两部分，一部分装有 $N_1 = 2$kmol 氧气，压力 $p_1 = 0.5$MPa，温度为 $T_1 = 300$K；另一部分装有 $N_2 = 3$kmol 二氧化碳，压力为 $p_2 = 3$MPa，温度为 $T_2 = 400$K。现将隔板抽去，使氧气与二氧化碳均匀混合，求混合气体的压力 p'、温度 T' 以及热力学能、焓和熵的变化量(按定值比热容进行计算)。

解　① 求混合气体的温度

取整个容器为系统，因为容器为绝热刚性容器，所以抽去隔板前后

$$Q = 0, W = 0$$

根据热力学第一定律　$Q = \Delta U + W$

可知 $\Delta U = 0$，即　$\Delta U_{O_2} + \Delta U_{CO_2} = 0$

$$N_1 C_{vm1}(T' - T_1) + N_2 C_{vm2}(T' - T_2) = 0$$

由于可以采用定值比热容来算，氧气是双原子气体，所以 $C_{vm1} = 2.5R_m = 20.79$J/(mol·K)；二氧化碳是三原子气体，其摩尔定容热容为 $C_{vm2} = 3.5R_m = 3.5 \times 8.314 = 29.1$J/(mol·K)。

因此将题中各参数带入上式解得：

$$T' = 367.7\text{K}$$

② 求混合气体的压力 p'

混合后气体的体积为

$$V = V_1 + V_2 = \frac{N_1 R_m T_1}{p_1} + \frac{N_2 R_m T_2}{p_2}$$

$$= \frac{2 \times 10^3 \times 8.314 \times 300}{5 \times 10^5} + \frac{3 \times 10^3 \times 8.314 \times 400}{3 \times 10^5} = 43.23\text{m}^3$$

$$p' = \frac{N R_m T'}{V} = \frac{(N_1 + N_2) R_m T'}{V}$$

$$= \frac{(2+3) \times 10^3 \times 8.314 \times 367.7}{43.23} = 3.54 \times 10^5 \text{Pa}$$

③ 热力学能的变化为 $\Delta U = 0$

④ 焓的变化

$$\Delta H = \Delta H_1 + \Delta H_2 = N_1 C_{pm1}(T' - T_1) + N_2 C_{pm2}(T' - T_2)$$

$$= 2 \times 10^3 \times 3.5 \times 8.314 \times (367.7 - 300) + 3 \times 10^3 \times 4.5 \times 8.314 \times (367.7 - 400)$$

$$= 314.7\text{kJ}$$

⑤ 熵的变化

混合后氧气和二氧化碳的分压力分别为：

$$p_1 = x_1 p' = \frac{2}{2+3} \times 3.54 \times 10^5 = 1.416 \times 10^5 \text{Pa}$$

$$p_2 = x_2 p' = \frac{3}{2+3} \times 3.54 \times 10^5 = 2.124 \times 10^5 \text{Pa}$$

于是熵变为：

$$\Delta S = N_1 \Delta S_1 + N_2 \Delta S_2$$

$$= N_1 \left(C_{pm1} \ln \frac{T'}{T_1} - R_m \ln \frac{p'_1}{p_1} \right) + N_2 \left(C_{pm2} \ln \frac{T'}{T_2} - R_m \ln \frac{p'_2}{p_2} \right)$$

$$= 2 \times 10^3 \times \left(3.5 \times 8.314 \times \ln \frac{367.7}{300} - 8.314 \times \ln \frac{1.416}{5} \right)$$

$$+ 3 \times 10^3 \times \left(4.5 \times 8.314 \times \ln \frac{367.7}{400} - 8.314 \times \ln \frac{2.124}{3} \right)$$

$$= 31.98\text{kJ/K}$$

该过程虽为绝热过程，但经过计算熵是增加的，说明该过程是不可逆过程。

3.5 实际气体与理想气体的偏离

理想气体的状态方程及其他各种关系式虽然形式简单、计算方便，但只能用于压力较低、温度较高、距液态很远的气体的近似计算，而不能用来确定如水蒸气、氨蒸气、氟里昂等实际气体的各种热力参数。而且在高压低温下，任何气体应用此方程都会出现明显的偏差，且压力越高，温度越低，偏差越大。

实际气体与理想气体的偏差通常采用 pv 和 RT 的比值来说明，这个比值称为**压缩因子**或**压缩系数**，用 Z 来表示，则压缩因子 Z 为：

$$Z = \frac{pv}{RT} \tag{3-86}$$

显然，对于理想气体满足理想气体状态方程式 $pv = RT$，因此 $Z = \frac{pv}{RT} = 1$。对于实际气体 $Z>1$ 或 $Z<1$。一般情况下 $Z \neq 1$，Z 值偏离 1 的程度反应了实际气体性质偏离于理想气体的程度。Z 值的大小不仅与气体的种类有关，而且同一种气体其 Z 值还随压力和温度的改变而发生变化。通过实验得出的 O_2、H_2 和 CH_4 三种气体的 Z 随压力变化的曲线如图 3－4 所示。

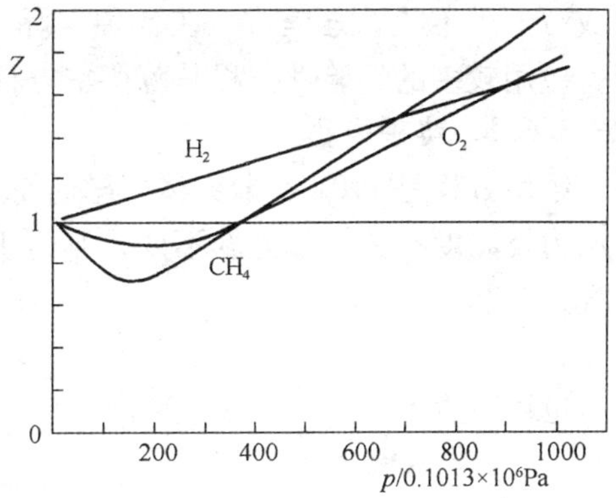

图 3－4　O_2、H_2 和 CH_4 的压缩因子图

为了更好地理解压缩因子 Z 的物理意义，将式(3－86)改写为

$$Z = \frac{pv}{RT} = \frac{v}{RT/p} = \frac{v}{v_0} \tag{3-87}$$

式中　v——1kg 实际气体在压力 p、温度 T 下所占的体积；

v_0——1kg 理想气体在压力 p、温度 T 下所占的体积。

由式(3－87)说明压缩因子 Z 为相同温度、压力下，实际气体比体积与理想气体比体积之比，它反映了气体压缩性的大小；当 $Z>1$ 时，说明实际气体比理想气体难压缩；当 $Z<1$，说明实际气体比理想气体易压缩。所以 Z 是从比体积的比值或从可压缩性的大小来描述实际气体对理想气体的偏离的。

产生这种偏离的原因是，理想气体模型中忽略了气体分子间的作用力和气体分子所占据的体积。事实上，由于分子间存在着引力，当气体被压缩，分子间的平均距离缩短时，分子间引力的影响增大，气体的体积在分子引力作用下要比不考虑引力时小。因此，在一定温度下，大多数实际气体的 Z 值先随着压力的增大而减小，即其比体积比作为理想气体在同温同压下的比体积小。随着压力的增大，分子间距离进一步缩小，分子间斥力影响逐渐增大，因而实际气体的比体积比作为理想气体的比体积大。同时，分子本身占有的体积使分子自由活动空间减小的影响也不容忽视。故而，极高压力时气体 Z 值将大于 1，而且 Z 值随压力的增大而增大。由此可见，压缩因子的实质是反映气体压缩性的大小。在低压时，实际气体的比体积较大，分子自由活动空间也增大，分子本身所具有体积与分子自由活动空间相比可以忽略，所以分子间的吸引力起主导作用，有助于气体的压缩。从图中也可以反映出压缩因子 $Z<1$。随着压力的增加，分子本身所具有体积逐渐起到主导作用，不利于压缩，所以压缩因子 Z 逐渐增加 $Z>1$。

从以上的分析可以看出，实际气体只有在高温低压状态下，其性质和理想气体相近，实际气体是否能作为理想气体处理，不仅与气体的种类有关，而且与物质所处的状态有关。由于 $pv=RT$ 不能准确反映实际气体 p、v、T 之间的关系，所以必须对其进行修正和改进，或通过其他途径建立实际气体的状态方程。

3.6 实际气体状态方程

研究实际气体的性质在于寻求它的各热力参数之间的关系，其中最主要的是建立实际气体的状态方程。实际气体状态方程是研究实际气体热力性质的基本方程。为了求得准确的实际气体状态方程式，百余年来人们从理论分析的方法、经验或半经验法半理论的方法，导出了成百上千个状态方程式。在各种实际气体的状态方程中，具有坚实理论基础的是维里方程，应用较多的经验性方程是范德华方程。

3.6.1 维里方程

维里方程是1901年卡莫林·昂尼斯(Kamerlingh Onnes)提出的。他指出气体压缩因子Z与压力及温度有关，如温度不变，则Z只是压力的函数。将其展开成无穷幂级数，即维里方程：

$$Z = 1 + B'p + C'p^2 + D'p^3 + \cdots \tag{3-88}$$

也可写成

$$Z = 1 + \frac{B}{v} + \frac{C}{v^2} + \frac{D}{v^3} + \cdots \tag{3-89}$$

式中系数B、B'、C、C'、D等称为第二、第三、第四等维里系数，它们是与物质种类和温度有关的常数，可由实验数据拟合确定。依据统计力学方法，导出了维里方程，也赋予了维里系数明确的物理意义：比如第二维里系数反映一对分子间的相互作用造成的气体性质与理想气体的偏差，第三维里系数反映三个分子之间的相互作用造成的偏差等等。

3.6.2 范德华方程

1873年范德华针对理想气体的两个假定，对理想气体状态方程进行修正，提出了范德华方程。

(1) 体积修正项

实际气体分子本身占有一定的体积，分子活动空间相对缩小，所以1kg实际气体活动空间由v变为$v-b$，即相同温度下，实际气体压力高于理想气体的压力，即

$$p = \frac{RT}{v-b}$$

(2) 分子引力修正项

实际气体分子间有相互吸引力，从而使分子撞击器壁的力减小，使气体的压力减小。即压力的减小值与撞击器壁的分子数成正比，也与吸引它们的分子数成正比，即与气体比体积的平方成反比，减小的数值可用$\frac{a}{v^2}$来表示，常被称为内压力，即

$$p = \frac{RT}{v} - \frac{a}{v^2}$$

综合以上两修正项，可得

$$p = \frac{RT}{v-b} - \frac{a}{v^2} \tag{3-90}$$

这就是范德华方程式，式中a，b是与气体种类有关的正的常数，称为**范德华常数**。

利用范德华方程可以定性地解释实际气体的性质：

① 压缩因子Z　实际气体所处的状态不同，分子引力和体积影响的效果也不一样。

分子体积影响占主导地位，而分子引力的影响可忽略时：

$$pv = RT + bp \to Z = \frac{pv}{RT} = 1 + \frac{bp}{RT}$$

从上式可见，$Z>1$，Z 随 p 的增大而增大，反映气体压缩性小的特性。

反之，当分子引力影响占主导时：

$$pv = RT - \frac{a}{v} \longrightarrow Z = \frac{pv}{RT} = 1 - \frac{a}{RTv}$$

因此 $Z<1$，反映气体压缩性大的特性。

② 液体的不可压缩性　液体的 v 很小，$\frac{a}{v^2}$ 很大，即内压力远大于外压力 p，因此外压力对液体体积影响很小，显示出其不可压缩性。

③ 实际气体等温线

将范德华方程按 v 的降幂次排列可写成：

$$pv^3 - (bp + RT)v^2 + av - ab = 0$$

随着 p 和 T 不同，v 可以有三个不等的实根，三个相等的实根或一个实根两个虚根。例如在各种温度下定温压缩 CO_2 测定 $p-V$ 图如图 3－5 所示。图中 C 点称为临界点，所对应的参数 T_{cr}、p_{cr}、v_{cr} 称为临界参数。

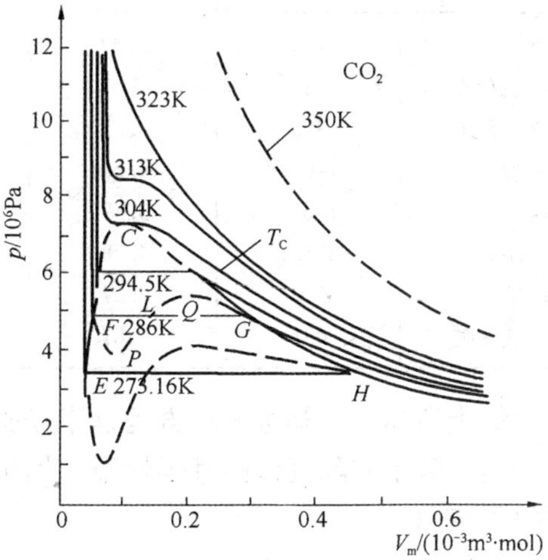

图 3－5　$p-V$ 图上 CO_2 的等温线

当 $T<T_{cr}$ 时，同一压力 p 对应有三个 v 值，其中最小的 v 值位于饱和液线上，最大值为干饱和蒸气上的 v 值。另外，虚线波浪线与水平线相交于一点，通常称为亚平衡点，实验中测不出，且这一点没有实际意义。

当 $T>T_{cr}$ 时，每一个压力 p，只对应一个比体积 v 值。

当 $T=T_{cr}$ 时，即在图中的临界点 C 处，三个实根合并为一个，并且临界等温线在此处有一个拐点，所以有：

$$\left(\frac{\partial p}{\partial v}\right)_{T_{cr}} = 0, \left(\frac{\partial^2 p}{\partial v^2}\right)_{T_{cr}} = 0 \qquad (3-91)$$

范德华常数 a，b 与临界参数 p_{cr}（临界点压力）、T_{cr}（临界点温度）、v_{cr}（临界点比体积）一样，不同的实际气体有各自确定的值。可以通过不同气体的实验数据拟合得到，也可以利用上式的临界点条件导出 a，b 与临界参数间的关系式，具体导出过程如下：

① 将范德华方程式(3－90)在临界点处求导，并将结果代入式(3－91)得：

$$\left(\frac{\partial p}{\partial v}\right)_{T_{cr}} = -\frac{RT_{cr}}{(v_{cr}-b)^2} + \frac{2a}{v_{cr}^3} = 0$$

$$\left(\frac{\partial^2 p}{\partial v^2}\right)_{T_{cr}} = \frac{2RT_{cr}}{(v_{cr}-b)^3} - \frac{6a}{v_{cr}^4} = 0$$

② 联立求解以上两式可得：

$$p_{cr}=\frac{a}{27b^2},T_{cr}=\frac{8a}{27Rb},v_{cr}=3b \tag{3-92}$$

③ 如果已知临界参数，上式又可以变换为：

$$a=\frac{27\ (RT_{cr})^2}{64p_{cr}},b=\frac{RT_{cr}}{8p_{cr}} \tag{3-93}$$

由式(3－87)可知，不论何种物质，其临界压缩因子都是 $Z_{cr}=\frac{p_{cr}v_{cr}}{RT_{cr}}=\frac{3}{8}$。事实上不同物质的 Z_{cr} 并不相同，对于大多数物质来说，一般在 0.23～0.292 范围内，所以范德华方程用在临界状态或临界状态附近是有相当误差的，用临界参数求得的 a，b 值也是近似的，例如表 3－1 列出的由一些物质的临界参数和由实验数据拟合出的范德华常数。

表 3－1　一些物质的临界参数和范德华常数列表

物质种类	T_{cr}/K	p_{cr}/MPa	V_{mcr}/ (m^3/kmol)	$Z_{cr}=\frac{p_c V_{mcr}}{R_m T_{cr}}$	范德华常数 a/ (MPa·m^6/$kmol^2$)	范德华常数 b/ (m^3/kmol)
空气	133	3.77	0.0829	0.284	0.1358	0.0364
一氧化碳	133	3.5	0.0928	0.294	0.1463	0.0394
氟利昂 12	385	4.01	0.214	0.270	1.078	0.0998
甲烷	190.7	4.64	0.0991	0.290	0.2285	0.0427
氮	126.2	3.39	0.0897	0.291	0.1361	0.0385
乙烷	305.4	4.88	0.221	0.273	0.5575	0.0650
丙烷	370	4.27	0.195	0.276	0.9315	0.0900
二氧化硫	431	7.87	0.124	0.268	0.6837	0.0568

综上所述，可知范德华方程是半经验状态方程，计算结果还不够精确。但它在定性上较成功地反映了实际气体的基本性质，揭示了实际气体偏离理想气体的根本原因，为理论研究开辟了道路。

3.6.3　R－K 方程

R－K 方程是 1949 年瑞里奇(Redlich)和邝(Kwong)提出来的，其表达形式为

$$p=\frac{RT}{v-b}-\frac{a}{T^{0.5}v(v+b)} \tag{3-94}$$

式中 a，b 是各种物质的固有常数，可以对 p、v、T 的实验数据拟合求得，缺少这些数据时可由下式用临界参数求近似值：

$$a=\frac{0.42748R^2T_{cr}^{2.5}}{p_{cr}}\quad b=\frac{0.08664RT_{cr}}{p_{cr}}$$

R－K 方程是在范德华方程的基础上衍生出来的含两个常数的方程，它保留了体积的三次方程的简单形式，通过对内压力项 $\frac{a}{v^2}$ 的修正，使精度有较大的提高。

对于实际气体的状态方程还有很多，它们各不相同，在不同的应用范围内可以达到不同的精度，在此不再一一介绍。

3.7　对应态原理与通用压缩因子图

理想气体状态方程可用来估算、分析低压下任何气体的 p、v、T 的关系，因此具有通用性。但实际气体的状态方程包含有与物质固有性质有关的常数(如 a、b 等)，这些数据需根据该物质的 p、v、T 实验数据拟合才能得到，所以不具有通用性。如果能消除这样的物性常数，使方程具有普遍性，将对既没有足够的 p、v、T 实验数据，又没有状态方程中所固有的常数数据的物质的热力性质的计算带来很大的方便。

3.7.1　范德华对应态方程

对多种流体的实验数据分析显示，接近各自的临界点时所有流体都显示出相似的性质，因此可以用相对于临界参数的比值(即对比压力 p_r、对比温度 T_r、对比比体积 v_r)代替压力、温度和比体积的绝对值，并用它们导出普遍化的实际气体状态方程式。这些对比参数的定义式分别为：

$$p_r = \frac{p}{p_{cr}}, T_r = \frac{T}{T_{cr}}, v_r = \frac{v}{v_{cr}}$$

将对比参数带入范德华方程并化简得：

$$p_r = \frac{8T_r}{3v_r - 1} - \frac{3}{v_r^2} \tag{3-95}$$

式(3-95)称为**范德华对应态方程**。方程中没有任何与物质固有特性相关的常数，所以是通用的状态方程式，适用于任何符合范德华方程的物质。由于范德华方程本身就是近似方程，因此由它推导出的范德华对应态方程也仅是一个近似方程，特别是在低压时不能使用，而应采用理想气体状态方程式。

以上是得出的范德华对应态方程，也可以按照上述的方法得出其他实际气体状态方程的对应态方程，比如 R-K 对应态方程等，由于篇幅限制，在此不再叙述。

3.7.2　对应态原理

从范德华对应态方程可以得出：凡是遵循同一对应态方程的任何物质，如果它们的对比参数 p_r、T_r、v_r 中的有两个参数对应相等，则另一个对比参数也一定相等，这就是对应态原理。数学上对应态原理可以表示为：

$$f(p_r, T_r, v_r) = 0 \tag{3-96}$$

凡是服从对应态原理，并满足同一对应态方程的各种物质，称为热力学上相似的物质。

上式虽然是根据范德华方程导出的，但可以推广到一般的实际气体状态方程。经过实验研究表明对应态原理并不是十分精确，但大致是正确的。它可以使我们在缺乏详细资料的情况下，能参考已有资料的流体的热力性质来估算其他相似流体的热力性质。

3.7.3　通用压缩因子图

根据对应态原理，将对比参数的定义式带入压缩因子的定义式中，可确定通用压缩因子

$$Z = \frac{pv}{RT} = \frac{p_{cr}v_{cr}}{RT_{cr}} \cdot \frac{p_r v_r}{T_r} = Z_{cr} \cdot \frac{p_r v_r}{T_r} = Z_{cr} \cdot \varphi(p_r, T_r) \tag{3-97}$$

从式(3-97)可以看出，如果 Z_{cr} 为常数，则通用压缩因子 Z 仅与 p_r 和 T_r 有关。实验表明，工程中很多气体的临界压缩因子 Z_{cr} 在 0.26 ~ 0.28 之间，取 Z_{cr} = 0.27 绘制的通用压缩

因子图如图 3-6 所示。

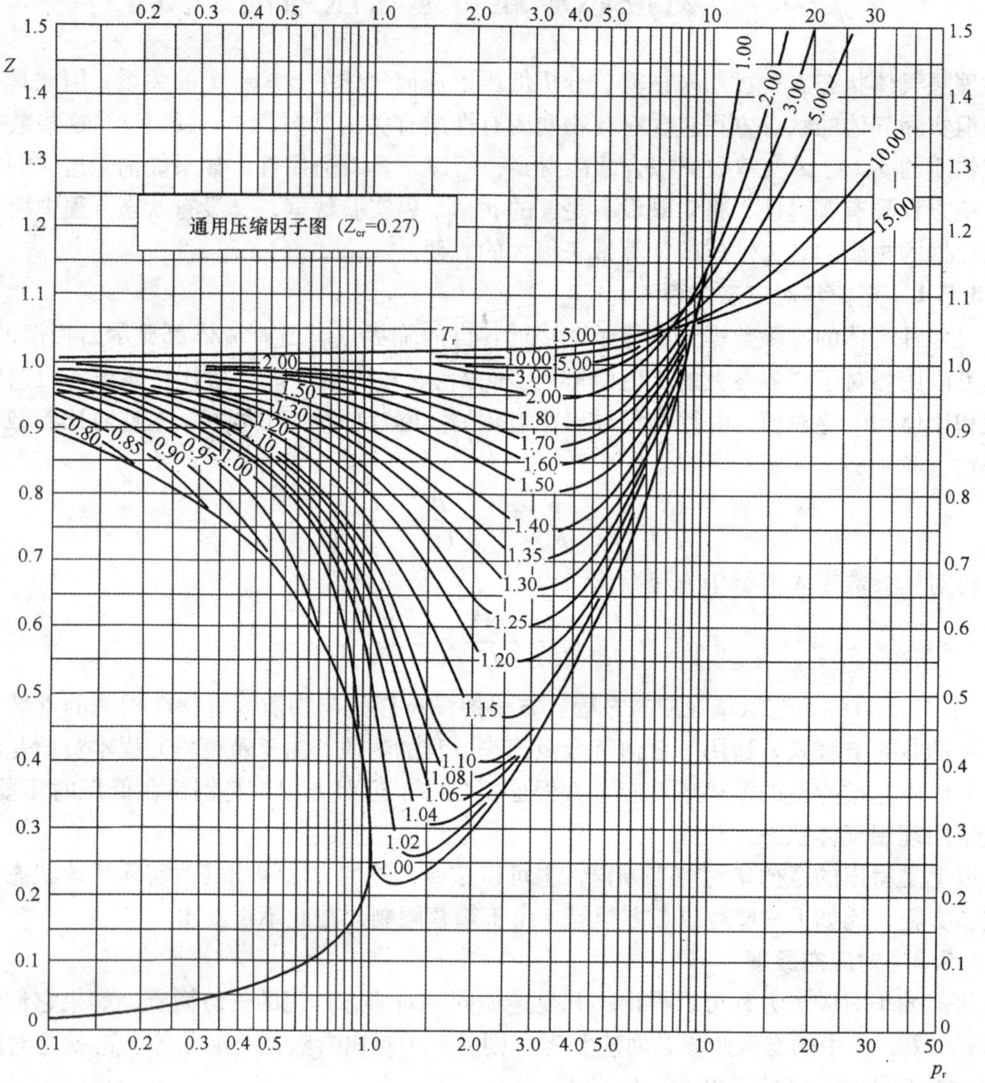

图 3-6 通用压缩因子图

由压缩因子图可以看出：

① 当 $p_r \to 0$，任何温度下，各气体的 $Z \to 1$，即此时的气体接近理想气体；

② 当 $p_r = 1$、$T_r = 1$ 时，Z 值偏离 1 较远，即在临界点，各气体性质明显偏离理想气体；

③ 当 $T_r = 2.5$，$p_r < 5$ 时，Z 偏离 1 很小，气体的性质也接近理想气体的性质。

有了压缩因子图，就可以应用方程 $pv = ZRT$ 来计算实际气体的状态参数。实际上，上述这种通用压缩因子图，不是从理论上推导出来的，而是根据工质的实验数据绘制而成的，这种图的精确度虽然比范德华对应态方程高，但仍是近似的。

例 3-6 某一容器内装有温度为 215K 的一氧化碳，已知其比体积为 $v = 0.008\text{m}^3/\text{kg}$，压力的实测值为 $p' = 7.09\text{MPa}$，分别按照以下五种方法确定容器内一氧化碳的压力：

① 利用理想气体状态方程来求；

② 利用范德华方程来求；

③ 利用R－K方程来求；

④ 利用范德华对应态方程来求；

⑤ 利用通用压缩因子图来求。

解 已知一氧化碳的比体积为 $v=0.008\text{m}^3/\text{kg}$，摩尔质量为 $M=28\text{kg/kmol}$，所以摩尔体积为：$V_m=v\times M=0.224\text{m}^3/\text{kmol}$，摩尔气体常数 $R_m=8.314\text{kJ/(kmol}\cdot\text{K)}$

① 利用理想气体状态方程来求得压力为

$$p=\frac{R_mT}{V_m}=\frac{8.314\times10^3\times215}{0.224}=7.87\times10^6\text{Pa}=7.87\text{MPa}$$

与实测值的偏差为约为 $\frac{p-p'}{p'}=\frac{7.87-7.09}{7.09}\times100\%=11\%$。

② 利用范德华方程来求

由表3－1查得一氧化碳的范德华常数 $a=0.1463\text{MPa}\cdot\text{m}^6/\text{kmol}^2$，$b=0.0394\text{m}^3/\text{kmol}$

将其代入范德华方程得其压力为

$$p=\frac{R_mT}{V_m-b}-\frac{a}{V_m^2}=\frac{8.314\times10^3\times215}{0.224-0.0394}-\frac{0.1463\times10^6}{0.224^2}=6.77\text{MPa}$$

与实测值的偏差为约为 $\frac{p-p'}{p'}=\frac{6.77-7.09}{7.09}\times100\%=-4.5\%$

③ 利用R－K方程来求

一氧化碳的气体常数为 $R=\frac{R_m}{M}=\frac{8.314\times10^3}{28}=296.9\text{J/(kg}\cdot\text{K)}$

由表3－1查得一氧化碳的 $p_{cr}=3.5\text{MPa}$，$T_{cr}=133\text{K}$，$V_{mcr}=0.0928\text{m}^3/\text{kmol}$

可求得R－K方程中的常数 a、b 分别为：

$$a=\frac{0.42748R^2T_{cr}^{2.5}}{p_{cr}}=\frac{0.42748\times(296.9)^2\times133^{2.5}}{3.5\times10^6}=2196.3\text{Pa}\cdot\text{m}^6\cdot\text{K}^{0.5}/\text{kg}^2$$

$$b=\frac{0.08664RT_{cr}}{p_{cr}}=\frac{0.08664\times296.9\times133}{3.5\times10^6}=0.977\times10^{-3}\text{m}^3/\text{kg}$$

则代入R－K方程得压力为

$$\begin{aligned}p&=\frac{RT}{v-b}-\frac{a}{T^{0.5}v(v+b)}\\&=\frac{296.9\times215}{0.008-0.977\times10^{-3}}-\frac{2196.3}{215^{0.5}\times0.008\times(0.008+0.977\times10^{-3})}\\&=7.003\text{MPa}\end{aligned}$$

与实测值的偏差为约为 $\frac{p-p'}{p'}=\frac{7.003-7.09}{7.09}\times100\%=-1.2\%$

④ 利用范德华对应态方程来求

由表3－1查得一氧化碳的 $p_{cr}=3.5\text{MPa}$，$T_{cr}=133\text{K}$，$V_{mcr}=0.0928\text{m}^3/\text{kmol}$，所以

$$T_r=\frac{T}{T_{cr}}=\frac{215}{133}=1.6165,\quad v_r=\frac{V_m}{V_{mcr}}=\frac{0.224}{0.0928}=2.4138$$

将其代入范德华对应态方程得

$$p_r=\frac{8T_r}{3v_r-1}-\frac{3}{v_r^2}=\frac{8\times1.6165}{3\times2.4138-1}-\frac{3}{2.4138^2}=1.557$$

则其压力为

$$p = p_r p_{cr} = 1.557 \times 3.5 = 5.449\text{MPa}$$

与实测值的偏差为约为 $\frac{p - p'}{p'} = \frac{5.449 - 7.09}{7.09} \times 100\% = -23.1\%$

⑤ 利用通用压缩因子图来求

一氧化碳的 $Z_{cr}=0.294$，与通用压缩因子图中所取的 $Z_{cr}=0.27$ 相近，所以可以查通用压缩因子图的方法取得 p_r，但是由于只是已知 T_r 和 v_r，所以无法直接查取，只能间接来查。

因为 $p = p_r p_{cr} = \frac{ZR_m T}{V_m}$

所以 $p_r = \frac{ZR_m T}{V_m p_{cr}} = \frac{Z \times 8314 \times 215}{0.224 \times 3.5 \times 10^6} = 2.28Z$

或 $Z = 0.439 p_r$

在图3-6中画出 $Z = 0.439p_r$ 的直线，此直线与 $T_r = 1.6165$ 的交点即为所求的状态点，读出此点的横坐标数值为 $p_r \approx 2$

所以 $p = p_r p_{cr} = 2 \times 3.5 = 7\text{MPa}$

与实测值的偏差为约为 $\frac{p - p'}{p'} = \frac{7 - 7.09}{7.09} \times 100\% = -1.27\%$

比较以上五种方法得出的结果可以看出：①利用通用压缩因子图和利用R-K方程所求得的结果偏差都较小，但查图的方法比较麻烦，利用R-K方程形式简单，计算方便，误差较小，能满足工程的允许范围；②由于范德华常数 a、b 是采用实验数据拟合得出的，所以采用范德华方程的方法得出的结果偏差也不是太大，约为-4.5%；③按照理想气体状态方程所求的结果偏差较大，约为11%，但由于气体的温度 $T=215\text{K}$ 已高于临界温度 $T_{cr}=215\text{K}$，所以按照理想气体方程处理时带来的偏差还不算太大；④本题中偏差最大的是采用范德华对应态方程所求得的结果，这主要是由于此方程中把 $Z_{cr}=0.375$ 所造成的，实际上一氧化碳的 $Z_{cr}=0.294$，由此可见，范德华对应态方程虽然是一个通用方程，但也是近似的。

3.8 纯物质的相图与相转变

始终具有单一固定化学组成的物质称为纯物质，如水，氮气、氢气、二氧化碳等。热工中很多机器设备中采用的工质都是纯物质，这些纯物质在工作区间可以呈现为气态，又可呈现液态，存在着气-液转变或液-气转变的过程，即存在着相变过程。因此，有必要通过学习纯物质的二维相图来分析其相变过程。

3.8.1 纯物质的相图及特点

(1) $p-T$ 相图及特点

工质在通常的参数范围内可能呈现气、液、固三种不同的相。在压力较低、温度较高的区域呈现为气相，称为气相区；在压力较高、温度较低的区域呈现为固相，称固相区；在某中间压力和温度区域呈现为液相，称液相区。工质处于这些相区内只能呈现为单一的相，故又称它们为单相区。

纯物质的 $p-T$ 相图如图 3-7 所示，$O-A$、$O-B$、$O-C$ 为三条相界线。工质在相界线上可以呈现两种不同的相，工质处于不同的相可以平衡共存的状态称其为**饱和状态**，所以相界线上的状态都是饱和状态，这三条相界线又称为**饱和曲线**。

工质只有达到了饱和状态才能发生相的转变，即在相界线上才可以进行平衡的相转变。如在气-液界线 $O-C$ 上，饱和液吸热转变成饱和气，这个过程叫汽化；相反，饱和气放热转变为饱和液，这个过程叫凝结。因此，$O-C$ 线又称为汽化线。在固-液相界线 $O-B$ 上进行固-液相转变过程，该过程叫熔解或凝固，$O-B$ 线称为熔解线；同理 $O-A$ 线称为升华线，在 $O-A$ 线上工质进行固-气相转变的升华或凝华过程。

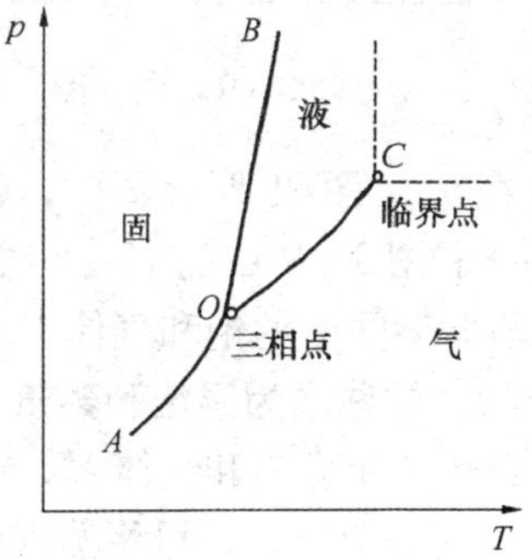

图 3-7　$p-T$ 相图

从 $p-T$ 相图上的饱和曲线可以看出：工质处于饱和状态时其压力和温度是对应的。即工质在一定压力下达到饱和时对应一定的温度，这个温度称为该压力下的**饱和温度**，用 T_s 表示。或者说，工质在一定温度下达到饱和时，对应一定的压力，这个压力叫做该温度下的**饱和压力**，用 p_s 表示。$p-T$ 图上的饱和曲线表达了饱和压力与温度的对应关系：

$$p_s = p_s(T) \text{ 或 } T_s = T_s(p)$$

三条饱和曲线的交点称为**三相点**，如图 3-7 中的 O 点，在这一点上工质可以呈现气、液、固三相平衡共存的状态。每一种物质都有唯一的一个三相点，它对应着确定的温度 T_{Tp} 和压力 p_{Tp}，称为**三相点温度**和**三相点压力**。如水的三相点压力和温度分别为：

$$p_{Tp} = 611.2\text{Pa}, T_{Tp} = 273.16\text{K}$$

图 3-7 中 C 点为饱和液相线与饱和气相线的交点，称为工质的临界点，是物质的一个重要的特征点。在临界点上，工质处于临界状态，饱和液及饱和气不仅具有相同的温度和压力，还具有相同的比体积、比热力学能、比焓、比熵，表明液相和气相已经没有任何区别。当压力高于临界压力($p>p_c$)时，气-液两相的转变不经历两相平衡的饱和状态，在定压下气-液两相的转变是在连续渐变中完成的，变化中物质总是呈现为均匀的单相。因而在临界压力以上气、液两个相区不存在明显的界线。习惯上，人们常把临界定温线当作临界压力以上气、液两个相区的分界，如图 3-7 中虚线所示。

(2) $p-v$ 图和 $T-s$ 图及特点

热工设备中采用的工质往往是流体，即工质呈现液态、气态或气液混合状态，研究其相变过程经常分析的是气-液相变过程。所以平衡共存的饱和液体和饱和气体，具有相同的压力和温度，但除临界点以外，饱和液体与饱和气体的比体积和比熵值等参数却并不相同，在 $p-T$ 图上它们处于同一条饱和曲线 $O-C$ 上，所以采用 $p-T$ 图无法清楚地显示出在不同 T_s 或 p_s 下饱和液体和饱和气体各参数的大小变化。因此，引入了图 3-8 及图 3-9 所示的 $p-v$ 图和 $T-s$ 图。

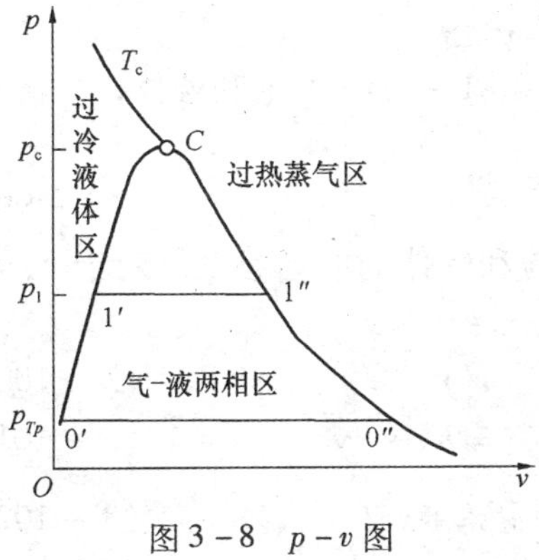

图 3-8　$p-v$ 图

在图 3-8 及图 3-9 中，平衡共存的饱和液体与饱和气体分别为定压线及定温线上两个不同的状态点 1′及 1″所表示。三相点 O 在 $p-v$ 图和 $T-s$ 图上展开为三相线

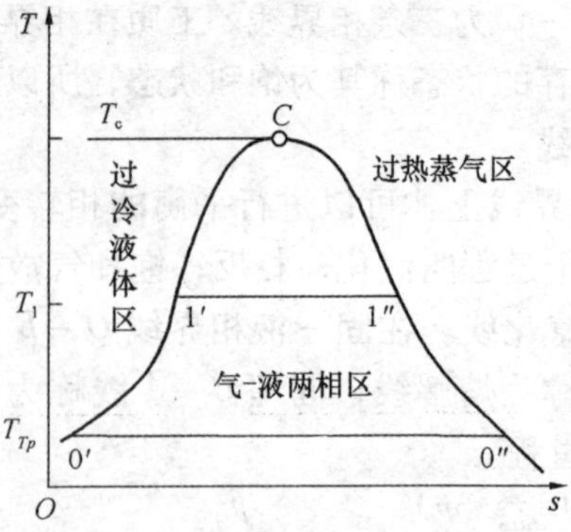

图3-9　$T-s$ 图

$0'-0''$。汽化线自临界点 C 开始分成两条饱和曲线，一条是**饱和液体线** $0'-C$；一条是**饱和气体线** $0''-C$，因此饱和线 $0-C$ 展开成有饱和液体线 $0'-C$、饱和气体线 $0''-C$ 及三相线 $0'-0''$围成的**气-液两相区**。饱和液体线左侧为**过冷液体区**，位于过冷液体区的工质处于过冷液体状态。饱和气体线右侧为**过热蒸气区**，位于过热蒸气区的工质处于过热蒸气状态。在临界压力以上不存在气-液平衡区，习惯上以临界定温线作液、气两相区的分界，如两图中的 T_c 线。

处于平衡的气、液两相具有相同的压力和温度，所以在 $p-v$ 图和 $T-s$ 图中，气-液两相区定压线就是定温线，同样定温线也是定压线。图3-8和图3-9 中的 $1'-1''$线就是处于两相区内的定压及定温线，在 $1'-1''$线上，饱和液体 $1'$与同温同压的饱和气体 $1''$处于平衡状态。线段中间的各状态点则表示不同质量比的两相混合物，常称之为**湿饱和蒸气**，因此气-液两相区又称为湿饱和蒸气区。相转变时，饱和液体 $1'$吸热转变为饱和气体 $1''$，或者饱和气体 $1''$放热凝结为饱和液体 $1'$。

为方便记忆，可将蒸气的 $p-v$ 图和 $T-s$ 图概括为一点、二线、三区、五态。一点为临界点 C，二线为饱和液体线和饱和气体线，三区为过冷液体区、气-液两相区（湿饱和蒸气区）及过热气体区，五态为过冷液体状态、饱和液体状态、湿饱和蒸气状态、饱和气体状态、过热气体状态。

3.8.2　湿蒸气状态参数的确定

蒸气处于湿饱和蒸气区时，此时温度 t 与 p 为互相对应的数值，而不是相互独立的参数，因此仅已知 p 和 t 不能决定其状态，必须另有一个独立参数干度才能决定其状态。所谓**干度**，是指湿饱和蒸气中饱和气体占的质量成分，用符号 x 表示，即

$$x = \frac{m''}{m' + m''} = \frac{m''}{m} \tag{3-98}$$

式中：m'、m''分别表示饱和液体和饱和气体的质量；$m = m' + m''$为湿饱和蒸气总质量。$(1-x)$则表示湿饱和蒸气中饱和液体的质量成分，称**湿度**。

干度 x 只在湿蒸气区才有意义，其值在0到1之间（$0 \leqslant x \leqslant 1$）。当 $x=0$ 时，湿饱和蒸气全部为饱和液体，因此在 $p-v$ 和 $T-s$ 上，下界线即为 $x=0$ 线；$x=1$ 时，全部为饱和气体，上界线即为 $x=1$ 线；x 愈小，湿饱和蒸气中含气体量愈少，状态点愈靠近饱和液体状态；反之则湿饱和蒸气中含气体量愈多，状态点愈靠近饱和气体状态。

若干度为 x，则 1kg 湿饱和蒸气中应有 $x$kg 的饱和气体和$(1-x)$kg 的饱和液体，故湿蒸气的任一比参数 y 具有下列关系：

$$y = (1-x)y' + xy'' \tag{3-99}$$

式中，y'、y''分别代表某一压力（或温度）下的饱和液体和饱和气体的同名参数。对于 v、s、h 可以写出如下式子：

$$v = (1-x)v' + xv'' = v' + x(v'' - v') \tag{3-100}$$

$$h = (1-x)h' + xh'' = h' + x(h'' - h') = h' + x\gamma \tag{3-101}$$

$$s = (1-x)s' + xs'' = s' + x(s'' - s') + s' + x\frac{\gamma}{T_s} \tag{3-102}$$

当已知湿饱和蒸气的压力(或温度)及某一比参数 y 时，便可确定其干度：

$$x=\frac{y-y'}{y''-y'} \tag{3-103}$$

根据干度 x 及饱和液体及饱和气体的参数，就可以确定湿饱和蒸气的状态参数。

3.9　蒸气的定压发生过程

在许多热力机械和设备中，往往利用工质在工作区间的气 - 液相态的变化来实现热能的转换和利用。因此，这类工质在工作循环中有时呈现气体状态，有时呈现液体状态，当以气体状态呈现时偏离液态的程度也较小，我们常将这类工质的气体状态称作蒸气，例如水蒸气、氨蒸气、氟利昂蒸气等等。显然，这些蒸气都不能作为理想气体来处理，它们的热力性质也比较复杂。

实际的工程设备中，工质吸收热量由液体生成蒸气的过程中，压力变化很小，可视为定压发生过程，反之，蒸气放出热量凝结为液体的过程亦可视为定压冷凝过程。因此了解蒸气的定压发生过程，是了解上述设备中工质热力过程和蒸气热力性质的基础。

本节以水的定压汽化过程为例来说明蒸气的定压发生过程。为了更形象化，假设水是在汽缸内进行的定压吸热过程，设汽缸内有 1kg 水，最初水的温度 $t<t_s$(t_s 为该恒定压力 p_1 下对应的饱和温度)，可以通过改变活塞上重物的重量来恒定汽缸内的压力，其原理如图 3 - 10所示。从图上可以看出，在压力低于临界压力时，水的定压发生过程经历液体预热、汽化、蒸汽过热三个阶段。

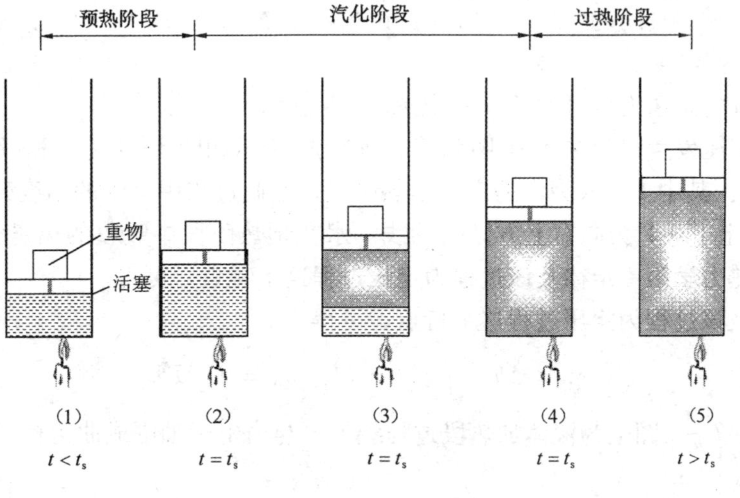

图 3 - 10　水的定压汽化原理图

(1) 液体预热阶段

液体预热阶段指工质由初始的未饱和液体(或称过冷液体)状态吸热到饱和液体的阶段。如图 3 - 10(1)中所示，处于未饱和状态的水被定压加热后，比体积 v 稍有增大，比熵 s 增大，比焓 h 增大。当水温达到 t_s 时，水开始沸腾，此时的水称为**饱和水**，所对应的温度 t_s 称为**饱和温度**。如图 3 - 10 中(2)所示。所以图中(1)至(2)过程为水的预热阶段。

(2) 汽化阶段

汽化阶段为饱和液体吸热转变成相同压力下的饱和蒸汽的阶段。图 3 - 10 中(2)的饱和水继续加热，水温 t_s 不变，而水却不断汽化为蒸汽，汽缸内为汽液共存状态，称为**湿饱和蒸汽**，如图3－10中(3)所示。随着加热过程的进行，水逐渐减少，蒸汽逐渐增多，直至水全部变化为蒸汽，此时的蒸汽称为干饱和蒸汽，如图3－10中(4)所示。图中的(2)至(4)过程称为水的汽化阶段。

(3) 过热阶段

对饱和蒸汽继续加热，并保持其压力不变，其温度将由饱和温度继续升高，$t>t_s$。把温度高于相应压力下饱和温度的蒸汽称为**过热蒸汽**，超出的温度值($\Delta t=t-t_s$)称为**过热度**。蒸汽过热过程，比体积 v 继续增大，比焓 h、比熵 s 继续增大，此时的蒸汽如图3－10中(5)所示。图中(4)至(5)过程称为过热阶段。

通过上述三个过程完成了未饱和水到过热蒸汽的定压加热全过程，在此过程中，水的状态参数比体积 v、比焓 h、比熵 s 均不断增大，为了方便比较，将水加热过程中状态参数的变化情况列于表3－2中。

表3－2 水蒸气定压发生过程中各状态的参数特征表

参数 \ 水的状态	过冷水	饱和水	湿饱和蒸汽	干饱和蒸汽	过热蒸汽
压力	$p=const$	$p=const$	$p=const$	$p=const$	$p=const$
温度	$t<t_s$	$t=t_s$	$t=t_s$	$t=t_s$	$t>t_s$
比体积	$v<v'$	$v=v'$	$v'<v<v''$	$v=v''$	$v>v''$
比焓	$h<h'$	$h=h'$	$h'<h<h''$	$h=h''$	$h>h''$
比熵	$s<s'$	$s=s'$	$s'<s<s''$	$s=s''$	$s>s''$

注：表中的 v'、h'、s' 分别为该压力下对应的饱和水的比体积、比焓、比熵；v''、h''、s'' 分别为该压力下对应的干饱和蒸汽的比体积、比焓、比熵。

(4) 水蒸气的定压发生过程的 $p-v$ 图和 $T-s$ 图

水蒸气的定压发生过程在 $p-v$ 图和 $T-s$ 图上的表示如图3－11(a)和(b)中的 $1^0-1'-1''-1$ 曲线所示。其中 $1^0-1'$ 为水的定压预热阶段，在此过程中，水的温度升高，比熵增大，所以在 $T-s$ 图上 $1^0-1'$ 为向右上方倾斜的线。水在预热阶段中吸收的热量称为液体热，用 q_1 表示。根据热力学第一定律及该过程为定压过程这个特点，可得

第一定律及该过程为定压过程这个特点，可得

$$q_1=\Delta h-\int v\mathrm{d}p=h'-h_0=\int_{1^0}^{1'}T\mathrm{d}s \tag{3-104}$$

所以，q_1 在 $T-s$ 图上为液体加热段过程线下方与横坐标轴围成曲边梯形的面积。

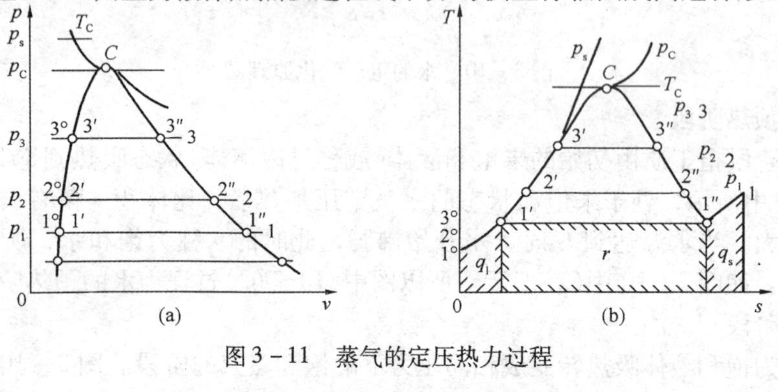

图3－11 蒸气的定压热力过程

$1'-1''$为水的定压汽化阶段，在此过程中水的 p 不变，$t=t_s$ 不变，比熵增大，$1'-1''$在 $p-v$ 图和 $T-s$ 图上均是一条水平线。在一定压力下 1kg 饱和液体转变为饱和气体吸收的热量称为**汽化潜热**，用符号 r 表示，单位为 kJ/kg。同样根据热力学第一定律及该过程为定压过程这个特点，可得

$$r=h''-h'=T_s(s''-s') \tag{3-105}$$

所以，在 $T-s$ 图上它相当于汽化线下方与横坐标围成的矩形面积。

$1''-1$ 为水的定压过热阶段，在此过程中温度升高，比熵增大，在 $T-s$ 图上也是一条向右上方倾斜的直线，但它的斜率较预热过程线的斜率大。原因是：在 $T-s$ 图上定压线的斜率为 $\left(\frac{\partial T}{\partial s}\right)_p=\left(\frac{\partial h}{\partial s}\right)_p/\left(\frac{\partial h}{\partial T}\right)_p=\frac{T}{c_p}$，由于过热蒸汽温度较高，而其定压比热容又较小，所以 $T-s$ 图上定压线在过热蒸汽区的斜率 $\frac{T}{c_p}$ 比其在未饱和水区的大。

工质在过热阶段吸收的热量为过热蒸汽热，用 q_{su} 表示，同理可得

$$q_{su}=h-h'' \tag{3-106}$$

在 $T-s$ 图上它相当于过热段过程线下方与横坐标围成的面积。

分别改变压力 p_1 为 p_2、p_3，得到另外两条定压加热过程线 $2^0-2'-2''-2$、$3^0-3'-3''-3$。从图 3-11 可以看出，随着压力的升高，汽化过程线越短，饱和水与干饱和蒸汽的参数越接近，差别越小。当达到临界点 C 时，它们的区别完全消失。水蒸气的临界参数为 $p_c=22.129\text{MPa}$，$t_c=374.15℃$，$v_c=0.00326\text{m}^3/\text{kg}$，$h_c=2100\text{kJ/kg}$，$s_c=4.429\text{kJ/(kg·K)}$。

以上叙述的是水蒸气的定压汽化过程，其他工质的蒸气的定压发生过程和水蒸气的相似，在此不再赘述。

3.10　蒸气热力性质图、表

对蒸气热力性质的研究包括对蒸气的状态、过程分析以及过程热力学能、焓、熵、功和热量的计算。由于蒸气性质较为复杂，其物理性质的方程也十分复杂。为便于一般的工程计算，根据一些经验方程式，利用热力学的一般关系式，通过计算机进行大量的计算，编制成了各种蒸气的热力性质图和表，供工程计算查用。

在保证足够精度的前提下，工程上通过查一些蒸气的热力性质图、表来获取蒸气的某些状态参数。这种方法既快又方便简单，因此各种蒸气的热力性质表在工程实际中也发挥了非常重要的作用。

3.10.1　蒸气热力性质表

（1）基准点的选定

热力性质图表中给出一定压力和温度下工质的比体积、比焓、比熵的数值。由于热力学能和熵都是以它们的变化量定义的，因而在某一状态下它们的数值是相对于基准点求得的，基准点取的不一致，热力性质表中比热力学能、比熵、比焓的值也不相同。

不同工质的热力性质图表对基准点有不同的选择。在水蒸气热力性质图表中，基准点的选择是基本一致的，取处于三相点的饱和水的热力学能及熵值为零，即当饱和水处于 $p_0=p_{tp}=611.2\text{Pa}$，$T_0=T_{tp}=273.16\text{K}$ 状态时

$$u_0 = 0, s_0 = 0$$

此时饱和水的比体积为 $v_{1,tp} = 0.00100022\text{m}^3/\text{kg}$，所以其比焓为：

$$h_0 = u_0 + p_{tp} v_{1,tp} = 0.0006113\text{kJ/kg} \approx 0$$

对于氨蒸气、氟里昂蒸气等制冷工质，不同著作者编制的热力性质图表，选定的基准点多不相同。因此，在应用工质的热力性质图、表时，应注意其选取的基准点。在热力计算中，由不同基准点的图、表中查得的数据不能直接混用，在有必要时应对它们进行核算处理。

(2) 饱和液体及饱和蒸气热力性质表

为应用方便，常作成以温度为序和以压力为序的两种饱和液体及饱和蒸气表，只有在三相点以上，临界点以下才存在气－液平衡的饱和状态，所以饱和液体及饱和蒸气表的参数范围为三相点至临界点。饱和水与饱和水蒸气的热力性质表见附表13、附表14。

应用饱和液体及饱和蒸气热力性质表，只需给定任何一个饱和液体或饱和蒸气的参数，就可以查出它们的其余参数。此外，饱和液体及饱和蒸气表还用以进行湿蒸气参数的计算。例如，在给定湿蒸气的压力(或温度)及干度 x 的条件下，可以在表上查取饱和液的比体积 v'、比焓 h'、比熵 s'及饱和蒸气的比体积 v''、比焓 h''、比熵 s''，再利用式(3－99)、式(3－100)、式(3－101)计算湿饱和蒸气的比体积、比焓、比熵等。

(3) 未饱和液及过热蒸气热力性质表

未饱和液体及过热蒸气在平衡时都呈单相状态，它们有两个独立的强度参数，只有给定了两个参数才能确定状态，从而确定其他参数。为应用方便，工程上通常给定温度和压力制作未饱和液体及过热蒸气热力性质表。

在一定压力下，温度低于相应饱和温度的状态为未饱和液状态，高于饱和温度的状态为过热蒸气状态。在表中，通常在饱和温度所居位置加一水平分界线，以区分未饱和液及过热蒸气参数区域。在压力高于临界压力时没有液、气相区域的分界。附表15 给出了未饱和水及过热水蒸气的热力性质表。

热力性质表是离散的数值表。在应用中对于表上未列出的状态点参数，需要依据与其相邻的状态点的参数值作内插计算。应该注意，在有相区分界线的间隔内存在着相转变区域，故不能用处于分界线不同侧的参数值作内插计算。

3.10.2 蒸气热力性质图

蒸气热力性质表中所列参数值的精确度较高，但热力性质表中的数据是离散的，应用中往往需要采用内插计算，带来应用的不便；另外，热力性质表不能形象地表示热工设备中工质的热力过程。为此，常按照各种工程具体应用的要求，选用不同的参数坐标，将工质的热力状态参数关系制成线图供工程应用，这种线图称热力性质图。常用的热力性质图有焓－熵($h-s$)图、压－焓($p-h$)图、温－熵($T-s$)图等。

(1) 焓－熵($h-s$)图

焓－熵图的结构图(水蒸气的 $h-s$ 图见附图2)，纵坐标为比焓，横坐标为比熵。图上除有水平的定焓线及等距垂直的定熵线外，还绘制有如图3－12 所示曲线。

① 饱和液体线及饱和蒸气线。饱和液体的焓、熵都随饱和温度(或压力)的升高而增大，所以在 $h-s$ 图上饱和液体线是一条单调上升的曲线，如图3－12 中的 CM 线。从临界点开始，随着温度(或压力)的降低饱和蒸气的熵增大，而其焓值则是先增加，经过一个极大值

后再随温度降低而减小。即在 $h-s$ 图上的饱和蒸气线是一条有极大值的曲线，如图3－12中的 CN 线。饱和曲线的极值点处于饱和蒸气状态，而不是临界点，这是 $h-s$ 图与 $p-v$、$T-s$ 图的一个重要差别。

饱和曲线亦将 $h-s$ 图分为三个相区：饱和蒸气线上方为过热蒸气区；饱和液体线左侧为过冷液体区；两条饱和线之间为湿饱和蒸气区。液体的焓和熵值都主要确定于温度，受其他参数变化的影响很小，因而在 $h-s$ 图上过冷液体区是紧邻饱和液体线的一个很狭窄的区域，在通常尺度的线图上近乎与饱和液体线重合。

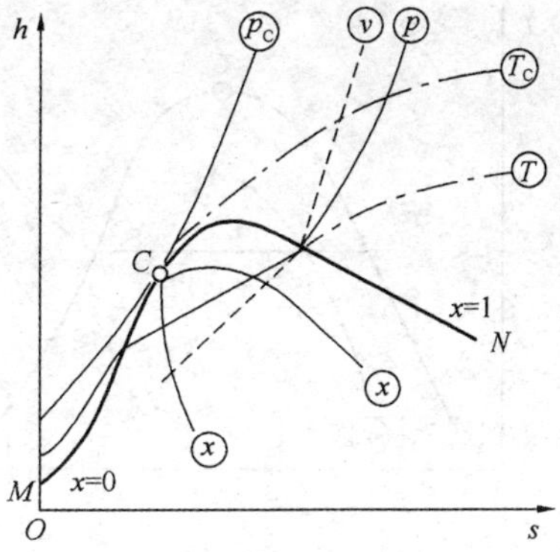

图3－12 $h-s$ 图

② 定压线。偏微分关系式 $\left(\frac{\partial h}{\partial s}\right)_p = T$ 表明，在 $h-s$ 图上定压线的斜率等于所处状态的热力学温度。在过冷液体区定压线与饱和液体线近乎重合。在湿饱和蒸气区定压线也就是定温线，它是斜率为对应饱和温度 T_s 的斜直线。压力愈高，T_s 愈高，直线愈陡。在过热蒸气区，定压线斜率随温度升高而增大，形成向上跷的曲线。

③ 定温线。定温线在过冷液体区具有较小的斜率，在温度较低的范围内也可能为负值；在湿饱和蒸气区定温线就是定压线；在过热蒸气区定温线的斜率比定压线斜率小，定温线较定压线平缓，并随着压力的降低，蒸气性质趋于理想气体性质，定温线趋于水平，即在定温线上焓值趋于不变。

④ 定容线。在 $h-s$ 图上定容线较定压线陡。随着比体积值的增大，定容线由图上压力较高的左上方向压力较低的右下方移动，形成定容线，如图上虚线所示。

⑤ 定干度线。定干度线仅位于湿饱和蒸气区，随着压力的增加气化线段逐渐缩短，各条定干度线逐渐靠近，在达到临界压力时汇集于临界点。饱和液体线和饱和蒸气线分别为 $x=0$ 和 $x=1$ 的干度线，并且离饱和蒸气线越近，定干度线的值越大。

在 $h-s$ 图的左下方，液态区及其邻近的区域图线非常密集，很难作实际的应用，作为工程计算中实用的 $h-s$ 图，只取图的右上方部分区域，它包括干度较大的湿饱和蒸气区和过热蒸气区。

(2) 压－焓（$p-h$）图

以压力为纵坐标、焓为横坐标的压－焓图在制冷工程中应用较广。制冷剂常在较低压力下工作，为使低压区图线较分散，$p-h$ 图的纵坐标常取压力的对数值，所以 $p-h$ 图有时又称为 $\lg p-h$ 图，如图3－13所示。

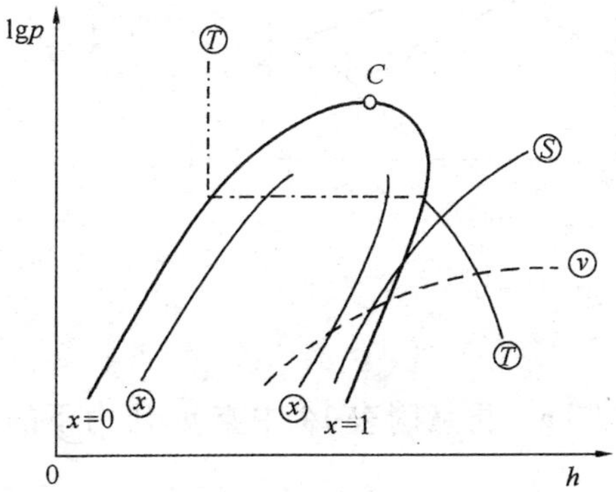

图3－13 $\lg p-h$ 图

$\lg p-h$ 图上饱和液体线为单调上升的曲线。在饱和蒸气线上，低压区焓值随压力升高而增大，在经过焓的极值点以后则随压力的升高而减小，达到临界压力时饱和蒸气线与饱和液体线相交于临界点。饱和液体线左侧为过冷液体区；饱和蒸气线右方为过热蒸气区；两条饱和线之间为湿饱和蒸气区。

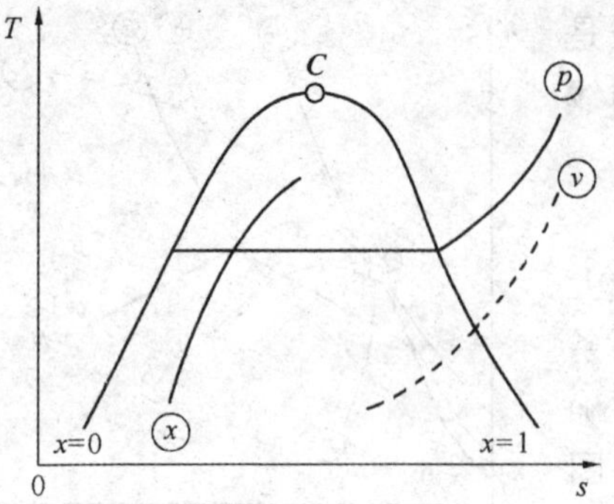

图 3-14　$T-s$ 图

(3)温-熵($T-s$)图

温-熵图在各种热力过程和循环的分析中用得最为普遍，各曲线的走向如图 3-14 所示。

例 3-7　工质 H_2O 的压力为 10MPa，在具有下列参数时它的状态点分别处于什么相区内：(1) $t=280℃$；(2) $t=550℃$；(3) $v=0.01m^3/kg$；(4) $h=2500kJ/kg$；(5) $h=3500kJ/kg$；(6) $s=3.0kJ/(kg\cdot K)$。

解　查附表 14，可得压力为 $p=10MPa$ 下的各参数为：

$t_s=311.037℃$，$v'=0.0014522m^3/kg$，$v''=0.0180226m^3/kg$，$h'=1407.2kJ/kg$，$h''=2724.46kJ/kg$，$s'=3.3591kJ/(kg\cdot K)$，$s''=5.6139kJ/(kg\cdot K)$

(1) $t=280℃<t_s$，H_2O 处于未饱和水区；

(2) $t=550℃>t_s$，H_2O 处于过热蒸汽区；

(3) $v'<v<v''$，H_2O 处于湿蒸汽区；

(4) $h'<h<h''$，H_2O 处于湿蒸汽区；

(5) $h>h''$，H_2O 处于过热蒸汽区；

(6) $s<s'$，H_2O 处于未饱和水区。

例 3-8　容器内水蒸气压力 $p_0=4MPa$，经绝热节流到出口状态 1，测得 $p_1=0.1MPa$，$t_1=120℃$[如图 3-15(a)所示]，问容器内蒸汽处于什么相区，并查出其对应参数。

解　①应用蒸汽的 $h-s$ 图求解：

先依据出口状态参数 p_1、t_1 在图上确定状态点 1。因为绝热节流前后工质焓相同，故容器内蒸汽状态点为定压线 p_0 与过点 1 定焓线的交点 0，如图 3-15(b)所示。这样即可确定容器内蒸汽为湿蒸汽，并由图上查出其对应参数为：

$t_0=250℃$，$x_0=0.951$，$h_0=2720kJ/kg$，$s_0=5.915kJ/(kg\cdot K)$，$v_0=0.0475m^3/kg$

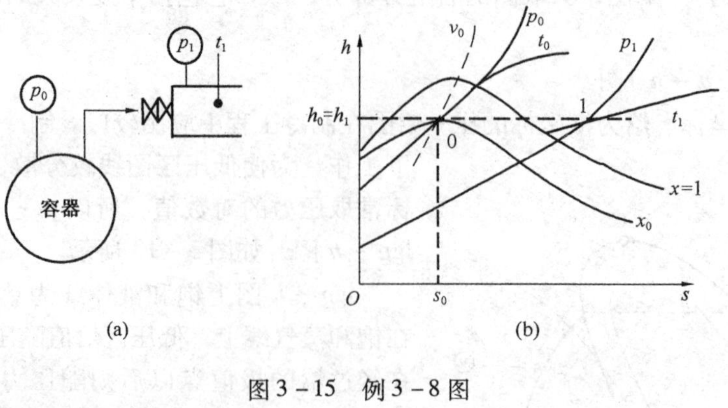

图 3-15　例 3-8 图

② 应用蒸汽热力性质表求解：

先依据 p_1、t_1 在附表 15 中查得 $h_0=h_1=2725.1kJ/kg$，再从附表 14 中查 p_0 压力下的饱和参数为：

$t_0=t_s=250.394℃$，$v'=0.0012524m^3/kg$，$v''=0.049771m^3/kg$，$h'=1087.2kJ/kg$，$h''=2800.53kJ/kg$，$s'=2.7962kJ/(kg\cdot K)$，$s''=6.0688kJ/(kg\cdot K)$

因此其干度为：

$$x_0=\frac{h_0-h'}{h''-h'}=\frac{2725.1-1087.2}{2800.53-1087.2}=0.956$$

比体积及比熵分别为：

$$v_0=v'+x_0(v''-v')=0.0012524+0.956(0.049771-0.0012524)=0.047636m^3/kg$$

$$s_0=s'+x_0(s''-s')=2.7962+0.956(6.0688-2.7962)=5.9248kJ/(kg\cdot K)$$

可见，用热力性质表计算比应用 $h-s$ 图求解稍繁杂，但更精确。

3.11　湿空气

湿空气是指干空气和水蒸气的混合物，那么干空气又是由 N_2、O_2、Ar、CO_2、Ne、He 等其他一些微量气体所组成的混合气体。在常温常压下干空气可视为理想气体，而湿空气中的水蒸气一般处于过热状态，且含量很少，也可近似的视作理想气体。因此湿空气可近似地看成理想气体混合物。在湿空气中水蒸气的含量虽少，但其变化却对空气环境的干燥和潮湿程度产生重要影响，且使湿空气的物理性质随之改变。为此，除了湿空气的压力和温度外，还要引入描述湿空气中与水蒸气量有关的概念和状态参数，如湿空气的相对湿度、含湿量、焓及熵等。

3.11.1　压力

既然湿空气可以看成理想气体混合物，根据道尔顿定律，湿空气的压力为

$$p=p_a+p_{st} \tag{3-107}$$

式中　p_a——干空气分压力；

p_{st}——水蒸气分压力。

湿空气中水蒸气的分压力通常低于其温度（即湿空气温度）所对应的饱和压力，处于过热蒸汽状态，如图 3－16 中 1 点所示。这种湿空气称为**未饱和湿空气**，它具有吸收水分的能力。

如果湿空气温度不变，增加湿空气中水蒸气含量使其分压力增加，当水蒸气分压力达到其温度所对应的饱和压力时，水蒸气达到了饱和状态，如图 3－16 中 2 点所示。这时的湿空气称为**饱和湿空气**。饱和湿空气此时具有的压力称为湿空气的饱和分压力，用 p_s 表示。由于饱和湿空气中水蒸气的含量达到了最大值，故不再具有吸收水分的能力。当湿空气中水蒸气的含量超过这个最大值时，就会有水滴析出，如雾天。

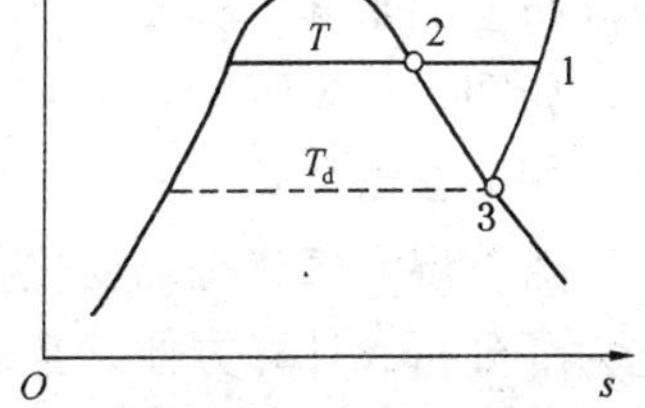

图 3－16　湿空气中水蒸气的状态及所对应的露点温度

3.11.2　温度

对于未饱和湿空气，在保持湿空气中 p_{st} 不变的条件下，若降低湿空气的温度可使水蒸气从过热状态达到饱和状态 3，如图 3－16 中 1—3 所示，状态点 3 所对应的湿空气状态称为湿空气的**露点**（定压降温达到饱和状态的温度）。露点 3 所处的温度称为**露点温度**，用 t_d 或 T_d 表示，显然它是湿空气中水

蒸气分压力对应的饱和温度。在湿空气温度一定条件下，露点温度越高说明湿空气中水蒸气分压力越高，蒸汽含量越多，湿空气越潮湿；反之，湿空气越干燥。湿空气达到露点后如再冷却，就会有水滴析出，形成所谓的“露珠”、“露水”。

3.11.3 湿度

为了能考察湿空气中所含水蒸气量偏离极限（饱和）的情况，必须引用其他参数——湿度来描述湿空气。

（1）绝对湿度

每立方米湿空气中含有水蒸气的质量称为**绝对湿度**，即空气中水蒸气的密度。由理想气体状态方程可得：

$$\rho_{st} = \frac{p_{st}}{R_{st}T} \tag{3-108}$$

式中 R_{st}——水蒸气的气体常数；

p_{st}——湿空气中水蒸气的分压力。

绝对湿度只能说明湿空气中所含水蒸气量的多少，而不能表明湿空气在该状态下具有的吸收水分的能力大小。

（2）相对湿度

湿空气中水蒸气的分压力与同温度下饱和湿空气的水蒸气分压力的比值称为**相对湿度**，即

$$\varphi = \frac{p_{st}}{p_s} \times 100\% \tag{3-109}$$

由上式可见，相对湿度 φ 表征了湿空气中水蒸气接近饱和含量的程度。相对湿度的数值应在 $0 \leqslant \varphi \leqslant 1$ 范围内。当 $\varphi = 0$ 说明湿空气中没有水蒸气，全部为干空气；当 $\varphi = 1$ 说明湿空气已经达到了饱和，处于该温度下的饱和状态；φ 越小说明湿空气偏离饱和湿空气的状态越远，空气越干燥，吸水能力越强。反之，说明湿空气越接近饱和状态，空气越潮湿，吸水能力越弱。

（3）相对湿度的测定

空气的相对湿度可用干、湿球温度计测定。干、湿球温度计由两个温度计组成，如图3-17所示。一个是干球温度计，就是普通温度计，它所测得的温度就是湿空气的温度 t；另一个是湿球温度计，是一个在水银柱球部包有湿纱布的普通温度计，用来测量湿纱布的温度，读数为**湿球温度** t_w。由于湿布向空气中蒸发水分，因而其温度低于空气温度。空气的相对湿度越小时，湿布上水分蒸发越快，湿球温度比干球温度低得越多。若湿空气达到饱和，则湿布上的水分不蒸发，干、湿球温度就相等。空气的相对湿度与干、湿球温度有确定的关系，如图3-18所示。

（4）含湿量 d

随着湿空气状态的变化，湿空气的水蒸气含量可能变化，而干空气的质量并不改变。因此为了分析和计算方便，常采用干空气的质量作为计算基准。将一定体积的湿空气中的水蒸气密度与干空气密度之比称为含湿量，即对应于1kg干空气的湿空气中所含的水蒸气量，用 d 表示，单位为 kg/kg_a，因此

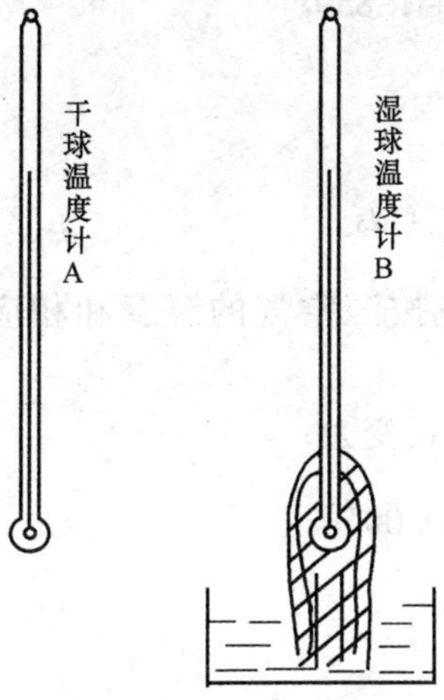

图 3－17　干湿球温度计

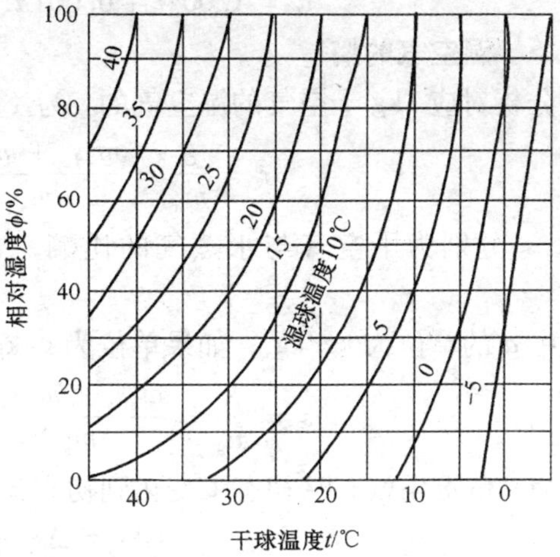

图 3－18　相对湿度与干、湿球温度的关系

$$d=\frac{\rho_{st}}{\rho_a}=\frac{m_{st}}{m_a}=\frac{\dfrac{p_{st}}{R_{st}T}}{\dfrac{p_a}{R_aT}}=\frac{R_a}{R_{st}}\cdot\frac{p_{st}}{p_a}=\frac{287}{461}\cdot\frac{p_{st}}{p_a}=0.622\frac{p_{st}}{p-p_{st}}\quad kg/kg_a \qquad (3-110)$$

式中　ρ_a、m_a、R_a 分别为干空气的密度、质量、气体常数。

考虑到湿空气中水蒸气含量较少，因此含湿量 d 的单位也可用 g/kg_a 表示，这样上式则可写成

$$d=622\frac{p_{st}}{p-p_{st}}\quad g/kg_a \qquad (3-111)$$

3.11.4　湿空气的焓

湿空气是干空气和水蒸气的混合物，因而湿空气的焓是干空气和水蒸气的焓之和，即

$$H=H_a+H_{st}=m_ah_a+m_{st}h_{st} \qquad (3-112)$$

考虑到在湿空气的热力过程中干空气的量是常量，故湿空气的比焓是相对于单位质量干空气的焓，所以

$$h=\frac{H}{m_a}=h_a+0.001d\cdot h_{st} \qquad (3-113)$$

取 273K 时干空气和饱和水的焓值为零，则任意温度 t 时的干空气焓为：

$$h_a=c_{pa}\cdot t \qquad (3-114)$$

式中：$c_{pa}=1.004kJ/(kg\cdot K)$为干空气的定压比热容。

水蒸气的焓可近似用下式计算：

$$h_{st}=h_c+c_{pst}\cdot t \qquad (3-115)$$

式中：$h_c=2501.6kJ/kg$，273K 时干饱和蒸汽的焓；

$c_{pst}=1.859kJ/(kg\cdot K)$，水蒸气处于理想气体状态下的定压比热容。

因此湿空气的比焓：

$$h=1.004t+d(2501.6+1.859t) \qquad (3-116)$$

式中：d 的单位为 kg/kg_a，如果单位为 g/kg_a，则上式变为：

$$h = 1.004t + 0.001d(2501.6 + 1.859t) \tag{3-117}$$

3.11.5 湿空气的熵

同理分析对应1kg 干空气的湿空气的 s 为

$$s = \frac{S}{m_a} = \frac{m_a s_a + m_{st} s_{st}}{m_a} = s_a + d s_{st} \tag{3-118}$$

式中：s_a、s_{st}分别为干空气与水蒸气的比熵，它们都应按湿空气的温度和相应的分压力计算。

上式中 d 的单位为 kg/kg_a，如果单位为 g/kg_a，则上式变为：

$$s = \frac{S}{m_a} = \frac{m_a s_a + m_{st} s_{st}}{m_a} = s_a + 0.001 d s_{st} \tag{3-119}$$

湿度为 d 的湿空气，从初态 1 变化到初态 2，则熵变为

$$\begin{aligned}\Delta s &= \Delta s_a + d\Delta s_{st} \\ &= (s_{a2} - s_{a1}) + d(s_{st2} - s_{st1}) \\ &= (c_{pa}\ln\frac{T_2}{T_1} - R_a\ln\frac{p_{a2}}{p_{a1}}) + d(c_{pst}\ln\frac{T_2}{T_1} - R_{st}\ln\frac{p_{st2}}{p_{st1}})\end{aligned}$$

式中：p_{a2}、p_{a1}、p_{st2}、p_{st1}分别为初、终态干空气和水蒸气的分压力，如果湿空气的 d 不变，其摩尔成分 x_a 和 x_{st}也不变，所以

$$\frac{p_{st2}}{p_{st1}} = \frac{x_{st2}p_2}{x_{st1}p_1} = \frac{p_2}{p_1}, \frac{p_{a2}}{p_{a1}} = \frac{x_{a2}p_2}{x_{a1}p_1} = \frac{p_2}{p_1}$$

所以上式又可写为：

$$\begin{aligned}\Delta s &= (c_{pa}\ln\frac{T_2}{T_1} - R_a\ln\frac{p_2}{p_1}) + d(c_{pst}\ln\frac{T_2}{T_1} - R_{st}\ln\frac{p_2}{p_1}) \\ &= (c_{pa} + dc_{pst})\ln\frac{T_2}{T_1} - (R_a + dR_{st})\ln\frac{p_2}{p_1}\end{aligned} \tag{3-120}$$

按定值比热容计算，则代入 273K 时的比热容和气体常数，得熵变为

$$\Delta s = (1.004 + 1.859d)\ln\frac{T_2}{T_1} - (0.287 + 0.4615 \times 10^{-3}d)\ln\frac{p_2}{p_1} \tag{3-121}$$

取 273K、100kPa 下的熵值为零，则湿空气在温度为 T，压力为 p 时的熵为

$$s = (1.004 + 1.859d)\ln\frac{T}{273} - (0.287 + 0.4615 \times 10^{-3}d)\ln\frac{p}{100} \tag{3-122}$$

式(3－118)、式(3－192)、式(3－120)中 d 的单位为 kg/kg_a。

3.11.6 湿空气的比体积

以 1kg 干空气为基准的湿空气的体积为

$$v = \frac{V}{m_a}$$

根据理想气体状态方程，上式的体积又可表示为

$$v = \frac{mR_m T}{Mpm_a}$$

又因为

$$\frac{p}{p_a} = \frac{N}{N_a} = \frac{m}{m_a}\frac{M_a}{M}$$

所以
$$v = \frac{m_a R_m T}{p_a} = v_a \tag{3-123}$$

从上式可以看出，相对于单位质量干空气的湿空气的体积就等于干空气的比体积。这是根据道尔顿分压力定律所得出的必然结果，因为在湿空气温度与干空气分压力下，单位质量的干空气所占据的体积也就是湿空气的体积。

例 3-9　当地当时大气压力为 0.1MPa，空气的温度 $t=30℃$，相对湿度为 $\varphi=60\%$，试通过查表计算求湿空气的水蒸气分压力 p_{st}、露点温度 t_d、含湿量 d、绝对湿度、焓 h 及熵 s（按定值比热容计算，且取 273K、100kPa 下的熵值为零）。

解　① 求水蒸气的分压力

查附表 13 饱和水蒸气表可得：当 $t=30℃$，水蒸气的饱和压力为 $p_s=4.241\text{kPa}$，密度为 $\rho''=0.03037\text{kg/m}^3$

水蒸气的分压力为：

$$p_{st} = \varphi p_s = 0.6 \times 4.241 = 2.545\text{kPa}$$

② 露点温度为与 p_{st} 对应的饱和温度，查附表 14 饱和水蒸气表可得：

当水蒸气分压力为 2kPa 时，对应的饱和温度为 $t_{s1}=17.513℃$

当水蒸气分压力为 3kPa 时，对应的饱和温度为 $t_{s2}=24.1℃$

用内插法可求得水蒸气的露点温度为：

$$t_d = 17.513 + \frac{24.1-17.513}{3-2} \times (2.545-2) = 21.1℃$$

③ 含湿量为

$$d = 622\frac{p_{st}}{p-p_{st}} = 622 \times \frac{2.545}{100-2.545} = 16.24\text{g/kg}_a$$

④ 绝对湿度为

$$\rho_{st} = \varphi\rho'' = 0.6 \times 0.03037 = 0.01822\text{kg/m}^3$$

⑤ 湿空气的焓为

$$\begin{aligned} h &= 1.004t + 0.001d(2501.6 + 1.859t) \\ &= 1.004 \times 30 + 0.001 \times 16.24 \times (2501.6 + 1.859 \times 30) \\ &= 71.65\text{kJ/kg}_a \end{aligned}$$

⑥ 湿空气的熵为

$$s = (1.004 + 1.859 \times 10^{-3}d)\ln\frac{T}{273} - (0.287 + 0.4165 \times 10^{-3}d)\ln\frac{p}{100}$$

$$= (1.004 + 1.859 \times 10^{-3} \times 16.24) \times \ln\frac{(273+30)}{273} - (0.287 + 0.4165 \times 10^{-3} \times 16.24)\ln\frac{100}{100}$$

$$= 0.1078\text{kJ/(kg}_a \cdot \text{K)}$$

3.12　湿空气的焓湿图

一般在大气压力一定的条件下，把湿空气的焓、温度、相对湿度、水蒸气分压力以及含湿量之间的关系绘制成图称为**焓湿图**。单纯的求湿空气的状态参数用上节所述的各计算式即

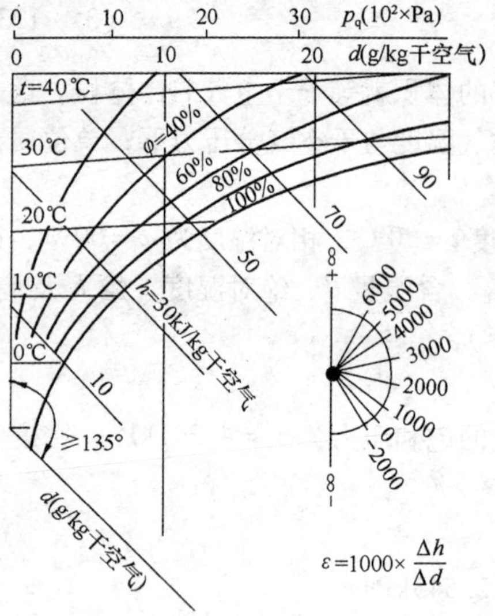

图 3-19 湿空气的焓湿图

可满足要求，或可查湿空气性质表，而对于湿空气状态变化过程的直观描述则需要借助于湿空气的焓湿图。如图 3-19 所示焓湿图的横坐标是焓，纵坐标为含湿量，且两坐标轴之间的夹角一般大于等于 135°，共有等焓线、等含湿量线、等温线、等相对湿度线及热湿比线 5 条特征线。

① 等焓线：与横坐标平行的线。

② 等含湿量线：等 d 线为与纵坐标平行的线。在一等大气压力下，含湿量 d 和露点温度 t_d 均由水蒸气分压 p_{st}确等，故等 d 线也是等 t_d 线，同时也是等 p_{st}线。但线上同一点所代表的各参数数值不同：d 值由横坐标 d 上查出；t_d 由过等 d 线与 $\varphi=1$ 线交点的等温线读出；p_{st}由 $p_{st}=f(d)$线上读出。

③ 等温线：由 $h=1.004t+d(2501.6+1.859t)$ 可知，当 $t=const$ 时，$h=a+bd$。其中 $a=1.004t$ 为等温线在纵坐标轴上的截距，$b=2501.6+1.859t$ 为等温线的斜率。可见不同温度的等温线并非平行线，又由于 $1.859t$ 与 2501.6 相比很小，所以等温线又可近似看作是平行的。

④ 等相对湿度线：等相对湿度线是向上凸起的曲线。$\varphi=1$ 的等相对湿度线位于其他等 φ 线的最下方，代表饱和湿空气。在该曲线以上，湿空气处于未饱和状态，而水蒸气处于过热状态；在该曲线以下为雾区，没有实际意义。$\varphi=0$ 的等 φ 线为纵坐标轴，表示干空气状态。

⑤ 热湿比线：一般在 $h-d$ 图的周边或右下角给出热湿比(或称角系数)ε 线。热湿比的定义为湿空气的焓变化与含湿量变化之比，即

$$\varepsilon=\frac{h_2-h_1}{d_2-d_1}=\frac{\Delta h}{\Delta d} \tag{3-124}$$

在 $h-d$ 图中，任意一条直线都是等 ε 线，ε 就是直线的斜率。ε 值相同的定 ε 线是相互平行的。现在的空气焓-湿图中，通常在右下角画出了很多等 ε 线(见附图 3)。这样，如果已知过程的初始状态和过程的 ε 值，则过初态点作一条平行于等 ε 线的直线即为过程线。如果再知道终态的某个参数，就能确定终了状态及其参数。

根据焓湿图就可由湿空气的任何两个参数找出相应的状态点，并按该点查出其他参数值。

例 3-10 试利用 $h-d$ 图求例 3-9 中湿空气的水蒸气分压力 p_{st}、露点温度 t_d、含湿量 d、绝对湿度、焓 h 及熵 s(按定值比热容计算，且取 273K、100kPa 下的熵值为零)。

解 在湿空气的 $h-d$ 图上，找出等温线 $t=30$℃，等相对湿度线 $\varphi=60\%$，这两条曲线相交的点即为此时湿空气的状态点，读出此点对应的数值得：

水蒸气分压力 $p_{st}=2.5$kPa

露点温度 $t_d=21.5$℃

含湿量 $d=16.2\text{g/kg}_a$

焓 $h=71.8\text{kJ/kg}_a$

绝对湿度　$\rho_{st} = \frac{p_{st}}{R_{st}T} = \frac{2.5\times10^3}{461.5\times303} = 0.0179\text{kg/m}^3$

本 章 小 结

(1) 理想气体状态方程式

适用于 1kg 理想气体　$pv = RT$

适用于 $m$kg 理想气体　$pV = mRT$

适用于 1mol 理想气体　$pV_m = R_mT$

适用于 Nmol 理想气体　$pV = NR_mT$

气体常数 R 和摩尔气体常数 R_m 之间的关系：$R = \frac{R_m}{M}$

(2) 理想气体热容分类及相互关系

名　称	比 热 容	摩 尔 热 容	容 积 热 容
单位	kJ/(kg·K)	kJ/(kmol·K)	kJ/(m^3·K)
比定压热容	c_p	C_{pm}	c'_p
比定容热容	c_v	C_{vm}	c'_v

换算关系：$C_m = Mc = 22.4c'$

迈耶公式：$c_p - c_v = R$ 或 $C_{pm} - C_{vm} = R_m$

比/绝热指数 k：$k = \frac{c_p}{c_v} = \frac{C_{pm}}{C_{vm}}$ 且 $c_p = \frac{k}{k-1}R$，$c_v = \frac{c_p}{k} = \frac{1}{k-1}R$

真实比热容：$c_{vm} = a_0 + a_1T + a_2T^2 + a_3T^3 - R_m$ 和 $c_{pm} = a_0 + a_1T + a_2T^2 + a_3T^3$

平均比热容：$c|_{t_1}^{t_2} = \frac{c|_0^{t_2}\cdot t_2 - c|_0^{t_1}\cdot t_1}{t_2 - t_1}$

定值比热容：

气 体 种 类	C_{pm}/[J/(mol·K)]	C_{vm}/[J/(mol·K)]	k
单原子气体	$2.5R_m$	$1.5R_m$	1.67
双原子气体	$3.5R_m$	$2.5R_m$	1.4
多原子气体	$4.5R_m$	$3.5R_m$	1.3

(3) 理想气体的比热力学能、比焓、比熵变化的计算公式为：

类　型	比热力学能的变化	比焓的变化	比熵的变化
微元变化	$du = c_v dT$	$dh = c_p dT$	$ds = c_p\frac{dT}{T} - R\frac{dp}{p}$
按真实比热容计算	$\Delta u = \int_1^2 c_u dT$	$\Delta h = \int_1^2 c_p dT$	$\Delta s = \int_1^2 c_p\frac{dT}{T} - R\ln\frac{p_2}{p_1}$
按平均比热容计算	$\Delta u = c_v\|_0^{t_2}\cdot t_2 - c_v\|_0^{t_1}\cdot t_1$	$\Delta h = c_p\|_0^{t_2}\cdot t_2 - c_p\|_0^{t_1}\cdot t_1$	$\Delta s = c_p\ln\frac{T_2}{T_1} - R\ln\frac{p_2}{p_1}$
按定值比热容计算	$\Delta u = c_v(T_2 - T_1)$	$\Delta h = c_p(T_2 - T_1)$	$\Delta s = c_p\ln\frac{T_2}{T_1} - R\ln\frac{p_2}{p_1}$
按气体热力性质表计算	$\Delta u = u_2 - u_1$	$\Delta h = h_2 - h_1$	$\Delta s = s_{T_2}^0 - s_{T_1}^0 - R\ln\frac{p_2}{p_1}$

比熵的变化还有另外2个计算公式：

$$ds = c_v \frac{dT}{T} + R\frac{dv}{v} \text{ 和 } ds = c_v \frac{dp}{p} + c_p \frac{dv}{v}$$

可根据已知条件选择公式进行计算。

（4）理想气体的混合物

分压力定律：$\sum_{i=1}^{n} p_i = p$，分容积定律：$\sum_{i=1}^{n} V_i = V$

各种成分及换算：

① 质量分数 $x_i = \frac{m_i}{m}, \sum_{i=1}^{n} x_i = 1$

② 摩尔分数 $y_i = \frac{N_i}{N}, \sum_{i=1}^{n} y_i = 1$

③ 容积分数 $r_i = \frac{V_i}{V} = V_i / \sum_{i=1}^{n} V_i, \sum_{i=1}^{n} r_i = 1$

④ 三种成分之间的关系：$r_i = y_i, x_i = \frac{y_i M_i}{\sum_{i=1}^{n}(y_i M_i)}, y_i = \frac{x_i / M_i}{\sum_{i=1}^{n}(x_i / M_i)}$

折合相对分子质量：$M_{eq} = \sum_{i=1}^{n}(y_i M_i)$，折合气体常数：$R_{eq} \frac{8.3145}{M_{eq}} = \sum_{i=1}^{n}(x_i R_i)$

（5）理想气体混合物的比热容、热力学能、焓、熵的计算

比热容、摩尔热容及比热容为：

$$c = \sum_{i=1}^{n}(x_i c_i), C_m = \sum_{i=1}^{n}(y_i C_{mi}), c = \sum_{i=1}^{n}(y_i c'_i)$$

热力学内能、焓、熵为：

$$U = \sum_{i=1}^{n} U_i = \sum_{i=1}^{n}(m_i u_i), H = \sum_{i=1}^{n} H_i = \sum_{i=1}^{n}(m_i h_i), S = \sum_{i=1}^{n} S_i = \sum_{i=1}^{n}(m_i s_i)$$

比热力学内能、比焓、比熵为：

$$u = \sum_{i=1}^{n}(x_i u_i), h = \sum_{i=1}^{n}(x_i h_i), s = \sum_{i=1}^{n}(x_i s_i)$$

若混合过程中混合气体的成分不变化，则比热力学内能、比焓、比熵的变化为：

$$\Delta u = \sum_{i=1}^{n}(x_i \Delta u_i), \Delta h = \sum_{i=1}^{n}(x_i \Delta h_i), \Delta s = \sum_{i=1}^{n}(x_i \Delta s_i)$$

（6）压缩因子 $Z = \frac{pv}{RT} = \frac{v}{v_0}$ 为相同温度、压力下，实际气体体积与理想气体体积之比。

理想气体的 $Z=1$，对于实际气体 $Z>1$ 或 $Z<1$，一般情况下 $Z \neq 1$。当 $Z>1$ 时，说明实际气体比理想气体难压缩；当 $Z<1$，说明实际气体比理想气体易压缩。

实际气体相对于理想气体产生偏离的原因是，实际气体必须考虑气体分子间的作用力和气体分子所占据的体积。

维里方程：$Z = 1 + B'p + C'p^2 + D'p^3 + \cdots$ 或 $Z = 1 + \frac{B}{v} + \frac{C}{v^2} + \frac{D}{v^3} + \cdots$

范德华方程：$p = \frac{RT}{v-b} - \frac{a}{v^2}$

R－K 方程：$p = \frac{RT}{v-b} - \frac{a}{T^{0.5}v(v+b)}$

对应态原理：凡是遵循同一对应态方程的任何物质，如果它们的对比参数 p_r、T_r、v_r 中的有两个参数对应相等，则另一个对比参数也一定相等。

根据对应态原理，可确定通用压缩因子 $Z = Z_{cr} \cdot \varphi(p_r, T_r)$，当 Z_{cr} 可取常数时，则通用压缩因子 Z 仅与 p_r 和 T_r 有关。

（7）蒸气的干度公式为 $x = \frac{m''}{m' + m''} = \frac{m''}{m}$，$x$ 的值在 0 到 1 之间（$0 \leqslant x \leqslant 1$）。$x$ 愈小，湿饱和蒸气中含气体量愈少，状态点愈靠近饱和液体状态；反之则愈靠近饱和气体状态点。

蒸气的 $p-v$ 图和 $T-s$ 图可概括为一点、二线、三区、五态。一点为临界点 C，二线为饱和液体线和饱和气体线，三区为过冷液体区、气－液两相区（湿饱和蒸气区）及过热气体区，五态为过冷液体状态、饱和液体状态、湿饱和蒸气状态、饱和气体状态、过热气体状态。

在压力低于临界压力时，水的定压发生过程经历液体预热、汽化、蒸汽过热三个阶段。在此过程中，水的状态参数比体积 v、比焓 h、比熵 s 均不断增大。各个阶段水需要吸收的热量均可以在 $T-s$ 图上表示出来，其他气体的定压发生过程和水蒸气的定压发生过程类似。

应用饱和液体及饱和蒸气热力性质表，只需给定任何一个饱和液体或饱和蒸气的参数，就可以查出它们的其余参数。湿饱和蒸气的比体积、比焓、比熵的计算式分别为：

$$v = (1-x)v' + xv'' = v' + x(v'' - v')$$

$$h = (1-x)h' + xh'' = h' + x(h'' - h')$$

$$s = (1-x)s' + xs'' = s' + x(s'' - s')$$

未饱和液体及过热蒸气在平衡时都呈单相状态，它们有两个独立的强度参数，只有给定了两个参数才能确定状态，从而确定其他参数。

常用的热力性质图有焓－熵（$h-s$）图、压－焓（$p-h$）图、温－熵（$T-s$）图等，每种图上的等值线均有定焓线、定熵线、定压线、定温线、定容线及定干度线，在不同的图上等值线的走势也不相同，具体见图 3－12、图 3－13、图 3－14。

（8）湿空气可近似地看成理想气体混合物。当湿空气为未饱和湿空气时，它具有吸收水分的能力，当为饱和湿空气时，由于其水蒸气的含量达到了最大值，故不再具有吸收水分的能力。

在湿空气温度一定条件下，露点温度越高说明湿空气中水蒸气分压力越高，蒸汽含量越多，湿空气越潮湿；反之，湿空气越干燥。

绝对湿度只能说明湿空气中所含水蒸气量的多少，而不能表明湿空气在该状态下具有的吸收水分的能力大小。

相对湿度 φ 表征了湿空气中水蒸气接近饱和含量的程度。$0 \leqslant \varphi \leqslant 1$，$\varphi$ 越小说明湿空气偏离饱和湿空气的状态越远，空气越干燥，吸水能力越强。反之，说明湿空气越接近饱和状态，空气越潮湿，吸水能力越弱。含湿量为对应于 1kg 干空气的湿空气中所含的水蒸气量。

湿空气的比焓：$h = 1.004t + d(2501.6 + 1.859t)$

1kg 干空气的湿空气的 s 为：$s = s_a + 0.001ds_{st}$

以 1kg 干空气为基准的湿空气的比体积为：$v = \dfrac{m_a R_m T}{p_a} = v_a$

焓湿图的横坐标是焓，纵坐标为含湿量，且两坐标轴之间的夹角一般大于等于 135°，共有等焓线、等含湿量线、等温线、等相对湿度线及热湿比线 5 条特征线。

思 考 题

1. 如何正确理解“理想气体”这个概念？在进行实际计算时如何决定是否可采用理想气体的一些公式？

2. 容器内装有一定状态的理想气体，如将气体放出一部分后重新达到新的平衡状态，放气前后两个平衡状态的气体之间是否存在以下关系

$$①\frac{p_1 v_1}{T_1} = \frac{p_2 v_2}{T_2} \quad ②\frac{p_1 V_1}{T_1} = \frac{p_2 V_2}{T_2}$$

3. 摩尔气体常数 R_m 是否随气体的种类和气体的状态不同而发生变化？

4. 气体的比热容 c、c_p、c_v 是否是状态参数？

5. 如果比热容 c_p 只是温度 t 的单调递增函数，当 $t_2 > t_1$ 时，平均比热容 $c_p|_0^{t_1}$、$c_p|_0^{t_2}$、$c_p|_{t_1}^{t_2}$ 的大小关系如何？

6. 对于理想气体 $du = c_v dT, dh = c_p dT$，它们的适用条件是什么？

7. $T-s$ 图中任意可逆过程的热量是如何表示？理想气体在 1 和 2 状态间热力学能及焓的变化量如何表示？若 1－2 经历不可逆过程又将如何表示？

8. 理想气体的热力学能的基准点是以压力还是温度或是两者同时为基准规定的？

9. 试说明理想气体热力学能和焓的特点。

10. 绝热容器内盛有一定气体，外界通过容器内叶轮向空气加入 wkJ 的功。若气体视为理想气体，试分析气体热力学能、焓、温度、熵的变化。

11. 迈耶公式 $c_p - c_v = R$ 是否适用于理想气体混合物，是否适用于实际气体？

12. 由 A、B 两种气体组成的混合气体，如果摩尔分数 $y_A > y_B$，是否必有质量分数 $x_A > x_B$？

13. 下面的表达式是否正确？

$$①ds_i = c_{vi}\frac{dT}{T} + R_i\frac{dv_i}{v} \quad ②ds_i = c_{pi}\frac{dv_i}{v} + c_{vi}\frac{dp_i}{p}$$

14. 压缩因子的物理意义是什么？

15. 理想气体状态方程用于实际气体时产生偏离的原因是什么？

16. 范德华方程中的常数 a、b 可以由实验数据拟合得出，也可以由物质的临界参数 T_{cr}、p_{cr}、v_{cr} 计算得到，哪种方法更精确一些，为什么？

17. 什么叫对应态原理？为什么要引入对应态原理？通用压缩因子图对一切气体都适用吗？为什么？

18. 水的三相点的比体积为定值吗？为什么？

19. 水在定压汽化过程中温度维持不变，因此有人认为过程中热量等于膨胀功，即 $q =$

w，对不对？为什么？

20. 工程中最常用的蒸气热力性质图有哪些图？各图上都绘制了哪些定值线？各等值线的形状特点如何？

21. 解释降雾、结霜和结露现象，并说明它们发生的条件。

22. 下列说法对否？为什么？

① $\varphi=0$ 时表示空气中不含水蒸气，$\varphi=1$ 时表示湿空气中全是水蒸气。

② 空气相对湿度越大，含湿量越大。

③ 相对湿度一定时，空气温度越高，含湿量越大。

④ 某一状态的湿空气对应的湿球温度、干球温度、露点温度的关系为：

干球温度 > 湿球温度 > 露点温度

习　题

1. 已知容积为 $V=0.04\text{m}^3$ 的某容器中装有氧气，氧气的温度为 $T=30℃$，容器上装有压力表，其指示的压力为 10MPa，试求瓶内氧气的质量。

2. 某刚性容器中原先有压力为 p_1，温度为 T_1 的一定质量的某种气体，已知其气体常数为 R。后来又加入了 2kg 的同种气体后，容器内的压力变为 p_2，温度保持不变。试确定容器的体积和原先的气体质量 m_1。

3. 某储罐容积为 3m^3，内有空气，压力表指示为 0.3MPa，温度计读数为 15℃现由压缩机每分钟从压力为 0.1MPa、温度为 12℃的大气中吸入 0.2m^3 的空气，经压缩后送入储罐，问经过多长时间可使储气罐内气体压力提高到 1MPa、温度升到 50℃？

4. 已知某理想气体的比定容热容 $c_v=a+bT$，a、b 为常数，试导出其比热力学能的变化 Δu、比焓的变化 Δh、比熵变化 Δs 的计算式。

5. 某绝热刚性容器被隔板分成 A 和 B 两个相等的部分。若 A 中装有 1kg 空气，压力为 0.4MPa，温度为 60℃；B 中为全真空。当抽出隔板后，试计算气体压力、温度、热力学能和熵的变化量。

6. 某理想气体的比热比 $k=1.35$，气体常数 $r=259.4\text{J}/(\text{kg}\cdot\text{K})$，由压力和温度分别为 0.1MPa、30℃的状态 1 压缩到压力和温度分别为为 0.4MPa、150℃的状态 2，试求气体比热力学能和比熵的变化。

7. 空气在汽缸中由压力 0.28MPa、温度为 60℃，不可逆膨胀到压力为 0.14MPa，膨胀过程中空气对外做功 30kJ/kg，并放热 14kJ/kg，计算空气在此过程中比熵的变化。

8. 氮气在初态 $p_1=0.6\text{MPa}$，$t_1=21℃$ 状态下稳定地流入无运动部件的绝热容器。然后一半气体在 $p'_2=0.1\text{MPa}$，$t'_2=82℃$，而另一半在 $p''_2=0.1\text{MPa}$，$t''_2=-40℃$ 状态下同时流出容器。若氮气为理想气体，且按定值比热容计算，忽略容器进出口气体的动能和位能，试判断该过程能否实现。

9. 锅炉燃烧产生的烟气中，按容积分数来说二氧化碳占 12%，氮气占 80%，其余为水蒸气，假定烟气中水蒸气可视为理想气体，试求：

① 烟气的折合摩尔质量和折合气体常数；

② 各组分的质量分数；

③ 若已知烟气的压力为 0.1MPa，试求烟气中水蒸气的分压力。

10. 两股压力相同的空气混合，一股温度400℃，流量120kg/h；另一股温度100℃，流量150kg/h。若混合过程是绝热的，比热容取为定值，求混合气流的温度和混合过程气体熵的变化量。

11. 有30kg废气，其中二氧化碳气4.2kg，氧气1.8kg，氮气21kg，一氧化碳气3kg。试求其质量分数、摩尔分数、容积分数、平均相对分子质量及气体常数。

12. 将0.4kmol的氮气在温度为320K的情况下充入容积为0.6m^{3}的容器中，试分别用理想气体的状态方程、范德华方程、R－K方程及通用压缩因子图计算容器内将承受的压力。

13. 利用水蒸气图表，填充下列空白。

水蒸气的状态点	p/MPa	t/℃	H/(kJ/kg)	s/[kJ/(kg·K)]	x	过热度/℃
1	3	500				
2	0.5		3244			
3			3140	6.780		
4	0.02				0.90	

14. 已知水蒸气的压力为$p=0.5$MPa，比体积$v=0.35$m^3/kg，问这是不是过热蒸汽？如果不是，那么是饱和蒸汽还是湿蒸汽？用水蒸气表求出其他参数。

15. 汽缸－活塞系统内有0.5kg、0.5MPa、260℃的水蒸气试确定缸内蒸汽经可逆等温膨胀到0.20MPa做的功与热量。

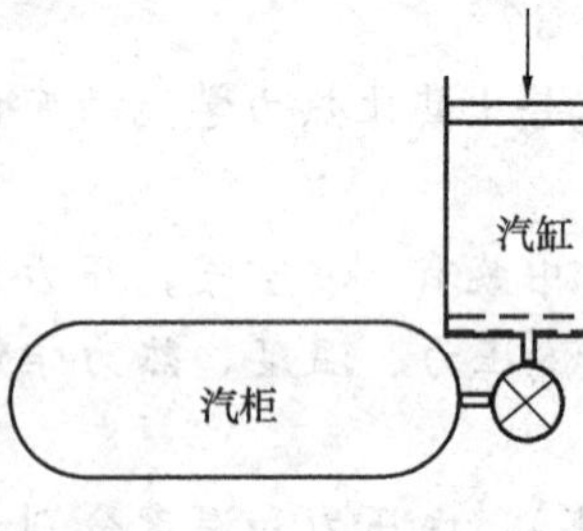

图3－20 习题16图

16. 如图3－20所示，汽柜和汽缸经阀门相连接，汽柜与汽缸壁面均绝热，汽柜内有0.5kg、2.0MPa、370℃的水蒸气。开始时活塞静止在汽缸底部，阀门逐渐打开后，蒸汽缓慢地进入汽缸，汽缸中的蒸汽始终保持0.7MPa的压力，推动活塞上升。当汽柜中压力降到与汽缸中的蒸汽压力相等时立即关闭阀门，分别求出汽柜和汽缸中蒸汽的终态温度。

17. 1kg水自1MPa，160℃降温到90℃，其内能不变。求：可得的最大有用功和做功能力的损失。

18. 若大气压力为0.1MPa，空气温度为25℃，湿球温度为20℃，试分别利用计算法和焓湿图求：①水蒸气的分压力；②露点温度；③相对湿度；④干空气密度、湿空气密度和水蒸气密度；⑤湿空气焓。

19. 设大气压力为0.1MPa，温度为25℃，相对湿度为$\varphi=55\%$，试利用计算法求湿空气的露点温度、含湿量和比焓，并查焓－湿图进行校核。

选读材料1　生物中的负熵(流)

信息等于负熵，则我们也可把负熵的概念应用到生物中。DNA分子在按照亲代的遗传密码转录、翻译并复制后代的蛋白质分子时造成信息量的欠缺，按照式(2－46)，它造成生物体熵的减少，这就是生物中的负熵流，简称生物体的负熵。

生物体的集富效应是生物中负熵(流)的典型例子。如海带能集富海水中的碘原子。若设想一个模型，海水中的碘原子是在海水背景中的理想气体分子，则海带集富碘相当于把碘“气体”进行等温“压缩”。显然在这样的过程中碘原子系统的熵是减少的(也就是说碘从无序向有序转化)，这时海带至少必须向外释放 $T\Delta S$ 的热量。注意到理想气体等温压缩中外界要对系统做功。但在海带集富中外界并未做功，而是利用了一定的信息量(即造成信息的欠缺)，从而使海带的熵减少。

从海带集富碘这一例子可清楚地看到，生命体是吸取了环境的负熵(流)而达到自身熵的减少的。在这里“吸取环境的负熵”可理解为是向外界放热，也即形成负熵流。1938 年天体与大气物理学家埃姆顿(Emden)在“冬天为什么要生火”？一文中指出：冬季在房间内生火只能使房间维持在较高的温度。生火装置供给的能量通过房间墙壁、门窗的缝隙散逸到室外空气中去了……与我们生火取暖一样，地球上的生命需要太阳辐射，但生命并非靠入射能量流来维持，因为入射的能量中除微不足道的一部分外都破辐射掉了，如同一个人尽管不断地汲取营养，却仍维持不变的体重。我们的生存条件是需要恒定的温度，为了维持这个温度，需要的不是补充能量，而是降低熵。埃姆顿的这一段话道出了生命体要维持生命的关键所在——从环境吸取负熵。以人类为例，人可数天不吃不喝，但不能停止心脏跳动或停止呼吸。为了维持心肌和呼吸肌的正常做功，要供给一定的能量，这些能量最后耗散变为热量。而人体生存的必要条件是维持正常的体温，所以要向外释放热量(也即从环境吸取负熵)。人虽然能数天不吃不喝，但不能数天包在一个绝热套于内，既不向外散发热量，也不与外界交换物质(如呼吸)。这说明了，生命是一个开放的系统，它的存在是靠与外界交往物质和能量流来维持的，如果切断了它与外界联系的纽带，则无异于切断了它们的生命线。从外界吸取负熵就是一条十分重要的纽带。

薛定谔在《生命是什么?》一书中指出。生命的特征存于它还在运动，在新陈代谢。因此，生命不仅仅表现为它最终将死亡，使熵达到极大，也就是最终要从有序走向无序，更在于它要努力避免很快地衰退为惰性的平衡态。因而要不断地进行新陈代谢。薛定谔认为单纯地把新陈代谢理解为物质的交换或能量的交换是错误的。实际上生物体的总质量及总能量并不因此而增加。他认为：自然界中正在进行的每一种自发事件，部意味着它在其中的那部分世界(它与它周围的环境)的熵的增加。一个生命体要摆脱死亡，也就是说要活着，其唯一办法是不断地从环境中吸取负熵。新陈代谢的更基本出发点，是使有机体能成功地消除它所产生的熵(这些熵是它活着时必然会产生的，因为这是一个不可逆过程)，并使自己的熵变得更小，其唯一的办法就是不断地从环境中吸取负熵。吸取负熵的方法可有多种，除了上面提到的放热方式之外，也可从环境中不断地“吸取秩序”。例如高等动物的食物的状态是极其有序的，动物在利用这些食物后，排泄出来的是有序性大大降低的东西，因而使动物的熵减少，变得更有序。薛定谔把上述论点生动地以“生命赖负熵为生”这一句名言予以概括。生命离不开汲取负熵，但单单汲取负熵并不构成生命。

选读材料 2　理想气体温标

以气体为测温物质，利用理想气体状态方程中体积(或压强)不变时压强(或体积)与温度呈正比关系所确定的温标称为理想气体温标。理想气体温标是根据气体在极低压强下所遵从的普遍规律来确定的，是利用气体温度计来定标的。气体温度计分为定容气体温度计及定压气体温度计两种。图 3 - 21 表示了一只比较简单的定容气体温度计。其右边的圆柱形容器为一容积固定的温泡，内中充有测温气体。该温泡与测温物体(玻璃器皿中的液体)热接触，气体压强将随温度而变，其压强数值由被管道相联通的，位于右边的水银压力计测出。定容气体温度计的分度是如此规定的：设 $T(p)$ 表示定容气体温度计与待测系统达到热平衡时的

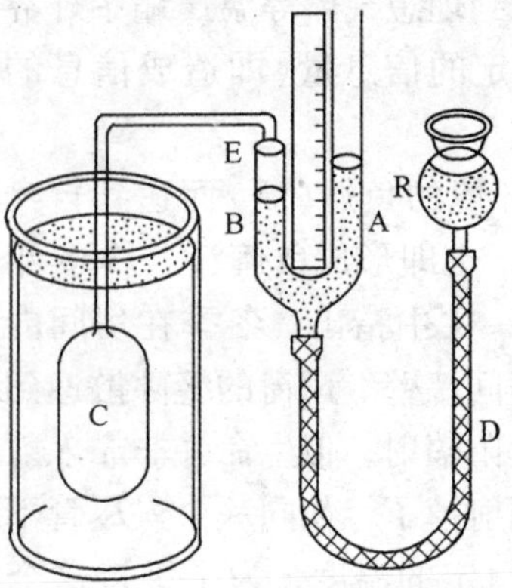

图 3-21 定容气体温度计

温度数值，由理想气体定律知

$$T(p) = \frac{pV_0}{vR}（其中 V_0 不变） \quad (3-125)$$

设该气体温度计在水的三相点时的压强为 p_{tr}，则

$$p_{tr} = \frac{vR}{V_0} \times 273.16\text{K} \quad (3-126)$$

三相点是指同一化学纯物质的气、液、固三相能同时平衡共存的唯一状态，国际上规定水的三相点温度为 273.16K。可见 p_{tr} 仅是该温泡内气体的物质的量函数，故 p_{tr} 即表示气体质量的多少，若进一步将式（3-126）代入式（3-125）可知，气体温度计压强为 p 时所测出的温度为

$$T(p) = \frac{p}{p_{tr}} \times 273.16\text{K}（体积不变） \quad (3-127)$$

但是，只有在 $p_{tr} \to 0$ 时，即当温泡内气体质量趋于零时的气体才是理想气体，故还应在式（3-127）中加上极限条件

$$T(p) = 273.16\text{K} \times \lim_{p_{tr}\to 0} \frac{p}{p_{tr}}（体积不变） \quad (3-128)$$

实际上在 $p_{tr} \to 0$ 时，由于温泡内气体质量已趋于零，温泡在被测温度所显示的压强 p 也趋于零，似乎失去了测温手段的价值。而实验可以如下进行：在同一温泡中先后充入不同质量的同一气体，然后测出不同质量气体分别在水的三相点及待测温度（例如水的正常沸点）时的压强 p_{tr} 和 p，由式（1-127）定出与该气体质量对应的 $T(p)$。然后作出 $T(p)-p_{tr}$ 图，将曲线延拓到 $p_{tr} \to 0$ 时的数值就是所测出的温度。

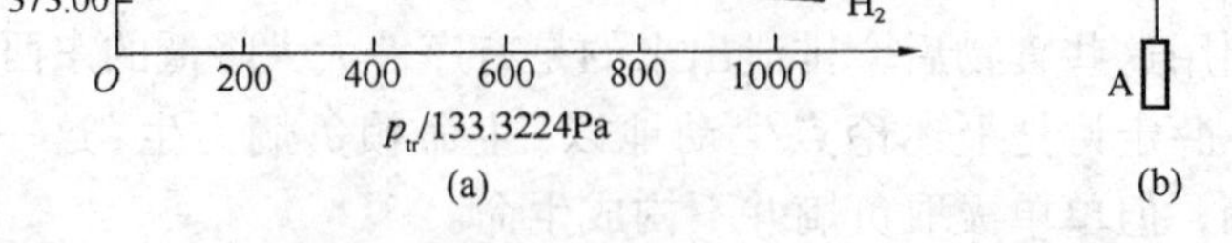

图 3-22 四种气体温度计测量水的正常沸点所得的四条曲线图

图 3-22（a）是按上述实验方法用充有四种不同气体的四只气体温度计测量水的正常沸点所得的四条曲线。可以看到，在 p_{tr} 不趋于零时，充有不同种类气体的气体温度计的 $T(p)$ 不同，说明它们还不是理想气体，只有在 $p_{tr} \to 0$ 时四条曲线才会聚一点。这时的数值 373.15K 才是严格满足理想气体条件的气体温度计所测出的水在正常沸点时的温度。通常选用性质更接近于理想气体的低压氦气或低压氢气作为气体温度计的测温物质。只要按上述方法严格校正，气体温度计可用作理想气体温标的基本温度计，或用作实际温度测量的标准。由气体温度计所定出的温标称为理想气体温标，而式（3-128）就是理想气体温标的分度公式。

第4章　气体与蒸气的热力过程

基本要求：①掌握理想气体的定容过程、定压过程、定温过程、定熵过程和多变过程的特点及能量转换规律；②了解变比热容定熵过程和多变指数的计算方法；③熟练运用焓－熵图、压－焓图和蒸气表计算蒸气的热力过程；④掌握湿空气热力过程的特点、能量转换规律，并熟练利用水蒸气图、表和空气性质图表进行各热力过程的计算；⑤掌握绝热节流过程的特点、了解微分节流效应与积分节流效应的概念；⑥理解压气机的工作原理以及压气机功的计算方法，了解余隙容积的影响和分级压缩、级间冷却的必要性。

热能和其他形式能间的相互转换必须凭借工质热力状态的变化，即热力过程来实现。不同的热力过程可以实现不同的能量转换。通过对热力过程的分析，也就是分析工质的状态参数在过程中的变化规律，可以揭示能量在过程中转换的数量关系，从而合理地安排热力过程，达到提高热能和其他形式能间转换效率的目的。

实际的热力过程是十分复杂的，在过程中或多或少存在着摩擦、流动阻力、温差传热等造成的损失，所以实际的热力过程都是不可逆的。为了分析热力过程，可以忽略一些不可逆因素，采用理想的可逆过程来简化分析。在此基础上，借助某些经验和实验对分析结果进行修正，使之与实际过程尽量接近。

当然，热力过程中工质的热力性质也是至关重要的，对状态参数的变化规律有着决定性的影响。本章将分别讲述理想气体、蒸气和湿空气的热力过程。

4.1　理想气体的热力过程

本节所阐述的热力过程仅限于理想气体的可逆过程。研究理想气体热力过程的步骤可总结如下：首先，根据过程特点，确定热力过程工质状态参数变化规律，即列出过程方程；其次，由过程方程和理想气体状态方程，确定过程中任意两点的(包括初、终态)状态参数之间的关系式；再次，结合热力学第一定律解析表达式，计算过程中功量和热量；最后，在 $p-v$图和 $T-s$ 图上分析出过程中工质状态变化及能量转换情况。

4.1.1　四种典型热力过程

在进行热力过程时，工质所有的状态参数都可能发生变化，但也可能其中的某个状态参数不发生变化，或者变化很小可以忽略不计。例如，换热器中流体和外界换热，使工质的温度和压力都发生改变，但温度变化是主要的，压力变化相对很小，可以认为是在压力不变条件下进行的热力过程；燃气轮机中进行热－功转换时，由于燃气流速很快，燃气与外界交换热量相对较少，可以视为绝热过程；此外，还有温度变化可以忽略、容积变化可以忽略的过程。上述过程可以概括为具有简单规律的四个典型热力过程：定压过程、绝热过程、定温过程和定容过程。

4.1.1.1 定容过程

在状态变化过程中，工质容积始终保持不变的过程称为定容过程。该过程可在闭系或开系中进行。

(1) 过程方程

定容过程的特点是气体的比体积始终保持不变，因此其过程方程为：

$$v = const, \text{即 } \mathrm{d}v = 0 \tag{4-1}$$

(2) 初、终态状态参数之间的关系

由理想气体状态方程 $pv = RT$ 和过程方程(4-1)可得：

$$\frac{p_2}{p_1} = \frac{T_2}{T_1} \tag{4-2}$$

即在定容过程中，理想气体的压力与绝对温度成正比。理想气体的可逆过程的比焓、比热力学能的变化分别由式(4-3)和式(4-4)列出：

$$h_2 - h_1 = \int_1^2 c_p \mathrm{d}T \tag{4-3}$$

$$u_2 - u_1 = \int_1^2 c_v \mathrm{d}T \tag{4-4}$$

根据式(4-1)，则3.3节的式(3-47)理想气体熵方程 $\Delta s = \int_1^2 c_v \frac{\mathrm{d}T}{T} + R\ln\frac{v_2}{v_1}$ 可写为：

$$s_2 - s_1 = \int_1^2 c_v \frac{\mathrm{d}T}{T} \tag{4-5}$$

(3) 能量转换

容积功：由于 $\mathrm{d}v = 0$，故可逆过程 $w = \int_1^2 p\mathrm{d}v = 0$ (4-6)

技术功：由于 $\mathrm{d}v = 0$，故可逆过程 $w_t = -\int_1^2 v\mathrm{d}p = v(p_1 - p_2)$ (4-7)

热量：根据热力学第一定律，$q = \Delta u + w = \Delta u = u_2 - u_1$ (4-8)

由上述各式可知，在定容过程中，工质体积不发生改变，不输出膨胀功，加给工质的热量全部用于增加工质的热力学能。工质受热后，温度、压力升高，提高了工质做功的能力，所以定容过程是个热变功的准备过程。这个结论直接由热力学第一定律推导出，所以不仅对于理想气体适用，对于一切气体都适用。

由式(4-4)和式(4-8)可知，热量还可用比热容来计算

$$q = c_v(T_2 - T_1) \tag{4-9}$$

式中 c_v 为过程平均比定容热容。

(4) 过程曲线

根据过程方程 $v = const$ 可知，在 $p-v$ 图上，定容过程线是一条垂直线。对于可逆过程的热力学第一定律，有 $T\mathrm{d}s = c_v\mathrm{d}T + p\mathrm{d}v$，而定容过程有 $\mathrm{d}v = 0$，故在 $T-s$ 图上，定容过程线的斜率是 $\left(\frac{\partial T}{\partial s}\right)_v = \frac{T}{c_v} > 0$，是一条对数曲线。如图4-1所示。

由图4-1可以看出，定容吸热过程1-2是升温、升压、熵增过程，定容放热过程1-2′是降温、降压、熵减过程。由 $p-v$ 图还可以直接看出定容过程容积功为零这一特点（过程线与横坐标包围面积为零），技术功则是过程线与纵坐标轴 p 轴包围的面积。

4.1.1.2 定压过程

在状态变化过程中，工质压力始终保持不变的过程称为定压过程。该过程可在闭系或开系中进行。

(1) 过程方程

定压过程的特点是气体的压力始终保持不变，因此其过程方程为：

$$p = const, \text{即 } dp = 0 \quad (4-10)$$

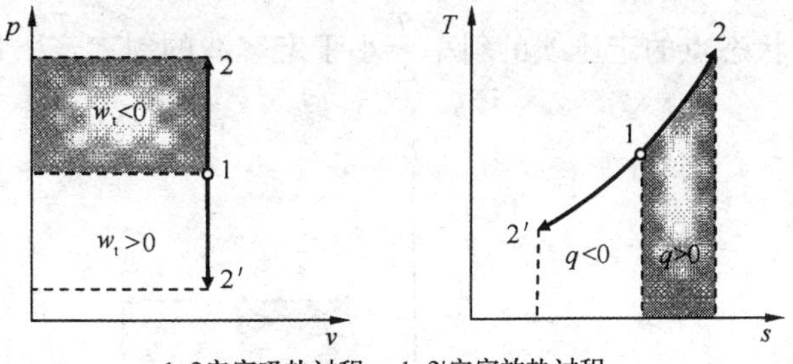

图 4-1 定容过程

(2) 初、终态状态参数之间的关系

由理想气体状态方程 $pv = RT$ 和过程方程(4-10)可得：

$$\frac{v_2}{v_1} = \frac{T_2}{T_1} \quad (4-11)$$

即在定压过程中，理想气体的比体积与绝对温度成正比。理想气体的可逆过程的比焓、比热力学能的变化分别由式(4-12)和式(4-13)列出：

$$h_2 - h_1 = \int_1^2 c_p dT \quad (4-12)$$

$$u_2 - u_1 = \int_1^2 c_v dT \quad (4-13)$$

根据式(4-10)，则 3.3 节中的式(3-48)理想气体熵方程 $\Delta s = \int_1^2 c_p \frac{dT}{T} - R\ln\frac{p_2}{p_1}$ 可写为：

$$s_2 - s_1 = \int_1^2 c_p \frac{dT}{T} \quad (4-14)$$

(3) 能量转换

容积功：由于 $dp = 0$，故对于可逆过程有：$w = \int_1^2 p dv = p(v_2 - v_1) = R(T_2 - T_1)$

(4-15)

技术功：由于 $dp = 0$，故对于可逆过程有：$w_t = -\int_1^2 v dp = 0$ (4-16)

热量：根据热力学第一定律，$q = \Delta h + w_t = h_2 - h_1$ (4-17)

由上述各式可知，定压过程中，理想气体所做技术功为零。对工质所加的热量全部用于工质的焓的增加。这个结论直接由热力学第一定律推导出，所以对于一切气体都适用。

由式(4-12)和式(4-17)可知，热量还可用比热容来计算

$$q = c_p(T_2 - T_1) \quad (4-18)$$

式中：c_p 为过程平均比定压热容。

(4) 过程曲线

根据过程方程 $p = const$ 可知，在 $p-v$ 图上，定压过程线是一条水平线。对于可逆过程的热力学第一定律，有 $Tds = c_p dT - v dp$，而定压过程有 $dp = 0$，故在 $T-s$ 图上，定压过程线的斜率是 $\left(\frac{\partial T}{\partial s}\right)_p = \frac{T}{c_p} > 0$。由于同一工质在同一温度下 $c_p > c_v$，因此在 $T-s$ 图上，经过同一

状态点的定压线的斜率$\frac{T}{c_p}$小于定容线的斜率$\frac{T}{c_v}$，即定压线比定容线平坦。如图4－2所示。

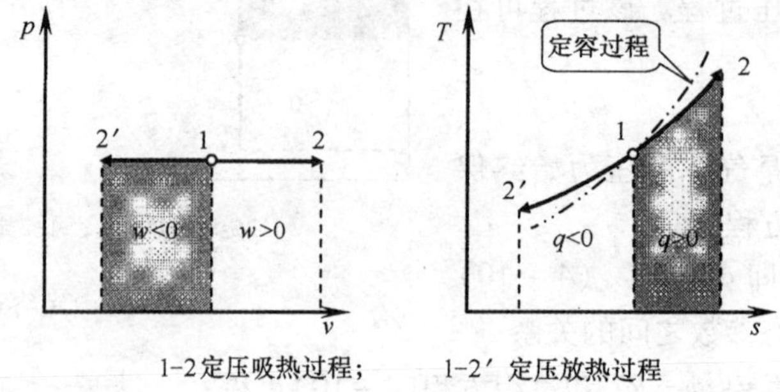

图4－2 定压过程

由图4－2可以看出，定压吸热过程1－2是升温、膨胀、熵增过程；定压放热过程1－2是降温、压缩、熵减过程。由$p-v$图还可以直接看出定压过程技术功为零这一特点（过程线与纵坐标包围面积为零）。

例4－1 汽缸内装有压力为150kPa，温度为27℃的空气，初始容积为$0.4m^3$。将活塞位置固定，加热气体，使其压力达到300kPa，然后在活塞上放置压力为300kPa的重物，撤掉活塞固定装置，继续加热，使气体容积膨胀到原容积的2倍，如图4－3所示。试求：气体终了状态的温度、对外做功量、气体吸热量（忽略所有不可逆因素）。

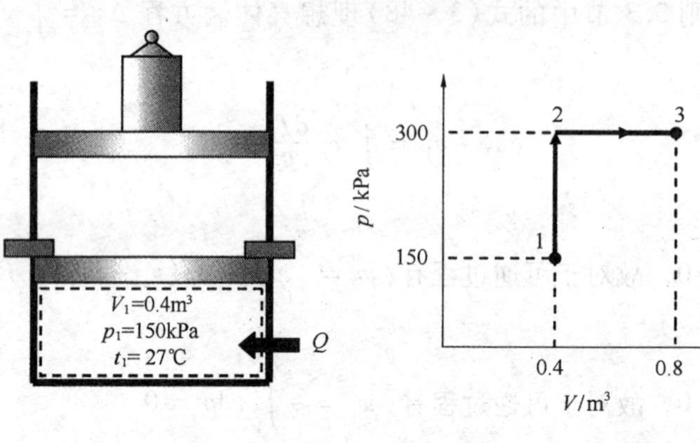

图4－3 例4－1图

解 将汽缸内空气看作系统，为闭系。空气可看作理想气体，先后经过定容可逆吸热过程1－2（因活塞固定，容积不变）和定压可逆吸热过程2－3（因活塞承受一定重量）。

（1）根据理想气体状态方程，在状态1与状态3点有$\frac{p_1V_1}{T_1}=\frac{p_3V_3}{T_3}$

则$T_3=\frac{p_3V_3}{p_1V_1}T_1=\frac{300}{150}\times 2\times(273+27)=1200K$

（2）定容过程1－2：$W_{12}=0$

定压过程2－3：$W_{23}=p(V_2-V_1)=300\times 0.4=120kJ$

则气体对外做功：$W_{13}=W_{12}+W_{23}=120kJ$

（3）查附表3知，空气比热容$c_p=1.004kJ/(kg\cdot K)$，$c_v=0.716kJ/(kg\cdot K)$，气体常数

$R=0.287\text{kJ/(kg·K)}$。

气体质量：$m=\frac{p_1V_1}{RT_1}=\frac{150\times0.4}{0.287\times300}=0.697\text{kg}$

方法一：

定容过程 1－2：$T_2=\frac{p_2}{p_1}T_1=\frac{300}{150}\times300=600\text{K}$

$$Q_{12}=mc_v(T_2-T_1)=0.697\times0.716\times(600-300)=149.72\text{kJ}$$

定压过程 2－3：$Q_{23}=mc_p(T_3-T_2)=0.697\times1.004\times(1200-600)=419.87\text{kJ}$

则整个过程吸热量为：$Q_{13}=Q_{12}+Q_{23}=149.72+419.87=569.59\text{kJ}$

方法二：

根据温度，查空气热力性质表(附表 6)可得

$$u_1=214.07\text{kJ/kg};u_3=933.33\text{kJ/kg}$$

根据热力学第一定律

$$Q_{13}=m\Delta u_{13}+W_{13}=m(u_3-u_1)+W_{13}=0.697\times(933.33-214.07)+120=621.32\text{kJ}$$

【总结】：上述两种计算方法所得结果存在误差。这是由于方法一中 $Q_{13}=Q_{12}+Q_{23}$ 式中的 Q_{12} 和 Q_{23} 的比热容是按温度为零度取定值计算的，而方法二中 $Q_{13}=m\Delta u_{13}+W_{13}=m(u_3-u_1)+W_{13}$ 式中的热力学能是按相应的温度查表取得。所以，如果工程计算对精度要求不高，可用定值比热容计算。

4.1.1.3　定温过程

在状态变化过程中，工质温度始终保持不变的过程称为定温过程。该过程可在闭系或开系中进行。

(1) 过程方程

定温过程的特点是气体的温度保持不变，因此其过程方程为：

$$T=const,\text{即 } dT=0 \tag{4-19}$$

(2) 初、终态状态参数之间的关系

由理想气体状态方程 $pv=RT$ 和过程方程(4－19)可得：

$$p_1v_1=p_2v_2 \tag{4-20}$$

即在定温过程中，理想气体的压力与比体积成反比。因为理想气体的比焓和比热力学能均只是温度的函数，因此有：

$$u_1=u_2 \tag{4-21}$$

$$h_1=h_2 \tag{4-22}$$

可见，定温过程中，理想气体的比热力学能及比焓均不变。

根据式(4－19)，则 3.3 节中的理想气体熵方程式(3－47)和式(3－48)可写为：

$$s_2-s_1=R\ln\frac{v_2}{v_1}=-R\ln\frac{p_2}{p_1} \tag{4-23}$$

(3) 能量转换

容积功：$w=\int_1^2 p\mathrm{d}v=\int_1^2 pv\frac{\mathrm{d}v}{v}=pv\int_1^2\frac{\mathrm{d}v}{v}=RT\ln\frac{v_2}{v_1}=RT\ln\frac{p_1}{p_2}$　(4－24)

技术功：$w_t=-\int_1^2 v\mathrm{d}p=RT\ln\frac{p_1}{p_2}=RT\ln\frac{v_2}{v_1}$　(4－25)

热量：$q = \Delta u + w = \Delta h + wt = RT\ln\dfrac{p_1}{p_2} = RT\ln\dfrac{v_2}{v_1}$ (4-26)

由上述三式可知，定温过程中有“容积功 = 技术功 = 热量”，即工质在过程中所吸收的热量全部用于对外做膨胀功，且全部是可以利用的技术功。反之，压缩时，外界对工质做的功全部转换为热量，并全部对外放出。

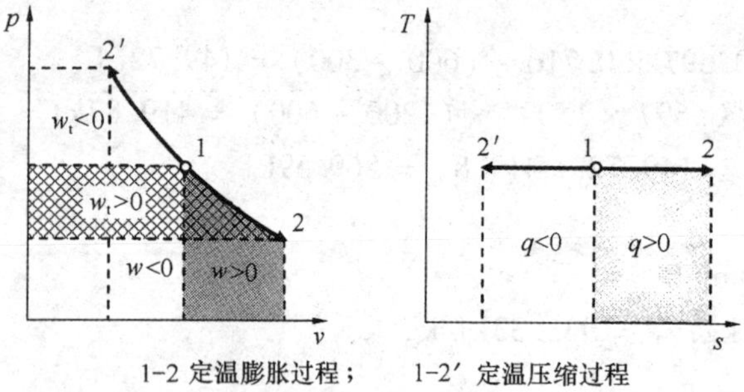

1-2 定温膨胀过程；　1-2′ 定温压缩过程

图 4-4　定温过程

(4) 过程曲线

根据过程方程 $dT = 0$ 可知，在 $T-s$ 图上，定温过程线是一条水平线。定温过程 $pv = const$，即 $pdv + vdp = 0$，所以在 $p-v$ 图上，定温线的斜率是 $\left(\dfrac{\partial p}{\partial v}\right)_T = -\dfrac{p}{v} < 0$，即定温线是一斜率为负的等轴双曲线。如图 4-4 所示。

由图 4-4 可以看出，定温膨胀过程 1-2 是降压、熵增过程，定温压缩过程 1-2′是升压、熵减过程。由于定温线在 $p-v$ 图上是等轴双曲线，所以可以从图中看出“容积功 = 技术功”这一特点。

4.1.1.4　绝热过程

在状态变化过程中，任一瞬间工质与外界都没有热量交换的过程称为绝热过程。该过程可在闭系或开系中进行。

(1) 过程方程

绝热过程特点是气体与外界在任一瞬间都有 $\delta q = 0$，在整个过程中则有 $q = 0$。

对于理想气体绝热可逆过程，热力学第一定律 $q = \Delta u + w$ 可写为 $\delta q = c_v dT + pdv = 0$，即 $pdv = -c_v dT$；$q = \Delta h + w_t$ 可写为 $\delta q = c_p dT - vdp = 0$ 即 $vdp = c_p dT$。将后式除以前式，得

$$\frac{v}{p}\frac{dp}{dv} = -\frac{c_p}{c_v},\text{即}\frac{dp}{p} + \frac{c_p}{c_v}\frac{dv}{v} = 0$$

由式(3-14)可知，令 $k = \dfrac{c_p}{c_v}$，则得

$$\frac{dp}{p} + k\frac{dv}{v} = 0 \quad (4-27)$$

如比热容为定值或平均值，则绝热指数 k 也是定值或平均值，积分上式得

$$\ln p + k\ln v = const,\text{即}\ \ln(pv^k) = const$$

由此可得绝热过程的过程方程：

$$pv^k = const \quad (4-28)$$

(2) 初、终态状态参数间的关系

由理想气体状态方程 $pv = RT$ 和过程方程(4-28)可得：

$$\frac{p_2}{p_1} = \left(\frac{v_1}{v_2}\right)^k \quad (4-29)$$

$$\frac{T_2}{T_1} = \left(\frac{v_1}{v_2}\right)^{k-1} \quad (4-30)$$

$$\frac{T_2}{T_1} = \left(\frac{p_2}{p_1}\right)^{\frac{k-1}{k}} \tag{4-31}$$

其他状态参数的初、终态变化规律：

$$h_2 - h_1 = \int_1^2 c_p \mathrm{d}T \tag{4-32}$$

$$u_2 - u_1 = \int_1^2 c_v \mathrm{d}T \tag{4-33}$$

$$s_2 - s_1 = \int_1^2 \frac{\delta q}{T} = 0 \tag{4-34}$$

可逆绝热过程中气体的熵值保持不变，所以可逆绝热过程又称为定熵过程，即 $\mathrm{d}s=0$。由于式(4－34)是以熵的定义为基础得到的，故适用于一切气体。

(3) 能量转换

热量：$q=0$ (4－35)

容积功：$w = q - \Delta u = -\Delta u = -\int_1^2 c_v \mathrm{d}T$ (4－36)

可见，绝热过程中，工质对外做膨胀功时需消耗工质的热力学能。反之，外界对工质所做的压缩功，全部转换为工质的热力学能储存。

如比热容为定值，则

$$\begin{aligned} w &= c_v(T_1 - T_2) \\ &= \frac{R}{k-1}(T_1 - T_2) \qquad (4-36\text{a}) \\ &= \frac{RT_1}{k-1}\left(1 - \frac{T_2}{T_1}\right) \\ &= \frac{RT_1}{k-1}\left[1 - \left(\frac{p_2}{p_1}\right)^{\frac{k-1}{k}}\right] \qquad (4-36\text{b}) \\ &= \frac{RT_1}{k-1}\left[1 - \left(\frac{v_1}{v_2}\right)^{k-1}\right] \qquad (4-36\text{c}) \end{aligned}$$

上述各式完全等效，使用时可根据已知条件任选，也可由 $w = \int_1^2 p\mathrm{d}v$ 推导得出，在此不赘述。

技术功：$w_t = q - \Delta h = -\Delta h = -\int_1^2 c_p \mathrm{d}T$ (4－37)

绝热流动过程中，工质对外做技术功等于工质焓的减少。反之，外界对工质做的技术功，全部用于增加工质的焓。

如比热容为定值，则

$$\begin{aligned} w_t &= c_p(T_1 - T_2) \\ &= \frac{kR}{k-1}(T_1 - T_2) \qquad (4-37\text{a}) \\ &= \frac{kRT_1}{k-1}\left(1 - \frac{T_2}{T_1}\right) \end{aligned}$$

$$=\frac{k}{k-1}RT_1\left[1-\left(\frac{p_2}{p_1}\right)^{\frac{k-1}{k}}\right] \tag{4-37b}$$

$$=\frac{k}{k-1}RT_1\left[1-\left(\frac{v_1}{v_2}\right)^{k-1}\right] \tag{4-37c}$$

上述各式完全等效，使用时可根据已知条件任选，，也可由 $w_t=-\int_1^2 v\mathrm{d}p$ 推导得出。

将容积功和技术功的两组公式进行比较，可以看出

$$w_t = kw \tag{4-38}$$

即绝热过程的技术功等于膨胀功的 k 倍。

（4）过程曲线

因为绝热可逆过程是定熵过程，所以在 $T-s$ 图上，绝热过程线是一条垂直线。根据过程方程，$pv^k=const$，即 $k\frac{\mathrm{d}v}{v}+\frac{\mathrm{d}p}{p}=0$ 可知，在 $p-v$ 图上，绝热过程线的斜率是 $\left(\frac{\partial p}{\partial v}\right)_s=-k\frac{p}{v}<0$，即绝热线为一条 k 次双曲线。由于 $k>1$，故在同一状态点有 $\left|-k\frac{p}{v}\right|>\left|-\frac{p}{v}\right|$，即同一工质经过同一状态点的绝热线比定温线陡。如图 4－5所示。

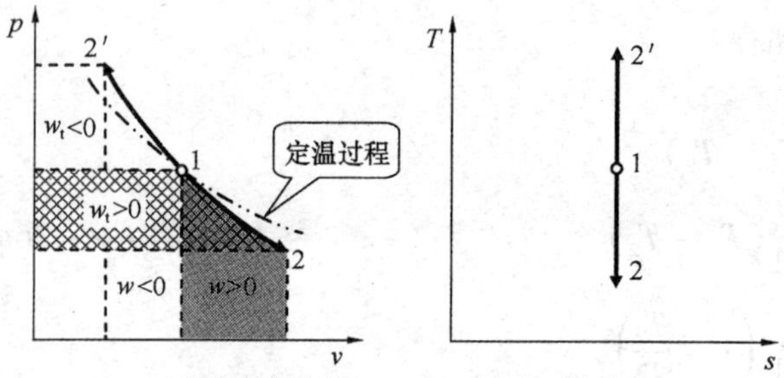

1-2 绝热膨胀过程； 1-2′ 绝热压缩过程

图 4－5 绝热过程

由图 4－5 可知，绝热膨胀过程 1－2 是降压、降温过程，绝热压缩过程 1－2′是增压、增温过程，可见绝热可逆过程中压力和温度的变化趋势是一致的。

（5）变值比热容绝热过程计算

式（4－28）、式（4－36a）、式（4－36b）、式(4－36c)、式(4－37a)、式(4－37b)、式(4－37c)的推出，均是将绝热指数 k 视为定值。如过程温度变化较小，这些公式计算结果较为准确。但在过程温度变化较大、精度要求较高时，由于比热容随温度变化，上述公式计算误差较大，此时需采用变比热容进行计算，计算过程较复杂。目前在小规模计算中，多采用气体热力性质表计算，该方法具有较大灵活性。

可逆绝热过程为定熵过程，故依式(3－54)有

$$s_2-s_1=s_{T_2}^0-s_{T_1}^0-R\ln\frac{p_2}{p_1}=0 \tag{4-39}$$

s_T^0 仅是温度的函数，气体热力性质表中列有各温度下的 s_T^0 值。故上式实际上是给出绝热过程中 T_1、T_2、p_1、p_2 之间的关系，已知其中三个值，即可求出第四个参数值。同理，将上式结合理想气体状态方程得到 T_1、T_2、v_1、v_2 之间的关系

$$s_{T_2}^0-s_{T_1}^0+R\ln\frac{v_2T_1}{v_1T_2}=0 \tag{4-40}$$

对最常用的气体，如空气，还可进一步简化，由式(4－39)可得

$$\frac{p_2}{p_1}=\exp\left(\frac{s_{T_2}^0-s_{T_1}^0}{R}\right)=\frac{\exp\left(\frac{s_{T_2}^0}{R}\right)}{\exp\left(\frac{s_{T_1}^0}{R}\right)}$$

令 $p_R=\exp\left(\frac{s_T^0}{R}\right)$ 称为相对压力，则 p_R 也仅是温度的函数。空气的 p_R 值列于其性质表中（附表6），从而有

$$\frac{p_2}{p_1}=\frac{p_{R2}}{p_{R1}} \tag{4-41}$$

同理

$$\frac{v_2}{v_1}=\frac{v_{R2}}{v_{R1}} \tag{4-42}$$

式中，$v_R=\frac{T}{p_R}$ 也只是温度的单值函数。空气的 v_R 值列于其性质表中(附表6)。

例 4-2　1kg 氮气分别经过定温可逆过程和绝热可逆过程，从初态 $p_1=0.5\text{MPa}$、$t_1=27℃$ 压缩到终态容积为初态容积的 1/4。试分别计算两过程中氮气的终态参数、压缩所需功、压缩时交换的热量以及热力学能、焓和熵的变化量，并将其过程在 $p-v$ 图和 $T-s$ 图中表示出来。

解　查附表 3 知，氮气比热容 $c_p=1.038\text{kJ/(kg·K)}$，$c_v=0.741\text{kJ/(kg·K)}$，绝热指数 $k=1.4$，气体常数 $R=0.297\text{kJ/(kg·K)}$。

将氮气取作封闭系统

① 按定温压缩过程

将氮气看作理想气体，初、终态基本状态参数为

$$p_2=\frac{p_1v_1}{v_2}=0.5\times4=2\text{MPa}$$

$$v_1=\frac{RT_1}{p_1}=\frac{0.297\times(273+27)}{0.5\times10^3}=0.178\text{m}^3/\text{kg}$$

$$v_2=\frac{1}{4}v_1=\frac{1}{4}\times0.178=0.045\text{m}^3/\text{kg}$$

$$T_2=T_1=300\text{K}=27℃$$

因为理想气体的热力学能和焓仅和温度有关，所以定温过程的热力学能和焓的变化量为零，即

$$\Delta u=0,\Delta h=0$$

依热力学第一定律可知

$$q=\Delta u+w=w=p_1v_1\ln\frac{v_2}{v_1}=0.5\times10^3\times0.178\ln\frac{1}{4}=-123.38\text{kJ/kg}$$

熵变

$$\Delta s=\frac{q}{T}=\frac{-123.38}{300}=-0.411\text{kJ/(kg·K)}$$

② 按绝热压缩过程

初、终态基本状态参数为

$$p_2 = p_1\left(\frac{v_1}{v_2}\right)^k = 0.5\times(4)^{1.4} = 3.48\text{MPa}$$

$$v_1 = 0.178\text{m}^3/\text{kg}$$

$$v_2 = 0.045\text{m}^3/\text{kg}$$

$$T_2 = \frac{p_2 v_2}{R} = \frac{3.48\times10^3\times0.045}{0.297} = 527.27\text{K}$$

$$q = 0$$

$$\Delta u = c_v(T_2 - T_1) = 0.741\times(527.27-300) = 168.41\text{kJ/kg}$$

$$w = -\Delta u = -168.41\text{kJ/kg}$$

$$\Delta h = c_p(T_2 - T_1) = 1.038\times(527.27-300) = 235.91\text{kJ/kg}$$

$$\Delta s = 0$$

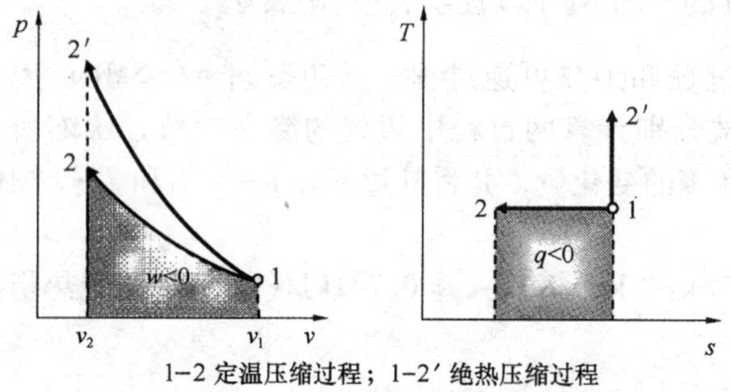

1-2 定温压缩过程；1-2′ 绝热压缩过程

图 4－6　例 4－2 的压缩过程图

$p-v$ 图和 $T-s$ 图如图 4－6 所示。

例 4－3　某柴油机的压缩比（压缩过程开始的容积 V_1 与压缩过程终了容积 V_2 之比）为 15，若压缩开始空气温度 $T_1=290\text{K}$，压力 $p_1=0.09\text{MPa}$，如不计散热，计算压缩终了时空气温度、压力和压缩 0.2kg 空气所需的功（用气体热力性质表求解）。

解　按 $T_1=290\text{K}$，查空气热力性质表（附表 6）得 $v_{R1}=676.1\text{m}^3/\text{kg}$，$u_1=206.91\text{kJ/kg}$，$p_{R1}=1.2311\text{MPa}$

$$v_{R2} = \frac{v_2}{v_1}\cdot v_{R1} = \frac{1}{15}\times676.1 = 45.073\text{m}^3/\text{kg}$$

按 $v_{R2}=45.073\text{m}^3/\text{kg}$ 查表得

$$T_2 = 818.56\text{K}, u_2 = 607.42\text{kJ/kg}, p_{R2} = 52.15\text{MPa}$$

$$p_2 = \frac{p_{R2}}{p_{R1}}\cdot p_1 = \frac{52.15}{1.2311}\times0.09 = 3.812\text{MPa}$$

因为不计散热，即 $Q=0$，所以

$$W = mw = m(u_1-u_2) = 0.2\times(206.91-607.42) = -80.102\text{kJ}$$

4.1.2　多变过程

4.1.2.1　过程方程

前面所述的四种典型热力过程中，都有一个状态参数在过程中保持不变，是千变万化的众多热力过程中的几个特例。在实际的热力过程中，往往是所有的状态参数都发生改变，且所有状态参数变化不可忽略，这些过程就不能用典型热力过程来分析。一般的实际过程中，工质的状态参数的变化往往遵循一定的规律，我们通过实验将这种规律整理成适用范围更广的形式，凡是遵循这一规律的过程称为多变过程，其过程方程为

$$pv^n = const \tag{4-43}$$

式中 n 称为多变指数。在某一多变过程中，n 为定值。不同的多变过程，其 n 值不同。n 可以是 $-\infty\sim+\infty$ 之间的任何实数，代表着不同的热力过程。对于复杂的热力过程，可以

把热力过程分成几段，各段由多变指数不同的多变过程来描述，每一段过程的多变指数保持不变。

上一节所描述的四种典型热力过程均是多变过程的特例，遵循多变过程的过程方程，如：

当 $n=0$ 时，$p=const$，是定压过程；

当 $n=1$ 时，$pv=const$，是定温过程；

当 $n=k$ 时，$pv^k=const$，是绝热过程；

当 $n=\pm\infty$ 时，$p^{\frac{1}{n}}v=const$，即 $v=const$，是定容过程。

4.1.2.2　初、终状态参数间的关系

由于多变过程的过程方程 $pv^n=const$ 与绝热过程的过程方程 $pv^k=const$ 相似，因此多变过程的初、终状态参数间的关系在形式上与绝热过程的一样，只是以 n 代替 k 值，即

$$\frac{p_2}{p_1}=\left(\frac{v_1}{v_2}\right)^n \tag{4-44}$$

$$\frac{T_2}{T_1}=\left(\frac{v_1}{v_2}\right)^{n-1} \tag{4-45}$$

$$\frac{T_2}{T_1}=\left(\frac{p_2}{p_1}\right)^{\frac{n-1}{n}} \tag{4-46}$$

其他状态参数的初、终态变化规律：

$$h_2-h_1=\int_1^2 c_p\mathrm{d}T \tag{4-47}$$

$$u_2-u_1=\int_1^2 c_v\mathrm{d}T \tag{4-48}$$

$$s_2-s_1=\int_1^2 \frac{\delta q}{T} \tag{4-49}$$

4.1.2.3　能量转换

（1）容积功

$$w=\int_1^2 p\mathrm{d}v$$

当 $n\neq1$ 时，将过程方程 $p=\dfrac{p_1v_1^n}{v^n}$ 及状态方程代入上式得

$$w=\int_1^2 p_1v_1^n\frac{\mathrm{d}v}{v^n}=\frac{p_1v_1^n}{n-1}(v_1^{1-n}-v_2^{1-n})$$

$$=\frac{1}{n-1}(p_1v_1-p_2v_2)=\frac{R}{n-1}(T_1-T_2)=\frac{RT_1}{n-1}\left[1-\left(\frac{v_1}{v_2}\right)^{n-1}\right] \tag{4-50}$$

当 $n\neq1$ 且 $n\neq0$ 时，则上式可进一步写成

$$w=\frac{RT_1}{n-1}\left[1-\left(\frac{p_2}{p_1}\right)^{\frac{n-1}{n}}\right] \tag{4-50a}$$

可见，多变过程的容积功在形式上与绝热过程的一样，只是以 n 代替 k 值。

当 $n=1$ 时，为定温过程，则用式(4-24)计算容积功。

(2) 技术功

$$w_t = \int_1^2 - v\mathrm{d}p$$

当 $n \neq \pm\infty$ 时，由于多变过程 $pv^n = const$ 的微分形式为 $\frac{\mathrm{d}p}{p} + n\frac{\mathrm{d}v}{v} = 0$，即 $-v\mathrm{d}p = np\mathrm{d}v$，代入上式，可得

$$w_t = nw \tag{4-51}$$

可见，多变过程的技术功是其容积功的 n 倍。

当 $n = \pm\infty$ 时，为定容过程，则 $w_t = v(p_1 - p_2)$

(3) 热量：

当 $n = 1$ 时，$q = w$

当 $n \neq 1$ 时，$q = \Delta u + w = \int_1^2 c_v \mathrm{d}T + \frac{R}{n-1}(T_1 - T_2)$ (4-52)

若比热容为定值，且 $R = c_v(k-1)$，则上式可写为

$$q = c_v(T_2 - T_1) + c_v \frac{k-1}{n-1}(T_1 - T_2)$$

$$= c_v \frac{n-k}{n-1}(T_2 - T_1) \tag{4-52a}$$

令 $c_v \frac{n-k}{n-1} = c_n$，$c_n$ 称为多变比热容，则上式写为

$$q = c_n(T_2 - T_1) \tag{4-52b}$$

当 $n = 0$ 时，$c_n = kc_v = c_p$

当 $n = 1$ 时，$c_n = \pm\infty$

当 $n = k$ 时，$c_n = 0$

当 $n = \pm\infty$ 时，$c_n = c_v$

4.1.2.4 过程曲线

多变指数 n 在热力坐标图上的分布具有一定的规律，掌握其规律，就可根据某一过程的 n 值确定其热力过程线，不必计算就可定性地指出过程中能量转换的关系。在 $p-v$ 图和 $T-s$ 图上，过同一初始状态点画出四个典型热力过程，如图 4-7 所示。

(1) 多变过程线的位置确定方法

在 $p-v$ 图和 $T-s$ 图中，不难看出多变过程线随 n 值的增大按顺时针方向偏移，依此规

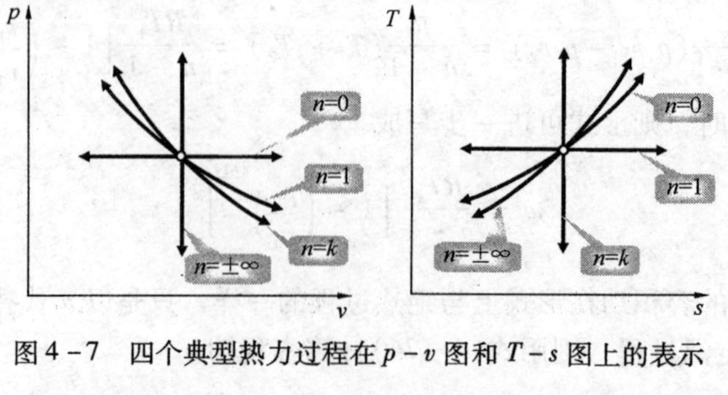

图 4-7 四个典型热力过程在 $p-v$ 图和 $T-s$ 图上的表示

律，可以根据给定的任意 n 值，确定相应的多变过程线在图中的相对位置。

（2）过程中 Δu、Δh、q、w 和 w_t 值正负的判断方法

热力学能、焓的增减判定：理想气体的热力学能和焓是温度的单值函数。以定温线为分界线，$T-s$ 图上，如过程线在定温线上侧区域，$\Delta T>0$，$\Delta u>0$，$\Delta h>0$；如过程线在定温线下侧区域，$\Delta T<0$，$\Delta u<0$，$\Delta h<0$。$p-v$ 图上，过程线在定温线右上方，$\Delta T>0$，$\Delta u>0$，$\Delta h>0$；在定温线左下方，$\Delta T<0$，$\Delta u<0$，$\Delta h<0$。

热量的判定：以定熵线为分界线，$T-s$ 图上，如过程线在定熵线右侧，则 $\Delta s>0$，$q>0$，是加热过程；如在左侧，则 $\Delta s<0$，$q<0$，是放热过程。$p-v$ 图上，过程线在定熵线右上方，$\Delta s>0$，$q>0$；如在左下方，$\Delta s<0$，$q<0$。

容积功的判定：以定容线为分界线，$p-v$ 图上，如过程线在定容线的右侧，则 $\Delta v>0$，$w>0$，是膨胀做功过程；如在左侧，则 $\Delta v<0$，$w<0$，是压缩耗功过程。$T-s$ 图上，如过程线在定容线的右下方，$\Delta v>0$，$w>0$；如在左上方，$\Delta v<0$，$w<0$。

技术功的判定：以定压线为分界线，在 $p-v$ 图上，如过程线位于定压线的下方，$\Delta p<0$，$w_t>0$；如在上方，则 $\Delta p>0$，$w_t<0$。$T-s$ 图上，如过程线在定压线的右下方，$\Delta p<0$，$w_t>0$；如在左上方，$\Delta p>0$，$w_t<0$。

（3）在 $p-v$ 图和 $T-s$ 图上各线群的大小变化趋向

在 $p-v$ 图定压线群和定容线群的大小变化方向很容易判断，定温线群、定熵线群的大小变化方向则如图 4-8、图 4-9 所示，箭头所指方向为增大方向。

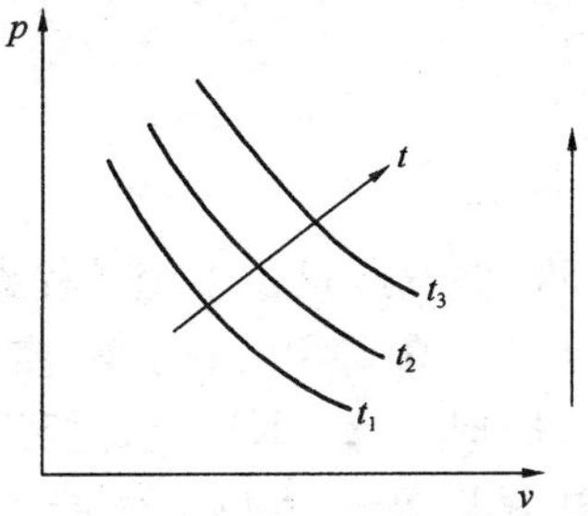

图 4-8　定温线群的变化趋向

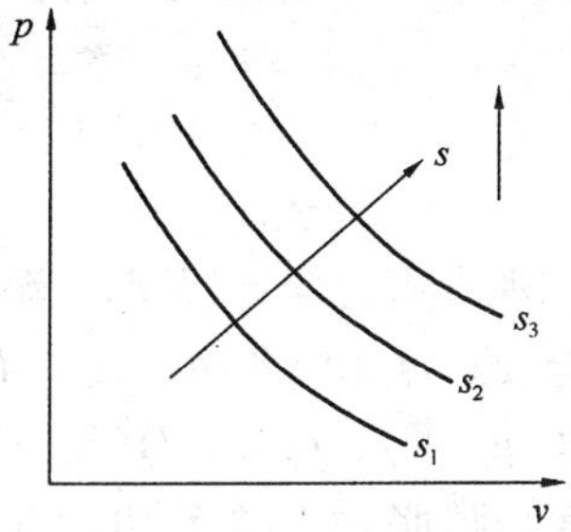

图 4-9　定熵线群的变化趋向

在 $T-s$ 图上，定温线群和定熵线群的大小变化方向很容易判断，定压线群、定容线群变化方向则如图 4-10、图 4-11 所示，箭头所指方向为增大方向。

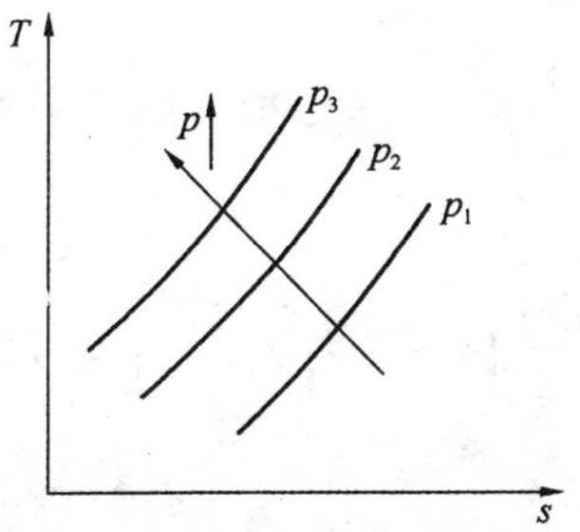

图 4-10　定压线群的变化趋向

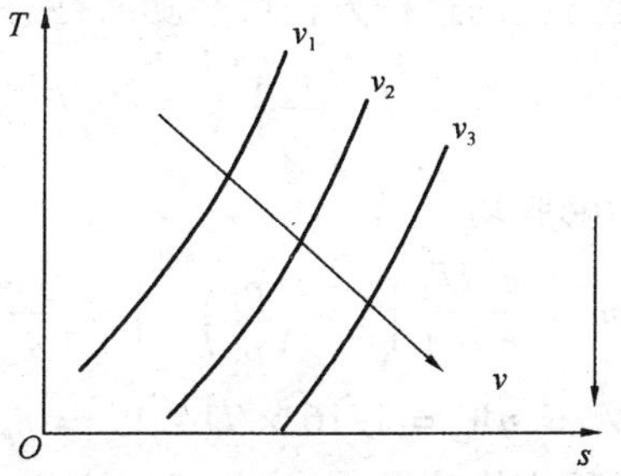

图 4-11　定容线群的变化趋向

4.1.2.5 平均多变指数

实际过程中，多变指数 n 大多是变化着的，为便于对实际情况进行分析计算，常用一个与实际过程相近似的指数不变的多变过程来代替，该多变指数称为平均多变指数。

(1) 等端点多变指数

已知过程线上两端点的状态参数分别为 $1(p_1、v_1)$、$2(p_2、v_2)$，根据 $p_1v_1=p_2v_2^n$ 可得多变指数

$$n=-\frac{\ln(p_2/p_1)}{\ln(v_2/v_1)} \tag{4-53}$$

这种方法主要用于初、终状态参数的计算。

(2) 等功法多变指数

从过程起始点假设一条多变过程线，使之与 p 轴所围的面积与实际过程线与 p 轴所围成的面积相等，由此求出的多变指数称为等功法多变指数。这种方法主要用于功量计算。

(3) 利用实际过程的 $\lg p-\lg v$ 坐标图计算

将实际过程中的多个点画在 $\lg p-\lg v$ 图上，然后用一条直线拟合为多变过程线。因 $pv^n=const$，故有

$$\lg p+n\lg v=const \tag{4-54}$$

可知，这条直线的斜率就是 n。

(4) 利用 $p-v$ 图面积对比计算

实际过程线与 p 轴围成的面积为技术功 w_t，与 v 轴围成的面积为容积功 w，将两功量相除有

$$n=\frac{w_t}{w} \tag{4-55}$$

例 4-4 现有压力 $p_1=1\text{MPa}$，温度 $t_1=127℃$ 的 5kg 空气经可逆多变过程膨胀，膨胀后容积增大至原容积的 4 倍，而压力降至 $p_2=0.2\text{MPa}$。已知空气比热容 $c_p=1.004\text{kJ/(kg·K)}$，$c_v=0.716\text{kJ/(kg·K)}$，$R=0.287\text{kJ/(kg·K)}$。求过程的多变指数、空气终态温度、膨胀功、技术功、气体与外界交换热量以及气体热力学能、焓和熵的变化量。

解 取空气为封闭系统，则多变指数

$$n=-\frac{\ln(p_2/p_1)}{\ln(v_2/v_1)}=\frac{\ln(0.2/1)}{\ln 4}=1.16$$

根据多变过程的过程方程可知膨胀终态温度

$$T_2=T_1\left(\frac{v_1}{v_2}\right)^{n-1}=(273+127)\times\left(\frac{1}{4}\right)^{1.16-1}=320.43\text{K}$$

气体所做膨胀功

$$W=mw=\frac{mRT_1}{n-1}\left[1-\left(\frac{p_2}{p_1}\right)^{\frac{n-1}{n}}\right]=\frac{5\times0.287\times400}{1.16-1}\left[1-\left(\frac{0.2}{1}\right)^{\frac{1.16-1}{1.16}}\right]=714.19\text{kJ}$$

技术功 $W_t=nW=1.16\times714.19=828.46\text{kJ}$

气体与外界交换热量

$$Q=mq=mc_v\frac{n-k}{n-1}(T_2-T_1)=5\times0.716\times\frac{1.16-1.4}{1.16-1}\times(320.43-400)=427.29\text{kJ}$$

$$\Delta U = Q - W = 427.29 - 714.19 = -286.90\text{kJ}$$
$$\Delta H = mc_p(T_2 - T_1) = 5 \times 1.004 \times (320.43 - 400) = -399.44\text{kJ}$$
$$\Delta S = m\left(c_p \ln\frac{T_2}{T_1} - R\ln\frac{p_2}{p_1}\right)$$
$$= 5 \times \left(1.004 \times \ln\frac{320.43}{400} - 0.287\ln\frac{0.2}{1}\right) = 1.196\text{kJ/K}$$

例 4－5　某 1kg 理想气体按可逆多变过程压缩到原有体积的 1/3，温度从 60℃ 升至 300℃，所耗压缩功为 209.23kJ，放热 41.87kJ。求该气体的多变指数及比定压热容。

解　多变过程有 $\frac{T_2}{T_1} = \left(\frac{v_1}{v_2}\right)^{n-1}$，则可得

$$n = 1 + \frac{\ln(T_2/T_1)}{\ln(v_1/v_2)} = 1 + \frac{\ln[(273 + 300)/(273 + 60)]}{\ln 3} = 1.494$$

根据热力学第一定律有

$$\Delta u = q - w = -41.87 + 209.23 = 167.36\text{kJ/kg}$$

比定容热容 $c_v = \frac{\Delta u}{T_2 - T_1} = \frac{167.36}{300 - 60} = 0.6973\text{kJ/(kg·K)}$

由 $q = c_v \frac{n-k}{n-1}(T_2 - T_1)$，可知

$$k = n - \frac{q}{c_v} \cdot \frac{n-1}{T_2 - T_1} = 1.494 - \frac{-41.87}{0.6973} \times \frac{1.494 - 1}{300 - 60} = 1.6176$$

比定压热容 $c_p = kc_v = 1.6176 \times 0.6973 = 1.1279\text{kJ/(kg·K)}$

4.2　蒸气的基本热力过程

研究蒸气的热力过程，其目的与理想气体的相同，即确定热力过程中工质状态变化的规律及过程中能量转化的情况。但是，蒸气不能作为理想气体来对待，它的物理性质较理想气体复杂得多，它的状态方程、热力学能、焓和熵的计算式都不像理想气体的计算式那样简单，正如第三章所述，工程计算是直接查取为工程计算编制的蒸气热力性质图、表，蒸气的热力过程的计算分析也只能依据热力学基本定律和热力性质图表进行。

当然，热力学第一定律和热力学第二定律以及由它们直接推出的一般关系式是普遍适用于任何工质的，因此同样适用于蒸气的热力过程。如

$$q = \Delta u + w = \Delta h + w_t$$
$$h = u + pv$$

如果热力过程可逆，则还有

$$w = \int p\text{d}v$$
$$w_t = -\int v\text{d}p$$
$$q = \int T\text{d}s$$

研究蒸气热力过程可按下面步骤进行：由已知的初态参数，查图、表确定其他未知初态

参数，再根据过程特征和已知终态参数查图、表得到其他终态参数，然后将查得的状态参数代入有关公式，计算热力过程的换热量、功量以及焓、熵的变化量等值。

蒸气的基本热力过程也是定容、定压、定温和定熵四种。下面以水蒸气为例进行说明，计算公式及过程同样适用于其他蒸气。

4.2.1 定容过程

$$v = const$$

容积功 $w = \int p\mathrm{d}v = 0$

技术功 $w_t = -\int v\mathrm{d}p = v(p_1 - p_2)$

热量 $q = u_2 - u_1 = (h_2 - h_1) - v(p_2 - p_1)$

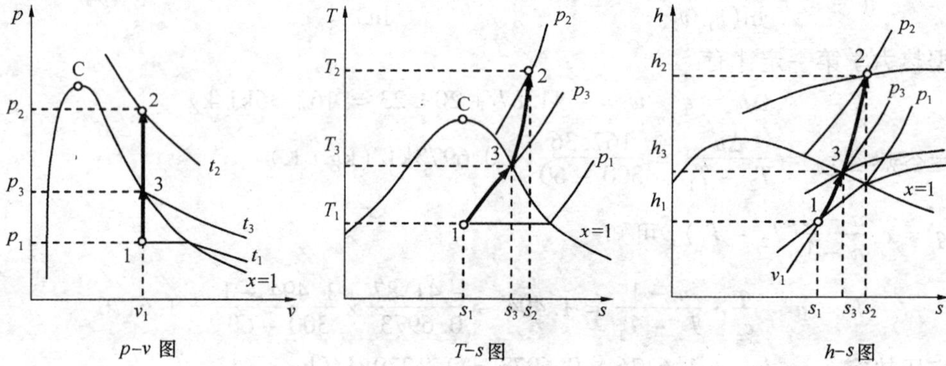

图 4-12 水蒸气的定容过程

如图 4-12 中，1-2 为定容过程线，状态 3 点为定容线与干饱和蒸汽线的交点。

例 4-6 在一个容积为 $1\mathrm{m}^3$ 的刚性容器内，装有 0.1MPa 的饱和水 $0.05\mathrm{m}^3$ 及饱和蒸汽 $0.95\mathrm{m}^3$，试问必须加入多少热量，才能使容器内的液态水正好完全汽化(水蒸气状态参数如下表)。

压力	温度	比体积		比焓	
p/kPa	t/℃	v'/($\mathrm{m^3/kg}$)	v''/($\mathrm{m^3/kg}$)	h'/(kJ/kg)	h''/(kJ/kg)
100	99.632	0.0010434	1.694	417.51	2675.4
8000	294.97	0.0013842	0.02353	1317.1	2759.9
9000	303.31	0.0014179	0.02050	1363.7	2744.6

解 由 $p_1 = 0.1\mathrm{MPa}$ 查得 $v'_1 = 0.0010434\mathrm{m^3/kg}$，$v''_1 = 1.694\mathrm{m^3/kg}$

$$h'_1 = 417.51\mathrm{kJ/kg}, h''_1 = 2675.4\mathrm{kJ/kg}$$

初态时饱和水质量 $m_l = \dfrac{V_1}{v'_1} = \dfrac{0.05}{0.0010434} = 47.92\mathrm{kg}$

初态时饱和蒸汽质量 $m_v = \dfrac{V_v}{v''_1} = \dfrac{0.95}{1.694} = 0.56\mathrm{kg}$

初态干度 $x_1 = \dfrac{m_v}{m_v + m_l} = \dfrac{0.56}{0.56 + 47.92} = 0.0116$

$$v_1 = v'_1 + x_1(v''_1 - v'_1) = 0.0010434 + 0.0116 \times (1.694 - 0.0010434) = 0.0207 \text{m}^3/\text{kg}$$

$$h_1 = h'_1 + x_1(h''_1 - h'_1) = 417.51 + 0.0116 \times (2675.4 - 417.51) = 443.70 \text{kJ/kg}$$

由刚性容器可知工质经历定容加热过程，终态为干饱和蒸汽，即

$v''_2 = v_2 = 0.0207\text{m}^3/\text{kg}$，查表可以看出 $0.02050\text{m}^3/\text{kg} < v''_2 < 0.02353\text{m}^3/\text{kg}$，表示终态蒸气压力 $8\text{MPa} < p_2 < 9\text{MPa}$，采用线性插值法，可得对应的终态饱和压力 $p_2 = 8.934\text{MPa}$，查出相应的 $h_2 = h''_2 = 2745.6\text{kJ/kg}$。

$$\begin{aligned} Q &= mq = (m_l + m_v) \cdot [(h_2 - h_1) - v(p_2 - p_1)] \\ &= (47.92 + 0.56) \times [(2745.6 - 443.70) - 0.0207 \times (8934 - 100)] \\ &= 102730.9 \text{kJ} \end{aligned}$$

本例也可用水蒸气焓－熵表进行计算。

4.2.2　定压过程

$$p = const$$

容积功　$w = \int p \mathrm{d}v = p(v_2 - v_1)$

技术功　$w_t = -\int v \mathrm{d}p = 0$

热量　$q = h_2 - h_1$

热力学能变量　$\Delta u = q - w$

定压过程是十分常见的过程。如水在锅炉中加热汽化过程；饱和水蒸气在过热器中加热为过热蒸汽的过程；水蒸气在冷凝器内冷凝成水的过程；制冷设备中制冷剂的蒸发和冷凝过程等等，如忽略摩擦阻力等不可逆因素，就成为可逆定压过程。图 4－13 为将未饱和水定压加热成过热蒸汽的过程。图中 1—2 为定压过程线，状态点 3 为定压线与饱和水的交点，状态点 4 为定压线与干饱和蒸汽线的交点。

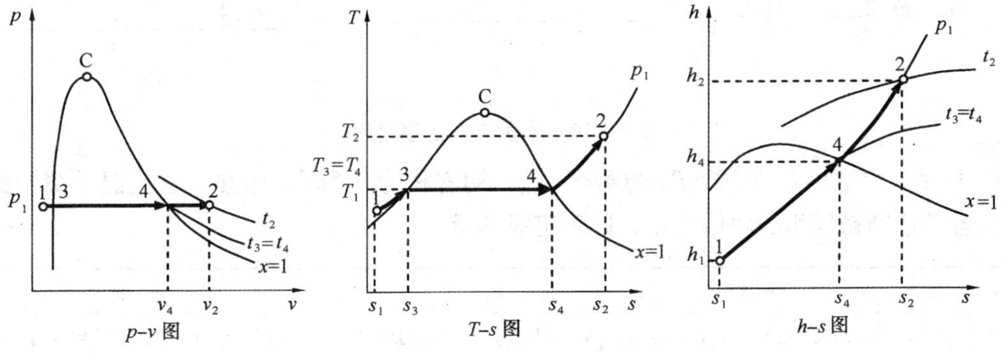

图 4－13　水蒸气的定压过程

例 4－7　某蒸汽锅炉入口水温为 20℃，在 2.5MPa 的压力下定压加热，出口蒸汽温度为 350℃，求生产每 kg 蒸汽所需热量、液体加热段吸热量、过热器吸热量（将干饱和蒸汽加热成过热蒸汽）。

解　由 2.5MPa 查饱和蒸汽表（附表 14），查得相应饱和温度 $t_s = 223.91$℃，$h' = 961.83\text{kJ/kg}$，$h'' = 2800.9\text{kJ/kg}$。

由此可知，入口水是未饱和水（$t_1 = 20℃ < t_s$），出口蒸汽为过热蒸汽（$t_2 = 350℃ > t_s$）。

由 $t_1=20℃$，$t_2=350℃$，$p=2.5\text{MPa}$，查未饱和水与过热蒸汽表，得

$$h_1=86.2\text{kJ/kg},\ h_2=3128.2\text{kJ/kg}$$

生产每 kg 蒸汽所需热量为

$$q=h_2-h_1=3128.2-86.2=3042\text{kJ/kg}$$

液体加热段吸热量

$$q_1=h'-h_1=961.83-86.2=875.63\text{kJ/kg}$$

过热器吸热量

$$q_g=h_2-h''=3128.2-2800.9=327.3\text{kJ/kg}$$

4.2.3 定温过程

$$T=const$$

热量 $$q=\int T\mathrm{d}s=T(s_2-s_1)\ (\text{可逆过程})$$

热力学能变量 $$\Delta u=\Delta h-\Delta(pv)$$

容积功 $$w=q-\Delta u$$

技术功 $$w_t=q-\Delta h$$

水蒸气的定温加热过程 1－2 的 $p-v$ 图、$T-s$ 图、$h-s$ 图如图 4－14 所示，状态点 3 为定温线与干饱和蒸汽线的交点。

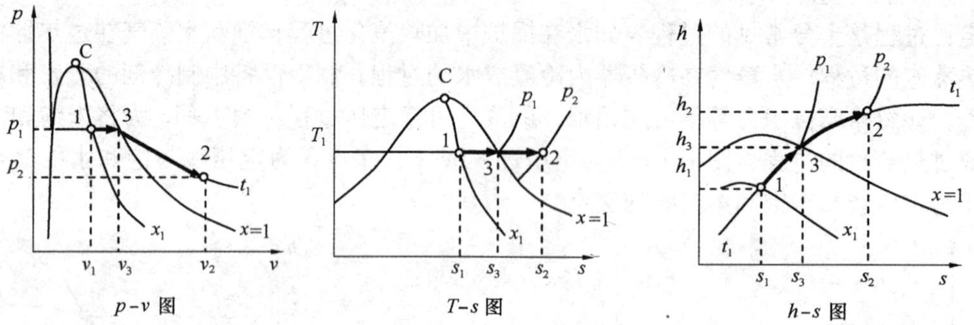

图 4－14 水蒸气的定温过程

例 4－8 汽缸内贮有 100kPa 的蒸汽 1kg，初容积为 0.5m^3，吸热后在定温下缓慢膨胀，直到终容积达到初容积的两倍为止，试确定吸热量。

压力	温度	比体积		比 焓		比 熵	
p/kPa	t/℃	v'/(m³/kg)	v''/(m³/kg)	h'/(kJ/kg)	h''/(kJ/kg)	s'/[kJ/(kg·K)]	s''/[kJ/(kg·K)]
100	99.632	0.0010434	1.694	417.51	2675.4	1.3027	7.3598

解 缸内蒸汽比容 $v_1=\dfrac{V_1}{m}=\dfrac{0.5}{1}=0.5\text{m}^3/\text{kg}$，而 $v'<v_1<v''$，所以为湿蒸汽，$t_1=t_s=99.632℃$。

$$x_1=\frac{v_1-v'}{v''-v'}=\frac{0.5-0.0010434}{1.694-0.0010434}=0.2947$$

$$s_1=s'+x_1(s''-s')=1.3027+0.2947\times(7.3598-1.3027)=3.0877\text{kJ/(kg·K)}$$

定温膨胀，所以终态 $t_2=t_1=99.632℃$，$v_2=2v_1=1\text{m}^3/\text{kg}$，$v'<v_2<v''$，所以终态仍为湿蒸汽。

$$x_2=\frac{v_2-v'}{v''-v'}=\frac{1-0.0010434}{1.694-0.0010434}=0.5901$$

$$s_2=s'+x_2(s''-s')=1.3027+0.5901\times(7.3598-1.3027)=4.8770\text{kJ/(kg}\cdot\text{K)}$$

$$Q=mq=mT(s_2-s_1)=1\times(273+99.632)\times(4.877-3.0877)=666.75\text{kJ}$$

4.2.4　定熵(绝热可逆)过程

$$s=const$$

热量　$$q=\int T\mathrm{d}s=0$$

技术功　$$w_t=-\Delta h=h_1-h_2$$

容积功　$$w=-\Delta u=u_1-u_2=h_1-h_2-(p_1v_1-p_2v_2)$$

由于蒸气不是理想气体，因此其绝热过程不能用 $pv^k=const$ 来表示，但为了方便起见，有时也采用 $pv^k=\text{const}$ 的形式。但此时 k 不是绝热指数，不再具有 $k=\frac{c_p}{c_v}$ 的意义，只是一个经验数据，不能用来计算状态参数。水蒸气的 k 值随状态的不同有较大的变化，做近似估算可取

过热蒸汽　$$k=1.3$$

干饱和蒸汽　$$k=1.135$$

湿蒸汽　$$k=1.035+0.1x\quad(x\text{ 为干度})$$

水蒸气在汽轮机中的膨胀过程以及水在水泵中的压缩过程，由于流速较快，来不及散热，散热损失相对较小，可以忽略不计，此时，设备中的热力过程可看为绝热过程。图 4－15为水蒸气定熵膨胀过程。

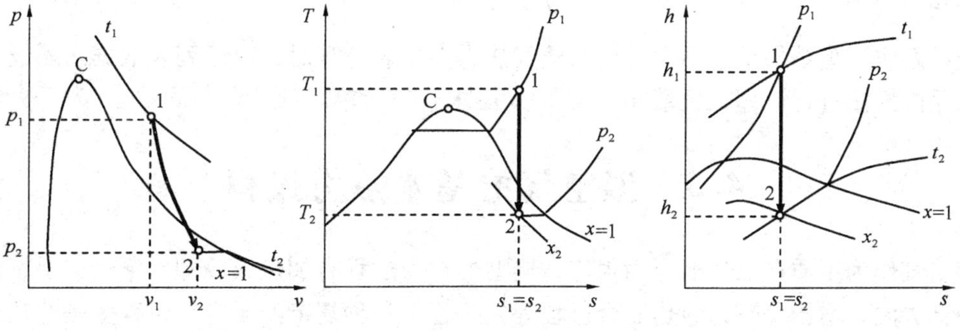

图 4－15　水蒸气的定熵过程

例 4－9　水蒸气进入汽轮机时 $p_1=5\text{MPa}$，$t_1=400℃$，经汽轮机定熵膨胀后，排出汽轮机的乏汽压力 $p_2=0.005\text{MPa}$，蒸汽流量为 120t/h，求乏汽干度及汽轮机的功率。

解法一　利用水蒸气热力性质表计算

$p_1=5\text{MPa}$，$t_1=400℃$时，查过热蒸汽表得

$$h_1=3198.3\text{kJ/kg},\quad s_1=6.6508\text{kJ/(kg}\cdot\text{K)}$$

$p_2=0.005\text{MPa}$，查饱和水和饱和蒸汽表得

$$t_s=32.898℃,\quad h'=137.77\text{kJ/kg},\quad h''=2561.6\text{kJ/kg}$$

$$s' = 0.4763\text{kJ/(kg·K)}$$
$$s'' = 8.3965\text{kJ/(kg·K)}$$

因为是定熵过程，所以有 $s_2 = s_1 = 6.6508\text{kJ/(kg·K)}$

而 $s' < s_2 < s''$，即乏汽处于湿蒸汽区

$$x = \frac{s_2 - s'}{s'' - s'} = \frac{6.6508 - 0.4763}{8.3965 - 0.4763} = 0.7796$$

$$h_2 = h' + x(h'' - h') = 137.77 + 0.7796 \times (2561.6 - 137.77) = 2027.4\text{kJ/kg}$$

$$w_t = -\Delta h = h_1 - h_2 = 3198.3 - 2027.4 = 1170.9\text{kJ/kg}$$

汽轮机功率 $N = \dot{q}_m w_t = \dfrac{120 \times 10^3 \times 1170.9}{3600} = 39030\text{kW}$

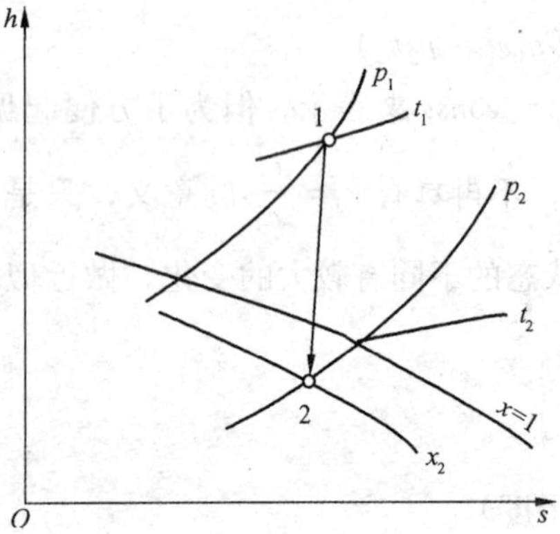

图 4-16　例 4-9 的 $h-s$ 图

解法二　利用 $h-s$ 图求解，如图 4-16 所示。

在 $h-s$ 图找到 $p_1 = 5\text{MPa}$ 的定压线和 $t_1 = 400℃$ 的定温线，两线交点即为初态 1，从而查出

$$h_1 = 3198\text{kJ/kg}$$

从初态 1 开始，沿 $h-s$ 图中的定熵线向下与 $p_2 = 0.005\text{MPa}$ 的定压线相交，得状态 2 点，查出

$$h_2 = 2027\text{kJ/kg},\ x = 0.78$$

从点 2 不能直接读出乏汽温度，但是在湿蒸汽区等温线与等压线是重合的，因此，点 2 的温度等于 $p_2 = 0.005\text{MPa}$ 的等压线与 $x = 1$ 的干饱和蒸汽线交点处的温度，从 $h-s$ 图上读为 $t_2 \approx 33℃$。

$$w_t = h_1 - h_2 = 3198 - 2027 = 1171\text{kJ/kg}$$

汽轮机功率　$N = \dot{q}_m w_t = \dfrac{120 \times 10^3 \times 1171}{3600} = 39033\text{kW}$

两种解法计算结果误差不大，用水蒸气热力性质表计算时，由于列表数据间隔较大，常需要采用内插法进行计算，较繁杂，用 $h-s$ 图求解较简单。

4.3　湿空气的基本热力过程

湿空气作为工质在工程上应用很广，典型的热力过程有加热或冷却、绝热加湿、加热加湿、冷却去湿、增压冷凝、绝热混合过程等，工程上种种复杂的湿空气过程多是这几种过程的组合。这些过程普遍都是稳定流动，在分析时要遵循稳定流动能量方程。在热力过程中，由于湿空气中的水蒸气常常发生集态变化致使湿空气的质量发生变化，因此要用到质量守恒方程。此外还要用到湿空气的焓－湿图。

4.3.1　加热或冷却过程

加热或冷却的过程是对湿空气单纯地加热或冷却，是含湿量保持不变的过程，所以也叫定湿加热或定湿冷却。

工作原理如图 4-17 所示。工业上使用的烘干设备、家庭用的吹风机等都是利用热源来加热湿空气，提高湿空气的吸湿能力，来实现烘干物体的。其特征是含湿量 d 保持不变。

另外，在加热过程中，因为温度升高，导致湿空气中水蒸气饱和压力 p_s 增大，而空气的焓湿量不变，即水蒸气分压力 p_{st} 不变，所以相对湿度 φ 降低，从而提高了吸湿能力，比焓也随着温度的升高而增加。如图 4－18 中 1－2 所示。

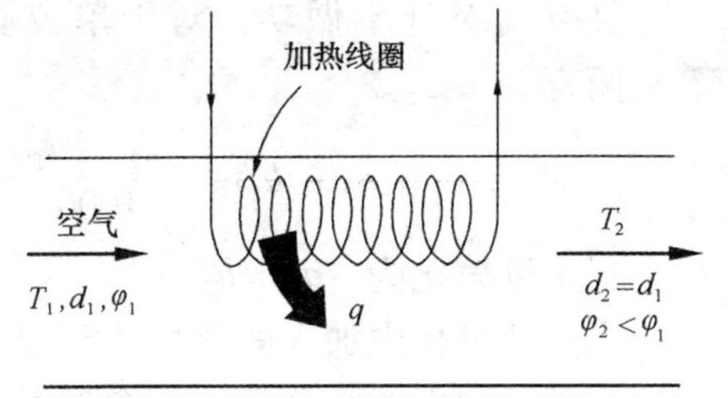

图 4－17　湿空气加热过程

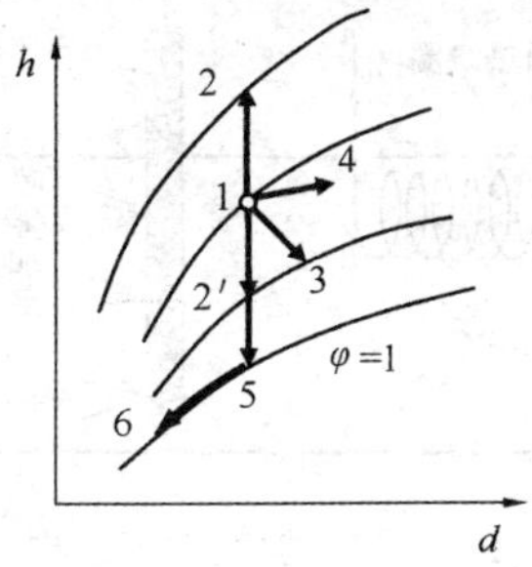

图 4－18　湿空气过程

如图 4－18 中 1－2′所示，冷却过程与加热过程正好相反，是利用冷源将湿空气降温，当冷源表面温度等于或大于湿空气的露点温度时，空气中水蒸气不会凝结，即 $d = const$。

根据稳定流动能量方程　$q = \Delta h + w_t$

如忽略空气的宏观动能和位能的变化，且过程中空气对外不做功，对于单位质量干空气而言，过程中湿空气吸收或放出的热量为

$$q = \Delta h = h_2 - h_1$$

式中：h_1、h_2 分别为过程初、终状态湿空气的比焓。

4.3.2　绝热加湿过程

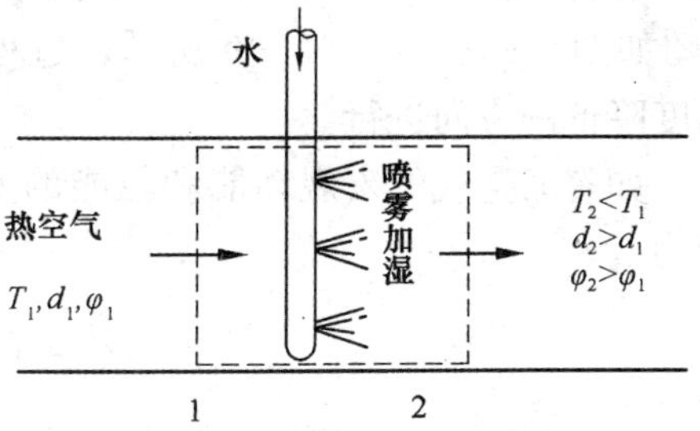

图 4－19　绝热加湿过程

在绝热条件下，向空气中加入水分以增加含湿量的过程叫绝热加湿过程。该过程绝热，所以喷入水分的蒸发所需的热量完全来自湿空气自身，将会使其温度下降，所以该过程又称为蒸发冷却过程。在干燥酷热的天气里向地面洒水，随着水分的蒸发就可以实现空气的降温，这是我们日常所用的方法，如图 4－19 所示。

过程中 $q=0$，如忽略空气的宏观动能和位能的变化，且空气对外不做功，对于单位质量干空气而言，由热力学第一定律有

$$\Delta h = 0$$

$$即\ h_2 - h_1 = \frac{d_2 - d_1}{1000} h_w$$

式中　h_1、h_2——过程初、终状态湿空气的比焓；

$(d_2 - d_1)$——过程中含湿量的增加，即对单位质量干空气加入的水分；

h_w——水的焓值。

由于 $(d_2 - d_1) \ll h_1$ 或 h_2，所以在计算中可忽略不计，上式可简化为

$$h_2 \approx h_1$$

因此，绝热加湿过程可近似为定焓过程，如图 4－18 中 1－3 所示，过程沿定焓线向 d、φ 增大、t 降低的方向进行。

4.3.3 加热加湿过程

向空气同时加入水分和热量的过程叫加热加湿过程，如图4－20所示。加热加湿过程使湿空气的焓和含湿量都增加，如图4－18中1－4所示，过程介于1－2和1－3之间。

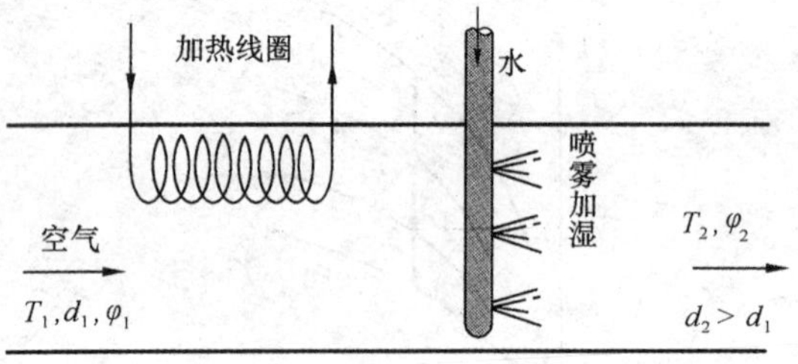

图4－20 加热加湿过程

如忽略空气的宏观动能和位能的变化，且空气对外不做功，对于单位质量干空气而言

$$q = h_2 - h_1 - \frac{(d_2 - d_1)}{1000}h_w$$

可简化为 $q \approx h_2 - h_1$

即过程中加入的热量等于湿空气焓的变化量，加入的水分等于其含湿量的增加。如加热量正好等于水分蒸发吸收的热量，则湿空气初、终态温度不变，称为定温加湿过程。如加热量小于水分蒸发吸收的热量，则过程中温度下降。如加热量大于水分蒸发吸收的热量，则过程中温度上升。

4.3.4 冷却去湿过程

湿空气在冷却过程中，相对湿度φ增大，如果湿空气被冷却到露点（饱和状态，$\varphi=1$）后继续冷却，就有蒸汽不断凝结成水析出。此后，湿空气始终处于饱和状态。该过程的$h-d$图如图4－18中1－5－6所示，过程到达状态5点后，沿$\varphi=1$的等φ线向含湿量减小、温度降低的方向进行。

如忽略空气的宏观动能和位能的变化，对于单位质量干空气而言，通过冷源带走的热量为

$$q = (h_1 - h_3) - \frac{d_1 - d_3}{1000}h_w$$

式中 h_1、h_3——过程初、终状态湿空气的比焓；

$(d_1 - d_3)$——过程中含湿量的减少量，即单位质量干空气析出的水分；

h_w——凝结水的焓值。

利用空调实现夏天室内湿空气的制冷除湿就是采用这一原理，如图4－21所示。

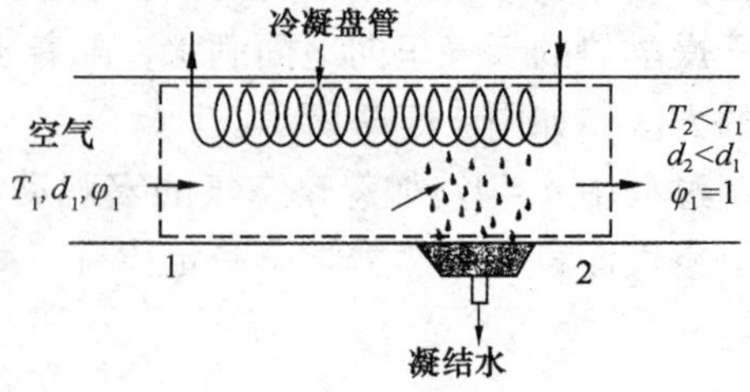

图4－21 冷却去湿过程

4.3.5 增压冷凝过程

在化工生产中，经常要求把空气加压后进行冷却，正如4.5节所讲的压气机的压缩过程。若湿空气的初态为p_1、t_1、φ_1，经压缩后，其压力达到p_2，温度为t_2，则水蒸气的分压力也将从$p_{st1} = \varphi_1 \cdot p_{s1}$增加到$p_{st2} = \varphi_1 p_{s1} \cdot \frac{p_2}{p_1}$（按理想气体考虑）。然后在该压力下使湿空气温度冷却到t'_2，与之对应的水蒸气的饱和蒸汽压力为p'_{s2}。若$p_{st2} > p'_{s2}$，则冷却过程中必有水蒸气被凝析；反之则不会有凝析。

4.3.6 绝热混合过程

将两股或多股不同状态的湿空气在绝热条件下混合，以得到温度和湿度符合要求的空

气，称为绝热混合过程，这是空调工程中常采用的方法。

如图 4－22 中所示，当两股湿空气，分别处于状态 1 和状态 2，干空气质量流量分别为 q_{m1} 和 q_{m2}，在绝热条件下混合，混合后的状态用 3 表示，其干空气质量流量为 q_{m3}。根据质量守恒定律，对于干空气有

$$q_{m1} + q_{m2} = q_{m3}$$

对于湿空气中包含的水蒸气的质量流量有

$$q_{m1}d_1 + q_{m2}d_2 = q_{m3}d_3$$

如忽略空气的宏观动能和位能的变化，又无轴功，根据稳定流动能量方程有 $\Delta h = 0$，即

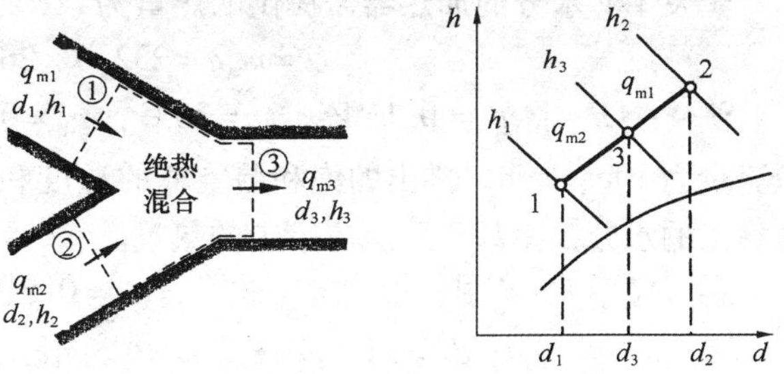

图 4－22　湿空气绝热混合过程

$$q_{m1}h_1 + q_{m2}h_2 = q_{m3}h_3$$

联立求解上述三个方程，可得

$$\frac{q_{m2}}{q_{m1}} = \frac{d_3 - d_1}{d_2 - d_3} = \frac{h_3 - h_1}{h_2 - h_3} = \frac{\overline{13}}{\overline{32}} \tag{4-56}$$

由上式可知，混合后的状态点 3 位于混合前两状态点 1、2 的连线上，且 1 到 3 点的距离 $\overline{13}$ 和 3 到 2 点的距离 $\overline{32}$ 与 q_{m1} 和 q_{m2} 成反比。因此，如已知混合前各股气流的状态和质量流量，在 $h-d$ 图上很容易确定混合后湿空气的状态和流量。

例 4－10　将 $t_1 = 25℃$，$\varphi_1 = 0.6$，$p_1 = 0.1\text{MPa}$ 的空气在加热器内加热，加热后温度为 $t_2 = 50℃$，然后再送入烘箱用以干燥物体。空气从烘箱出来时的温度 $t_3 = 40℃$。求：每蒸发 1kg 水分需供入多少空气，加热器中应加入多少热量？

解　① 确定初态参数

应用 $h-d$ 图，$t_1 = 25℃$ 的定温线与 $\varphi_1 = 0.6$ 的定 φ 线的交点即为初态 1，查得

$$d_1 = 12\text{g/kg}_a \qquad h_1 = 55.5\text{kJ/kg}_a$$

② 确定加热器出口参数

空气在加热器内的加热过程为定湿过程 $d_2 = d_1$，从状态 1 开始向上与 $t_2 = 50℃$ 的定温线相交，交点即为状态 2，查得

$$h_2 = 82\text{kJ/kg}_a$$

③ 确定烘箱出口参数

空气在烘箱内进行的是绝热加湿过程，焓值近似不变，$h_3 \approx h_2$。从状态 2 沿定焓线向右下方与 $t_3 = 40℃$ 定温线相交，交点为状态 3，查出

$$d_3 = 16.3\text{g/kg}_a$$

④ 每 kg 干空气在加热器内吸收的热量为

$$q = h_2 - h_1 = 82 - 55.5 = 26.5\text{kJ/kg}_a$$

每 kg 干空气在烘箱内吸收的水分为

$$\Delta d = d_3 - d_1 = 16.3 - 12 = 4.3\text{g/kg}_a$$

⑤ 蒸发 1kg 水分需要的空气量为

$$m_a=\frac{10^3}{\Delta d}=\frac{10^3}{4.3}=232.6\text{kg}_a$$

蒸发 1kg 水分的加热器需提供的热量为

$$Q=m_a q=232.6\times26.5=6163.9\text{kJ}$$

例 4 - 11 将 $p_1=0.1\text{MPa}$，$t_1=30℃$，$\varphi_1=0.8$ 的空气通过空调装置冷却去湿，空气容积流量为 $10\text{m}^3/\text{min}$，排出的饱和湿空气的温度和凝结水的温度均为 $t_2=14℃$，试求空气中需除去的水分，冷却介质所应带走的热量。

解 应用 $h-d$ 图，根据 $t_1=30℃$，$\varphi_1=0.8$，查得初态 1

$$d_1=21.6\text{g/kg}_a \quad h_1=85.4\text{kJ/kg}_a \quad v_1=0.889\text{m}^3/\text{kg}_a$$

根据 $t_2=14℃$，$\varphi_2=1$，查得终态 2

$$d_2=10\text{g/kg}_a \quad h_2=39.3\text{kJ/kg}_a$$

根据 $p=0.1\text{MPa}$，$t_2=14℃$ 查未饱和水表，得冷凝水焓

$$h_w=58.73\text{kJ/kg}$$

干空气质量流量 $\dot{m}_a=\dfrac{\dot{V}_1}{v_1}=\dfrac{10}{0.889}=11.25\text{kg/min}$

空气中需除去的水分

$$\dot{m}_w=\dot{m}_a(d_1-d_2)=11.25\times(21.6-10)\times10^{-3}=0.131\text{kg/min}$$

冷却介质所应带走的热量

$$\dot{Q}=\dot{m}_a q=\dot{m}_a(h_1-h_2)-\dot{m}_w h_w$$
$$=11.25\times(85.4-39.3)-0.131\times58.73=510.9\text{kJ/min}$$

例 4 - 12 某压气机吸气（湿空气）压力为 $p_1=0.1\text{MPa}$，温度 25℃，相对湿度 $\varphi=0.62$，若把它压缩至 $p_2=0.4\text{MPa}$，然后冷却为 35℃，问是否会出现凝析？

解 查饱和水蒸气表得 25℃时的饱和蒸汽压力 $p_{s1}=3.166\text{kPa}$，故吸气状态下水蒸气分压为

$$p_{st1}=\varphi p_{s1}=0.62\times3.166=1.963\text{kPa}$$

增压后水蒸气分压为

$$p_{st2}=p_{st1}\frac{p_2}{p_1}=1.963\times\frac{0.4}{0.1}=7.852\text{kPa}$$

冷却后，35℃时的饱和蒸汽压（查表）为 $p_{s2}=5.622\text{kPa}$

由于 $p_{st2}>p_{s2}$，故冷却时会出现凝析。

例 4 - 13 在 1 个大气压下，将 $t_1=32℃$，$\varphi_1=0.6$，$q_{m1}=500\text{kg/h}$ 的空气流与 $t_2=14℃$，$q_{m2}=2000\text{kg/h}$ 的饱和湿空气流混合，求混合气体的相对湿度和温度。

解 应用 $h-d$ 图，根据 $t_1=32℃$，$\varphi_1=0.6$，查得

$$d_1=18.2\text{g/kg}_a \quad h_1=79.0\text{kJ/kg}_a$$

根据 $t_2=14℃$，$\varphi_2=1$，查得

$$d_2=10\text{g/kg}_a \quad h_2=39.3\text{kJ/kg}_a$$

根据 $\dfrac{q_{m2}}{q_{m1}}=\dfrac{d_3-d_1}{d_2-d_3}=\dfrac{h_3-h_1}{h_2-h_3}$

有 $\frac{2000}{500} = \frac{d_3 - 18.2}{10 - d_3} = \frac{h_3 - 79}{39.3 - h_3}$

可得　$d_3 = 11.64\text{g/kg}_a$　$h_2 = 47.24\text{kJ/kg}_a$

查图可得混合气体

$$T_3 = 18℃ \qquad \varphi_3 = 0.9$$

也可采用作图法。如图 4－23，在 $h - d$ 图上根据已知的 t、φ 找出状态 1、2 点，以直线相连，混合后的状态点 3 的位置应符合

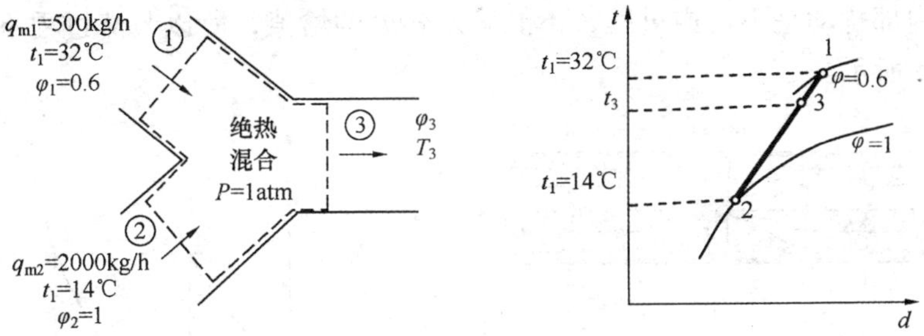

图 4－23　例 4－13 图

$$\frac{\overline{13}}{\overline{32}} = \frac{q_{m2}}{q_{m1}} = \frac{2000}{500} = 4$$

将线段 $\overline{12}$ 分为五等份，则状态 3 点在距离 2 点一等份处，查图可知相应参数。

4.4　绝热节流过程

流体在管道内流动，流经阀门、孔板、多孔塞等设备时，流通截面突然缩小，而后又进入截面与原来相同或相近的管道，这种由于截面突变，产生局部阻力，造成流体压力降低的现象称为**节流**。因为流体流经孔口的速度很快，时间很短，流体来不及与外界进行热交换，所以可以将其看为绝热。将这种气流与外界没有热量交换的节流称为**绝热节流**。如图 4－24 所示。节流现象常发生于压力调节、流量调节及获得低温等设备上。

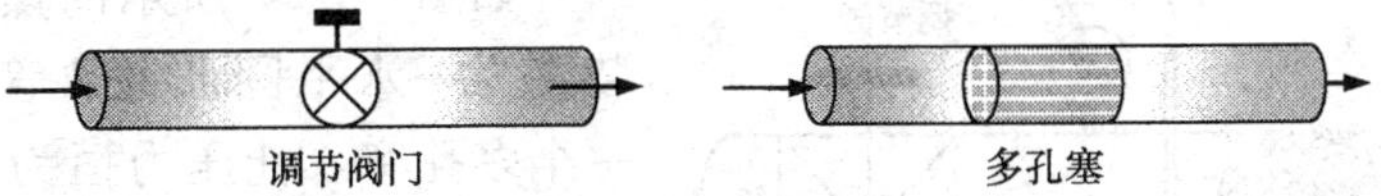

图 4－24　绝热节流过程

节流过程是典型的不可逆过程，流体在节流附近发生剧烈的扰动，产生强烈的摩擦，流动也很不规则，此时流体处于不平衡状态，故不能用平衡状态热力学方法分析孔口附近的状况。但在节流前后稍远处，流体分别处于平衡态，我们可以将这两处流体状态参数进行比较，研究节流引起的流体状态的改变。

如图 4－25 所示，取截面 1—1 和 2—2，分别位于节流前后的稳定流动区域，流体处于平衡状态，取管段 1—2 为控制体，列出稳定流动能量方程

$$q = \Delta h + w_t = h_2 - h_1 + \frac{1}{2}\Delta c^2 + g\Delta z + w_s$$

由于节流过程中流体与外界无热量交换，即 $q=0$；节流过程中无轴功输出，即 $w_s=0$；节流前后距离较短，即使有位能差也可忽略，即 $\Delta z\approx 0$；气态流体经绝热节流后，比体积随压力降低而增大，即 $v_2>v_1$，如流通截面不变，则流速略有增加，当比体积变化很小时，流速变化可忽略，即 $\Delta c^2\approx 0$。则上式可写为

$$h_2 = h_1$$

可见，绝热节流前后，气体焓相等，这是绝热节流的基本特征，故绝热节流也称为**等焓过程**。事实上流体在缩口处附近速度变化很大，因而焓值在截面1—1和2—2之间并不处处相等，且工质内部扰动是不可逆过程，不能确定各处的焓值，所以节流过程不能称为定焓过程，如图4－26所示。

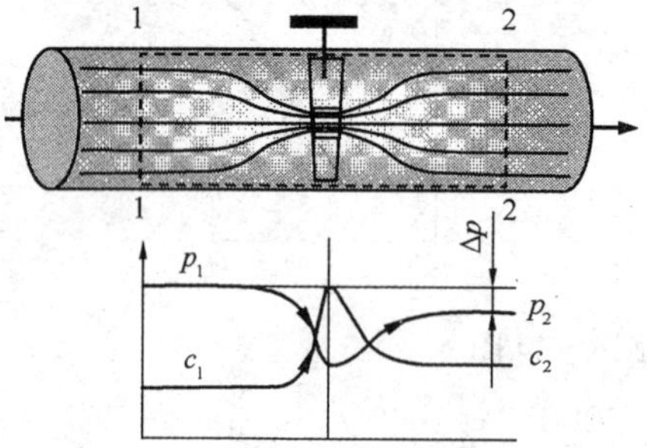

图4－25　绝热节流过程示意图

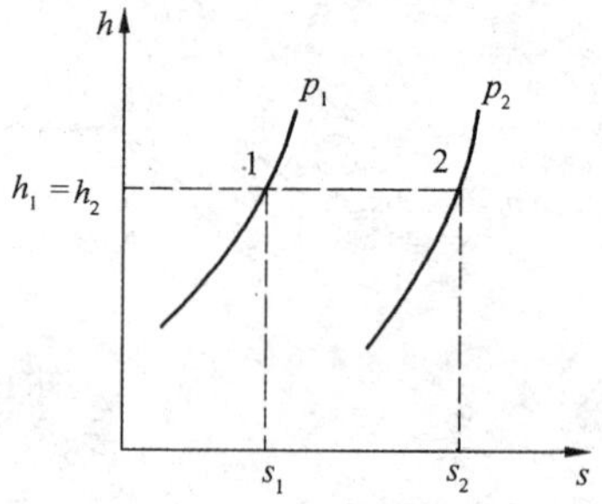

图4－26　绝热节流过程 $h-s$ 图

绝热节流由于是不可逆过程，所以节流后流体的熵必然增大，即

$$s_2 > s_1$$

绝热节流前后流体的温度变化较复杂。对于理想气体，由于焓是温度的单值函数，所以节流前后焓不变，则温度和内能也不变，即 $T_2=T_1$，$u_2=u_1$。但对于实际气体，温度可升高、可降低、也可不变。将绝热节流前后流体温度变化称为**节流的温度效应**。节流后流体温度降低，为**节流冷效应**；节流后流体温度升高，为**节流热效应**；节流前后流体温度相等，为**节流零效应**。节流的温度效应与流体种类、节流前所处的状态及节流前后压降的大小有关，分为微分节流效应和积分节流效应，可通过焦耳－汤姆逊实验来了解。

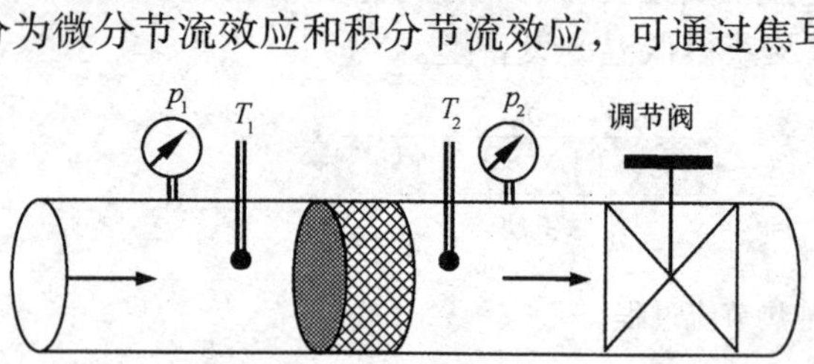

图4－27　绝热节流实验过程

如图4－27所示的焦耳－汤姆逊实验装置为一水平圆形绝热管，在其中部放置一个多孔塞。让压力恒为 p_1、温度恒为 T_1 的某种流体，连续稳定地流过多孔塞，节流后流体的压力为 p_2，温度为 T_2。通过改变调节阀的开度改变节流后流体的压力 p_2 依次为 p_{2a}、p_{2b}、p_{2c}、p_{2d}、p_{2e}，测出相应的温度 T_{2a}、T_{2b}、T_{2c}、T_{2d}、T_{2e}。将测出的各组数据绘制在 $T-p$ 图上，依次得到状态点1、2_a、2_b、2_c、2_d、2_e，各点焓值相同，将其连成线就成为一条定焓线。然后改变入口状态1，重复进行上述实验，就可画出一系列不同焓值的定焓线，如图4－28所示。

定焓线上的任意一个状态点的斜率是 $\mu_J=\left(\frac{\partial T}{\partial p}\right)_h$，称为该状态点的**绝热节流系数**（又称为焦耳－汤姆逊系数，简称焦－汤系数），表征当节流的压力降为无限小时，流体温度随压

力降低而变化的关系，称为**微分节流效应**。由于绝热节流后，压力肯定降低，即 $dp<0$，当流体温度升高时 $dT>0$，则 $\mu_J<0$，表示节流热效应；当流体温度降低时 $dT<0$，则 $\mu_J>0$，表示节流冷效应；当流体温度不变时 $dT=0$，则 $\mu_J=0$，表示节流零效应。

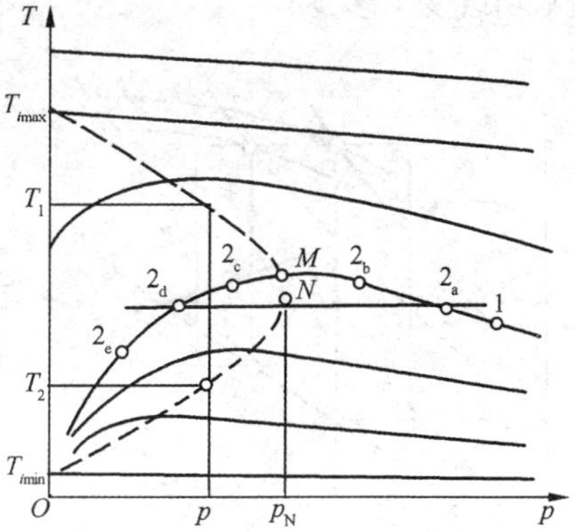

图 4 – 28　回转曲线

从图 4 – 28 可以看出，在一定的焓值范围内，每一条定焓线有一个温度最大值点，该点的 $\mu_J=0$，这个点称为**转变点**，其温度称为**转回温度** T_i。把所有定焓线上的转变点连结起来，得到图中所示虚线，称为**转回曲线**。该曲线将 $T-p$ 图分为两个区域，若节流发生在转回曲线与温度轴围成的区域，则恒有 $\mu_J>0$，为节流冷效应区；若节流发生在转回曲线与温度轴包围的范围之外，则恒有 $\mu_J<0$，为节流热效应区。

微分节流效应一般用实验方法求得，在常温和压力不太大的条件下，空气、氧气、氮气等气体的 μ_J 为正值，节流后温度降低，但高压下会产生热效应。而氢气、氦气等气体的 μ_J 在常温下是负值，节流后温度上升。

上述判断节流温度效应的方法是适用于压降变化很小的节流的，而生产实际上，节流时往往需要采取较大压降，如进口状态处于热效应区，而节流后出口状态处于冷效应区，那么上述方法就无法使用。如图 4 – 28 中，节流前流体处于 2_a 状态，当节流后状态位于 2_d（与 2_a 点温度相同）的右侧时，呈节流热效应，但当压降足够大时，节流后状态位于 2_d 的左侧时，呈节流冷效应，压降越大，温度降低越多。此时，温度的变化 ΔT 可以用微分节流效应的积分值来计算，称为**积分节流效应**：

$$\Delta T = T_2 - T_1 = \left(\int_{p_1}^{p_2} \mu_J \mathrm{d}p\right)_h$$

如图 4 – 28 所示，转回曲线上有一极点 N，该点的压力 p_N 为曲线上最大压力，称为**最大转回压力**。转回曲线与温度轴有两个交点，上交点的温度为 T_{imax}，称为最大转回温度，下交点温度为 T_{imin}，称为最小转回温度。对于积分节流效应，如节流后压力 $p_2>p_N$，不可能产生节流冷效应。当流体温度高于最大转回温度或小于最小转回温度时，不可能发生节流冷效应。若节流前气体状态处于冷效应区，则一定是节流冷效应。

节流制冷时，流体的初始温度应低于最大转回温度 T_{imax}。最大转回温度的数值与气体的临界温度有关，气体的临界温度越高，其 T_{imax} 也越高。一般气体的 T_{imax} 远高于室温，如二氧化碳 $T_{imax}\approx1500K$，氩气 $T_{imax}=732K$，氮气 $T_{imax}=621K$，空气 $T_{imax}=603K$，这些气体在室温节流时，总是产生冷效应。对于最大转回温度低于室温的气体，如氢气 $T_{imax}=202K$，氦气 $T_{imax}=25K$，则必须先将其温度预冷到 T_{imax} 以下，节流才能产生冷效应。

绝热节流后工质焓不变，从热力学第一定律角度看，没有能量损失。但绝热节流是个不可逆过程，节流后压力下降，熵增加，工质作功能力降低，这是绝热节流不利之处。但是，因为绝热节流过程简单易行，在工程上还是得到了广泛应用，如制冷、流量调节、汽轮机调节功率等。

例 4 – 14　压力 $p_1=2MPa$，$t_1=490℃$ 的水蒸气，经绝热节流后，压力降为 $p_2=1MPa$，

然后定熵膨胀至 $p_3=30\text{kPa}$。求绝热节流后蒸汽的温度为多少？熵改变了多少？由于节流，技术功改变了多少？

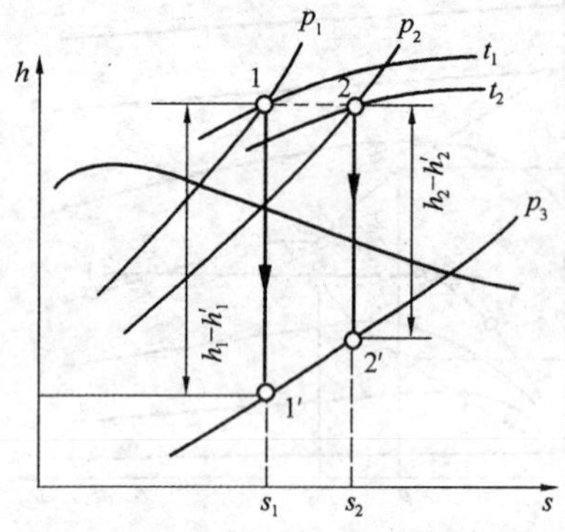

图 4－29　例 4－14 图

解　如图 4－29 所示，在水蒸气的 $h-s$ 图上由 $p_1=2\text{MPa}$，$t_1=490℃$ 查出状态点 1，查得

$$h_1=3445\text{kJ/kg},\ s_1=7.4\text{kJ/(kg}\cdot\text{K)}$$

因为绝热节流，所以节流前后焓相等，即 $h_1=h_2$。在图上自 1 点向右作一水平线，与 $p_2=1\text{MPa}$ 相交的点为节流后的状态 2 点，查得

$$t_2=486℃,\ s_2=7.725\text{kJ/(kg}\cdot\text{K)}$$

节流后的熵变为

$$\Delta s=s_2-s_1=7.725-7.4=0.325\ \text{kJ/(kg}\cdot\text{K)}$$

如节流前的蒸汽定熵膨胀，则过 1 点向下作垂直线，与 $p_3=30\text{kPa}$ 相交的点为 1′点，可查得

$$h_1'=2500\text{kJ/kg}$$

则技术功

$$w_{t1}=h_1-h'_1=3445-2500=945\ \text{kJ/kg}$$

如节流后的蒸汽定熵膨胀，则过 2 点向下作垂直线，与 $p_3=30\text{kPa}$ 相交的点为 2′点，可查得

$$h_2'=2610\text{kJ/kg}$$

则技术功

$$w'_{t2}=h_2-h'_2=3445-2610=835\ \text{kJ/kg}$$

由于绝热节流，使得技术功减少的量为

$$\Delta w_t=w_{t1}-w_{t2}=945-835=110\ \text{kJ/kg}$$

可见，由于绝热节流，使得熵增，蒸汽做功能力减小。

4.5　压气机的热力过程

压气机是对气体做功，压缩气体以提高气体压力的设备。压气机在工程上应用十分广泛，如在各种需要机械通风的工程、燃气轮机系统、制冷系统、化工过程等等中都有应用。

为适应不同工程的需要，压气机型式很多，按其产生压缩气体的压力范围，分为通风机（<0.01MPa 表压）、鼓风机（0.01～0.3MPa 表压）和压缩机（>0.3MPa 表压）。按工作原理及构造，压气机分三大类，活塞式压气机、叶轮式压气机和引射式压气机。

叶轮式压气机分为离心式（径流式）与轴流式两种。离心式压气机结构如图 4－30 所示，气流沿轴向进入叶轮，受高速旋转的叶轮推动，依靠离心力的作用而加速，然后在蜗壳型通道（相当于扩压管）内降低流速提高压力。轴流式压气机结构如图 4－31 所示，气体进入压气机后经高速旋转的工作叶片 2 加速，然后通过固定在机壳上的导向叶片 3 构成的通道（相当于扩压管）流出，在通道内实现降速扩压，气体再进入下一个工作叶片重复上述过程。气体在轴向流过整个压气机时，逐级压缩升压，最后流经扩散器 7 进一步降速增压。由此可见，这两种压气机均是利用高速旋转的叶轮推动气体高速流动，再通过扩压管使其动能转换为压力能以实现气体的连续压缩。

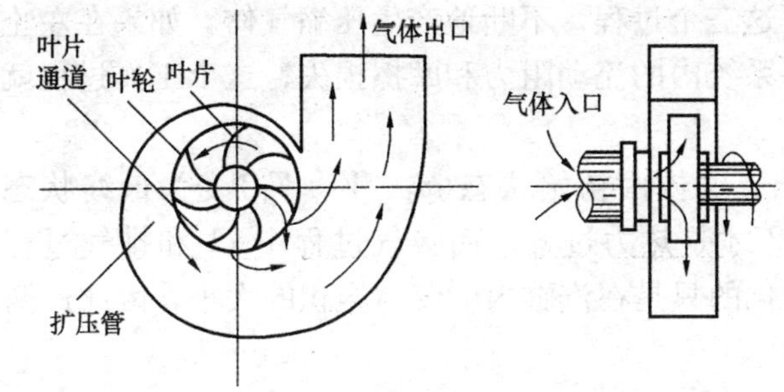

图 4－30 离心式压气机

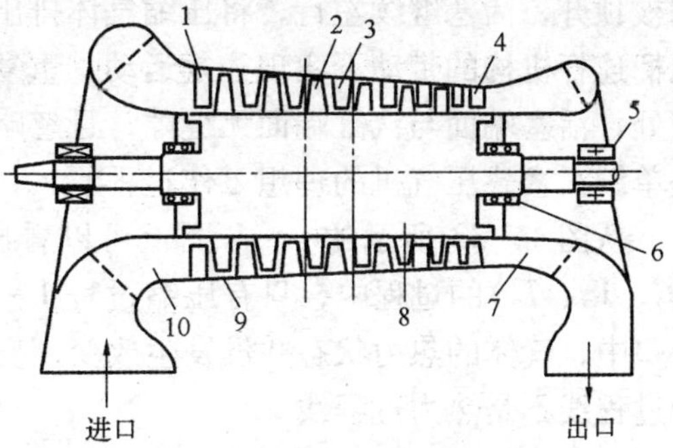

图 4－31 轴流式压气机

1—进口导向叶片；2—工作叶片；3—导向叶片；4—整流装置；5—轴承；6—密封；7—扩散器；8—转子；9—机壳；10—收缩器

引射器是一种简单方便的压缩设备，常被应用在制冷装置、冷凝器的抽气器及小型锅炉给水设备等方面，图 4－32 为引射器的结构简图。它是利用压力为 p_1 的高压流体通过喷管降压提速，使压力低于被引射流体的压力 p_2，从而将引射流体引入混合室，两股流体混合后的混合流体经过扩压管减速增压，产生压缩气体。

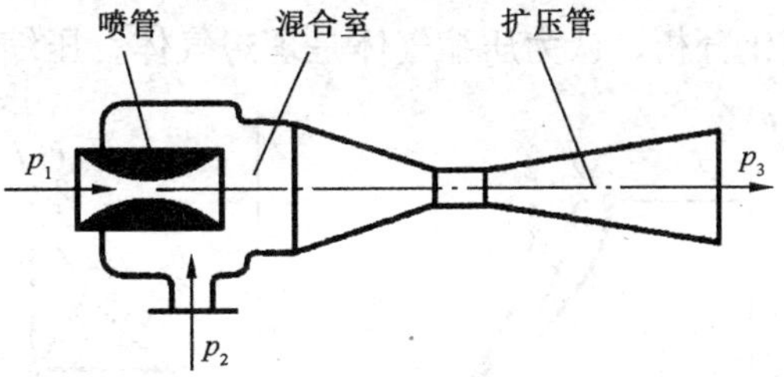

图 4－32 引射器

活塞式压气机是利用活塞的往复运动改变气体容积来实现气体压缩的，是周期性的压缩过程。活塞式压气机、叶轮式压气机虽然在结构和工作原理上有所不同，但从热力学角度来看，气体状态变化过程并没有本质的不同，都是消耗外功使气体压缩升压的过程。生产高压、小排量气体，一般使用活塞式压气机；生产低压、高排量气体，一般使用叶轮式压气机。本节以活塞式压气机为重点，分析其工作原理及工作过程，其他类型压气机分析方法与之类似。

4.5.1 单级活塞式压气机的热力过程

4.5.1.1 工作原理

如图 4－33 所示，活塞式压气机主要由活塞 1、汽缸 2、进气阀 3、排气阀 4、曲柄连杆机构 5 组成。当活塞在汽缸内往复运动，左右两端运动的极限位置为止点。两止点间的距离 L 为行程（或冲程）。一个行程气体的容积变化量为行程容积 V_h。

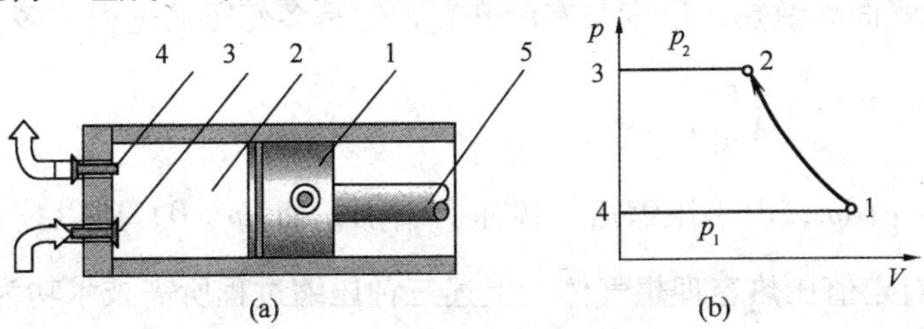

图 4－33 活塞式压气机热力过程

活塞从左止点右行时，进气阀开启，初态为 p_1、T_1 的气体被吸入汽缸中，活塞行至右止点时，吸气过程结束。活塞在外力作用下左行，进气阀关闭，气体被压缩升压，直至汽缸内气体压力升高到排气压力 p_2，此为压缩过程。接着排气阀被顶开，活塞继续左行，将压缩气体排出，直至活塞到达左止点，此为排气过程。活塞在曲柄连杆机构的带动下实现往复运动，重复这三个过程，不断地产生压缩气体。如果在左止点处，活塞端面与汽缸端面无缝隙，且忽略系统内的流动阻力和摩擦损失，这个工作过程就是单级活塞式压气机的理想工作过程。

从图 4－33 所示的 $p-V$ 图上可以看出，气体由初始状态（p_1、V_1、T_1）变为最终状态（p_2、V_2、T_2）的过程中，只有压缩过程 1－2 才是热力过程，而吸气过程 4－1 和排气过程 2－3中，气体的热力状态并没发生改变，变化的只是在汽缸内的气体容积的大小，因此这两个过程线不是热力过程线。

4.5.1.2 压缩过程热力分析

无论何种类型的压气机，一般都可视为稳流过程。活塞式压气机，虽然是周期性吸、排气，但因周期很短，运动速度很快，使得进、排气近乎连续而稳定，所以适用稳定流动能量方程

$$Q = H_2 - H_1 + W_t$$

或

$$Q = H_2 - H_1 + \frac{1}{2}m\Delta c^2 + mg\Delta z + W_s$$

一般情况下，气体在压气机的进出口的宏观动能差和位能差与其他各项相比较小，可忽略不计，则其消耗的轴功 W_s 就等于技术功 W_t。技术功的大小因压缩过程的不同而不同。为简化分析，认为压缩气体是理想气体，压缩过程视为可逆过程。

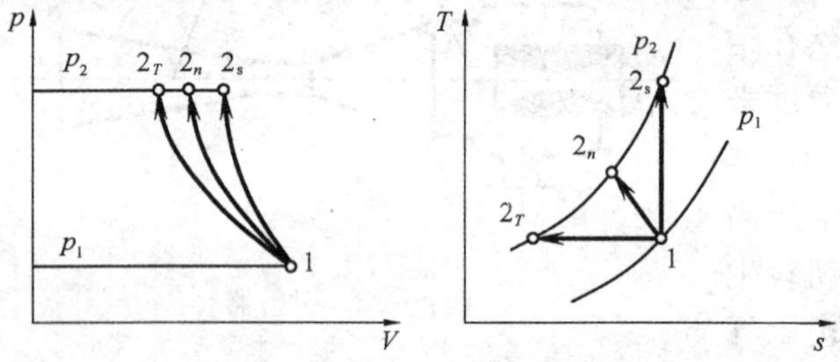

图 4－34 三种压缩过程

根据压气机所处不同工作条件，压缩过程可能有三种理想情况，分别是绝热、定温和多变过程。过同一初态点，且有相同终态压力的这三个热力过程表示在图 4－34 中。当压气机无冷却措施，而压缩过程进行很快，压缩过程中气体来不及向外界散热，散失热量便可忽略不计，这是绝热压缩过程，如图中的 1－2_s 过程，压缩后，气体温度升高为 $T_{2s} = T_1\left(\frac{p_2}{p_1}\right)^{\frac{k-1}{k}}$。当压气机有冷却措施，或过程进行缓慢，气体向外界散热，气体压缩过程中温度始终保持不变，这是定温压缩过程，$T_{2T} = T_1$，如图中的 1－2_T 过程。而一般的压缩过程中，气体既向外散热，温度又有所升高，这是多变压缩过程，多变指数 $1 < n < k$，压缩终了气体温度为 $T_{2n} = T_1\left(\frac{p_2}{p_1}\right)^{\frac{n-1}{n}}$。

可逆过程的技术功应为 $w_t = -\int v\mathrm{d}p$，由于压缩后气体压力增加，即 $\mathrm{d}p > 0$，所以技术功 $w_t < 0$，表示压气机消耗外功。对定值比热容理想气体，上述三种压缩过程所需技术功为

（1）绝热压缩过程

$$W_{t,s} = \frac{k}{k-1}(p_1V_1 - p_2V_2) = \frac{k}{k-1}p_1V_1\left[1 - \left(\frac{p_2}{p_1}\right)^{\frac{k-1}{k}}\right] \tag{4-57}$$

（2）多变压缩过程

$$W_{t,n} = \frac{n}{n-1}(p_1V_1 - p_2V_2) = \frac{n}{n-1}p_1V_1\left[1 - \left(\frac{p_2}{p_1}\right)^{\frac{n-1}{n}}\right] \tag{4-58}$$

（3）定温压缩过程

$$W_{t,T} = p_1V_1\ln\frac{V_2}{V_1} = -RT_1\ln\frac{p_2}{p_1} \tag{4-59}$$

式中，$\frac{p_2}{p_1}=\pi$ 是过程中气体终压与初压之比，称**增压比**。

技术功在 $p-V$ 图上表示为过程线与 p 轴所包围的面积。由图 4－31 可看出

$$|W_{t,s}| > |W_{t,n}| > |W_{t,T}|, T_{2s} > T_{2n} > T_{2T}$$

可见，定温压缩所耗功最小，压缩气体终态温度最低；绝热压缩耗功最大，压缩气体终态温度最高；多变压缩耗功介于两者之间，且随多变指数 n 的减小而减小。气体在压缩过程中温度过高，会使润滑油过热变质，对机械安全运行不利，严重时甚至引起爆炸。而且，如压缩后气体不立即使用，由于在输送管道或储气罐内对大气散热，温度最后仍为环境温度。因此，采用压气机的主要目的是提高气体压力，以所耗功最小为佳。所以应尽量降低压缩过程中的 n 值，使过程接近于定温过程。但压气机实际过程多接近于绝热过程，为此工程上常采用对汽缸进行冷却，如水夹套冷却、汽缸周围加散热片等来降低气体温度，由于汽缸散热面积有限，一次压缩时间又短，散热量有限，所以多变指数 n 只能降至 1.2～1.3。为解决这一问题可采用多级压缩和级间冷却的方法，此方法可使 n 降至接近 1.1。

4.5.2　多级压缩和级间冷却

多级压缩、级间冷却是指气体依次在不同汽缸中被压缩，相邻两级压气机中间设置有级间冷却器，压缩气体在此冷却，然后进入下一级汽缸继续压缩。

以图 4－35 的两级压缩、级间冷却的压气系统为例。初态为 p_1、T_1 的气体在低压缸中被压缩，以状态 p_2、T_2 排出低压缸。然后进入级间冷却器，气体被定压冷却至温度 T_3。然后进入高压缸，进一步被压缩到所需的压力后排出。较理想的情况是使 $T_3=T_1$。

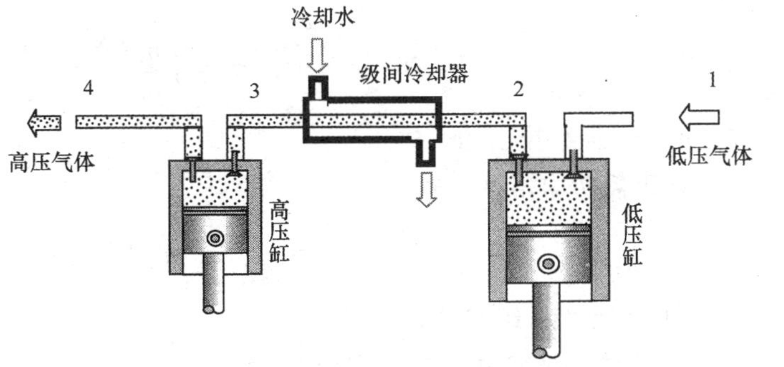

图 4－35　两级压缩装置

将两级压缩、级间冷却的热力过程表示在图 4－36 中，c－1 是低压缸进气过程；1－2 是在低压缸中的压缩过程（设为多变过程）；2－b 是低压缸排气过程；b－2 是压缩气体进入级间冷却器过程；2－3 是压缩气体在级间冷却器中的定压放热过程；3－b 是冷却后的压缩气体排出冷却器；b－3 是高压缸的吸气过程；3－4 是高压缸内的压缩过程；4－a 是高压缸的排气过程。

如 $p-V$ 图所示，低压缸耗功量为 1－2 线与 p 轴所包围的 1－2－b－c－1 面积，高压缸

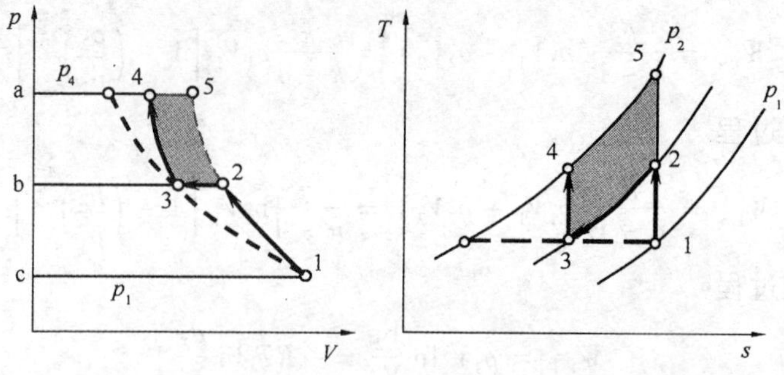

图 4-36 两级压缩过程的 $p-V$ 图

耗功量为 3-4 线与 p 轴所包围的 3-4-a-b-3 面积，则总耗功为两者相加。如两级压缩过程的多变指数 n 相同，则

$$W_t = \frac{n}{n-1}P_1V_1\left[1-\left(\frac{p_2}{p_1}\right)^{\frac{n-1}{n}}\right] + \frac{n}{n-1}P_3V_3\left[1-\left(\frac{p_4}{p_3}\right)^{\frac{n-1}{n}}\right]$$

由于 $T_3=T_1$，则 $p_3V_3=p_1V_1$，且 $p_3=p_2$，上式得

$$W_t = \frac{n}{n-1}P_1V_1\left[2-\left(\frac{p_2}{p_1}\right)^{\frac{n-1}{n}} - \left(\frac{p_4}{p_2}\right)^{\frac{n-1}{n}}\right]$$

两级压缩的中间压力 p_2 的大小将影响总耗功量的多少。将上式对 p_2 求导，令 $\frac{dW_t}{dp_2}=0$，可得

$$p_2 = \sqrt{p_1p_4}$$

即最佳增压比 $$\pi = \frac{p_2}{p_1} = \frac{p_4}{p_2} = \sqrt{\frac{p_4}{p_1}}$$

可见，当各级汽缸增压比相等时，总耗功量达到最小值。同理，对于 z 级压缩、级间冷却的过程有

$$\pi = \left(\frac{p_z}{p_1}\right)^{\frac{1}{z}} \tag{4-60}$$

式中 p_z——最终排出的气体压力。

则各级耗功均相等，为

$$W_i = \frac{n}{n-1}P_1V_1\left[1-\pi^{\frac{n-1}{n}}\right] \tag{4-61}$$

式中 i 表示第 i 级汽缸。

z 级压气机所消耗的总功为各级耗功之和

$$W = zW_i = \frac{zn}{n-1}P_1V_1\left[1-\pi^{\frac{n-1}{n}}\right] \tag{4-62}$$

采用等增压比的方法不仅使总耗功量最小，而且使各级压气机耗功量相等，各级气体温升相等，各级间冷却器的放热量也相等，有利于设计和运行。

从图 4-36 的 $p-V$ 图中可直观地看到采用多级压缩的节能效果。图中面积 3-2-5-4-3，即为保持总增压比不变时，多级压缩比单级压缩所少消耗的功。级数越多，理论上所耗功越小。级数无限多时，压缩过程与定温压缩过程无限接近。实际上，根据总增压比的大小，压气机一般分为 2 ~4 级。这是由于级数越多，设备越复杂庞大，增加了机械摩擦损失和流动阻力等不可逆因素的影响。

4.5.3　余隙容积的影响

前面分析了单级活塞式压气机的理想工作过程。而实际上，为了安放进、排气阀，以及避免活塞撞击到汽缸端面，在汽缸端面与活塞左止点处留有适当的空隙，称**余隙**，余隙的容积称**余隙容积** V_c。

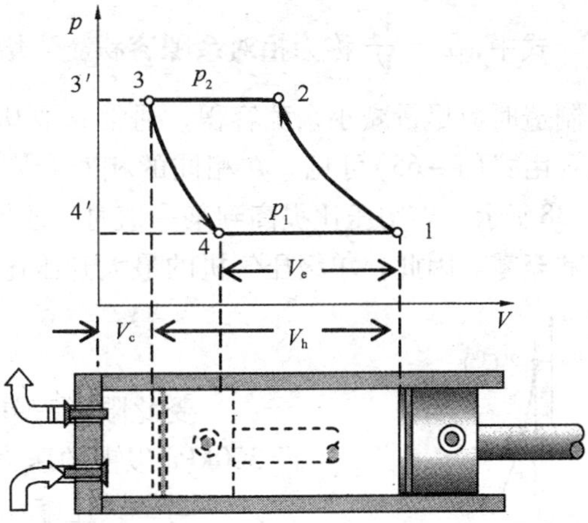

图 4 - 37　存在余隙容积的活塞式压气机

如图 4 - 37 所示，活塞左行至左止点 3 时，尚有容积为 V_c，压力为 p_2 的气体没有排出。随后活塞开始右行，此时汽缸内气体压力大于进气压力 p_1，进气阀无法打开。随着活塞的右行，余隙内气体膨胀降压，直至 4 点缸内气体压力等于进气压力 p_1，活塞再右行，进气阀打开，开始吸气。活塞达到右止点 1，吸气过程结束，活塞开始左行进行压缩过程，进气阀关闭。可见，有余隙的压气机的工作过程是由两条热力过程线（压缩线 1 - 2 和膨胀线 3 - 4）和两条非热力过程线（吸气线 4 - 1 和排气线 2 - 3）组成。

4.5.3.1　余隙容积对压缩功的影响

有余隙容积时，压气机所耗功为图 4 - 37 中面积 4 - 1 - 2 - 3 - 4 所示。可以将其看成两个没有余隙容积的压气机功耗之差，即面积 4′ - 1 - 2 - 3′ - 4′和面积 4′ - 4 - 3 - 3′ - 4′之差。则压气机所耗功为

$$W_t = \frac{n}{n-1}p_1V_1\left[1-\left(\frac{p_2}{p_1}\right)^{\frac{n-1}{n}}\right]-\frac{m}{m-1}p_4V_4\left[1-\left(\frac{p_3}{p_4}\right)^{\frac{m-1}{m}}\right]$$

式中，n 和 m 分别是过程 1 - 2 和过程 4 - 3 的多变指数，因为相对于压缩功来说，膨胀功是很小的，取 $n = m$ 所引起的误差很小可以忽略。由于 $p_1 = p_4$，$p_2 = p_3$，因此可得

$$W_t = \frac{n}{n-1}p_1(V_1-V_4)\left[1-\left(\frac{p_2}{p_1}\right)^{\frac{n-1}{n}}\right] = \frac{n}{n-1}p_1V_e\left[1-\left(\frac{p_2}{p_1}\right)^{\frac{n-1}{n}}\right] \qquad (4-63)$$

式中　$V_e = V_1 - V_4$ 是汽缸实际进气的容积，称为**有效吸气容积**。

可以看出，无论压气机有无余隙存在，压缩相同排气量的气体至相同的增压比所耗功相同。

4.5.3.2　容积效率

余隙容积的存在，虽对压缩功并无影响，但影响了汽缸容积的有效利用。不仅它本身起不到压气作用，而且使得另一部分汽缸容积 $V_4 - V_3$ 也不起压气作用。如需压缩同量气体，就需采用容积更大的汽缸，增加了设备费用，使实际损耗加大，所以余隙容积不利于压气机的工作。采用容积效率 η_v 来表示汽缸内容积的有效利用程度：

$$\eta_v = \frac{V_e}{V_h} = \frac{V_1 - V_4}{V_1 - V_3} \qquad (4-64)$$

即，有效吸气容积 V_e 与汽缸行程容积(也称活塞排量) V_h 两者之比称为**容积效率**。

因为 $\dfrac{V_4}{V_c}=\dfrac{V_4}{V_3}=\left(\dfrac{p_2}{p_1}\right)^{\frac{1}{n}}$，所以上式可整理成

$$\eta_v=\frac{V_h+V_c-V_4}{V_h}=1-\frac{V_c}{V_h}\left[\left(\frac{p_2}{p_1}\right)^{\frac{1}{n}}-1\right]=1-\alpha\left[\left(\frac{p_2}{p_1}\right)^{\frac{1}{n}}-1\right] \tag{4-65}$$

式中，$\alpha=\dfrac{V_c}{V_h}$ 称为**相对余隙容积**。当增压比 $\dfrac{p_2}{p_1}$ 一定时，α 越大，容积效率 η_v 越小。设计制造时应尽量减小余隙容积，通常 α 取 0.03 ~ 0.08。

由式(4-65)可见，在相同的相对余隙容积时，增压比越大，容积效率 η_v 越小。如图 4-38所示，当增压比提高到某一值时，压缩线 1-2″与膨胀线 3″-4″重合，此时有效吸气容积减至零。因此，单级压气机的最大升压比为

$$\left(\frac{p_2}{p_1}\right)_{max}=\left(1+\frac{1}{\alpha}\right)^n \tag{4-66}$$

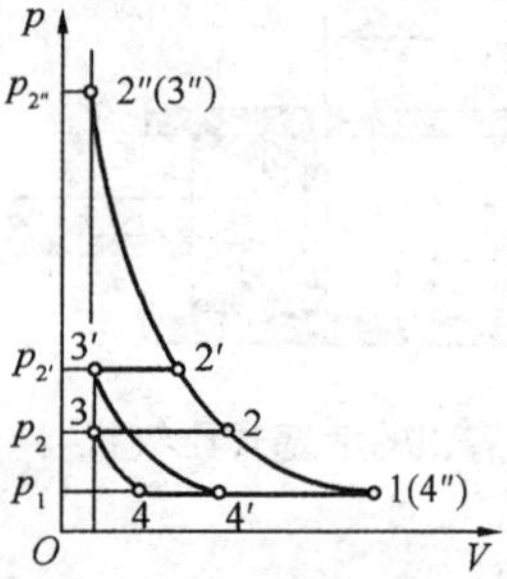

图 4-38 有余隙容积的活塞式压气机的增压比的影响

受此限制，单级压气机往往难以实现所需的高压，要想达到 300kPa 以上的压力，必须采用多级压缩和级间冷却的方法。

与单级压缩相比，多级压缩和级间冷却有以下优点：①由于每一级的压力比较小，又有级间冷却器，因而每一级的排气温度都不会太高，这对于保证压气机安全工作很有必要；②多级压缩比单级压缩省功；③多级压缩由于每一级的压缩比小，因而每一级的容积效率比单级压缩高，汽缸行程容积的有效利用率高；④由于分级压缩使得高压缸的汽缸直径可以做得较小，因此多级压缩活塞上所受的最大气体力较小。

例 4-15 一台三级压缩、中间冷却的活塞式压气机装置，其低压汽缸直径 $D=450\text{mm}$，活塞行程 $L=300\text{mm}$，相对余隙容积 $\alpha=0.05$。空气初态为 $p_1=0.1\text{MPa}$、$t_1=18℃$，经可逆多变压缩到 $p_4=1.5\text{MPa}$，各级多变指数 $n=1.3$。试按最佳工作条件计算：①各中间压力；②低压汽缸的有效进气容积；③压气机的排气温度和排气容积；④压气机所需的比功量；⑤初态相同的条件下，采用单级压气机一次压缩到 $p_4=1.5\text{MPa}$($n=1.3$ 时)，所需的比功量和排气温度。

解 该压缩机工作的 $p-V$ 图如图 4-39 所示。

① 按压气机耗功量最小的原理，其各级的增压比为

$$\pi_1=\pi_2=\pi_3=\sqrt[3]{\frac{p_4}{p_1}}=\sqrt[3]{\frac{1.5}{0.1}}=2.466$$

即

$$\frac{p_2}{p_1}=\frac{p_3}{p_2}=\frac{p_4}{p_3}=2.466$$

$$p_2=2.466p_1=2.466\times0.1=0.2466\text{MPa}$$

$$p_3=2.466p_2=2.466\times0.2466=0.6081\text{MPa}$$

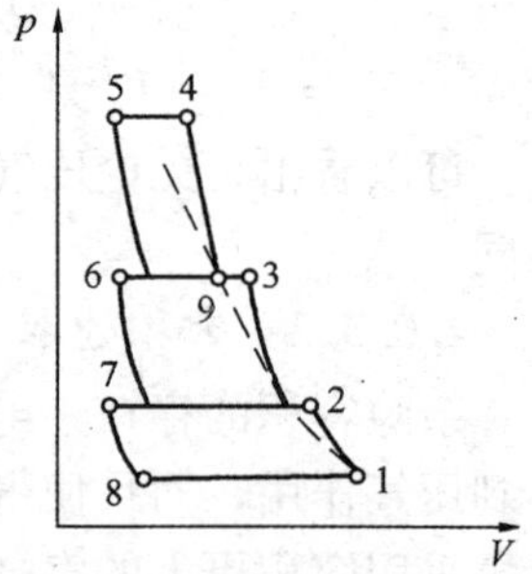

图 4-39 例 4-15 图

② 低压缸的有效进气容积 $V_e=V_1-V_8$

低压缸的行程容积为

$$V_{h1} = V_1 - V_7 = \frac{\pi D^2}{4}L = \frac{\pi \times 0.45^2}{4} \times 0.3 = 0.0477\text{m}^3$$

低压缸相对余隙容积

$$\alpha = \frac{V_7}{V_{h1}} = 0.05$$

$$V_7 = 0.05V_{h1} = 0.05 \times 0.0477 = 0.00239\text{m}^3$$

$$V_1 = V_{h1} + V_7 = 0.0477 + 0.00239 = 0.04909\text{m}^3$$

按可逆多变膨胀过程7－8参数间关系，得

$$V_8 = V_7\left(\frac{p_7}{p_8}\right)^{\frac{1}{n}} = 0.00239 \times \left(\frac{0.2466}{0.1}\right)^{\frac{1}{1.3}} = 0.00478\text{m}^3$$

$$V_e = V_1 - V_8 = 0.04909 - 0.00478 = 0.04431\text{m}^3$$

③ 按可逆多变压缩过程9－4参数间关系得压气机排气温度为

$$T_4 = T_9\left(\frac{p_4}{p_9}\right)^{\frac{n-1}{n}}$$

在最佳工作条件下，$T_9 = T_1 = 291\text{K}$，又 $p_9 = p_3$，所以

$$T_4 = 291 \times (2.466)^{\frac{1.3-1}{1.3}} = 358.5\text{K}$$

$$t_4 = 85.5℃$$

按进、排气状态方程得

$$\frac{p_1(V_1 - V_8)}{T_1} = \frac{p_4(V_4 - V_5)}{T_4}$$

故排气容积为

$$V_d = V_4 - V_5 = \frac{p_1 T_4(V_1 - V_8)}{p_4 T_1} = \frac{0.1 \times 358.5 \times 0.004431}{1.5 \times 291} = 0.003639\text{m}^3$$

④ 压气机所需的比功量

$$w_t = \frac{3n}{n-1}RT_1\left[1 - \left(\frac{p_2}{p_1}\right)^{\frac{n-1}{n}}\right]$$

$$= \frac{3 \times 1.3}{1.3 - 1} \times 0.287 \times 291\left[1 - (2.466)^{\frac{1.3-1}{1.3}}\right]$$

$$= -251.4\text{kJ/kg}$$

⑤ 单级可逆多变压缩时所需的比功量及排气温度

$$w'_t = \frac{n}{n-1}RT_1\left[1 - \left(\frac{p_4}{p_1}\right)^{\frac{n-1}{n}}\right]$$

$$= \frac{1.3}{1.3 - 1} \times 0.287 \times 291\left[1 - \left(\frac{1.5}{0.1}\right)^{\frac{1.3-1}{1.3}}\right]$$

$$= -314.2\text{kJ/kg}$$

$$T'_4 = T_1\left(\frac{p_4}{p_1}\right)^{\frac{n-1}{n}} = 291 \times \left(\frac{1.5}{0.1}\right)^{\frac{1.3-1}{1.3}} = 543.6\text{K}$$

$$t'_4 = 270.6\ ℃$$

计算结果表明，单级压气机不仅比多级压气机耗功多，而且排气温度也高得多。

4.5.4　压气机效率

前面所述均适用于可逆压缩过程，计算所得压缩功均为理论值。实际上，不论是活塞式还是叶轮式压气机，由于气流内部不可避免地存在摩擦阻力、扰动等现象，所以是不可逆的压缩过程。图4-40的$p-V$图中所示，虚线1-2′为不可逆压缩过程，表示在相同的增压比下，由于不可逆造成所耗的压缩功增大，使得实际压缩终点2′位于可逆压缩终点2的右边。由于实际压缩过程的不可逆因素会造成熵产，在相同的增压比下，使得压缩后气体的熵大于可逆压缩后气体的熵，所以在$T-s$图中，实际压缩终点2′位于可逆压缩终点2的右边。

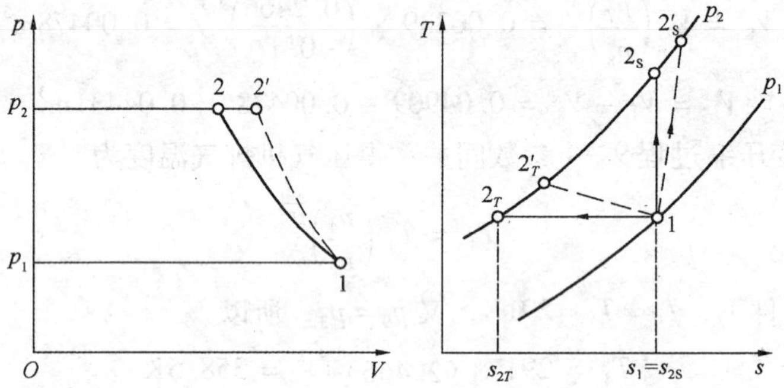

图4-40　不可逆压缩过程

压气机不可逆损耗的程度可用**相对效率**η_C表示，是在压缩前气体状态相同，压缩后气体压力也相同的情况下，将气体进行可逆压缩时的耗功量W_t与实际压缩时的耗功量W'_t相比。

如果是绝热压缩，则绝热相对效率$\eta_{C,s}$为

$$\eta_{C,s}=\frac{W_{t,s}}{W'_{t,s}}=\frac{H_{2s}-H_1}{H'_{2s}-H_1} \tag{4-67}$$

式中　$W_{t,s}$——可逆绝热压缩功；

$W'_{t,s}$——实际绝热压缩功。

如果是定温过程，则定温相对效率$\eta_{C,T}$为

$$\eta_{C,T}=\frac{W_{t,T}}{W'_{t,T}} \tag{4-68}$$

式中　$W_{t,T}$——可逆定温压缩功；

$W'_{t,T}$——实际定温压缩功。

相对效率的计算也可由示功图面积计算而得。

除了气流内部存在摩擦阻力、扰动以外，压气机本身机构的相对运动也产生摩擦阻力，导致效率下降，因此压气机的效率为

$$压气机效率=\frac{理论压缩功率}{压气机实际消耗功率}$$

本 章 小 结

（1）理想气体热力过程的特点和能量转换关系如下：

过程	定容	定压	定温	定熵	多变
过程方程	$v_1 = v_2$ $\frac{p_2}{p_1} = \frac{T_2}{T_1}$	$p_1 = p_2$ $\frac{v_2}{v_1} = \frac{T_2}{T_1}$	$T_1 = T_2$ $\frac{p_2}{p_1} = \frac{v_1}{v_2}$	$\frac{p_2}{p_1} = \left(\frac{v_1}{v_2}\right)^k$ $\frac{T_2}{T_1} = \left(\frac{v_1}{v_2}\right)^{k-1}$	$\frac{p_2}{p_1} = \left(\frac{v_1}{v_2}\right)^n$ $\frac{T_2}{T_1} = \left(\frac{v_1}{v_2}\right)^{n-1}$
焓变	$\Delta h = \int c_p \mathrm{d}T$		0	$\Delta h = \int c_p \mathrm{d}T$	
热力学能变	$\Delta u = \int c_v \mathrm{d}T$		0	$\Delta u = \int c_v \mathrm{d}T$	
熵变①	$\Delta s = c_v \ln \frac{T_2}{T_1} + R\ln \frac{v_2}{v_1} = c_p \ln \frac{T_2}{T_1} - R\ln \frac{p_2}{p_1}$				
体积功	0	$w = p\Delta v$②	$RT\ln \frac{p_1}{p_2}$② $= RT\ln \frac{v_2}{v_1}$	$w = \Delta u$	$w = \int p\mathrm{d}v$
技术功	$w_t = v\Delta p$②	0		$w_t = \Delta h = kw$	$w_t \int v\mathrm{d}p = nw$
与环境换热量	$q = \Delta u$	$q = \Delta h$		0	$q = \Delta u + w$

注：①按定比值热容考虑。

②适用于可逆过程。

理想气体热力过程曲线与多变指数的关系如下图：

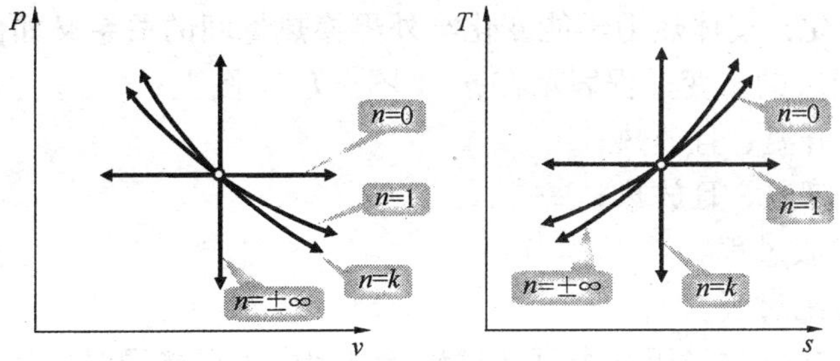

（2）蒸汽的热力过程无法用公式计算，主要是利用 $p-v$ 图、$T-s$ 图和 $h-s$ 图以及未饱和水、饱和水、饱和蒸汽、过热蒸汽表来进行分析。

（3）湿空气可以看为理想气体，但由于其中的水蒸气会发生相变，因此具有一定的特殊性。采用焓－湿图对湿空气基本热力过程进行分析，基本过程有：加热或冷却过程、绝热加湿、加热加湿、冷却去湿、增压冷凝、绝热混合过程。

（4）绝热节流导致流体压力下降、熵增加，但焓不变。对于理想气体，节流前后温度不变。对于非理想气体，节流后温度的变化与流体的性质和所处状态有关，可用微分节流效应与积分节流效应进行分析，分析结果并不完全一致。

（5）压气机的热力过程可以看作是理想气体的接近于绝热过程的多变过程。无论压气机有无余隙存在，压缩相同排气量的气体至相同的增压比所消耗的理论功相同，但会导致容积效率 η_v 变小，实际耗功增大，且增压比越大，η_v 越小。受此限制，单级压气机往往难以实现所需的高压。采用多级压缩和级间冷却，可以有效降低排气温度、减小功耗、提高容积效率，减小活塞受力。

思　考　题

1. 对工质加热，它的温度是否一定会升高？有可能降低吗？

2. 定量理想气体经历两个任意过程 $a-b$ 和 $a-c$，如图4－41所示。若 b、c 两点在同一条绝热线上，比较 Δu_{ab} 与 Δu_{ac} 的大小。若 b、c 两点在同一条定温线上，结果又如何？

3. 理想气体从同一初态膨胀到同一终态比体积，定温膨胀与绝热膨胀相比，哪个过程做功多？若为压缩过程，结果又如何？

4. 过程如图4－42所示，试画出相应的 $T-s$ 图，并确定 q_{412} 与 q_{432} 哪个大？

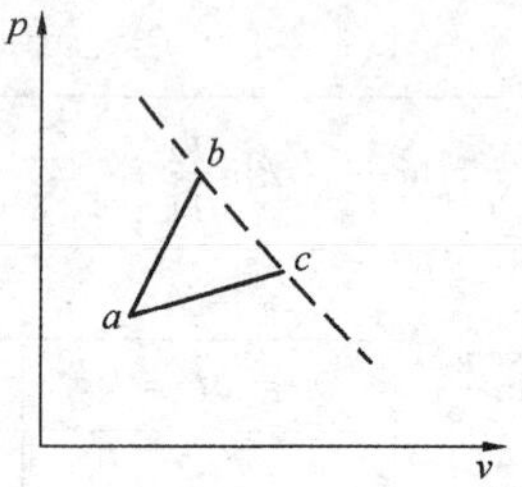

图4－41 思考题2

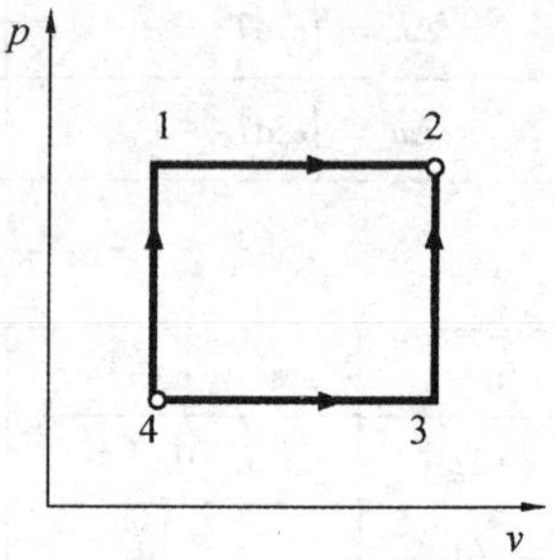

图4－42 思考题4

5. 封闭在容器内的定量气体进行可逆变化，且过程中对外不做膨胀功，试问气体的比容如何变化？气体的热力学能变化与外界交换的热量之间有何关系？如过程是不可逆变化，则气体比容又如何变化？气体热力学能变化与外界换热量间的关系又如何？

6. 将满足下列要求的多变过程表示在 $p-v$ 图、$T-s$ 图上：

（1）工质升压、升温、且放热；

（2）工质膨胀、降温、且放热；

（3）$n=1.6$ 的膨胀过程。

（4）$n=1.2$ 的压缩过程。

7. 定量的某种理想气体经历某个可逆过程，过程中不可能同时发生（　　）

（1）吸热、升温又对外做正功；

（2）吸热、降温又对外做负功；

（3）吸热、升温又对外做负功；

（4）吸热、降温又对外做正功。

8. 绝热过程的状态方程 $pv^k=\text{const}(k=c_p/c_v)$，适用于（　　）

（1）理想气体绝热过程；

（2）理想气体可逆绝热过程；

（3）理想气体定比热容可逆绝热过程；

（4）任意气体定比热容可逆绝热过程。

9. 水蒸气定温过程中内能和焓的变化是否为零？

10. 饱和液体在定压下吸热气化时温度不变，汽化潜热哪去了？

11. 用不同来源的某纯物质的蒸气表或图查得的 h 或 s 值有时相差很多，为什么？能否交叉使用这些图表求解蒸气的热力过程？

12. 冬季室内供暖时，为什么会感到空气干燥？

13. 为什么夏天时在自来水管上会结露？

14. 常见湿空气的热力过程有哪些？各有什么特点？

15. 如果等量的干空气与湿空气降低的温度相同，两者放出的热量相等吗？为什么？

16. 绝热节流过程中，理想工质焓、熵、压力、温度等各参数如何变化？

17. 已知氢气的最大转回温度为 -80℃，则压力为 10MPa，温度为 60℃ 的氢气绝热节流后的温度如何变化？

18. 对一定大小汽缸的活塞式压气机，因余隙容积的存在(　)

(1) 使压缩每 kg 气体的理论耗功增大，压气机生产量下降；

(2) 使压缩每 kg 气体的理论耗功增大，压气机生产量不变；

(3) 使压缩每 kg 气体的理论耗功不变，实际耗功增大，压气机生产量下降；

(4) 使压缩每 kg 气体的理论耗功不变，实际耗功增大，压气机生产量不变。

19. 对能实现定温压缩的压气机，是否还需要采用多级压缩？多级压缩有哪些优缺点？

20. 压缩机的级数越多越好吗？

习　　题

1. 某理想气体经可逆定压过程，吸收 3349kJ 的热，设定容比热容为 0.741kJ/(kg · K)，气体常数为 0.297kJ/(kg · K)，求对外做功量及热力学能变化量。

2. 某礼堂的体积是 800m^3，室温为 10℃，气压为 0.1MPa，欲将室温升高到 20℃，需加入多少热量？设礼堂墙壁保温良好，空气为理想气体，定压比热容为 $c_p = 1.004\text{kJ/(kg} \cdot \text{K)}$，气体常数为 $R = 0.287\text{kJ/(kg} \cdot \text{K)}$。

3. 在刚性封闭的汽缸内，温度为 25℃ 的空气被加热到 100℃。若汽缸容积为 1m^3，空气质量为 3kg，汽缸壁保温很好，求气体的吸热量、热力学能变化量和终了状态的压力。

4. 将温度为 200℃ 的空气定温压缩到原来容积的 1/2，再使它绝热膨胀到定温压缩前的压力，求最终温度，并画出 $p - v$ 图、$T - s$ 图。

5. 某理想气体在汽缸内进行可逆绝热膨胀，当比容变为原来的 2 倍时，温度由 40℃ 下降为 -36℃，同时气体对外做功 60kJ/kg。设比热容为定值，试于定压比热容与定容比热容。

6. 某气体在定压下从初温 40℃ 加热到 750℃，并做了膨胀功 $w = 184.6\text{kJ/kg}$。设比热容为定值，试确定该气体的气体常数 R，并求其热力学能的变化、吸热量和熵的变化。

7. 一个气球，原装有 20℃，0.1MPa 的空气，体积为 0.6m^3，现将其放在日光下照射，气球体积增大到 0.8m^3，试求球内气体所吸收的热量。空气为理想气体，定压比热容为 $c_p = 1.004\text{kJ/(kg} \cdot \text{K)}$，不计气球壁张力，大气压为 0.1MPa。

8. 在直径为 40cm 的汽缸中，有温度为 20℃，压力为 0.2MPa 的气体 0.2m^3。汽缸中活塞承受一定的重量，且假设活塞移动时没有摩擦。当温度上升到 200℃ 时，问活塞上升了多少距离？气体对外做了多少功？

9. 如图 4-43 所示，汽缸和活塞均由刚性理想绝热材料制成。活塞与汽缸间无摩擦。初始状态时活塞两侧各有 5kg 空气，压力均为 0.3MPa，温度均为 20℃。现对 A 加热至 B 中气体压力为 0.6MPa。试计算：

① 过程中 B 内气体接受的功量；

② 过程终了时 A、B 中气体的温度；

③ 过程中 A 内气体吸收的热量。

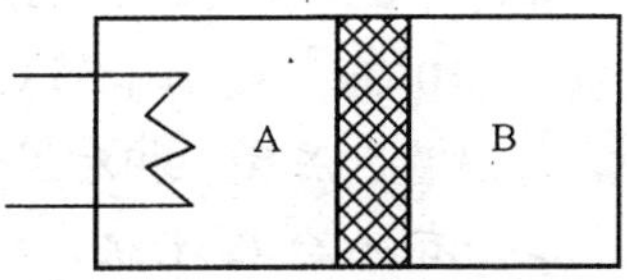

图 4-43　习题 9 图

10. 初始状态为 $p_1 = 1\text{MPa}$、$T_1 = 300\text{K}$ 的 2kmol 氮气绝热

膨胀到原容积的2倍。试分别按下列过程计算气体终温、焓变、对外做功量和熵变化量。

① 可逆膨胀；

② 向保持恒外压 $p_2=0.1\text{MPa}$ 的汽缸膨胀；

③ 向真空进行自由膨胀。

11. 将1kg空气由初态 $p_1=0.3\text{MPa}$，$t_1=30℃$，经下列不同过程膨胀到同一终态 $p_2=0.1\text{MPa}$，①定温；②定熵；③$n=1.2$。试比较不同过程中空气对外做功、与外界的换热量和终温。

12. 水蒸气压力 $p_1=1\text{MPa}$，$v_1=0.2\text{m}^3/\text{kg}$，质量流量 $q_m=5\text{kg/s}$，若定温放出热量 $6\times10^6\text{kJ/h}$，求终态参数及做功量。

13. 蒸汽由初态 $p_1=3\text{MPa}$，$t_1=300℃$ 可逆膨胀到 $p_2=0.1\text{MPa}$，$x_2=0.9$ 的终态。若膨胀过程在 $T-s$ 图上为直线，求膨胀过程中每千克蒸汽与外界交换的热量和功量。

14. 1kg水蒸气，初态为0.5MPa，$t_1=260℃$，分别经过定压过程和定容过程冷却到160℃，求两种过程中蒸汽与外界交换的功量和热量。

15. 容积为 1m^3 的容器内充满压力为2.5MPa，干度 $x=0.9$ 的水蒸气，现欲使其压力下降到1.5MPa，求需要从容器中释放多少热量？

16. 容积为 2m^3 的容器内充满有1000kg的水和饱和蒸汽，其温度为200℃。现在容器里添加60℃的水600kg，为维持容器内初始温度和压力，该向容器内加入多少热量？

17. 汽缸内贮有0.1MPa的蒸汽1kg，初容积为 0.5m^3，吸热后在定温下缓慢膨胀，直到终容积达到初容积的两倍为止，试确定吸热量。

18. 压力为 $p_1=1.5\text{MPa}$，温度为 $t_1=250℃$，质量流量 $q_m=3\text{kg/s}$ 的水蒸气经节流阀绝热节流至 $p_2=0.7\text{MPa}$，求节流后水蒸气的状态。

19. 空气在25℃的饱和水蒸气的压力3.17kPa，试计算相对湿度为60%的空气的含湿量。

20. 压力为0.1MPa的湿空气在 $t_1=5℃$、相对湿度 $\varphi_1=0.6$ 下进入加热器，在 $t_2=20℃$ 下离开，试确定：①在定压过程中空气吸收的热量；②离开加热器时湿空气的相对湿度。

21. 湿空气的初始状态是0.1MPa，温度为40℃，相对湿度为0.7，如等压冷却到5℃，有多少水分被除去？

22. 功率为700W的电吹风机，吸入的空气为0.1MPa，15℃，相对湿度为0.7，经电吹风机后，压力不变，温度变为50℃，相对湿度变为0.2，不考虑空气动能的变化，求电吹风机入口空气的体积流量。

23. 某房间用空调系统，将外界－20℃、相对湿度为0.9的空气加热到20℃后送入房间，试求每kg干空气所需加入的热量及最终空气的相对湿度。设大气压为0.1MPa。

24. 烘干物体时所用空气的参数为 $t_1=20℃$，$\varphi_1=0.3$。在加热器中加热到 $t_2=85℃$ 后送入烘干箱中，出来时 $t_3=35℃$。试计算从被烘干物体中吸收1kg水分所消耗的干空气质量和热量。

25. 两股湿空气进行绝热混合，第一股气流 $V_1=0.2\text{m}^3/\text{s}$、$t_1=20℃$、$\varphi_1=0.3$，第二股气流 $V_2=0.3\text{m}^3/\text{s}$、$t_2=35℃$、$\varphi_2=0.8$，两股气流压力均为0.1MPa，试求混合后湿空气的焓、含湿量、温度、相对湿度。

26. 有一台压气机，将温度为27℃，压力为0.1MPa的空气绝热压缩到0.9MPa、627.5K，试问该压缩过程是否可逆，为什么？若不可逆，求该压缩机的绝热相对效率。

27. 某单缸活塞式压气机，吸气量为 $200\text{m}^3/\text{h}$，已知进气参数 $p_1 = 0.1\text{MPa}$，$t_1 = 20℃$，终压为 $p_2 = 0.6\text{MPa}$，压缩过程多变指数 $n = 1.25$，气体常数 $R = 0.287\text{kJ}/(\text{kg}\cdot\text{K})$。求①不考虑余隙容积时压气机所需理论功率；②当相对余隙容积为 0.03 时，求容积效率、每小时吸气量以及压气机所需理论功率。

28. 在两级压缩活塞式压气机中，空气由初态 $p_1 = 0.1\text{MPa}$，$t_1 = 20℃$ 压缩到 $p_2 = 1.6\text{MPa}$。压气机向外的供气量为 $6\text{m}^3/\text{s}$(排气状态)。两汽缸的相对余隙容积均为 $\alpha = 0.05$，压气机转速为 600r/min。若取多变指数 $n = 1.2$，求：

① 各汽缸出口气体温度和容积；

② 压气机的总功率；

③ 气体散热量；

④ 与单级压缩进行比较。

选读材料1　能把"热"全部转变为功的超流体喷泉效应

由热力学第二定律可知，热量可自发的从高温流向低温，而自发过程是不可逆的。但在低温下确实存在一些与"热"相联系的自发过程，但它们却是可逆过程。更确切地说是具有超流动性的氦Ⅱ，可自发、可逆地从 A 杯通过非常细小的缝隙全部输运到位于相同水平位置的 B 杯中，但这并不与第二定律矛盾，为什么呢？我们知道，液态氦其正常沸点(即 0.1MPa 下的沸腾温度)为 4.2K，但是当它的温度降为 2.17K 以下时，发现它可以毫无阻挡地流过极细小的"缝隙，这称为**超流动性**，这种液氦称为氦Ⅱ。氦Ⅱ是一种超流体，它是由正常原子和超流原子所组成，只有超流原子才能无阻挡地流过极细小的缝隙。超流体可以产生喷泉效应。图 4－44 表示在装有氦Ⅱ的杜瓦瓶中插入具有真空夹层的玻璃容器，玻璃容器的下部装满了极细小的 Fe_3O_4 光粉(俗称红粉)。红粉被压得十分密实。使粉末之间的间隙很小很小，超流原子却能毫无阻挡地通过，红粉层的下端由棉花塞与氦Ⅱ相通。实验容器上部为一上端开口的细管，并露出到液氦表面之外。若用强光持续照射该容器下部，红粉吸热，这时可看到在容器顶端开口处可有高达 30cm 的持续液氦喷泉，这种现象称为**喷泉效应**。显然液氦中的超流原子是从玻璃容器下端进入，而从红粉中吸热后从顶部喷出的。也就是说氦Ⅱ液体是自发地从温度低处透过极细小缝隙而进入温度高处。在整个过程中，氦Ⅱ从红粉吸收的热量无条件地、百分之百地全部转化为机械功。而超流体氦Ⅱ可自发发生能量从低温区流动到高温区的现象称为**机械热效应**。**但是值得注意的是，无论是喷泉效应还是机械热效应，它们丝毫不与热力学第二定律相违背**，因为超流动性完全是由超流原子产生的。超流原子是与绝对零度的原子一样不参与热运动的，它在上述自发过程中并没有与微观粒子的无规热运动相联系。

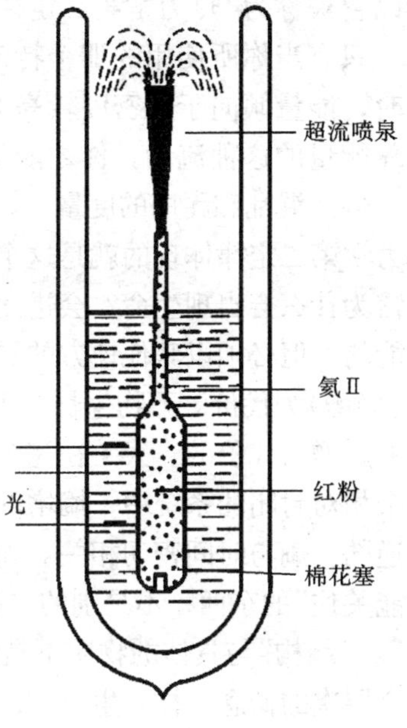

图 4－44 喷泉效应

选读材料2　熵和热力学第二定律

"熵"：物理名词，用温度除热量得到熵，标志热量转化为功的程度[entropy]。物理意义：物质微观热运动时，混乱程度的标志。

"熵"(entropy)是德国物理学家克劳修斯(RudolfClausius，1822~1888)在1850年创造的一个术语，他用它来表示任何一种能量在空间中分布的均匀程度。能量分布得越均匀，熵就越大。如果对于我们所考虑的那个系统来说，能量完全均匀地分布，那么，这个系统的熵就达到最大值。

在克劳修斯看来，在一个系统中，如果听任它自然发展，那么，能量差总是倾向于消除的。让一个热物体同一个冷物体相接触，热就会以下面所说的方式流动：热物体将冷却，冷物体将变热，直到两个物体达到相同的温度为止。如果把两个水库连接起来，并且其中一个水库的水平面高于另一个水库，那么，万有引力就会使一个水库的水面降低，而使另一个水面升高，直到两个水库的水面均等，而势能也取平为止。

因此，克劳修斯说，自然界中的一个普遍规律是：能量密度的差异倾向于变成均等。换句话说，"熵将随着时间而增大"。

克劳修斯所提出的熵随时间而增大的说法，看来差不多也是非常基本的一条普遍规律，所以它被称为"热力学第二定律"。

只有当你所使用的那个特定系统中的能量密度参差不齐的时候，能量才能够转化为功，这时，能量倾向于从密度较高的地方流向密度较低的地方，直到一切都达到均匀为止。正是依靠能量的这种流动，你才能从能量得到功。

熵是混乱和无序的度量。熵值越大，混乱无序的程度越大。我们这个宇宙是熵增的宇宙。热力学第二定律体现的就是这个特征。生命是高度的有序，智慧是高度的有序，在一个熵增的宇宙为什么会出现生命？会进化出智慧？(负熵)。热力学第二定律还揭示了：局部的有序是可能的，但必须以其他地方的更大无序为代价。人生存，就要能量，要食物，要以动植物的死亡(熵增)为代价。万物生长靠太阳。动植物的有序又是以太阳核反应的衰竭(熵增)或其他形式的熵增为代价的。人关在完全封闭的铅盒子里，无法以其他地方的熵增维持自己的负熵。在这个相对封闭的系统中，熵增的法则破坏了生命的有序。熵是时间的箭头，在这个宇宙中是不可逆的。熵与时间密切相关。如果时间停止"流动"，熵增也就无从谈起。"任何我们已知的物质能关住"的东西，不是别的，就是"时间"。低温关住的也是"时间"。生命是物质的有序"结构"。"结构"与具体的物质不是同一个层次的概念。就像大厦的建筑材料和大厦的式样不是同一个层次的概念一样。生物学已经证明，凡是到了能上网岁数的人，身体中的原子，已经没有一个是刚出生时候的了。但是，你还是你，我还是我，生命还在延续。倒是死了的人，没有了新陈代谢，身体中的分子可以保留很长时间。意识是比生命更高层次的有序，可以在生命之间传递。说到这里，我想物质与意识的层次关系应该比较清楚了。

不管对哪一种能量来说，情况都是如此。在蒸汽机中，有一个热库把水变成蒸汽，还有一个冷库把蒸汽冷凝成水。起决定性作用的正是这个温度差。在任何单一的、毫无差别的温度下——不管这个温度有多高——是不可能得到任何功的。

对于绝热过程 $Q=0$，故 $\Delta S \geqslant 0$，即系统的熵在可逆绝热过程中不变，在不可逆绝热过程中单调增大。这就是熵增加原理。由于孤立系统内部的一切变化与外界无关，必然是绝热过程，所以熵增加原理也可表为：一个孤立系统的熵永远不会减少。它表明随着孤立系统由非平衡态趋于平衡态，其熵单调增大，当系统达到平衡态时，熵达到最大值。熵的变化和最大值确定了孤立系统过程进行的方向和限度。熵增加原理就是热力学第二定律。

第5章 热 力 循 环

基本要求： ①了解热力循环分类；②掌握朗肯循环能量转换过程以及提高朗肯循环热效率的方法，③理解回热循环和再热循环原理；④熟练运用蒸气图表对循环进行热力分析与计算；⑤理解活塞式内燃机、燃气轮机动力循环的工作原理和能量转换过程，⑥了解热电联产和燃气－蒸汽联合循环；⑦了解空气压缩式制冷循环的工作过程、热力分析及其缺点；⑧掌握蒸气压缩式制冷的理论循环及其热力分析，了解理论循环和逆卡诺循环及和实际循环的不同之处；⑨了解对制冷剂的要求；⑩了解吸收式制冷循环及蒸气喷射式制冷循环的原理及特点。

在工程中，热力学应用的两个重要场合是生产动力和制冷。它们通常都是通过工质的热力循环来实现的，分别称为**动力循环和广义热泵循环**。把热能转换为机械能的动力循环是通过热机来实现的。通过消耗机械能而实现热量由低温物体向高温物体传递的广义热泵循环又分为制冷循环和热泵循环。如逆向循环的目的是维持低温热源的低温，则称为**制冷循环**；如逆向循环的目的是维持高温热源的高温，则称为**热泵循环**或供暖循环。根据所用工质不同，热力循环可分为蒸气循环和气体循环，这取决于工质是否发生相变。如循环中工质只发生状态变化而不发生相变为**气体循环**，如工质发生相变则为**蒸气循环**。由于动力循环中的热能往往来自燃料的燃烧放热，根据燃料燃烧的位置不同，动力循环可分为内燃式和外燃式。燃料在系统内部燃烧，燃气本身就是工质的循环为**内燃式**，如内燃机。燃料在系统外部燃烧，通过换热装置放热传递给工质的循环为**外燃式**，如蒸气动力循环，此种循环可以使用各种燃料，如化石燃料、新能源，甚至劣质燃料、工业废热、垃圾焚烧放热等，适应性较广。

5.1 蒸气动力循环

在蒸气动力循环中，最为广泛应用的工质是水蒸气，因为水蒸气具有易获得、价格便宜、汽化潜热高的特点。当然，还有其他蒸气作为工质的循环，如氨蒸气、氯乙烷等等。实现蒸气动力循环的装置称为蒸气动力装置。不论是何种蒸气，在产生动力的工作原理上完全相同，本节以水蒸气的动力循环为例，分析蒸气动力循环的构成及特点，阐述提高循环效率的主要方法。

5.1.1 蒸气卡诺循环

动力循环热功转换的完善程度，可用循环热效率来考察，即循环产生的净功量 w_{net} 与输入的总热量 q_1 之比 $\eta_t = \dfrac{w_{net}}{q_1}$。

由热力学第二定律可知，在相同温度范围内卡诺循环的热效率最高。当工质为气体时，卡诺循环的定温吸热过程和定温放热过程难以实现。但如采用蒸气为工质，在蒸气的湿饱和区进行的定压过程就是定温过程，而定压过程的吸、放热过程易于实现。图 5－1、图 5－2

所示就是采用水蒸气实现的蒸气卡诺循环。

如图5－2所示，定温吸热过程4－1是在锅炉内实现的定压吸热过程，定温放热过程2－3是在冷凝器内实现的定压放热过程，定熵膨胀过程1－2是在汽轮机中的理想绝热膨胀过程，定熵压缩过程3－4是在压缩机中的理想绝热压缩过程。

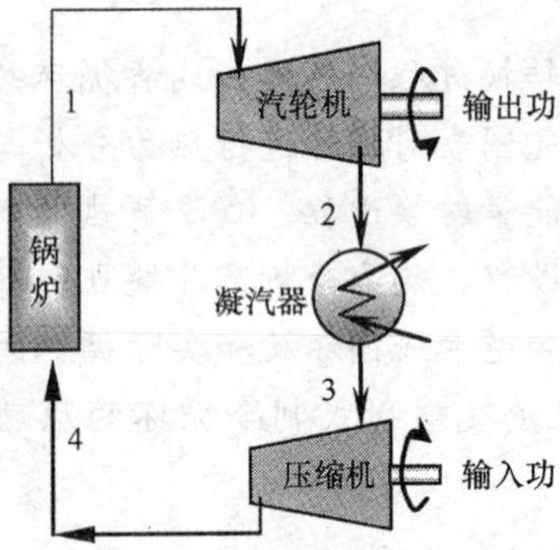

图5－1 蒸气卡诺循环流程示意图

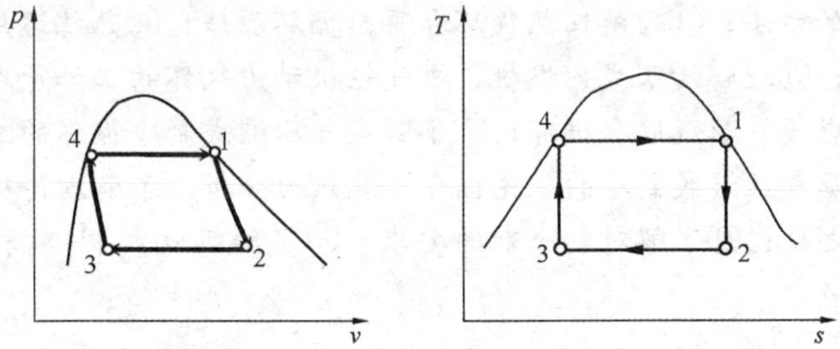

图5－2 蒸气卡诺循环 $p-v$ 和 $T-s$ 图

尽管蒸气卡诺循环具有最高热效率，但在实际工程中并不采用，因为其存在以下问题：一是，压缩过程3－4难以实现。因为此时工质是湿蒸汽，对汽水混合物的压缩不仅需要庞大的压缩设备、耗功很大，而且对压缩机的安全稳定运行也非常不利；二是，热效率不高。这是由于提高卡诺循环效率的方法是提高高温热源温度 T_1，降低低温热源温度 T_2，而湿蒸汽区的最高温度总是在水的临界温度（374℃）以下，远低于金属材料所容许的工作温度（一般为600℃左右），所以蒸气卡诺循环效率不高；三是，危害汽轮机的工作安全。在汽轮机内绝热膨胀后的蒸气湿度较大，对汽轮机的叶片会产生冲击和腐蚀。

5.1.2 朗肯循环

5.1.2.1 工作原理

针对蒸气卡诺循环的缺点将其进一步改进，成为朗肯循环。将蒸气卡诺循环中的汽轮机出口的湿蒸汽（称为乏汽），在冷凝器中完全凝结成饱和水（称为凝结水），采用水泵取代压缩机对单相水进行压缩，提高了压缩过程的安全性和经济性。在锅炉内加设蒸汽过热器，将加热生成的干饱和蒸汽进一步加热成为过热蒸汽，采用过热蒸汽作为汽轮机的进口蒸汽，可以提高平均吸热温度，提高循环热效率，同时也降低了乏汽湿度，改善了汽轮机工作条件，这个循环过程就是朗肯循环。

如图5－3、图5－4所示，4－1是水在锅炉内经定压加热成过热蒸汽的过程；1－2是过热蒸汽在汽轮机内定熵膨胀，对外做功的过程；2－3是乏汽在冷凝器内定压放热，凝结成水的过程；3－4是凝结水在水泵中定熵压缩过程。

5.1.2.2 朗肯循环的热效率和汽耗率

朗肯循环是忽略了一切不可逆因素的可逆循环，工质在循环过程中处于稳定流动，遵循热力学第一定律 $q=\Delta h+w_t$。从朗肯循环的 $T-s$ 图和 $h-s$ 图分析其四个过程：

锅炉中的过程4－1：定压吸热（$w_t=0$），工质吸热量 $q_1=h_1-h_4$；

汽轮机中过程1－2：定熵膨胀（$q=0$），工质对外做技术功 $w_{tT}=h_1-h_2$；

冷凝器中的过程2－3：定压放热（$w_t=0$），工质放热量 $q_2=h_2-h_3$；

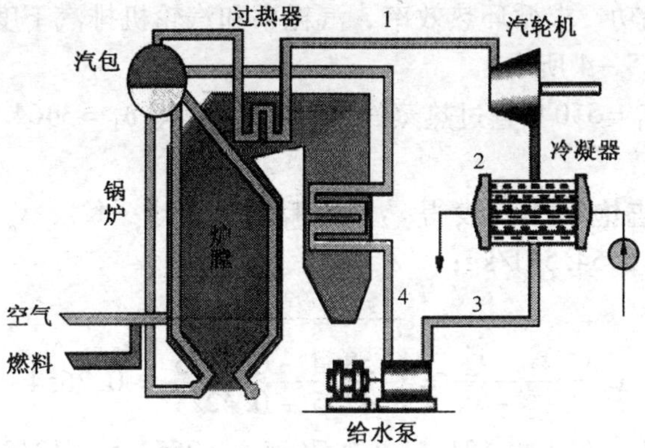

图5-3 朗肯循环流程示意图

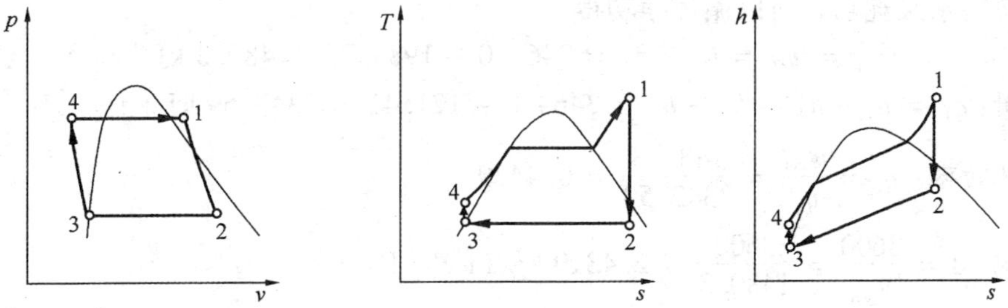

图5-4 朗肯循环热力过程图

水泵中的过程3-4：定熵压缩($q=0$)，外界对工质做功 $w_{tP}=h_4-h_3$；

朗肯循环的净功为 $w_{net}=w_{tT}-w_{tP}=(h_1-h_2)-(h_4-h_3)$

可得朗肯循环的热效率

$$\eta_t=\frac{w_{net}}{q_1}=\frac{(h_1-h_2)-(h_4-h_3)}{h_1-h_4} \tag{5-1}$$

水是压缩性极小的物质(压缩过程中体积变化很小)，故水的压缩过程可看为定容过程 $v_3\approx v_4$，水泵耗功可写为

$$w_{tP}=\left|\int v\mathrm{d}p\right|\approx v_3(p_4-p_3)$$

由于水的比容很小，水泵消耗的功远小于汽轮机做出的功，这由图5-4的 $h-s$ 图上点3与点4几乎重合也可看出 $h_3\approx h_4$，因此在近似计算中可以忽略水泵耗功，则循环热效率为

$$\eta_t\approx\frac{h_1-h_2}{h_1-h_3} \tag{5-2}$$

评价蒸汽动力装置的另一重要指标是**汽耗率**，即蒸汽动力装置每输出1kW·h(3600kJ)功量所消耗的蒸汽量，常用 d 表示

$$d=\frac{3600}{w_0}\approx\frac{3600}{h_1-h_2}\text{kg/(kW·h)} \tag{5-3}$$

在相同功率的机组中，汽耗率越大的机组，循环中各设备尺寸越大，投资越高，经济性越差。

例5-1 某朗肯循环，新蒸汽的参数为 $p_1=13.5\text{MPa}$，$t_1=550℃$，汽轮机排汽压力 $p_2=$

0.004MPa，不计水泵耗功，求循环热效率、汽耗率和汽轮机排汽干度。

解 朗肯循环如图5-4所示。

由 $p_1=13.5\text{MPa}$，$t_1=550℃$ 查过热蒸汽表(附表15)得 $h_1=3464.0\text{kJ/kg}$，$s_1=6.5864\text{kJ/(kg·K)}$；

由 $p_2=0.004\text{MPa}$ 查饱和蒸汽表得 $s'_2=0.4225\text{kJ/(kg·K)}$，$s''_2=8.4755\text{kJ/(kg·K)}$，$h'_2=121.41\text{kJ/kg}$，$h''_2=2554.5\text{kJ/kg}$；

因为 $s_2=s_1$，可得

$$x_2=\frac{s_2-s'_2}{s''_2-s'_2}=\frac{6.5864-0.4225}{8.4755-0.4225}=0.7654$$

则 $h_2=h'_2+x_2(h''_2-h'_2)=121.41+0.7654\times(2554.5-121.41)=1983.7\ \text{kJ/kg}$

$$h_3=h'_2=121.41\text{kJ/kg}$$

由于忽略水泵耗功，所以循环净功得

$$w_{net}=w_{tT}=h_1-h_2=3464.0-1983.7=1480.3\ \text{kJ/kg}$$

吸热量：$q_1=h_1-h_4\approx h_1-h_3=3464.0-121.41=3342.59\ \text{kJ/kg}$

循环热效率：$\eta_t=\dfrac{w_{net}}{q_1}=\dfrac{1480.3}{3342.59}=0.4429$

汽耗率：$\text{d}=\dfrac{3600}{w_{net}}=\dfrac{3600}{1480.3}=2.4319\ \text{kg/(kW·h)}$

汽轮机排汽干度：$x_2=0.7654$

题中各参数也可由水蒸气的焓-熵图(附图3)中查出。

5.1.2.3 蒸汽参数对热效率的影响

朗肯循环是最基本的蒸气动力循环，结构简单但效率较低。现代工业中所采用的较复杂的蒸气动力循环均是以朗肯循环为基础加以改进的。因此如何提高朗肯循环的热效率，对于节约能源具有极其重要的意义。

由式(5-2)可知，朗肯循环热效率的大小受汽轮机入口蒸汽焓 h_1、乏汽焓 h_2 和凝结水焓 h_3 三者的影响，而 h_1 由 p_1 和 t_1 决定，h_2 和 h_3 由 p_2 决定，因此 p_1、t_1 和 p_2 成为影响朗肯循环热效率的的三个参数。

在工程中，一般将蒸汽在汽轮机入口处的参数称为**初参数**，如初压 p_1，初温 t_1，将汽轮机出口处参数称为**终参数**，其压力 p_2 称为终压力或**背压**。

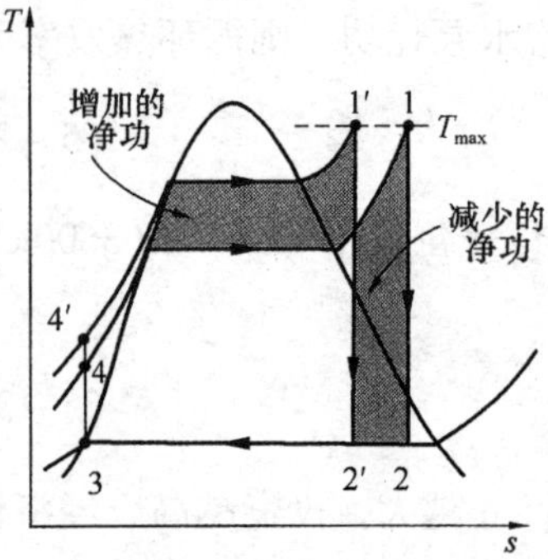

图5-5 蒸汽初压对朗肯循环的影响

(1) 蒸汽初压 p_1 的影响

由2.8节式(2-42) $\eta_t=1-\dfrac{\overline{T}_2}{\overline{T}_1}$ 可知，对于任意动力循环，提高循环热效率无非是通过提高平均吸热温度 $\overline{T}_1$，或降低平均放热温度 $\overline{T}_2$ 来实现的。如图5-5所示，在保持初温 t_1 和背压 p_2 不变的前提下，通过提高锅炉运行压力，将朗肯循环的蒸汽初压由 p_1 提高至 p'_1，定压吸热线就由4-1变为4'-1'，从而提高了平均吸热温度 $\overline{T}_1$，而平均放热温度 $\overline{T}_2$ 不变，使得

$$\eta'_t = 1 - \frac{\overline{T}_2}{\overline{T}_{1'}} > \eta_t = 1 - \frac{\overline{T}_2}{\overline{T}_1}$$

可见，随着初压 p_1 的提高，循环热效率提高，两者关系如图5－6所示，随着 p_1 的提高，循环热效率的增速变缓。

初压 p_1 的提高，还会使汽轮机排出的乏汽的状态由2点左移到2′点，蒸汽湿度增加。蒸汽湿度的增加，干度减小，除了会导致汽轮机内部损失增加以外，还会使汽轮机尾部叶片受到冲击和侵蚀，不利于汽轮机安全。因此，在提高初压的同时，还应提高初温以保证乏汽的干度不致过低，工程上一般要求乏汽干度不低于88%。另外，提高初压，对设备强度的要求也提高，设备投资增大。

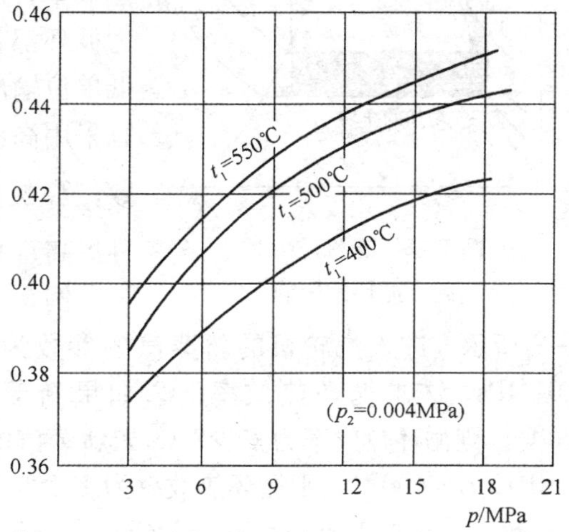

图5－6　热效率与初压的关系

(2) 蒸汽初温 t_1 的影响

如图5－7所示，在保持初压 p_1 和背压 p_2 不变的前提下，在锅炉内将蒸汽由初温 t_1(T_1)进一步加热到更高温度 t'_1(T'_1)，此时定压吸热线由图中的4－1，延伸为4－1′，提高了平均吸热温度 $\overline{T}_1$，而平均放热温度 $\overline{T}_2$ 不变，所以，随着初温 t_1 的提高，循环热效率提高。

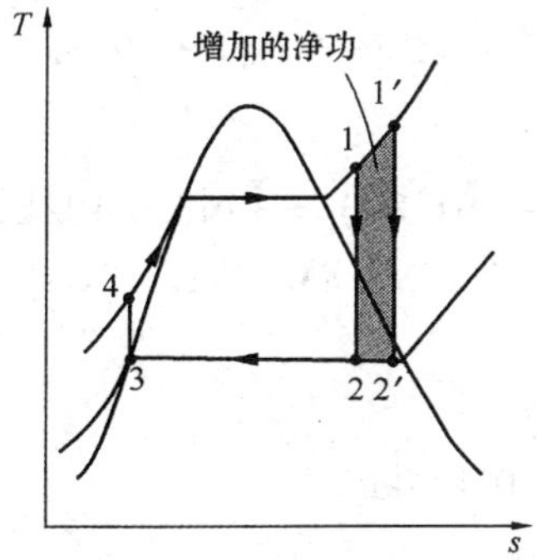

图5－7　蒸汽初温对朗肯循环的影响

提高初温也使得循环净功增加，从而使汽耗率下降，提高循环装置整体经济性。同时，汽轮机出口乏汽状态由2右移至2′，干度增加，有利于汽轮机的运行。

另外，蒸汽初温的提高使得对金属材料的耐热强度有着更高的要求，承受高温的锅炉过热器和汽轮机高压部分需要采用昂贵的合金材料，提高了设备投资。目前所用蒸汽初温的上限在600℃左右。

(3) 背压 p_2 的影响

在凝汽器中，工质释放汽化潜热，工质的温度与它的压力是一一对应的，降低压力就是降低蒸汽的放热温度。如图5－8所示，在保持初温 t_1 和初压 p_1 不变的前提下，降低凝汽器的压力 p_2 至 p'_2，由汽轮机排出的乏汽温度就由 t_2(T_2)降至 t'_2(T'_2)，图状态点2下移至2′，凝汽器中的定压定温放热线由图中的2－3，变为2′－3′，降低了平均放热温度 $\overline{T}_2$。虽然多了个吸热过程4′－4，但其值很小，导致平均吸热温度 $\overline{T}_1$ 的降低很小，因此，随着乏汽压力 p_2 的降低，循环热效率提高。

凝汽器内是通过向冷却水进行放热来凝结乏汽的，与乏汽压力 p_2 对应的饱和温度 t_2 应高于冷却水的温度，而冷却水通常取自江河湖海，所以，乏汽压力 p_2 的降低受环境温度的限制。现代蒸汽动力装置的凝汽器通常运行在远低于大气的压力下，p_2 为0.003～0.004MPa，相应的

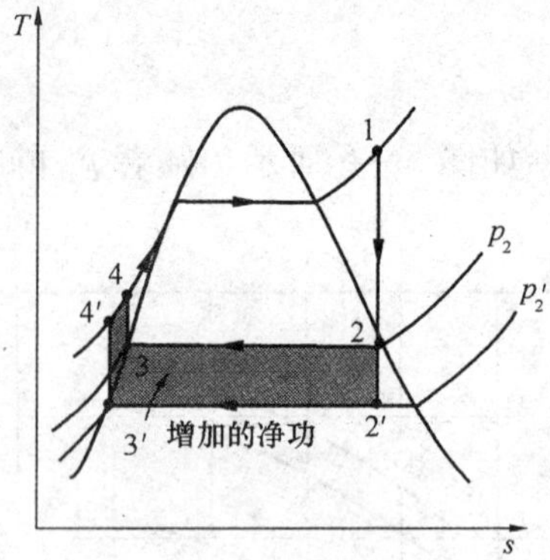

图 5－8　乏汽压力对朗肯循环的影响

饱和温度 t_2 约为 24～29℃，已接近可能达到的最低限度，降低 p_2 已经没有多少潜力。此外，p_2 的降低会引起乏汽干度的下降，对汽轮机不利。

综上所述，提高蒸汽初参数、降低背压，可提高循环热效率，但采用高参数后，设备投资增加。故现代蒸汽动力循环都朝着高参数、大容量方向发展（大容量机组可降低单位输出功率的投资成本），一般中小型的动力厂则不宜采用高参数。由于水蒸气性质的限制，尽管采用高参数，$\overline{T}_1$ 提高得也不多，故应改进循环的吸热过程，采取各种提高 $\overline{T}_1$ 的措施，进一步提高循环热效率。

例 5－2　假定某汽轮机按照理想朗肯循环运行，如图 5－9 所示，进入汽轮机的新蒸汽的参数为 $p_1=3\text{MPa}$，$t_1=350℃$，汽轮机排汽压力 $p_2=0.01\text{MPa}$，①求循环热效率；②如果新蒸汽的温度提高到 600℃，则循环热效率为多少？③如新蒸汽的参数提高至 $p_1=15\text{MPa}$，$t_1=600℃$，则循环热效率为多少？

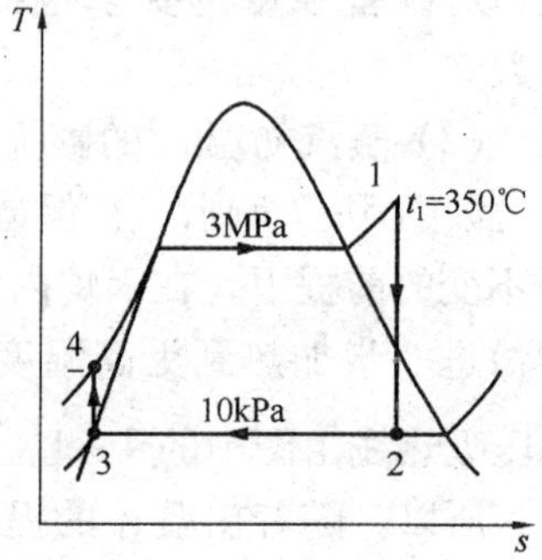

图 5－9　例 5－2 图

解　①状态 1 点：由 $p_1=3\text{MPa}$，$t_1=350℃$ 查过热蒸汽表（附表 15）得 $h_1=3116.8\text{kJ/kg}$，$s_1=6.7663\text{kJ/(kg·K)}$

状态 2 点：由 $p_2=0.01\text{MPa}$ 查饱和蒸汽表（附表 14）得 $s_2'=0.6493\text{kJ/(kg·K)}$，$s_2''=8.1511\text{kJ/(kg·K)}$，$h_2'=191.83\text{kJ/kg}$，$h_2''=2584.8\text{kJ/kg}$

因为 $s_2=s_1$，可得

$$x_2=\frac{s_2-s_2'}{s_2''-s_2'}=\frac{6.7663-0.6493}{8.1511-0.6493}=0.8154$$

则　$h_2=h_2'+x_2(h_2''-h_2')=191.83+0.8154\times(2584.8-191.83)=2143.06\text{kJ/kg}$

状态 3 点：由 $p_3=p_2=0.01\text{MPa}$，则饱和水状态点 3 有 $h_3=h_2'=191.83\text{kJ/kg}$，$s_3=s_2'=0.6493\text{kJ/(kg·K)}$，$v_3=v_2'=0.0010102\text{m}^3/\text{kg}$

状态 4 点：由 $p_4=p_1=3\text{MPa}$，$s_4=s_3$，$v_4\approx v_3$，可得水泵耗功

$$w_{tP}=v(p_4-p_3)=0.0010102\times(3000-10)=3.02\text{kJ/kg}$$

则
$$h_4=w_{tP}+h_3=3.02+191.83=194.85\text{kJ/kg}$$

循环净功得

$$w_{net}=w_{tT}-w_{tP}=(h_1-h_2)-w_{tP}=3116.8-2143.06-3.02=970.72\text{kJ/kg}$$

吸热量：
$$q_1=h_1-h_4=3116.8-194.85=2921.95\text{kJ/kg}$$

循环热效率：
$$\eta_t=\frac{w_{net}}{q_1}=\frac{970.72}{2921.95}=0.332$$

② 状态 1 点：由 $p_1=3\text{MPa}$，$t_1=600℃$ 查过热蒸汽表得 $h_1=3681.0\text{kJ/kg}$，$s_1=7.5280\text{kJ/(kg·K)}$。

状态 2 点：因为 $s_2=s_1$，可得

$$x_2=\frac{s_2-s_2'}{s_2''-s_2'}=\frac{7.528-0.6493}{8.1511-0.6493}=0.9169$$

则 $h_2 = h_2' + x_2(h_2'' - h_2') = 191.83 + 0.9169 \times (2584.8 - 191.83) = 2385.94 \text{kJ/kg}$

状态3、状态4点不变，同①，$w_{tP} = 3.02 \text{kJ/kg}$

则循环净功得

$$w_{net} = w_{tT} - w_{tP} = (h_1 - h_2) - w_{tP} = 3681.0 - 2385.94 - 3.02 = 1292.04 \text{kJ/kg}$$

吸热量：$$q_1 = h_1 - h_4 = 3681.0 - 194.85 = 3486.15 \text{kJ/kg}$$

循环热效率：$$\eta_t = \frac{w_{net}}{q_1} = \frac{1292.04}{3486.15} = 0.371$$

可见，提高汽轮机入口蒸汽温度可提高乏汽干度，提高循环热效率。

③ 状态1点：由 $p_1 = 15\text{MPa}$，$t_1 = 600℃$ 查过热蒸汽表得 $h_1 = 3579.3 \text{kJ/kg}$，$s_1 = 6.6764 \text{kJ/(kg·K)}$

状态2点：因为 $s_2 = s_1$，可得

$$x_2 = \frac{s_2 - s_2'}{s_2'' - s_2'} = \frac{6.6764 - 0.6493}{8.1511 - 0.6493} = 0.8034$$

则 $h_2 = h_2' + x_2(h_2'' - h_2') = 191.83 + 0.8034 \times (2584.8 - 191.83) = 2114.34 \text{kJ/kg}$

状态3点不变，同①：$p_3 = 0.01\text{MPa}$，$h_3 = 191.83 \text{kJ/kg}$，$s_3 = 0.6493 \text{kJ/(kg·K)}$，$v_3 = 0.0010102 \text{m}^3/\text{kg}$

状态4点：由 $p_4 = p_1 = 15\text{MPa}$，$s_4 = s_3$，$v_4 \approx v_3$，可得水泵耗功

$$w_{tP} = v(p_4 - p_3) = 0.0010102 \times (15000 - 10) = 15.14 \text{kJ/kg}$$

则 $$h_4 = w_{tP} + h_3 = 15.14 + 191.83 = 206.97 \text{kJ/kg}$$

循环净功得

$$w_{net} = w_{tT} - w_{tP} = (h_1 - h_2) - w_{tP} = 3579.3 - 2114.34 - 15.14 = 1449.82 \text{kJ/kg}$$

吸热量：$$q_1 = h_1 - h_4 = 3579.3 - 206.97 = 3372.33 \text{kJ/kg}$$

循环热效率：$$\eta_t = \frac{w_{net}}{q_1} = \frac{1449.82}{3372.33} = 0.430$$

可见，提高汽轮机入口蒸汽的压力和温度，可以提高循环热效率；如果只提高初蒸汽压力，则会导致乏气干度下降。

5.1.2.4 实际循环

朗肯循环是理想的可逆循环，但实际上，蒸汽动力装置中的全部过程都是不可逆过程，工质流动过程中存在的摩擦、换热过程中存在的温差换热、工质对外界的散热等等都是不可逆因素，所以实际循环与理想循环存在着很大差别。如流体摩擦引起的压力下降，就要求水泵输入功的增加，导致效率下降；如蒸汽对外界环境散热就要求锅炉传递更多的热量给蒸汽，导致效率下降；汽轮机中流体摩擦使工质焓降减小，效率降低。

图5-10所示的是仅考虑汽轮机中的不可逆过程的循环，图中虚线表示不可逆过程。则工质在汽轮机内的实际做功量为

$$w_{tT}' = h_1 - h_2'$$

因不可逆因素的存在使得熵增，即汽机出口乏汽状态由2右移至2′，导致 $h_2' > h_2$，所以

$$w_{tT}' < w_{tT} = h_1 - h_2$$

为了衡量汽轮机因不可逆因素造成的损失的多少，提出了**相对内效率**的概念，即

$$\eta_{ri} = \frac{w_{tT}'}{w_{tT}} = \frac{h_1 - h_2'}{h_1 - h_2} \tag{5-4}$$

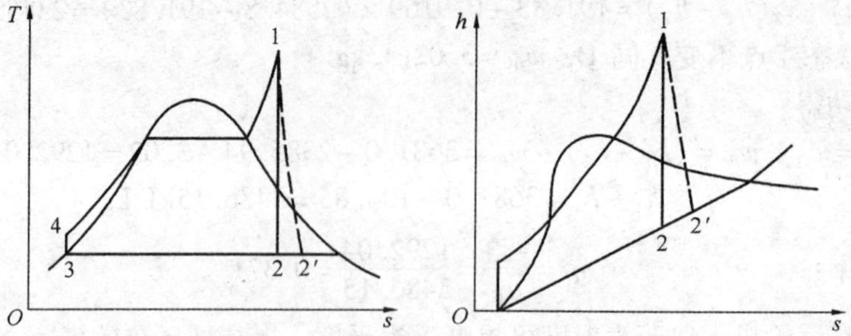

图 5-10 有不可逆过程的蒸气动力循环

大功率汽轮机的 η_{ri} 的数值一般在 85% ~95% 之间。

循环中其他设备的效率也采用类似方法处理，如锅炉由于燃烧的不完全燃烧损失、排烟损失和散热损失等损失使得热量没完全被工质所吸收，损失的多少用**锅炉效率**来衡量

$$\eta_B = \frac{\text{工质在锅炉中吸收的热量}}{\text{燃料放出热量}}$$

例 5-3 如图 5-11 所示为某蒸汽动力循环过程，锅炉过热器出口蒸汽参数为 $p'_1 = 14\text{MPa}$，$t'_1 = 560℃$；汽轮机进口压力 $p_1 = 13.5\text{MPa}$，$t_1 = 550℃$；汽轮机乏汽压力 $p'_2 = 0.004\text{MPa}$。已知锅炉效率 $\eta_B = 0.9$，汽轮机相对内效率 $\eta_{ri} = 0.85$，试计算：①汽轮机输出功；②水泵耗功；③循环热效率；④装置效率。

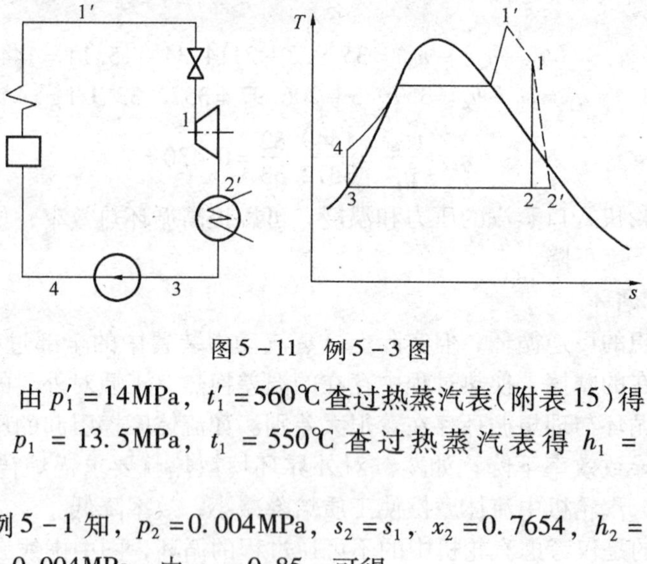

图 5-11 例 5-3 图

解 状态 1′点：由 $p'_1 = 14\text{MPa}$，$t'_1 = 560℃$ 查过热蒸汽表（附表 15）得 $h'_1 = 3484.6\text{kJ/kg}$

状态 1 点：由 $p_1 = 13.5\text{MPa}$，$t_1 = 550℃$ 查过热蒸汽表得 $h_1 = 3464.0\text{kJ/kg}$，$s_1 = 6.5864\text{kJ/(kg·K)}$

状态 2 点：由例 5-1 知，$p_2 = 0.004\text{MPa}$，$s_2 = s_1$，$x_2 = 0.7654$，$h_2 = 1983.7\text{kJ/kg}$

状态 2′点：$p'_2 = 0.004\text{MPa}$，由 $\eta_{ri} = 0.85$，可得

$$h'_2 = h_1 - \eta_{ri}(h_1 - h_2) = 3464 - 0.85 \times (3464 - 1983.7) = 2205.75\text{kJ/kg}$$

$$x'_2 = 0.8567$$

状态 3 点：$p_3 = p'_2 = 0.004\text{MPa}$，$h_3 = 121.41\text{kJ/kg}$，$s_3 = 0.6493\text{kJ/(kg·K)}$，$v_3 = 0.001004\text{m}^3/\text{kg}$

状态 4 点：$p_4 = p'_1 = 14\text{MPa}$，$s_4 = s_3$，$v_4 \approx v_3$，可得水泵耗功

$$w_{tP} = v(p_4 - p_3) = 0.001004 \times (14000 - 4) = 14.05\text{kJ/kg}$$

则　　$h_4 = w_{tP} + h_3 = 14.05 + 121.41 = 135.46\text{kJ/kg}$

① 汽轮机输出功

$$w'_{tT} = h_1 - h'_2 = 3464 - 2205.75 = 1258.25\text{kJ/kg}$$

② 水泵耗功

$$w_{tP} = 14.05\text{kJ/kg}$$

③ 循环热效率

循环净功：　$w_{net} = w'_{tT} - w_{tP} = 1258.25 - 14.05 = 1244.2\text{kJ/kg}$

吸热量：　$q_1 = h'_1 - h_4 = 3484.6 - 135.46 = 3349.14\text{kJ/kg}$

循环热效率：　$\eta_t = \dfrac{w_{net}}{q_1} = \dfrac{1244.2}{3349.14} = 0.3715$

④ 装置效率

$$\eta = \eta_B \eta_t = 0.9 \times 0.3715 = 0.3344$$

5.1.3　再热循环与回热循环

5.1.3.1　再热循环

上一节已经指出，提高蒸汽初压 p_1，可以使循环热效率提高，但同时使汽轮机排气干度减小，可以通过提高蒸汽初温 t_1 来解决这一问题，但 t_1 的提高要受材料耐热性的限制。而采用再热循环既可提高循环热效率，又增加了汽轮机排气干度。

再热循环如图 5 - 12 所示，从锅炉出来的新蒸汽 1 进入汽轮机（高压缸）内绝热膨胀，当膨胀到某一压力 p_a 时全部引出，送回至锅炉的再热器中再次定压加热。温度升高后（通常升至初温）再全部引入汽轮机低压缸继续膨胀做功，直至状态点 2 后排出。从 $T-s$ 图可看出，采用再热循环，乏汽的干度明显提高。

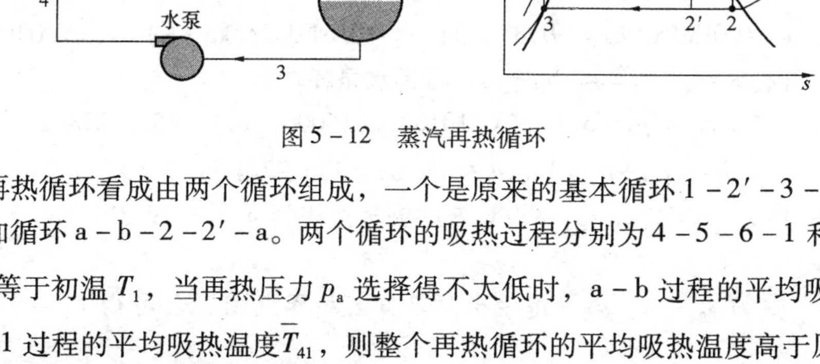

图 5 - 12　蒸汽再热循环

可以将再热循环看成由两个循环组成，一个是原来的基本循环 1 - 2′ - 3 - 4 - 5 - 6 - 1，另一个是附加循环 a - b - 2 - 2′ - a。两个循环的吸热过程分别为 4 - 5 - 6 - 1 和 a - b。假定再热温度 T_b 等于初温 T_1，当再热压力 p_a 选择得不太低时，a - b 过程的平均吸热温度 $\overline{T}_{ab}$ 高于 4 - 5 - 6 - 1 过程的平均吸热温度 $\overline{T}_{41}$，则整个再热循环的平均吸热温度高于原来基本循环的平均吸热温度，因此循环热效率得到提高。

如忽略水泵功，则再热循环的做功量为

$$w = (h_1 - h_a) + (h_b - h_2)$$

循环吸热量为

$$q_1 = h_1 - h_4 + h_b - h_a$$

则循环热效率为

$$\eta_t = \frac{w}{q_1} = \frac{(h_1 - h_a) + (h_b - h_2)}{h_1 - h_4 + h_b - h_a} \tag{5-5}$$

可见，再热循环热效率的高低与中间压力 p_a 有关。如果 p_a 过高，使附加循环吸热量减小，其对整个再热循环热效率的影响减弱，也使乏汽干度的增加程度降低。如果 p_a 过低，使得 $a-b$ 过程的平均吸热温度$\overline{T}_{ab}$低于 4-5-6-1 过程的平均吸热温度$\overline{T}_{41}$，则整个再热循环的平均吸热温度低于原来基本循环的平均吸热温度，循环热效率将降低。因此，选取的最佳再热压力，要在允许的乏汽干度下使热效率达到最大值。实际上，最佳再热压力还应结合设备投资情况、根据全面的技术经济比较来确定，一般为蒸汽初压的 20% ~30%。此外，再热次数的增加，也会提高热效率，但同时增加了系统的复杂性，投资增加，因此，实际应用的再热次数很少超过两次，只有在超临界参数(>22.09MPa)的机组上才考虑采用。采用一次再热可使热效率提高 2% ~4%，我国通常在初压为 13MPa 至临界压力之间的 100MW 以上机组上使用。对于初压小于 10MPa 的机组很少采用再热循环。采用再热循环的主要目的是解决乏汽湿度过大的问题，如果有能够承受更高温度的材质出现，就可以通过提高初温来降低乏汽湿度，那时就不需要再热循环了。

例 5-4 某蒸汽动力装置采用带再热的朗肯循环运行，进入汽轮机的新蒸汽的参数为 $p_1 = 15\text{MPa}$，$t_1 = 600℃$，汽轮机排汽压力 $p_2 = 0.01\text{MPa}$，控制低压缸乏汽的干度不低于 0.896，如再热蒸汽的温度和新蒸汽温度相同，则再热压力应为多少？循环热效率为多少？

解 如图 5-12 所示的再热循环。

状态 2 点：由 $p_2 = 0.01\text{MPa}$，$x_2 = 0.896$，查饱和蒸汽表(附表 14)计算得

$$h_2 = h_2' + x_2(h_2'' - h_2') = 191.83 + 0.896 \times (2584.8 - 191.83) = 2335.93\text{kJ/kg}$$

$$s_2 = s_2' + x_2(s_2'' - s_2') = 0.6493 + 0.896 \times (8.1511 - 0.6493) = 7.3709\text{kJ/(kg·K)}$$

状态 b 点：由 $t_b = 600℃$，$s_b = s_2$，查得过热蒸汽表(附表 15)计算得

再热压力 $p_b = 4.16\text{MPa}$，$h_b = 3671.42\text{kJ/kg}$

状态 3 点：$p_3 = 0.01\text{MPa}$，$h_3 = 191.83\text{kJ/kg}$，$s_3 = 0.6493\text{kJ/(kg·K)}$，$v_3 = 0.0010102\text{m}^3/\text{kg}$

状态 4 点：由 $p_4 = p_1$，$s_4 = s_3$，$v_4 \approx v_3$，可得水泵耗功

$$w_{tP} = v(p_4 - p_3) = 0.0010102 \times (15000 - 10) = 15.14\text{kJ/kg}$$

$$h_4 = w_{tP} + h_3 = 15.14 + 191.83 = 206.97\text{kJ/kg}$$

状态 1 点：由 $p_1 = 15\text{MPa}$，$t_1 = 600℃$查过热蒸汽表得 $h_1 = 3579.3\text{kJ/kg}$，$s_1 = 6.6764\text{kJ/(kg·K)}$

状态 a 点：因为 $s_a = s_1$，$p_a = p_b = 4.16\text{MPa}$，查蒸汽图、表可得 $h_a = 3148.02\text{kJ/kg}$，$t_a = 373.2℃$

循环净功得

$$\begin{aligned} w_{net} &= (h_1 - h_a) + (h_b - h_2) - w_{tP} \\ &= (3579.3 - 3148.02) + (3671.42 - 2335.93) - 15.14 = 1751.63\text{kJ/kg} \end{aligned}$$

循环吸热量为

$$q_1 = h_1 - h_4 + h_b - h_a = 3579.3 - 206.97 + 3671.42 - 3148.02 = 3895.73\text{kJ/kg}$$

则循环热效率为

$$\eta_t = \frac{w_{net}}{q_1} = \frac{1751.63}{3895.73} = 0.45$$

与例 5－2 中问题③的无再热循环是同参数蒸汽动力装置，对比可知，采用再热后，循环热效率增高。

5.1.3.2　回热循环

朗肯循环的加热过程由水的预热、汽化和蒸汽过热三阶段组成。预热水阶段是整个吸热过程中吸热温度最低的一段，如果使这一阶段在锅炉外进行，使进入锅炉的水温提高，可以提高锅炉内的平均吸热温度，提高循环热效率。

（1）极限回热循环

在 2.7 节中介绍了极限回热循环，可采用此方法提高水进入锅炉的温度。如图 5－13 所示，由凝汽器出来的低温凝结水不是直接送到锅炉，而是首先进入汽轮机壳的夹层中，与汽轮机内的做功汽流呈逆向流动，在流动过程中被汽轮机内的蒸汽加热。汽轮机内的蒸汽一边做功一边向凝结水放热，其膨胀过程将沿曲线 a－b 进行。假设传热过程是可逆的，即在机壳的每一点上，蒸汽与凝结水之间的温差为无限小，此时曲线 a－b 与 5－3 平行，蒸汽通过机壳传出的热量等于凝结水吸收的热量，凝结水被加热至初压下的饱和温度 T_5 后送入锅炉。循环 1－a－b－3－4－5－6－1 称为**极限回热循环**。由于循环 3－4－5－a－b－3（称为概括性卡诺循环）和循环 5－a－2－c－5（卡诺循环）的效率相同，所以极限回热循环的热效率高于朗肯循环的热效率。

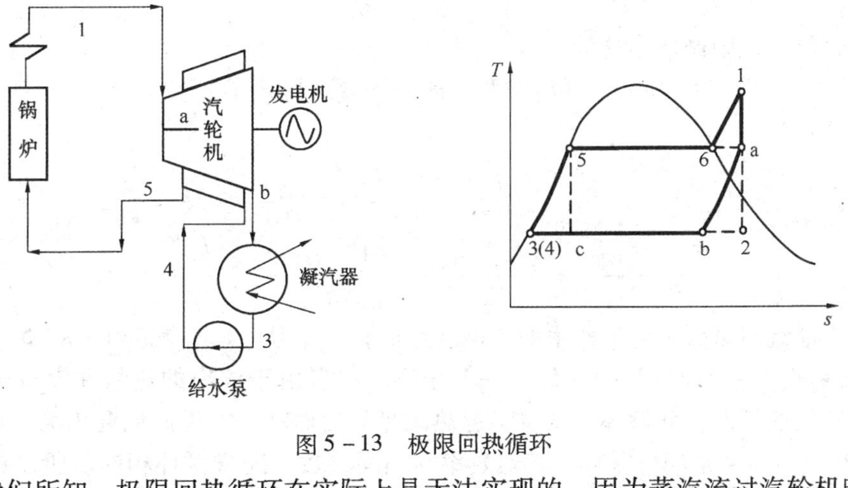

图 5－13　极限回热循环

正如我们所知，极限回热循环在实际上是无法实现的，因为蒸汽流过汽轮机时的速度很高，要在短时间内使蒸汽通过机壳传热给水，将水加热至沸点是不可能的，何况无温差传热是不可能实现的。而且膨胀终点 b 的干度太小，对汽轮机工作不利。

（2）抽汽回热循环

尽管极限回热是无法实现的，但它给人们利用膨胀做功后的蒸汽预热锅炉给水以提高循环热效率提供了启示。将汽轮机内做过功，但尚未完全膨胀、压力不太低的一部分蒸汽抽出，在回热加热器内预热进入锅炉前的给水，这部分抽汽的潜热没有放给冷凝器内的冷源，而是用于加热工质，达到回热目的，这就是**抽汽回热循环**。

如图5-14所示，1kg新蒸汽进入汽轮机，由状态1膨胀做功至状态a，将其中αkg的蒸汽抽出，引入回热加热器；其余(1-α)kg的蒸汽在汽轮机内进一步膨胀至状态2排出，乏汽经由冷凝器凝结放热成状态3的凝结水，再由凝结水泵加压至状态4后进入回热加热器。在回热加热器中，以状态4进入的(1-α)kg的水与以状态a进入的αkg的蒸汽混合，(1-α)kg的水吸收αkg的蒸汽的汽化潜热，最终混合成状态为5的1kg的饱和水，再由水泵泵入锅炉进行加热。

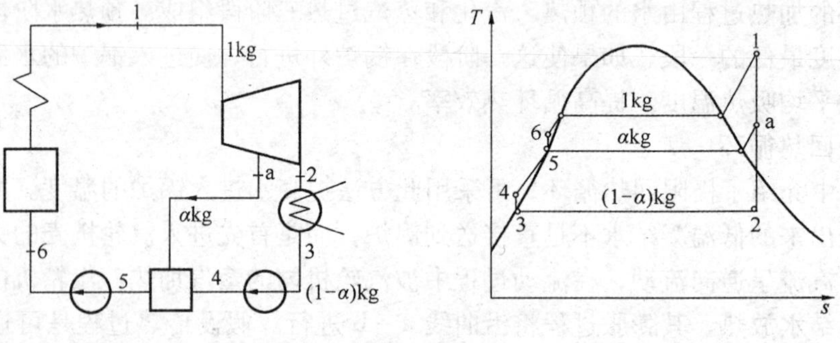

图5-14 抽汽回热循环

在回热循环中，首先要确定抽汽量α，令进入泵的水处于饱和状态，即状态5为饱和水。根据能量守恒定律，在回热加热器内有

$$\alpha(h_a - h_5) = (1-\alpha)(h_5 - h_4)$$

$$\alpha = \frac{(h_5 - h_4)}{(h_a - h_4)} \tag{5-6}$$

忽略水泵耗功，则循环净功为

$$w_{net} = (h_1 - h_a) + (1-\alpha)(h_a - h_2)$$

循环吸热量为

$$q_1 = h_1 - h_6$$

循环热效率为

$$\eta_t = \frac{w_{net}}{q_1} = \frac{(h_1 - h_a) + (1-\alpha)(h_a - h_2)}{h_1 - h_6} \tag{5-7}$$

图5-14抽汽回热循环可看作由两个循环组成，一个是αkg蒸汽的1-a-5-6-1循环和(1-α)kg蒸汽1-a-2-3-4-5-6-1循环。前者由于放出的热量并没有被冷却水带走，而是用于加热给水，此循环只是从高温热源吸热后做功，并没向低温热源放热，所以热效率是100%；而后者是朗肯循环，其热效率与相同参数的朗肯循环相同，所以这两个循环组成的回热循环，热效率必大于相同初、终参数的朗肯循环热效率。

除了提高循环热效率以外，采用回热循环还减少了锅炉热负荷，从而减少锅炉受热面面积，中间抽汽使得进入凝汽器的乏汽减少，冷凝器体积减小，节省金属耗量。对于汽轮机来说，由于蒸汽的膨胀做功，比容不断增大，使得低压缸体积远大于高压缸体积，采用抽汽回热，减少了低压缸工质的流量，从而使汽轮机结构更为合理。

回热循环可以采用多次抽汽回热，抽汽回热的次数越多，炉前给水温度越高，平均吸热温度越高，热效率也越高。但是级数越多，设备和管路越复杂，成本和维护费用增加，每增加一级抽气获益越少。因此，对于小型装置，如船用装置，一般为 2 级。国产 300MW 机组通常为 8 级，即三个高压回热器，四个低压回热器，一个除氧器。

回热加热器是一种换热器，在其内部实现蒸汽和水的换热，理想情况下可将水加热至抽汽压力对应的饱和温度。回热加热器分混合式和表面式两种类型。图 5－14 所示即为混合式，在加热器中蒸汽与水直接混合换热。表面式加热器内蒸汽与水不直接接触，两流体通过间壁发生热交换。比较而言，混合式回热器换热效果好，结构简单，但每一级加热器出口都需设置一台水泵。表面式回热器由于设置换热间壁使得结构复杂，成本高，且换热后两流体间会存在温差，但对于多级回热来说水泵数量会大大减少。因此，现代电站都采用两者联合设置，如图 5－15 所示。

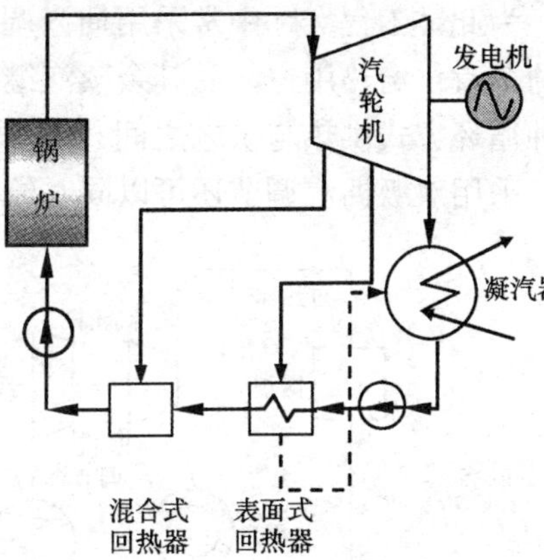

图 5－15　混合式回热器与表面式回热器

5.1.4　热电联产循环

在现代蒸气动力循环中，尽管采用了高参数蒸汽、回热和再热等措施，循环的热效率仍低于 50%，这是由于在热功转换中必须向冷源放热而造成的。这部分损失的能量虽然数量很多，但由于乏汽压力和温度较低（只略高于大气温度），很难将其利用转化为机械能，但可以考虑将其以热能的形式加以利用。人类的生产、生活中需要大量热能，需要耗费大量能源，如将两者结合，则可实现能量的充分利用。**热电联产循环**就是指一方面产生电能，一方面将做过功的蒸汽引出向热用户提供热能的综合循环。

热电联产循环大体分为两种类型，一是背压式，一是抽汽调节式。

采用背压式汽轮机的简单热电联产循环如图 5－16，循环中不设置凝汽器，在汽轮机内做功后排出的蒸汽通过换热器换热或直接供给热用户。排汽温度和压力应满足热用户的要求，因此背压式汽轮机背压应在 0.1MPa 以上。

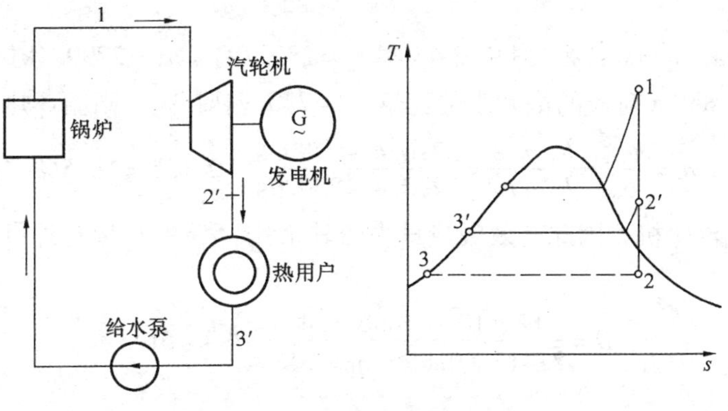

图 5－16　背压式汽轮机循环系统

背压式汽轮机虽然排汽压力提高，对外做功量减少，但将循环放热供给了热用户加以利用，没有散失于大气中，两者结合使得热能的利用率大大提高，综合节能效果非常显著。

背压式热电联产循环的供热工质全部通过汽轮机做功，这就使得供热量与供电量相互影响，无法单独调节，热负荷大，电功率也大，热负荷小，电功率也小，如热用户不需要供热，整个机组就得停机，而且不能同时满足对热力参数有不同要求的热用户。

为此，工程实际中常采用抽汽调节式热电联产循环，即从汽轮机中抽出部分具有一定压力的蒸汽供给热用户，而其余蒸汽继续膨胀做功，其设备流程示意图和 $T-s$ 图见图 5－17。这种循环方式供热与供电之间相互影响较小，还可调节抽汽压力和温度以满足热用户的需要，采用双级抽汽调节还可以同时给不同的热用户供应不同参数的工质。

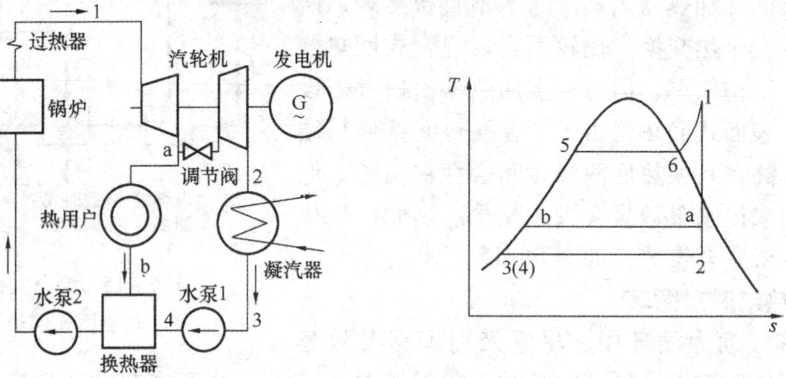

图 5－17　抽汽调节式热电联供循环系统

例 5－5　某热电厂的发电功率为 12MW，燃煤低位发热量为 22415kJ/kg，锅炉热效率为 85%。使用背压式汽轮机，新蒸汽参数为 $p_1=5\text{MPa}$，$t_1=430℃$，排汽压力 $p_2=0.8\text{MPa}$，排汽全部用于供热。计算电厂的循环热效率及每天耗煤量。如果热、电分开生产，由主蒸汽参数不变、乏汽压力为 $p_2=0.008\text{MPa}$ 的凝汽式汽轮机生产电，由单独的锅炉生产压力为 0.8MPa、温度为 184℃的蒸汽来供热，假定煤种和锅炉效率不变，试比较两种方法的耗煤量。

解　① 热电联产时的循环如图 5－17 所示

由 $p_1=5\text{MPa}$，$t_1=430℃$，查过热蒸汽表(附表 15)得 $h_1=3270.4\text{kJ/kg}$，$s_1=6.7556\text{kJ/(kg·K)}$

由 $p_2=0.8\text{MPa}$，$s_2=s_1$，查过热蒸汽表得 $t_2=183.7℃$，$h_2=2799.4\text{kJ/kg}$

状态 3 点为 0.8MPa 对应的饱和水的比焓 $h_3=720.94\text{kJ/kg}$，则循环热效率为

$$\eta_t=\frac{w_{\text{net}}}{q_1}=\frac{h_1-h_2}{h_1-h_3}=\frac{3270.4-2799.4}{3270.4-720.94}=0.185=18.5\%$$

由于为背压式汽轮机，因此有效吸热量中的其余 81.5% 的热量对外供热

每天耗煤量为

$$B=\frac{12\times10^3\times3600\times24}{22415\times0.85\times\eta_t\times10^3}=294.15\text{t/d}$$

每天供热量为

$$Q=22415\times0.85\times0.815\times B\times10^3\text{kJ/d}$$

② 热电分产时

凝汽式汽轮机 $p_2=0.008\text{MPa}$，$s_2=s_1$，查饱和蒸汽表(附表 14)得 $x_2=0.807℃$，$h_2=$

2113.3kJ/kg

状态3点为0.008MPa对应的饱和水的比焓 $h_3=173.86\text{kJ/kg}$，则循环热效率为

$$\eta_t=\frac{w_{\text{net}}}{q_1}=\frac{h_1-h_2}{h_1-h_3}=\frac{3270.4-2113.3}{3270.4-173.86}=0.374=37.4\%$$

则用于发电的耗煤量为

$$B_1=\frac{12\times10^3\times3600\times24}{22415\times0.85\times\eta_t\times10^3}=145.5\text{t/d}$$

用于供热的耗煤量为

$$B_2=\frac{Q}{22415\times0.85\times10^3}=0.815\times B=239.73\text{t/d}$$

总耗煤量为 $B'=B_1+B_2=145.5+239.73=385.23\text{t/d}$

热电联产少供煤量为 $\Delta B=B'-B=385.23-294.15=91.08\text{t/d}$

由此可见，虽然热电联产采用的背压式汽轮机由于排汽压力较高，导致循环热效率较冷凝式汽轮机低，但由于排汽用于供热，而没有在凝汽器中的放热损失，因此能量的利用率要较冷凝式高，采用热电联产方式可以节约大量能源。

5.2 气体动力循环

按工作方式不同，气体动力循环分为活塞式(往复式)内燃机循环、燃气轮机循环和喷气发动机循环。活塞式内燃机具有结构紧凑、体积小、重量轻、效率高等特点，但功率一般不大。燃气轮机具有功率大、起动快的特点。本节着重介绍这两个循环，并对当前研究热点燃气-蒸汽联合循环加以简单介绍。

5.2.1 活塞式内燃机动力循环

活塞式内燃机是将气体吸入汽缸，在汽缸内实现气体的压缩、燃烧、膨胀做功，然后将废气排出，从而实现热机转换的循环过程。按所用燃料的不同可分为汽油机、柴油机、煤气机。按引燃方式不同，又可分为点燃式和压燃式。点燃式内燃机是将燃料和空气同时吸入汽缸，经压缩后由电火花点火燃烧；压燃式内燃机吸入的气体仅是空气，空气被压缩升温后，喷入燃料燃烧。汽油机和煤气机为点燃式，柴油机为压燃式。按完成一个循环活塞所经历的冲程，又分为四冲程和二冲程内燃机。本节以四冲程柴油机为例，介绍内燃机的工作原理。

如图5-18所示，活塞经过四个冲程完成一个工作循环：

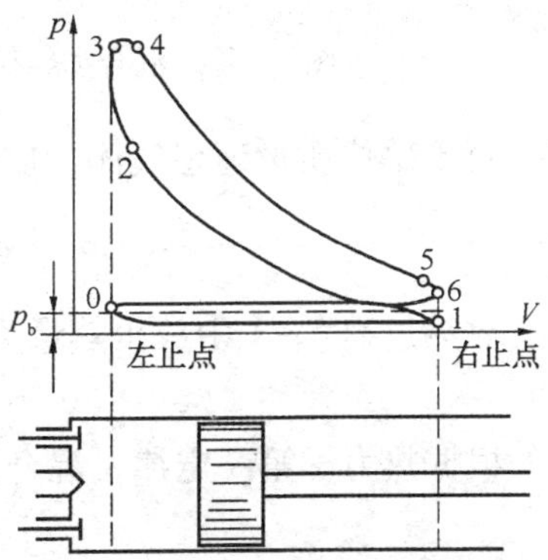

图5-18 内燃机工作原理图

吸气冲程0-1：活塞自左止点右行，进气阀开启，由于阀门的节流作用，进入缸内的空气压力略低于大气压 p_b，活塞右行到右止点，进气阀关闭。该冲程中气体状态没有发生改变，只是缸内气体数量增加。

压缩冲程1-2：活塞自右止点左行，消耗外功，气体被压缩升温，由于缸壁夹层中有水冷却，所以空气压缩过程是放热的多变过程，多变指数 $n=1.34\sim1.37$。压缩终了时，气体温度达到600～700℃，超过柴油的自燃温度

（为335℃左右）。

燃烧过程2－3－4：通常在活塞到达左止点前，就有一部分柴油喷入汽缸，柴油遇到高温空气迅速自燃，汽缸内气体温度、压力迅速上升，而由于燃烧十分迅猛，所以此时活塞在左止点附近位置变动很小，燃烧过程2－3接近为定容过程，终了压力约为4.5～8.0MPa。随后柴油的继续喷入，燃烧继续进行，活塞右行，汽缸内气体压力变化很少，过程3－4接近为定压过程，燃烧终了时燃气温度达1400～1500℃左右。

膨胀冲程4－5：活塞继续右行，高温高压气体膨胀做功，过程中不断向夹层中冷却水放热，所以是多变过程，终了压力约为0.3～0.5MPa左右。

排气冲程5－6－0：排气阀开启，部分废气排出，缸内压力突降到略高于大气压力，接近于定容降压过程，活塞至右止点6后左行，将其余废气排入大气，直至到达左止点。6－0过程中气体状态没有改变，只是单纯的排气过程。

可见，活塞式内燃机循环是个开口循环，且工质在过程中发生了化学反应，为便于分析，忽略次要因素，对实际循环加以合理的理想化处理：

① 工质看作是定比热容的理想气体，过程中工质质量保持不变；忽略一切不可逆因素，认为是可逆循环。

② 忽略进、排气过程中摩擦阻力和节流损失，认为进、排气过程都是在大气压下进行的，即图5－15中的0－1与6－0重合。此时排出的废气的状态6可看作与吸入的新气状态1相同，循环可看作为1－2－3－4－5－1的封闭循环。

③ 将燃烧过程2－3－4看作是高温热源对工质进行加热的过程，其中2－3看作是定容过程，3－4看作是定压过程。

④ 在膨胀和压缩过程中，忽略工质与缸壁之间的换热，认为1－2是定熵压缩过程，4－5是定熵膨胀过程。

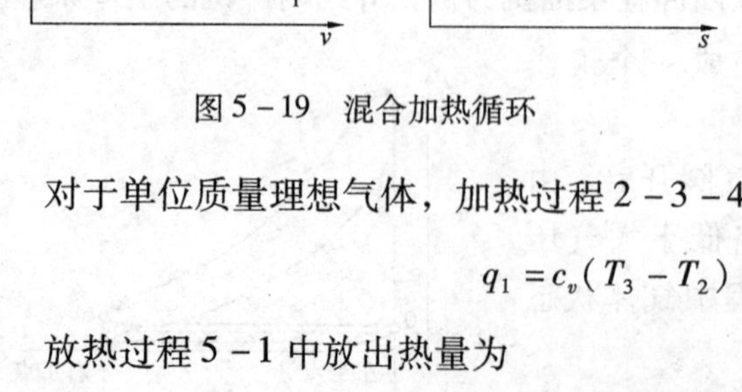

图5－19 混合加热循环

⑤ 将排气过程5－6看成是活塞在右止点处的定容放热过程。

图5－19为经过简化后的柴油机的理想循环，由于其加热过程由2－3定容过程和3－4定压过程组成，所以又称为混合加热循环，现行的柴油机都是在这种循环的基础上设计制造的。

下面分析混合加热循环热效率和影响热效率的主要因素。

对于单位质量理想气体，加热过程2－3－4中吸收热量为

$$q_1 = c_v(T_3 - T_2) + c_p(T_4 - T_3)$$

放热过程5－1中放出热量为

$$q_2 = c_v(T_5 - T_1)$$

根据热力学第一定律，混合加热循环的净功量为

$$w = q_1 - q_2$$

混合加热循环的热效率

$$\eta_t = 1 - \frac{q_2}{q_1} = 1 - \frac{c_v(T_5 - T_1)}{c_v(T_3 - T_2) + c_p(T_4 - T_3)}$$

$$= 1 - \frac{T_5 - T_1}{(T_3 - T_2) + k(T_4 - T_3)} \tag{5-8}$$

令 $\varepsilon = \frac{v_1}{v_2}$ 称为压缩比，$\lambda = \frac{p_3}{p_2}$ 称为定容升压比，$\rho = \frac{v_4}{v_3}$ 称为定压预胀比，则对于定熵压缩过程1－2有

$$T_2 = T_1\left(\frac{v_1}{v_2}\right)^{k-1} = T_1\varepsilon^{k-1}$$

对于定容加热过程2－3有

$$T_3 = \frac{p_3}{p_2}T_2 = \lambda T_2 = \lambda T_1\varepsilon^{k-1}$$

对于定压加热过程3－4有

$$T_4 = \frac{v_4}{v_3}T_3 = \rho T_3 = \rho\lambda T_1\varepsilon^{k-1}$$

对于定熵膨胀过程4－5有

$$T_5 = T_4\left(\frac{v_4}{v_5}\right)^{k-1}$$

而 $v_5 = v_1$，$v_3 = v_2$，所以上式可进一步整理成

$$T_5 = T_4\left(\frac{v_4}{v_1}\right)^{k-1} = T_4\left(\frac{v_4/v_3}{v_1/v_2}\right)^{k-1} = T_4\left(\frac{\rho}{\varepsilon}\right)^{k-1} = \lambda\rho^k T_1$$

将上述各温度代入式5－8中，得

$$\eta_t = 1 - \frac{T_1(\lambda\rho^k - 1)}{T_1\varepsilon^{k-1}[(\lambda - 1) + k\lambda(\rho - 1)]}$$

$$= 1 - \frac{\lambda\rho^k - 1}{\varepsilon^{k-1}[(\lambda - 1) + k\lambda(\rho - 1)]} \tag{5-9}$$

由此可见，混合加热循环的热效率随压缩比 ε、定容升压比 λ 的增大而提高，随定压预胀比 ρ 的减小而提高。

早期的低速柴油机是附带压气机，提供高压空气把柴油喷入汽缸并形成雾状，随喷随燃，只需在活塞至左止点后开始喷油即可。此时活塞右行，汽缸内压力变化不大，可看作是定压过程。这种理想的定压加热循环又称为**狄塞尔循环**。如图5－20所示，1－2是定熵压缩过程，2－3是定压加热过程，3－4是定熵膨胀过程，4－1是定容放热过程。

定压加热循环可以看成是混合加热循环的特例，是没有定容加热过程的混合加热循环，即 $\lambda = 1$，代入式(5－9)可得定压加热循环热效率

$$\eta_t = 1 - \frac{\rho^k - 1}{\varepsilon^{k-1}k(\rho - 1)} \tag{5-10}$$

可见，定压加热循环的热效率随压缩比的增大 ε 而提高，随定压预胀比 ρ 的减小而提高。由于必须附带压气机，设备庞大笨重，因此已不再使用。

点燃式内燃机(煤气机、汽油机)是最早的活塞式内燃机，是将燃料和空气的混合物在

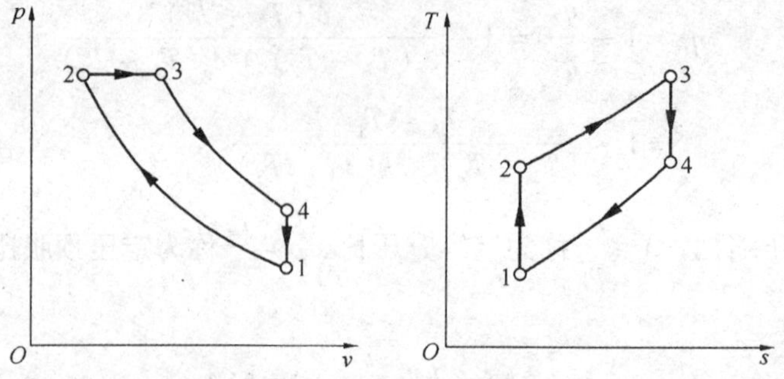

图 5-20　定压加热循环

汽缸内压缩，压缩终了活塞处于左止点处，然后由电火花塞点燃，此时燃烧迅速，气体迅速升温升压，活塞几乎未来得及做任何移动，加热过程可看作是定容过程，没有边喷油边燃烧的定压过程，这种理想的定容加热循环又称为**奥托循环**。如图 5-21 所示，1-2 是定熵压缩过程，2-3 是定容加热过程，3-4 是定熵膨胀过程，4-1 是定容放热过程。

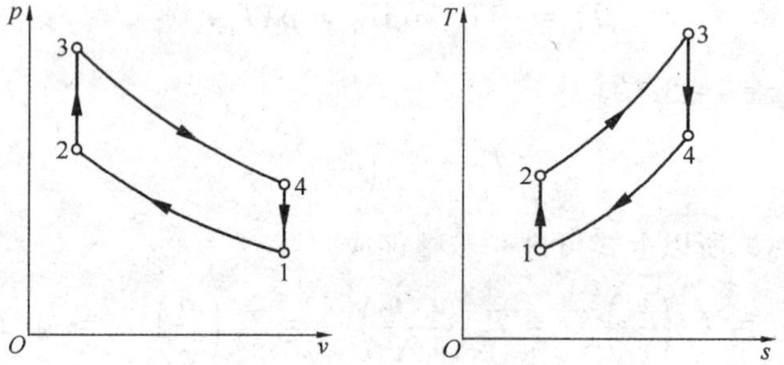

图 5-21　定容加热循环

定容加热循环可以看成是混合加热循环的特例，是没有定压加热过程的混合加热循环，即 $\rho=1$，代入式(5-9)可得定容加热循环热效率

$$\eta_t = 1 - \frac{1}{\varepsilon^{k-1}} \tag{5-11}$$

可见，定容加热循环的热效率随压缩比 ε 的增大而提高。但 ε 并不能任意提高，因为压缩比过大，压缩终了温度 T_2 过高，混合气体容易产生爆燃，对活塞和汽缸造成损害。一般汽油机的 $\varepsilon \approx 5\sim10$，由于压缩比相对较小，因此循环热效率较低，这就促使人们使用燃料与空气分开，仅压缩空气就不会产生爆燃问题，从而可以通过提高压缩比来提高热效率，由此产生了柴油机。柴油机的压缩比都较高 $\varepsilon \approx 13\sim20$，但体积较大且重，机械效率下降，所以最佳的压缩比要将热效率和机械效率进行综合考虑。柴油机主要用于重型装备机械如重型运土机、卡车和船舶等，汽油机主要用于轻型设备如汽车、摩托车、小型农用机械等。

例 5-6　一台定容加热循环内燃机，压缩过程的初始状态为 $p_1=0.1\text{MPa}$，$t_1=20℃$，压缩比为 8.5，工质可视为理想气体的空气，对每千克工质加入的热量为 $q_1=780\text{kJ/kg}$，试计算：循环最高压力和循环最高温度、循环热效率以及循环净功。

解　定容加热循环过程如图 5-21 所示。

压缩过程终点温度

$$T_2 = T_1\varepsilon^{k-1} = (273+20)\times 8.5^{1.4-1} = 689.7\text{K}$$

压缩过程终点压力

$$p_2 = p_1\varepsilon^k = 0.1 \times 8.5^{1.4} = 2\text{MPa}$$

定容加热过程 2 - 3 的吸热量为 $q_1 = c_v(T_3 - T_2)$，取空气的比热容为定值，即 $c_v = 0.716\text{kJ/(kg·K)}$，则有

最高温度 $$T_3 = \frac{q_1}{c_v} + T_2 = \frac{780}{0.716} + 689.7 = 1779.1\text{K}$$

最高压力 $$p_3 = p_2\frac{T_3}{T_2} = 2 \times \frac{1779.1}{689.7} = 5.159\text{MPa}$$

循环热效率 $\eta_t = 1 - \frac{1}{\varepsilon^{k-1}} = 1 - \frac{1}{8.5^{1.4-1}} = 0.5752$

循环净功 $w = \eta_t q_1 = 0.5752 \times 780 = 448.62\text{kJ/kg}$

5.2.2 燃气轮机动力循环

5.2.2.1 燃气轮机定压加热理想循环

18 世纪 70 年代，乔治布雷顿将内燃机中的压缩过程和膨胀过程分别在不同的汽缸内进行，创建了布雷顿循环，现今的燃气轮机一般都以布雷顿循环为基础。如图 5 - 22 所示，燃气轮机动力装置由压气机、燃烧室、燃气轮机三个基本部分组成。压气机连续地从大气中吸入空气，将其进行压缩升温升压。压缩空气被送入燃烧室，在燃烧室内空气与供入的燃料在定压下燃烧。燃烧产生的高温燃气进入燃气轮机，膨胀做功，做功后的乏气排入大气。燃气轮机输出的功，一部分用来驱动压气机，剩余部分对外输出(循环净功)。

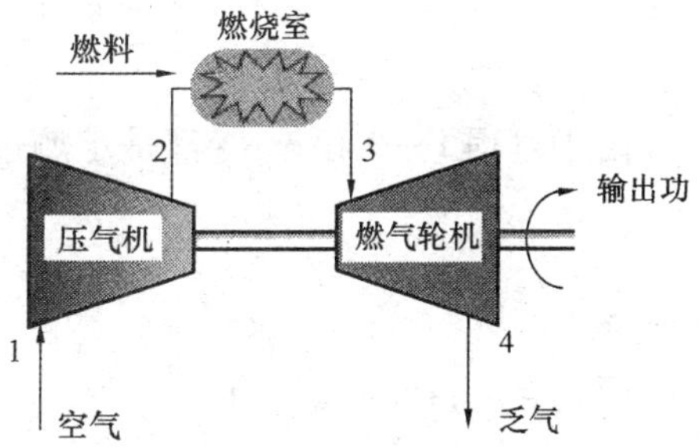

图 5 - 22 燃气轮机循环

可知，燃气轮机循环是一个工质化学成分变化的敞开循环，为简化分析作如下假设：

① 工质看作是定比热容的理想气体，循环过程中工质质量保持不变(喷入燃料质量忽略不计)。

② 假定是一个封闭循环。将工质在燃烧室内的燃烧放热看作是工质从外界的高温热源吸热，乏气排入大气放热看作是工质在换热器内向冷源放热，冷却后的工质循环进入压气机，由此构成封闭循环。

③ 假定过程为可逆过程。由于工质在压气机和燃气轮机中的过程向外散热较少，可忽略不计，理想化为定熵过程。在燃烧室中忽略流动阻力引起的压力降，理想化为定压加热过程。燃气轮机排出的乏气和压气机吸入的空气都接近大气压，可认为是定压放热过程。

经过上述简化后的理想循环就是燃气轮机等压加热理想循环，即**布雷顿循环**(Brayton cycle)，如图 5 - 23 所示，由四个过程组成：定熵压缩过程 1 - 2、定压加热过程 2 - 3、定熵膨胀过程 3 - 4、定压放热过程 4 - 1。

循环的四个过程都是稳定流动过程，因此根据稳定流动能量方程 $q = \Delta h + w_t$，单位质量的理想气体在定压加热过程 2 - 3 中吸收热量为

$$q_1 = h_3 - h_2 = c_p(T_3 - T_2)$$

定压放热过程 4 - 1 中放出热量为

$$q_2 = h_4 - h_1 = c_p(T_4 - T_1)$$

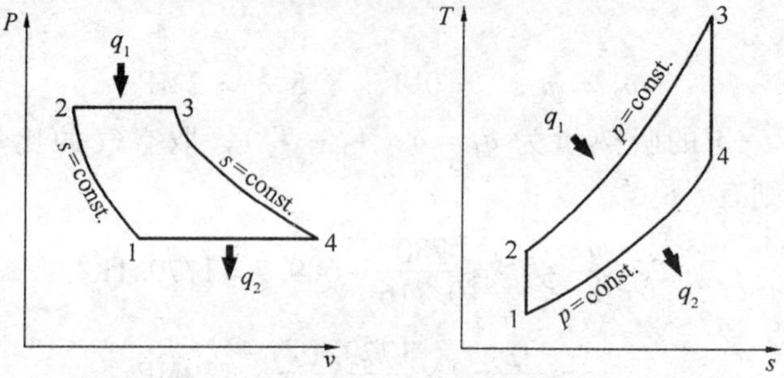

图 5 - 23　布雷顿循环

循环热效率为

$$\eta_t = 1 - \frac{q_2}{q_1} = 1 - \frac{c_p(T_4 - T_1)}{c_p(T_3 - T_2)} = 1 - \frac{T_4 - T_1}{T_3 - T_2} \tag{5-12}$$

由于过程 1 - 2 和 3 - 4 都是定熵过程，故有

$$\frac{T_2}{T_1} = \left(\frac{p_2}{p_1}\right)^{\frac{k-1}{k}}, \frac{T_3}{T_4} = \left(\frac{p_3}{p_4}\right)^{\frac{k-1}{k}}$$

而 $p_2 = p_3$，$p_1 = p_4$，有

$$\frac{T_2}{T_1} = \frac{T_3}{T_4} = \pi^{\frac{k-1}{k}}$$

式中，$\pi = \frac{p_2}{p_1}$称为燃气轮机的**循环增压比**。

将 $T_2 = T_1\pi^{\frac{k-1}{k}}$和 $T_3 = T_4\pi^{\frac{k-1}{k}}$代入式(5 - 12)可得

$$\eta_t = 1 - \frac{1}{\pi^{\frac{k-1}{k}}} \tag{5-13}$$

可见，布雷顿循环的热效率与绝热指数 k 和循环增压比 π 有关，随着 k 和 π 的增大，热效率增高，图 5 - 24 所示为 $k = 1.4$ 时 η_t 与 π 的关系。

在布雷顿循环中，状态 3 点温度最高，即燃气进入燃气轮机时的温度 T_3，由于受到金属材料耐热性能的限制，目前 T_3 最高为 1000 ~ 1300℃，而 T_1 受到大气温度的限制，因此限制了增压比的提高，这可由图 5 - 25 看出。图中为在相同的 T_1 和 T_3 下的三个不同增压比的布雷顿循环，每个循环所包围的面积为该循环的循环净功。循环Ⅰ增压比最小，增压比增加成循环Ⅱ时，循环净功随着增压比的增加而增加，当增压比继续增加达到循环Ⅲ时，循环净功反而减少。而循环净功的减小，需要加大工质的质量流量以保证设备的输出功，这就导致整个循环系统设备庞大，耗材多影响经济性。因此，增压比的确定即要考虑热效率还要考虑输出净功，在现代设计中，常用的燃气轮机增压比为 11 ~ 16。

在燃气轮机循环中空气有两个重要功能，一是提供充足的氧气供燃料燃烧，一是起冷却作用以保证各设备在允许温度范围内工作。冷却作用的实现需要大量的空气，比燃料完全燃烧所需空气要多得多。在燃气轮机循环中，空气与燃料质量比为 50，甚至更多。因此，在循环分析中，我们将燃气看为空气是可行的。

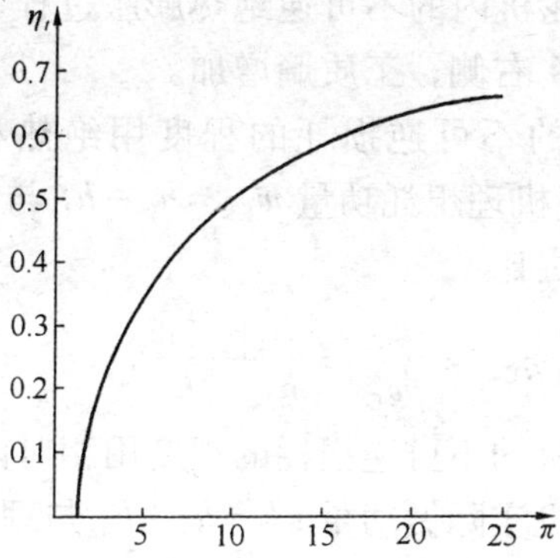

图5-24 布雷顿循环热效率与增压比关系

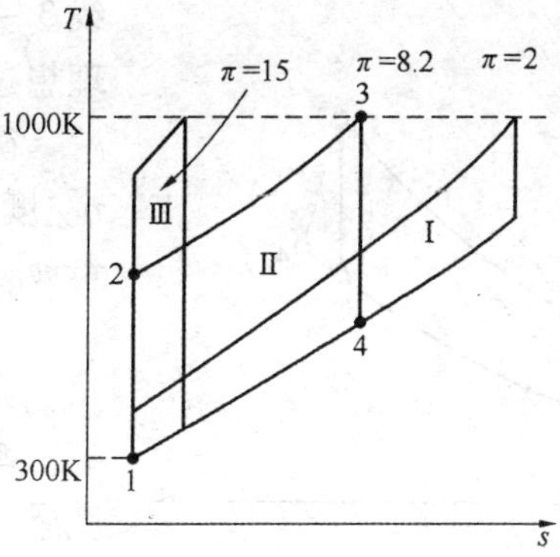

图5-25 布雷顿循环增压比与循环净功关系

例5-7 某燃气轮机装置布雷顿循环如图5-26所示，压气机入口工质压力为0.1MPa，温度为300K，燃气轮机入口工质温度为1300K，增压比为8，试求压气机出口工质温度、燃气轮机排气温度、循环净功以及循环热效率。燃气轮机循环工质看作空气，定值比热容为$c_p=1.004\text{kJ/(kg·K)}$，$k=1.4$。

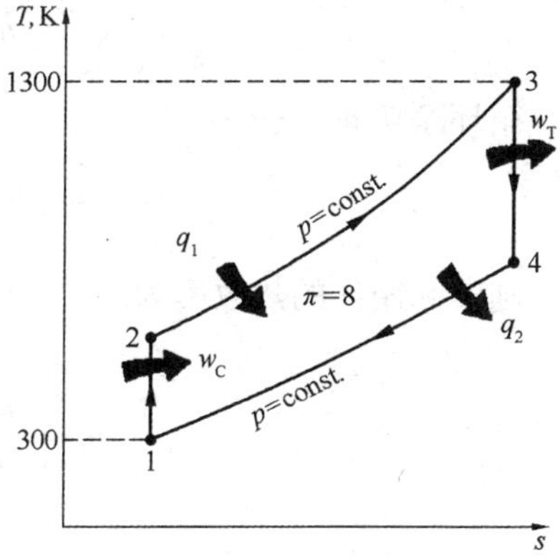

图5-26 例5-7图

解 压气机出口空气压力 $p_2=\pi p_1=8\times0.1=0.8\text{MPa}$

由于过程1-2是定熵过程，故有压气机出口空气温度

$$T_2=T_1\pi^{\frac{k-1}{k}}=300\times8^{\frac{1.4-1}{1.4}}=543.4\text{K}$$

由于过程3-4是定熵过程，故有燃气轮机排气温度

$$T_4=\frac{T_3}{\pi^{\frac{k-1}{k}}}=\frac{1300}{8^{\frac{1.4-1}{1.4}}}=717.7\text{K}$$

压气机耗功

$$w_C=c_p(T_2-T_1)=1.004\times(543.4-300)=244.4\text{kJ/kg}$$

燃气轮机做功 $w_T=c_p(T_3-T_4)=1.004\times(1300-717.7)=584.6\text{kJ/kg}$

循环净功 $w_{net}=w_T-w_C=584.6-244.4=340.2\text{kJ/kg}$

$$\eta_t=1-\frac{1}{\pi^{\frac{k-1}{k}}}=1-\frac{1}{8^{\frac{1.4-1}{1.4}}}=0.448$$

5.2.2.2 燃气轮机实际循环

在实际运行中，燃气轮机循环的各个过程都是不可逆过程，这里仅考虑压缩过程和膨胀过程中存在的不可逆性。由于在压气机和燃气轮机中工质高速流动，流体之间、流体与流道之间都存在摩擦损失，使得过程为不可逆绝热过程，工质熵增加。如图5-27所示，虚线1-2a为压气机内的不可逆绝热压缩过程，2a位于理想过程状态点2右侧，工质熵增加。虚

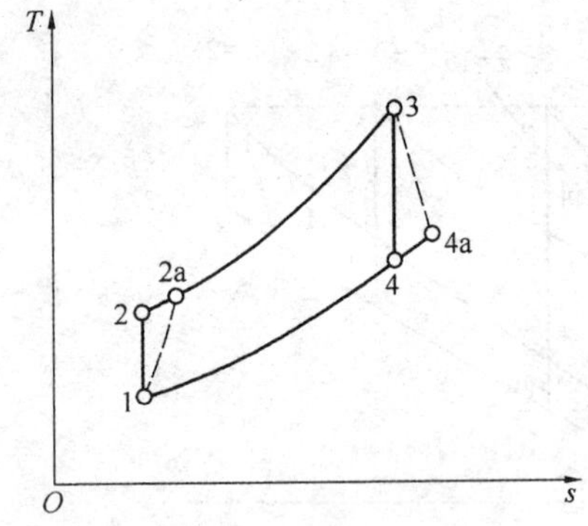

图 5－27　燃气轮机实际循环

线 3－4a 为燃气轮机内的不可逆绝热膨胀过程，4a 位于理想过程状态点 4 右侧，工质熵增加。

衡量压气机的不可逆损耗的程度用绝热相对效率 $\eta_{C,s}$ 度量，即压气机理想耗功量 $w_{t,s}=h_2-h_1$ 与实际耗功量 $w'_{t,s}=h_{2a}-h_1$ 之比

$$\eta_{C,s}=\frac{w_C}{w'_C}=\frac{h_2-h_1}{h_{2a}-h_1} \tag{5-14}$$

衡量燃气轮机的不可逆损耗的程度用相对内效率 η_{ri} 度量，即燃气轮机实际做功量 $w'_T=h_3-h_{4a}$ 与理想做功量之比 $w_T=h_3-h_4$

$$\eta_{ri}=\frac{w'_T}{w_T}=\frac{h_3-h_{4a}}{h_3-h_4} \tag{5-15}$$

循环吸热量 q_1 为

$$q_1=h_3-h_{2a}=h_3-h_1-\frac{h_2-h_1}{\eta_{C,s}}$$

循环净功 w_{net} 为

$$w_{net}=w'_T-w'_C=\eta_{ri}(h_3-h_4)-\frac{h_2-h_1}{\eta_{C,s}}$$

则实际循环的热效率为

$$\eta_t=\frac{w_{net}}{q_1}=\frac{\eta_{ri}(h_3-h_4)-\dfrac{h_2-h_1}{\eta_{C,s}}}{h_3-h_1-\dfrac{h_2-h_1}{\eta_{C,s}}} \tag{5-16}$$

如 c_p 为定值，则上式可写为

$$\eta_t=\frac{\eta_{ri}(T_3-T_4)-\dfrac{T_2-T_1}{\eta_{C,s}}}{T_3-T_1-\dfrac{T_2-T_1}{\eta_{C,s}}} \tag{5-17}$$

经整理可得(过程略去)

$$\eta_t=\frac{\dfrac{\tau}{\pi^{\frac{k-1}{k}}}\eta_{ri}-\dfrac{1}{\eta_{C,s}}}{\dfrac{\tau-1}{\pi^{\frac{k-1}{k}}-1}-\dfrac{1}{\eta_{C,s}}} \tag{5-18}$$

式中 $\tau=\dfrac{T_3}{T_1}$，称为**循环增温比**。

由此可见，压气机中的压缩过程和燃气轮机中的膨胀过程中的不可逆损失越小，即 $\eta_{C,s}$ 和 η_{ri} 越大，则实际循环热效率越高；循环增温比 τ 越大，实际循环热效率也越高；当 τ、$\eta_{C,s}$ 和 η_{ri} 一定时，随着增压比 π 的增大，实际循环的热效率先增大至某一极值后开始下降。

5.2.2.3　采用回热的燃气轮机动力循环

布雷顿循环中，燃气轮机排出乏气温度远高于大气温度，将其直接排放至大气中会造成

大量能量损失，如采用回热循环将其热量加以利用，则可提高燃气轮机热效率，也可减少对环境的热污染。

图 5 - 28 所示可知，通常燃气轮机排出的乏气温度 T_4 高于压气机出口空气温度 T_2，过程 4 - 6 释放的热量正好等于过程 2 - 5 所吸收的热量，且 $T_4 = T_5$，$T_2 = T_6$，可以设置回热器，实现过程 4 - 6 与过程 2 - 5 的热交换。与简单的布雷顿循环相比，采用回热后，循环净功(循环所包围面积)没有变化，但从高温热源吸热过程由 2 - 3 变为 5 - 3，提高了平均吸热温度，向低温热源放热的过程由 4 - 1 变为 6 - 1，降低了平均放热温度，所以提高了循环热效率。

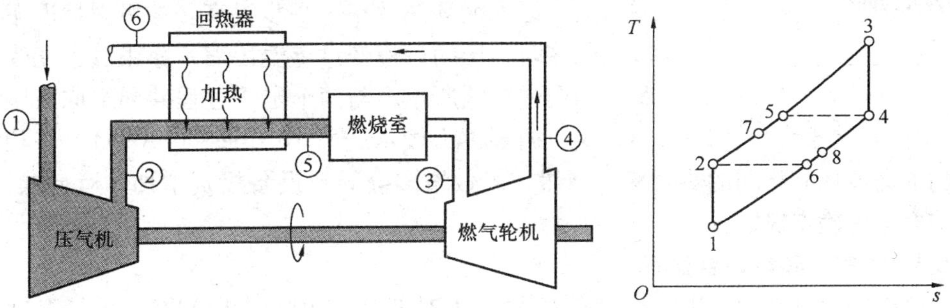

图 5 - 28　燃气轮机回热循环

如回热器内进行的是无温差换热，则燃气轮机排气温度可被冷却至压气机出口温度 T_2，压缩空气可被预热到燃气轮机排气温度 T_4，这种理想情况称为极限回热循环。实际上换热过程是有温差的换热，极限回热循环是不可能实现的，燃气轮机排气温度在回热器内冷却后的实际温度 T_8 必定高于 T_2，压缩空气被预热后的温度 T_7 必定低于 T_4，可以用回热度 σ 来表示实际的回热量与理想回热量之比，即

$$\sigma = \frac{h_7 - h_2}{h_5 - h_2} = \frac{T_7 - T_2}{T_5 - T_2} = \frac{T_7 - T_2}{T_4 - T_2} \tag{5-19}$$

回热度的大小取决于回热器的换热面积和具体结构及运行情况，通常 $\sigma = 0.5 \sim 0.7$。

当增压比过大时，压气机出口空气温度 T_2 高于燃气轮机排气温度 T_4 时，无法采用回热。所以，回热效果受到 T_2 和 T_4 的限制，降低压气机出口温度，提高燃气轮机排气温度，可有更显著的回热效果。可以在回热基础上采用压气机多级压缩级间冷却，燃气轮机分级膨

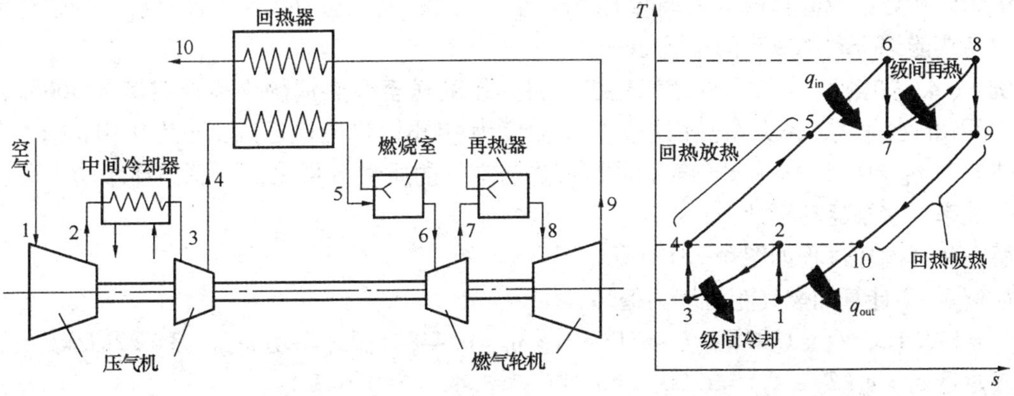

图 5 - 29　燃气轮机多级压缩、分级膨胀、回热循环

胀中间再热的方法来实现。如图 5－29 所示，在相同压力范围内，压气机分两级，级间设置中间冷却器，可以降低压气机出口温度，燃气轮机分为两级膨胀，两级间设置再热器，可以提高乏气温度。由图可看出，采用回热后，在理想情况下，该循环从高温热源吸热过程为5－6和7－8，具有较高的平均吸热温度，向冷源放热过程为 10－1 和 2－3，具有较低的平均放热温度，因此该循环有较高的热效率。如图 5－30 所示，随着压缩和膨胀的分级数的增多，吸热和放热过程的平均温度各自向循环最高温度和最低温度靠近，回热的温度范围增大，因此循环热效率进一步提高。在极限情况下，分级数无限多时，压缩过程变过定温压缩，膨胀过程变为定温膨胀，如图中虚线所示，与两个定压过程共同组成极限回热循环，这个循环称为**埃尔逊循环**（Ericsson cycle），与相同温度范围内的卡诺循环有相同的热效率。当然，级数增多会导致设备投资增加、运行操作复杂，所以应综合考虑确定级数。

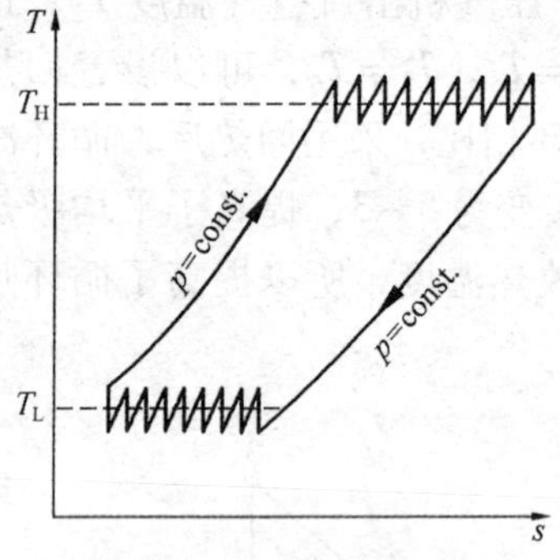

图 5－30 埃尔逊循环

5.2.3 燃气－蒸汽联合循环

燃气轮机动力循环中，进入燃气轮机的气体温度高达 1000～1300℃，排气温度通常在500℃以上，可以通过采用回热来降低排气温度，提高循环热效率，但提高程度有限。如果采用将燃气轮机的排气余热用来加热水，使其吸热变为水蒸气，再送入汽轮机内膨胀做功，其循环热效率将比单独采用燃气轮机动力循环或蒸汽动力循环要高。

图 5－31 即为燃气－蒸汽联合循环。燃气轮机装置温度高为顶循环，蒸汽动力装置为底循环。在余热锅炉里实现燃气轮机的高温排气对水的加热，在理想情况下，燃气轮机的放热量 q_2 被完全利用加热蒸汽，实际上，为了保证余热锅炉的经济性，需保持一定的传热温压，所以仅有过程 4－5 的热量被利用，过程 5－1 仍为向大气放热。联合循环还可以采用多台燃气轮机向同一台余热锅炉供气，带动一台汽轮机。图 5－31 所示的余热锅炉没有燃料燃烧，但根据实际情况，也可采用补燃型余热锅炉，这样可以增加余热锅炉产汽量或提高蒸汽轮机的运转。

当然，燃气－蒸汽联合循环也可采用回热、再热等措施来提高效率，效率可达 47%～60%。目前，燃气－蒸汽联合循环装置以其建设周期短、启停速度快、污染物排放少和热效率高等诸多特点已成为目前电力调峰的手段之一，同时也是当前高速发展经济、加强环境保护和提高热能综合利用效率的措施之一。

例 5－8 如例 5－7 所示的燃气轮机，将其排气送至余热锅炉中生产温度为 360℃，压力为 4MPa 的水蒸气，离开余热锅炉的废气温度为 400K，汽轮机乏汽压力为 0.01MPa，余热锅炉热效率 $\eta_B = 0.9$。试求水蒸气的质量流量与空气的质量流量之比、总循环净功、联合循环的热效率。水泵耗功不计。

解 联合循环过程如图 5－31 所示。

如例 5－7 计算知燃气轮机动力循环：

$T_2 = 543.4\text{K}$，$T_3 = 1300\text{K}$，$T_4 = 717.7\text{K}$，$\eta_t = 0.448$，循环净功 $w_{net1} = 340.2\text{kJ/kg}$

吸热量 $q_1 = c_p(T_3 - T_2) = 1.004 \times (1300 - 543.4) = 759.6\text{kJ/kg}$

蒸汽动力循环：

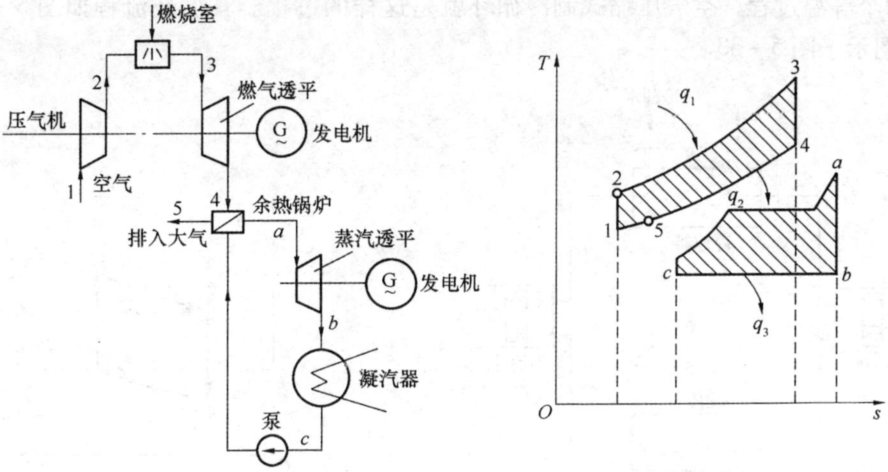

图5-31 燃气-蒸汽联合循环

由 $p_a = 4.5\text{MPa}$，$t_a = 360℃$，查过热蒸汽表得 $h_a = 3119.0\text{kJ/kg}$，$s_a = 6.65\text{kJ/(kg·K)}$

由 $p_b = 0.01\text{MPa}$，$s_b = s_a$，查饱和蒸汽表得 $h_2 = 2105.9\text{kJ/kg}$

c 点对应的饱和水焓为 $h_c = 191.83\text{kJ/kg}$，忽略水泵耗功，则蒸汽动力循环的循环净功

$$w_{net2} = h_a - h_b = 3119 - 2105.9 = 1013.1\text{kJ/kg}$$

单独蒸汽动力循环的热效率为

$$\eta_t \approx \frac{h_a - h_b}{h_a - h_c} = \frac{3119 - 2105.9}{3119 - 191.83} = 0.346$$

在余热锅炉内，存在热平衡，即输入的热量=输出的热量，设空气质量流量为 q_{ma}，水蒸气的质量流量为 q_{mw}，则有

$$q_{ma}c_p(T_4 - T_5)\eta_B = q_{mw}(h_a - h_c)$$

$$m = \frac{q_{mw}}{q_{ma}} = \frac{c_p(T_4 - T_5)\eta_B}{h_a - h_c} = \frac{1.004 \times (717.7 - 400) \times 0.9}{3119 - 191.83} = 0.098$$

总循环净功

$$w_{net} = w_{net1} + mw_{net2} = 340.2 + 0.098 \times 1013.1 = 439.5\text{kJ/(kg 空气)}$$

联合循环热效率

$$\eta_t = \frac{w_{net}}{q_1} = \frac{439.5}{759.6} = 0.579 = 57.9\%$$

对比循环热效率可知，联合循环热效率高于单独的燃气轮机循环热效率和单独的蒸汽动力循环热效率。

5.3 制 冷 循 环

5.3.1 空气压缩制冷循环

5.3.1.1 简单空气压缩制冷循环

逆卡诺循环的缺点是制冷剂的等温吸热和等温放热过程不易实现，可以采用等压过程来代替这两个等温过程，空气压缩式制冷循环就是这样的过程。其循环流程如图 5－32 所示，其 $T-s$ 图示于图 5－33。

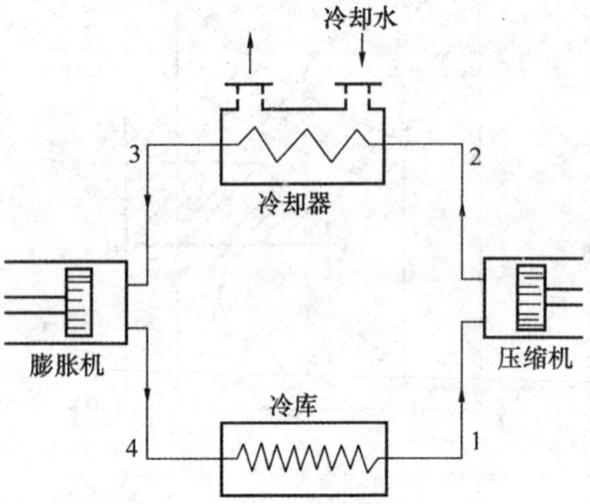

图 5－32　空气压缩式制冷循环流程图

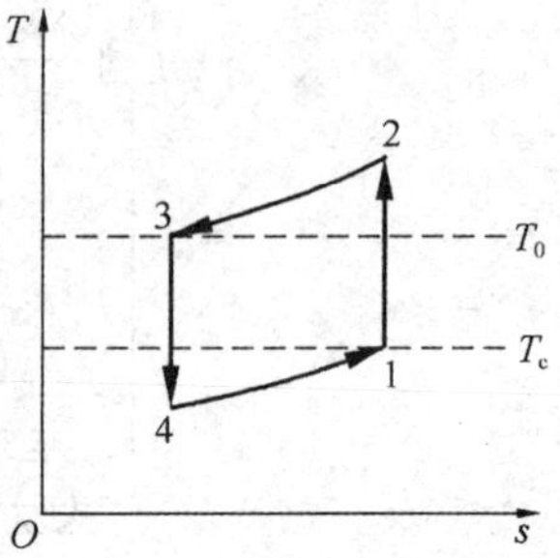

图 5－33　空气压缩式制冷循环的 $T-s$ 图

简单空气压缩制冷循环正常工作时，从冷库出来的空气处于状态 1，温度为 $T_1=T_c$（T_c 为冷库温度），经压缩机绝热压缩后，温度升至 $T_2>T_0$（T_0 为环境温度），压力升至 p_2。然后进入冷却器，在等压下向冷却水放热后，温度降至 $T_3=T_0$，再经膨胀机绝热膨胀后，压力下降至 p_4，温度进一步下降到 $T_4<T_c$。最后进入冷库，在等压下吸热，温度升至 T_1，完成了一个循环。

热力分析：

如果将空气视为比热容为定值的理想气体，则对于每 1kg 空气：

循环从低温热源（冷库）吸收的热量（制冷量）：

$$q_2 = h_1 - h_4 = c_p(T_1 - T_4)$$

放给高温热源（冷却器）的热量：

$$q_1 = h_2 - h_3 = c_p(T_2 - T_3)$$

压缩机消耗的功：　$w_c = h_2 - h_1 = c_p(T_2 - T_1)$

膨胀机回收的功：　$w_e = h_3 - h_4 = c_p(T_3 - T_4)$

循环所消耗的净功：

$$w_{net} = w_c - w_e = q_1 - q_2 = c_p(T_2 - T_3) - c_p(T_1 - T_4)$$

循环的制冷系数：　$\varepsilon = \dfrac{q_2}{w_{net}} = \dfrac{T_1 - T_4}{(T_2 - T_3) - (T_1 - T_4)}$

因过程 1－2 和 3－4 均为等熵过程，而过程 2－3 和 4－1 为等压过程，故

$$\frac{T_2}{T_1} = \left(\frac{p_2}{p_1}\right)^{\frac{k-1}{k}} = \left(\frac{p_3}{p_4}\right)^{\frac{k-1}{k}} = \frac{T_3}{T_4}$$

于是，制冷系数为：

$$\varepsilon = \frac{1}{\dfrac{T_3}{T_4} - 1} = \frac{1}{\dfrac{T_2}{T_1} - 1} = \frac{1}{\left(\dfrac{p_2}{p_1}\right)^{\frac{k-1}{k}} - 1} \qquad (5-20)$$

分析空气压缩制冷循环，发现它存在着以下缺点：

① 空气压缩制冷循环的吸热、放热过程不是等温过程，其制冷系数较同温限内逆卡诺循环的制冷系数小。

相同温度界限（$T_1=T_c$，$T_3=T_0$）内的卡诺循环的制冷系数为

$$\varepsilon_c=\frac{T_c}{T_0-T_c}=\frac{T_1}{T_3-T_1}>\frac{T_1}{T_2-T_1}=\varepsilon$$

若要提高其制冷系数，由式(5-8)可知，需减小 p_2/p_1 的值。但若该压缩比过小，由图5-34可见，循环中单位工质的制冷量就很小。

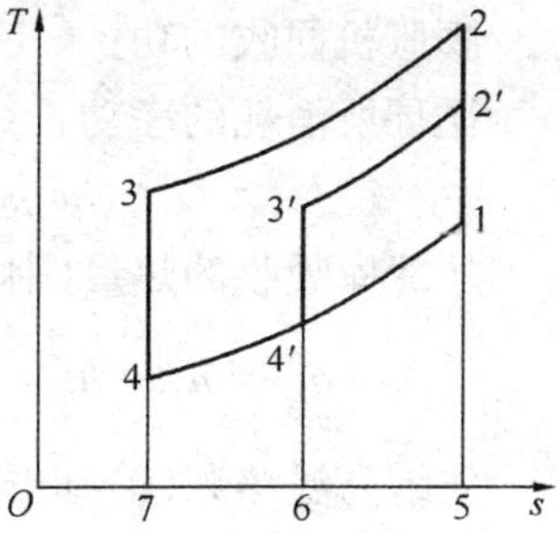

图5-34　压缩比对制冷量的影响

② 工质从低温热源吸收的热量为 $Q_2=q_m c_p(T_1-T_4)$，由于空气的比热容 c_p 较小，所以，压缩空气制冷循环的制冷量通常较小。

③ 压缩空气制冷循环难以达到很低的制冷温度，因为需要很大的压缩比、膨胀比和质量流量，一般的压缩机和膨胀机难以满足要求。

5.3.1.2　回热式空气压缩制冷循环

近年来，随着大流量叶轮式机械的发展，再加上采用回热等措施，使空气压缩制冷循环得到了实际应用。空气压缩回热制冷循环流程及 $T-s$ 图如图5-35所示，将回热循环1-2-3-4-5-6-1和未采用回热的循环1-3′-5′-6-1相比，当两者温度界限相同时，其吸热量和放热量均相同，制冷系数也相同，但 $p_3'>p_3$，即压缩比减小了。

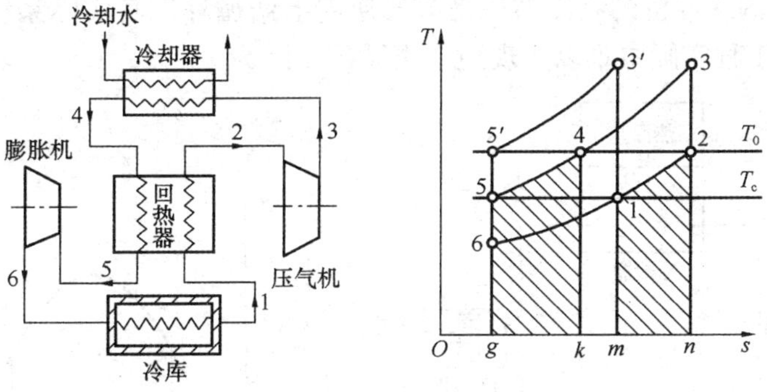

图5-35　空气压缩回热制冷循环流程图及 $T-s$ 图

例5-9　一空气压缩制冷装置，空气进入膨胀机的温度为 $t_3=20℃$，压力为 $p_3=0.4\text{MPa}$，在膨胀机中绝热膨胀到 $p_4=0.1\text{MPa}$，然后经冷库吸热后，温度为 $t_1=-5℃$，试对该循环进行热力计算。

解　压缩机出口的温度为

$$T_2=\left(\frac{p_2}{p_1}\right)^{\frac{k-1}{k}}T_1=\left(\frac{p_3}{p_4}\right)^{\frac{k-1}{k}}T_1=\left(\frac{0.4}{0.1}\right)^{\frac{1.4-1}{1.4}}\times(273-5)=398.24\text{K}$$

所以 $t_2=125.24℃$

膨胀机出口的温度为

$$T_4=\left(\frac{p_4}{p_3}\right)^{\frac{k-1}{k}}T_3=\left(\frac{0.1}{0.4}\right)^{\frac{1.4-1}{1.4}}\times(273+20)=197.18\text{K}$$

所以 $t_2=-75.82℃$

压缩机消耗的功：

$$w_c=h_2-h_1=c_p(T_2-T_1)=1.004\times(398.24-268)=130.76\text{kJ/kg}$$

膨胀机回收的功： $w_e = h_3 - h_4 = c_p(T_3 - T_4) = 1.004 \times (293 - 197.18) = 96.20\text{kJ/kg}$

循环所消耗的净功：

$$w_{net} = w_c - w_e = 130.76 - 96.2 = 34.56\text{kJ/kg}$$

从冷库吸收的热量（制冷量）：

$$q_2 = h_1 - h_4 = c_p(T_1 - T_4) = 1.004 \times (268 - 197.18) = 71.1\text{kJ/kg}$$

放给高温热源（冷却器）的热量：

$$q_1 = h_2 - h_3 = c_p(T_2 - T_3) = 1.004 \times (398.24 - 293) = 105.66\text{kJ/kg}$$

循环的制冷系数：

$$\varepsilon = \frac{q_2}{w_{net}} = \frac{71.1}{34.56} = 2.057$$

5.3.2 蒸气压缩式制冷循环

由上节可知，空气压缩制冷循环存在着两个基本缺点：一是制冷系数低；二是由于空气的比热容 c_p 较小造成循环的制冷量较小。采用蒸气压缩式制冷循环，能在这两方面大大改善，因为利用蒸气的性质在湿饱和蒸气区内可以实现定温过程，而且蒸气的气化潜热远远大于显热，单位制冷量较大。因此蒸气压缩式制冷循环在工业中得到了最广泛的应用。

5.3.2.1 蒸气逆向卡诺循环

相同温度界限内最经济的制冷循环是蒸气逆向卡诺循环，其实际系统图及 $T-s$ 图如图 5-36 所示，然而工程实际中难以实现逆卡诺循环，因为：

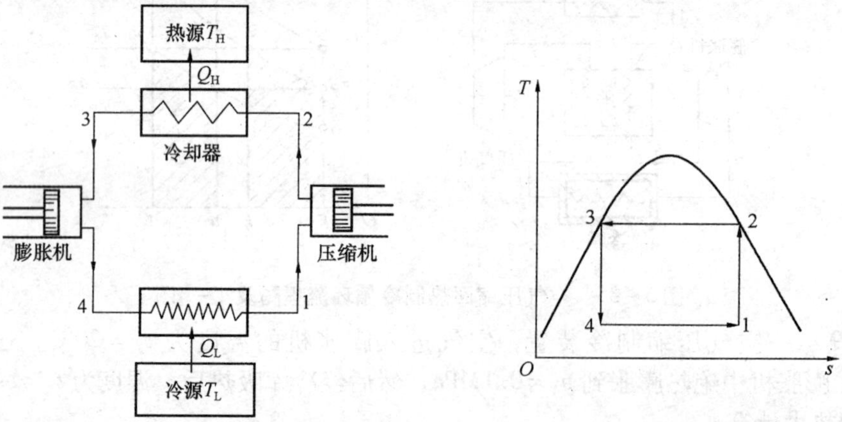

图 5-36 蒸气逆向卡诺循环

① 状态 1 下工质的湿度太大，对压缩机的安全可靠运行构成威胁；

② 状态 4 下工质的湿度也大，对膨胀机工质也不利；

③ 膨胀机成本高，且液体在膨胀机内膨胀，做功量很小。

为解决以上问题，蒸气压缩式制冷循环实际上采用理论循环进行分析和热力计算。按理论循环制冷时，它的制冷设备和热力过程和逆卡诺循环有较大的区别，而且产生了一些其他不可逆损失。下面就对蒸气压缩式制冷理论循环的工作原理及热力分析方法进行简单介绍。

5.3.2.2 蒸气压缩式制冷的理论循环

蒸气压缩式制冷的理论循环也是一种近似的理想循环，它主要由压缩机、冷凝器、节流阀以及蒸发器四部分组成，其流程示意图以及其 $T-s$ 图如图 5－37 所示。

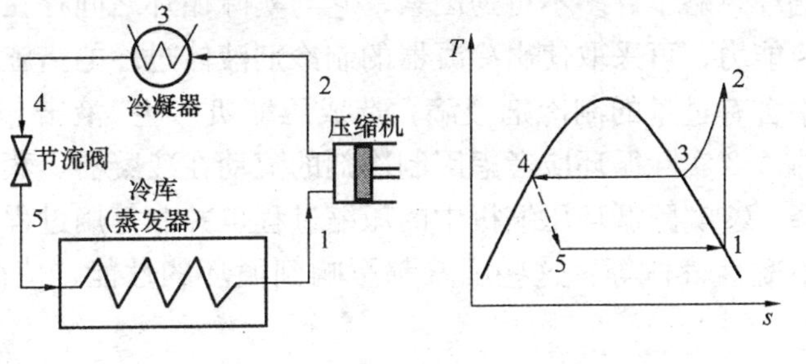

图 5－37 蒸气压缩式制冷理论循环的流程示意图及 $T-s$ 图

其工作过程为：当压缩机由电动机驱动运行时，从蒸发器中吸入饱和蒸气，绝热压缩后成为过热蒸气（过程 1－2），过热蒸气进入冷凝器，在定压下冷却（过程 2－3），并进一步在定压定温下冷凝成饱和液体（过程 3－4）。饱和液体继而通过一个膨胀阀（又称节流阀或减压阀）经绝热节流降压降温而变成低干度的湿饱和蒸气（过程 4－5），随后进入蒸发器，在蒸发器中制冷剂定压蒸发成为饱和制冷剂蒸气，完成一个循环。

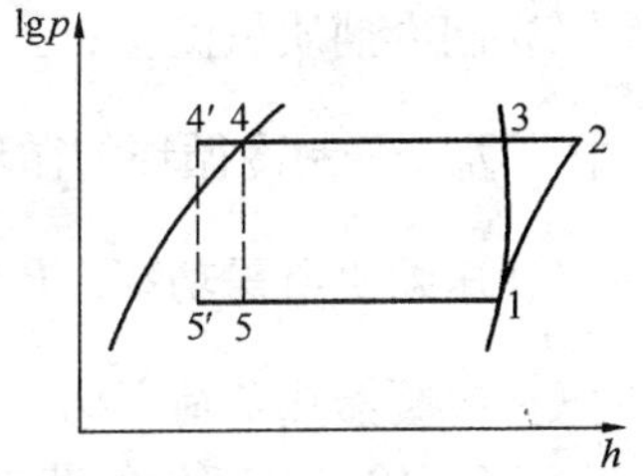

图 5－38 蒸气压缩式制冷的理论循环在 $\lg p-h$ 图上的表示

蒸气压缩式制冷的理论循环在 $\lg p-h$ 图上的表示如图 5－38所示，图中 1－2 表示压缩机中的绝热压缩过程；2－3－4是冷凝器中的定压冷却、冷凝过程；4－5 为膨胀阀中的绝热节流过程；5－1 表示蒸发器内的定压蒸发过程。

根据图 5－38，对其进行热力分析（按 1kg 单位工质进行）：

根据理论循环的 $T-s$ 图或 $\lg p-h$ 可查出各点的焓值，因此可求出制冷剂从低温热源（冷库）吸收的热量为：

$$q_0 = h_1 - h_5$$

放给高温热源（冷却器）的热量：

$$q_1 = h_2 - h_4$$

压缩机消耗的功： $w_0 = h_2 - h_1$

制冷剂流经节流阀不做功，焓值不变，即 $h_4 = h_5$

循环的制冷系数：

$$\varepsilon = \frac{q_0}{w_0} = \frac{h_1 - h_4}{h_2 - h_1} \tag{5-21}$$

从 $T-s$ 图上可以看出理论循环不同于逆卡诺循环之处为：① 压缩机吸入饱和蒸气而不是湿蒸气。② 制冷剂用膨胀阀绝热节流，而不是用膨胀机绝热膨胀；若用膨胀机代替节流阀，则膨胀过程应为 4－6，从而可回收这部分膨胀功 $h_4 - h_6$，制冷量也增加了 $h_5 - h_6$ 值。③ 制冷剂在冷凝器和蒸发器中按等压过程循环，而且具有传热温差等不可逆损失，所以与逆向卡诺循环相比，制冷系数较小。

过程 4－5 为等焓节流过程，工程上最常用的设备仍是节流阀，原因有三：①损失的膨胀功是由干度较小的工质膨胀完成，其数值不大，且采用膨胀机实施难度大。②采用节流阀代替结构复杂的膨胀机，简化了设备，节省了投资。③节流阀能够方便地调节蒸发器中工质的压力，从而能够方便地调节被冷对象的温度。

事实上，理论循环忽略了许多不可逆因素，它与实际循环之间存在着很大的差别：①实际循环为了提高制冷能力，可采取使出冷凝器的制冷剂液体过冷的措施。②为了避免压缩机吸入的制冷剂蒸气中含有过量的制冷剂液滴，造成压缩机产生“液击”现象，往往使出蒸发器的制冷剂蒸气过热。③实际循环应考虑因制冷剂的流动在冷凝器、蒸发器和连接各设备的管道中产生的压力降。④实际循环压缩机中的压缩过程也并非等熵过程。⑤实际循环的整个制冷系统中存在着不凝性气体等。这些因素都影响到循环的性能，使循环的制冷系数发生变化。

实际蒸气压缩制冷循环整个装置的能量分析如下：

① 制冷系数：$\varepsilon=\dfrac{q_0}{w_0}$=收获/消耗

② 制冷剂质量流量：
$$q_{\mathrm{m}}=\frac{Q_0}{q_0}$$

式中　Q_0——制冷循环的循环制冷量，kW。

③ 压缩机所需功率：$P=\dfrac{q_{\mathrm{m}}w_0}{3600}$

④ 冷凝器热负荷：$Q_1=q_{\mathrm{m}}(h_2-h_1)$

例 5-10　一理想的蒸气压缩制冷系统，循环制冷量为 $Q_0=300\text{kW}$，以氟利昂 22 为制冷剂，冷凝温度为 30℃，蒸发温度为 -30℃。求：① 1kg 工质的制冷量 q_0；② 循环的质量流量 q_{m}；③ 消耗的功率；④ 循环制冷系数；⑤ 冷凝器的热负荷。

解　① 从氟利昂 22 的 $\lg p-h$ 图查得：

$$h_1=615.34\text{kJ/kg},\ h_4=h_5=456.27\text{kJ/kg},\ h_2=663.48\text{kJ/kg}$$

1kg 工质的制冷量：

$$q_0=h_1-h_5=615.34-456.27=159.07\text{kJ/kg}$$

② 因为 $Q_0=300\text{kW}$，所以循环制冷剂的流量为：

$$q_{\mathrm{m}}=\frac{Q_0}{q_0}=\frac{300}{159.07}=1.89\text{kg/s}$$

③ 压缩机所消耗的比功 w 及功率 P：

$$w=h_2-h_1=663.48-615.34=48.14\text{kJ/kg}$$
$$P=q_{\mathrm{m}}w=1.89\times48.14=90.98\text{kW}$$

④ 循环制冷系数

$$\varepsilon=\frac{Q_0}{W}=\frac{q_0}{w}=\frac{159.07}{48.14}=3.3$$

⑤ 冷凝器热负荷：

$$\begin{aligned}Q_1&=q_{\mathrm{m}}(h_2-h_4)\\&=1.89\times(663.48-456.27)\\&=391.63\text{kW}\end{aligned}$$

5.3.3　吸收式制冷循环

吸收式制冷循环也是利用液体汽化时吸收热量实现制冷的，它主要由发生器、冷凝器、节流机构、蒸发器和吸收器等组成，其循环流程图如图 5－39 所示。它所采用的工质是两种沸点不同的物质组成的二元混合物，其中沸点低的物质为制冷剂，沸点高的物质为吸收剂，通常称为"工质对"。

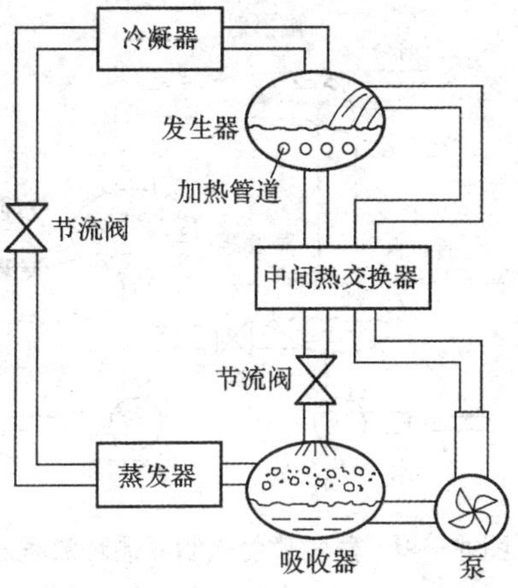

图 5－39　吸收式制冷循环的流程图

吸收式制冷循环的工作过程如下：从蒸发器出来的蒸气 1 进入吸收器，在较低的温度和压力下被吸收剂吸收，形成二元溶液，吸收器中的溶液由于吸收了制冷剂，浓度(制冷剂相对含量)升高，吸收过程中放出的热量由冷却水带走。浓度较高的二元溶液由溶液泵耗功 W_P 升压送入中间热交换器，吸收来自于发生器的稀溶液的热量后，再送入发生器，在发生器中从加热管道中的工质中吸收热量 Q，使二元溶液中较易挥发的制冷剂变为蒸气，从而得到具有较高温度和压力的制冷剂蒸气。此蒸气进入冷凝器冷凝放热，经节流阀降压降温，然后进入蒸发器蒸发吸收 Q_2，再进入吸收器进行下一个循环。在发生器中，二元溶液中的制冷剂蒸发后留下的稀溶液经中间热交换器降温后，进入节流阀降温降压，再送回吸收器，继续吸收来自蒸发器的制冷剂蒸气，形成浓溶液。这样，利用制冷剂在吸收剂中的溶解度随温度变化的特征，通过吸收－发生循环不断地把工质升温升压，起到压缩机的作用。

吸收式制冷循环的性能系数是：

$$COP = \frac{Q_2}{Q + W_P} \tag{5-22}$$

最常用的吸收式制冷机有溴化锂吸收式制冷机和氨水吸收式制冷机。溴化锂吸收式制冷机中采用溴化锂为吸收剂，水为制冷剂，因为在常压下水的沸点较高，所以溴化锂吸收式制冷机可用于制取 0℃以上的低温系统，目前多应用于空气调节工程中。氨水吸收式制冷机中水为吸收剂，氨为制冷剂，由于氨在常压下的沸点较低，因此它常用来制取较低的温度。但是因为氨和水较难分离，需要精馏设备等，所以其设备较为复杂，主要用于工业生产中制取 0℃以下的低温系统。

吸收式制冷的优点是对热源的温度要求不高，可利用较低温度的热能如低压蒸气、热水、烟气等作为热源，所以吸收式制冷是工矿企业利用低温余热制冷的较好方式。

吸收式制冷循环和蒸气压缩式制冷循环相比，它们之间存在着不同，主要有以下几点：①消耗的能量不同，压缩式制冷消耗的是机械能或电能，属于高级能；而吸收式制冷消耗的是热能，属于中级能。②制冷剂蒸气从低压状态变化到高压状态采用的设备不同，压缩式制冷采用的是压缩机；而吸收式制冷采用的是发生器、溶液泵、吸收器及溶液热交换器等部件。③所采用的工质不同，压缩式制冷采用单一的制冷剂就能完成整个循环；吸收式制冷至少需要制冷剂和吸收剂一对工质对来完成整个循环。④对环境的危害不同，吸收式制冷对环境及大气臭氧层无害。⑤吸收式制冷的性能系数 COP 比压缩式制冷的要小。

5.3.4 蒸气喷射式制冷循环

蒸气喷射式制冷循环和蒸气压缩式及吸收式制冷相似，都属于液体汽化式制冷。它主要由喷射器、冷凝器、蒸发器、节流阀及泵五大部分组成，其设备流程示意图如图5－40所示。

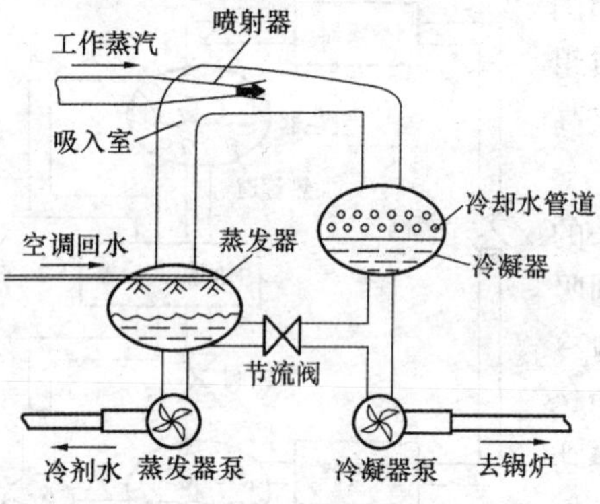

图5－40 蒸气喷射式制冷循环流程示意图

工作过程：用锅炉产生高温高压的工作蒸汽，将其送入喷射器中的喷嘴，工作蒸汽膨胀并以高速流动（流速可达1000m/s以上），于是在喷嘴出口处，造成很低的压力，由于吸入室和蒸发器相连，所以蒸发器中的压力也会很低，低温低压的部分水吸热而汽化，将未汽化的水的温度降低。这部分低温水就可用于制冷，称为冷剂水。蒸发器中产生的冷剂水蒸气和工作蒸汽在喷嘴出口处混合，一起进入冷凝器，被外部的冷却水冷却而变成液态水。这些冷凝水再由冷凝器引出，分两路：一路经过节流降压后送往蒸发器，继续蒸发制冷；另一部分用泵提高压力送往锅炉，重新加热产生工作蒸汽。

蒸气喷射式制冷机具有下述特点：①主要是以消耗热量为代价实现制冷的，只消耗少量的机械能或电能，就可实现制冷；②结构简单，加工方便，无运动部件，使用寿命长，故具有一定的使用价值；③循环效率低，原因是工作蒸汽的压力高，喷射器内蒸汽的流动损失大。

蒸气喷射式制冷机除采用水作为工作介质外，还可以采用其他制冷剂作为工作介质，比如采用低沸点的氟利昂为制冷剂，可以获得更低的制冷温度。

本 章 小 结

（1）蒸气卡诺循环

热效率高，但实际工程中并不采用，因为汽水压缩过程难以实现，且受水临界温度限制，饱和区的循环净功较小、热效率提高潜力小，汽轮机的乏汽湿度较大，对汽轮机的叶片会产生冲击和腐蚀。

（2）朗肯循环

与蒸气卡诺循环相比，采用冷凝器将乏汽冷凝成饱和水，用水泵取代压缩机对单相水进行压缩，提高了压缩过程的安全性和经济性；设置过热器，提高平均吸热温度，提高循环热效率，同时也降低了乏汽湿度，改善了汽轮机工作条件。

朗肯循环热效率的大小受蒸汽初压 p_1、蒸汽初温 t_1 和背压 p_2 的影响。

（3）再热循环

将在汽轮机高压缸中做过功的蒸汽抽出送回至锅炉的再热器中再次定压加热，温度升高后再全部引入汽轮机低压缸继续膨胀做功，可使乏汽的干度明显提高。中间压力选取得当也可提高循环热效率。

（4）回热循环

将汽轮机内做过功，但尚未完全膨胀的一部分蒸汽抽出，在回热加热器内预热进入锅炉前的给水，提高了平均吸热温度，提高了循环热效率。

(5) 热电联产循环

通过采用背压式汽轮机或抽汽调节式热电联产循环，将做过功的蒸汽抽出用来供热，取消冷凝器或减少向冷凝器的放热，从而减少放热损失，提高热能的利用率。

(6) 活塞式内燃机动力循环

将气体吸入汽缸，在汽缸内实现气体的压缩、燃烧、膨胀做功，然后将废气排出，从而实现热机转换的循环过程。

混合加热循环的热效率随压缩比 ε、定容升压比 λ 的增大而提高，随定压预胀比 ρ 的减小而提高。现行的柴油机都是以此为基础设计制造的，柴油机 $\varepsilon \approx 13 \sim 20$。

汽油机实际工作循环的理想化为定容加热循环，其热效率随压缩比 ε 的增大而提高，但会导致压缩终了温度过高。一般 $\varepsilon \approx 5 \sim 10$。

(7) 燃气轮机动力循环

燃气轮机定压加热理想循环随着增压比 π 的增大，循环热效率增高，但 π 如过高，会导致循环净功减少。常用的燃气轮机增压比为 11 ~ 16。

采用回热可提高燃气轮机动力循环效率。

(8) 燃气－蒸汽联合循环

将燃气轮机排气余热加以利用生产水蒸气，驱动汽轮机运转，实现燃气轮机和汽轮机的同时工作，完成热功转换。联合循环热效率高于单独的燃气轮机循环热效率和单独的蒸汽动力循环热效率。

(9) 空气压缩式制冷循环

空气压缩式制冷循环存在着以下缺点：①其制冷系数较同温限内逆卡诺循环的制冷系数小。②压缩空气制冷循环的制冷量通常较小。③压缩空气制冷循环难以达到很低的制冷温度。

(10) 蒸气压缩式制冷循环

① 蒸气压缩式制冷的理论循环不同于逆卡诺循环之处为：ⅰ)压缩机吸入饱和蒸气而不是湿蒸气；ⅱ)制冷剂用膨胀阀绝热节流，而不是用膨胀机绝热膨胀；ⅲ)制冷系数较小。

② 空气压缩制冷循环和蒸气压缩式制冷循环的热力计算的公式分别为：

	空气压缩制冷循环	蒸气压缩制冷的理论循环
制冷量	$q_2 = h_1 - h_4 = c_p(T_1 - T_4)$	$q_2 = h_1 - h_5$
放热量	$q_1 = h_2 - h_3 = c_p(T_2 - T_3)$	$q_1 = h_2 - h_4$
循环净功	$w_{net} = w_c - w_e = c_p(T_2 - T_3) - c_p(T_1 - T_4)$	$w_c = h_2 - h_1$
制冷系数	$\varepsilon = \dfrac{1}{\dfrac{T_3}{T_4} - 1} = \dfrac{1}{\dfrac{T_2}{T_1} - 1} = \dfrac{1}{\left(\dfrac{p_2}{p_1}\right)^{\frac{k-1}{k}} - 1}$	$\varepsilon = \dfrac{q_2}{w_0} = \dfrac{h_1 - h_4}{h_2 - h_1}$

③ 蒸气压缩式制冷循环理论循环忽略了许多不可逆因素，它与实际循环之间存在着很大的差别：ⅰ)实际循环使出冷凝器的制冷剂液体过冷；ⅱ)使出蒸发器的制冷剂蒸气过热；ⅲ)实际循环要考虑在冷凝器、蒸发器和连接各设备的管道中产生的压力降；ⅳ)实际循环压缩机中的压缩过程并非等熵过程；ⅴ)实际循环的整个制冷系统中存在着不凝性气体等。

这些因素都影响到循环的性能，使循环的制冷系数发生变化。

(11) 吸收式制冷循环

吸收式制冷循环也是利用液体汽化时吸收热量实现制冷的，它所采用的工质对中沸点低的物质为制冷剂，沸点高的物质为吸收剂。它与蒸气压缩式制冷循环相比不同之处在于：①消耗的能量不同；②制冷剂蒸气从低压状态变化到高压状态采用的设备不同；③所采用的工质不同；④对环境的危害不同；⑤吸收式制冷的性能系数 COP 比压缩式制冷的要小。

(12) 蒸气喷射式制冷循环

蒸气喷射式制冷循环具有下述特点：①主要是以消耗热量为代价实现制冷的；②结构简单，加工方便，无运动部件，使用寿命长；③循环效率低。蒸气喷射式制冷机可以采用低沸点的制冷剂如氟利昂为制冷剂获得更低的制冷温度。

思 考 题

1. 实际动力循环为什么不采用蒸气卡诺循环？而采用朗肯循环？
2. 实现朗肯循环需要哪几个主要设备？将循环过程在 $p-v$ 图、$T-s$ 图上表示出来。
3. 蒸气动力循环中，若将膨胀做功后的乏汽直接送入锅炉中使之吸热变为新蒸汽，从而避免在冷凝器中放热，不是可大大提高热效率吗？这种想法对否？为什么？
4. 提高朗肯循环热效率的方法有哪些？
5. 采用再热循环的主要目的是什么？什么条件下的中间再热才能提高循环热效率？
6. 回热循环是在汽轮机内抽汽，减少了做功，为什么还会提高循环热效率呢？
7. 活塞式内燃机的基本循环有哪几种，在 $p-v$ 图、$T-s$ 图上表示出来。
8. 活塞式内燃机的混合加热循环的热效率与哪些因素有关？
9. 燃气轮机定压加热理想循环随着增压比 π 的增大，循环热效率增高，那么是否 π 可无限增大？为什么？
10. 空气压缩制冷循环中，循环增压比 p_2/p_1 越小，制冷系数是越大还是越小？增压比减小，循环的制冷量如何变化？（在 $T-s$ 图上分析）
11. 简单空气压缩制冷循环与蒸气逆卡诺循环有何不同？
12. 在简单空气压缩制冷循环中，可不可以用蒸气压缩式制冷理论循环中的节流阀代替膨胀机？为什么？
13. 制冷剂在蒸气压缩制冷循环中，热力状态是如何变化的？
14. 单级蒸气压缩式制冷实际循环与理论循环有何区别？
15. 制冷剂在通过节流元件时压力降低，温度也大幅下降，可以认为节流过程近似为绝热过程，那么制冷剂降温时的热量传给了谁？
16. 何为吸收式制冷？吸收式制冷和蒸气压缩式制冷有何共同点和不同点？
17. 在吸收式制冷中流体为何需要在吸收器中放出热量被冷却，在发生器中需吸收热量被加热？
18. 分析蒸气喷射式制冷循环中水蒸气在热力过程中的工作状态。

习 题

1. 蒸气朗肯循环的初压为 5MPa，初温为 500℃，背压为 0.004MPa，求循环净功、加热量、热效率、汽耗率以及汽轮机乏汽干度(忽略水泵功)。

2. 汽轮机的进汽初压为 $p_1=3.5\mathrm{MPa}$，初温为 $t_1=435℃$，在冬天时冷却水温度低，冷凝器压力为 $p_2=0.004\mathrm{MPa}$，而在夏天时冷却水温度高，冷凝器压力为 $p_2=0.007\mathrm{MPa}$，试求上述两种情况下朗肯循环热效率及汽耗率(忽略水泵功)。

3. 某热电厂中，装有按朗肯循环工作的功率为12MW的背压式汽轮机，蒸汽参数为 $p_1=3.5\mathrm{MPa}$，初温为 $t_1=435℃$，$p_2=0.6\mathrm{MPa}$。经过热用户后，蒸汽变为 p_2 下的饱和水返回锅炉，锅炉的效率 $\eta_B=0.85$，所用燃料发热量为25000kJ/kg。求锅炉每小时的耗煤量。

4. 水蒸气的初压为 $p_1=16.5\mathrm{MPa}$，初温为 $t_1=535℃$，背压为0.005MPa，采用再热循环，再热压力为3.5MPa，再热温度与初温相同，求乏汽干度和循环热效率。

5. 某蒸汽动力循环由一次再热及一级回热组成，汽轮机高压缸进口蒸汽参数为 $p_1=10\mathrm{MPa}$，$t_1=550℃$，经膨胀做功后压力降为 $p_2=2\mathrm{MPa}$ 后抽出部分蒸汽去混合式回热器，余下的蒸汽进入锅炉再热器中加热到 $t_3=540℃$，再热蒸汽进入低压缸后做功，乏汽压力为0.015MPa，乏汽在凝汽器中冷却到饱和水，然后送至回热器内加热。流过凝汽器的循环冷却水由环境温度20℃上升到32℃，水的比热容取为4.1868kJ/(kg·K)。汽轮机总功率为100MW，不计水泵耗功。试画出此循环的 $T-s$ 图，求回热抽汽的抽汽率、循环净功、循环热效率、水蒸气流量，以及水流量。

6. 活塞式内燃机的定容加热循环的初参数为 $p_1=10\mathrm{MPa}$，$t_1=25℃$，压缩比为8，对工质加入热量为780kJ/kg。工质可视为空气，定压比热容为 $c_p=1.004\mathrm{kJ/(kg\cdot K)}$，$R=0.287\mathrm{kJ/(kg\cdot K)}$。试画出循环的 $p-v$ 图和 $T-s$ 图；计算循环最高压力及最高温度；求循环净功及循环热效率。

7. 某燃气轮机定压加热理想循环中，压气机入口工质压力为0.1MPa，温度为20℃，增压比为6.5，燃气轮机入口温度为750℃。工质右看作空气，定值比热容为 $c_p=1.004\mathrm{kJ/(kg\cdot K)}$，$k=1.4$。试求循环加热量、放热量、循环净功以及循环热效率。

8. 某燃气-蒸汽联合循环，假设燃气在余热锅炉中可放热至压气机入口温度(即不再向环境放热)，且放出的热量全部被蒸汽循环吸收。高温燃气循环的热效率为28%，低温蒸汽循环的热效率为36%。试求联合循环的热效率。

9. 某一空气压缩制冷机，空气进入膨胀机的温度为 $t_3=15℃$，压力为 $p_3=0.35\mathrm{MPa}$，在膨胀机中绝热膨胀到 $p_4=0.15\mathrm{MPa}$，然后经冷库吸热后，温度为 $t_1=-2℃$，试对该循环进行热力计算。

10. 一简单空气压缩制冷循环，空气从-23℃的制冷空间吸收热量，向27℃的环境介质放出热量，若压缩机的压缩比为3，试确定该循环中的最高温度及最低温度、制冷系数。

11. 一台单级蒸气压缩式制冷机，工作在高温热源温度为40℃，低温热源温度为-20℃下，试求分别用R134a和R22工作时，理论循环的性能指标。

12. 有一单级蒸气压缩式制冷循环用于空调，假定为理论制冷循环，工作条件如下：蒸发温度 $t_0=5℃$，冷凝温度 $t_k=40℃$，制冷剂为R134a。空调房间需要的制冷量是3kW，试求：该理论制冷循环的单位质量制冷量、制冷剂质量流量、理论比功、压缩机消耗的理论功率、制冷系数和冷凝器热负荷。

13. 某一单级蒸气压缩式制冷机采用R134a作为制冷剂，蒸发压力和冷凝压力分别为0.14MPa和0.8MPa，如果制冷剂的质量流量为 $q_m=0.05\mathrm{kg/s}$，试求制冷机的制冷量、压缩机消耗的功率、冷凝器的热负荷及制冷系数。

选读材料　物质的10种物态

在自然界中，我们看到物质以各种各样的形态存在着：花虫鸟兽、山河湖海、不同肤色的人种、各种美丽的建筑……大到星球宇宙，小到分子、原子、电子等极微小的粒子，真是千姿百态、斗奇争艳。大自然自身的发展，造就了物质世界这种绚丽多彩的宏伟场面。物质具体的存在形态有多少，这的确是难以说清的。但是，经过物理学的研究，千姿百态的物质都可以初步归纳为两种基本的存在形态："实物"和"场"。

"实物"具有的共同特点是：质量集中在某一空间，一般有比较确定的界面(气体的界面虽然模糊，但它又是由一个个实物粒子构成)。本文开头所举的各例都属于实物。

"场"则是看不见摸不着的物质，它可以充满全部空间，它具有"可入性"。例如大家熟知的电磁波，它可以将电台天线发射的信号通过空间传送到千家万户的收音机或电视机。可以概括地说，"场"是实物之间进行相互作用的物质形态。

什么是"物态"呢？日常所知的固态、液态和气态就是三种"物态"。为什么要有"物态"的概念？因为实物的具体形态太多了，将它们归纳一下能否分成较少的几类？这就产生了"物态"的概念。"物态"是按属性划分的实物存在的基本形态，它都表现为大量微小物质粒子作为一个大的整体而存在的集合状态。以往人们只知道有固态、液态和气态三种物态，随着科学的发展，在大自然中又发现了多种"物态"。人类迄今知道的"物态"已达10余种之多。

日常生活中最常见的物质形态是固态、液态和气态，从构成来说这类状态都是由分子或原子的集合形式决定的。由于分子或原子在这三种物态中运动状况不同，而使我们看到了不同的特征。

(1) 固态

严格地说，物理上的固态应当指"结晶态"，也就是各种各样晶体所具有的状态。最常见的晶体是食盐(化学成份是氯化钠，化学符号是 NaCl)。你拿一粒食盐观察(最好是粗制盐)，可以看到它由许多立方形晶体构成。如果你到地质博物馆还可以看到许多颜色、形状各异的规则晶体，十分漂亮。物质在固态时的突出特征是有一定的体积和几何形状，在不同方向上物理性质可以不同(称为"各向异性")；有一定的熔点，就是熔化时温度不变。

在固体中，分子或原子有规则地周期性排列着，就像我们全体做操时，人与人之间都等距离地排列一样。每个人在一定位置上运动，就像每个分子或原子在各自固定的位置上作振动一样。我们将晶体的这种结构称为"空间点阵"结构。

(2) 液态

液体有流动性，把它放在什么形状的容器中它就有什么形状。此外与固体不同，液体还有"各向同性"特点(不同方向上物理性质相同)。这是因为，物体由固态变成液态的时候，由于温度的升高使得分子或原子运动剧烈，而不可能再保持原来的固定位置，于是就产生了流动。但这时分子或原子间的吸引力还比较大，使它们不会分散远离，于是液体仍有一定的体积。实际上，在液体内部许多小的区域仍存在类似晶体的结构——"类晶区"。流动性是"类晶区"彼此间可以移动形成的。我们打个比方，在柏油路上迭行的"车流"，每辆汽车内的人是有固定位置的一个"类晶区"，而车与车之间可以相对运动，这就造成了车队整体的流动。

(3) 气态

液体加热会变成气态。这时分子或原子运动更剧烈，“类晶区”也不存在了。由于分子或原子间的距离增大，它们之间的引力可以忽略，因此气态时主要表现为分子或原子各自的无规则运动，这导致了我们所知的气体特性：有流动性，没有固定的形状和体积，能自动地充满任何容器；容易压缩；物理性质“各向同性”。

显然，液态是处于固态和气态之间的形态。

(4) 非晶态——特殊的固态

普通玻璃是固体吗？你一定会说，当然是固体。其实，它不是处于固态(结晶态)。对这一点，你一定会奇怪。

这是因为玻璃与晶体有不同的性质和内部结构。

你可以做一个实验，将玻璃放在火中加热，随温度逐渐升高，它先变软，然后逐步地熔化。也就是说玻璃没有一个固定的熔点。此外，它的物理性质也“各向同性”。这些都与晶体不同。

经过研究，玻璃内部结构没有“空间点阵”特点，而与液态的结构类似。只不过“类晶区”彼此不能移动，造成玻璃没有流动性。我们将这种状态称为“非晶态”。

严格地说，“非晶态固体”不属于固体，因为固体专指晶体；它可以看作一种极黏稠的液体。因此，“非晶态”可以作为另一种物态提出来。

除普通玻璃外，“非晶态”固体还很多，常见的有橡胶、石蜡、天然树脂、沥青和高分子塑料等。

(5) 液晶态——结晶态和液态之间的一种形态

“液晶”现在对我们已不陌生，它在电子表、计算器、手机、传呼机、微型电脑和电视机等的文字和图形显示上得到了广泛的应用。

“液晶”这种材料属于有机化合物，迄今人工合成的液晶已达 5000 多种。

这种材料在一定温度范围内可以处于“液晶态”，就是既具有液体的流动性，又具有晶体在光学性质上的“各向异性”。它对外界因素(如热、电、光、压力等)的微小变化很敏感。我们正是利用这些特性，使它在许多方面得到应用。

上述几种“物态”，在日常条件下我们都可以观察到。但是随着物理学实验技术的进步，在超高温、超低温、超高压等条件下，又发现了一些新“物态”。

(6) 超高温下的等离子态

这是气体在约几百万度的极高温或在其他粒子强烈碰撞下所呈现出的物态，这时，电子从原子中游离出来而成为自由电子。等离子体就是一种被高度电离的气体，但是它又处于与“气态”不同的“物态”——“等离子态”。

太阳及其他许多恒星是极炽热的星球，它们就是等离子体。宇宙内大部分物质都是等离子体。地球上也有等离子体：高空的电离层、闪电、极光等等。日光灯、水银灯里的电离气体则是人造的等离子体。

(7) 超高压下的超固态

在 140 万大气压下，物质的原子就可能被“压碎”。电子全部被“挤出”原子，形成电子气体，裸露的原子核紧密地排列，物质密度极大，这就是超固态。一块乒乓球大小的超固态物质，其质量至少在 1000t 以上。

已有充分的根据说明，质量较小的恒星发展到后期阶段的白矮星就处于这种超固态。它的平均密度是水的几万到一亿倍。

（8）超高压下的中子态

在更高的温度和压力下，原子核也能被“压碎”。我们知道，原子核由中子和质子组成，在更高的温度和压力下质子吸收电子转化为中子，物质呈现出中子紧密排列的状态，称为“中子态”。

已经确认，中等质量(1.44～2 倍太阳质量)的恒星发展到后期阶段的“中子星”，是一种密度比白矮星还大的星球，它的物态就是“中子态”。

更大质量恒星的后期，理论预言它们将演化为比中子星密度更大的“黑洞”，目前还没有直接的观测证实它的存在。至于“黑洞”中的超高压作用下物质又呈现什么物态，目前一无所知，有待于今后的观测和研究。

物质在高温、高压下出现了反常的物态，那么在低温、超低温下物质会不会也出现一些特殊的形态呢？下面讲到的两种物态就是这类情况。

（9）超导态

超导态是一些物质在超低温下出现的特殊物态。最先发现超导现象的，是荷兰物理学家卡麦林·昂纳斯(1853～1926 年)。1911 年夏天，他用水银做实验，发现温度降到 4.173K 的时候(约 -269℃)，水银开始失去电阻。接着他又发现许多材料都又有这种特性：在一定的临界温度(低温)下失去电阻(请阅读“低温和超导研究的进展”专题)。卡麦林·昂纳斯把某些物质在低温条件下表现出电阻等于零的现象称为“超导”。超导体所处的物态就是“超导态”，超导态在高效率输电、磁悬浮高速列车、高精度探测仪器等方面将会给人类带来极大的益处。

超导态的发现，尤其是它奇特的性质，引起全世界的关注，人们纷纷投入了极大的力量研究超导，至今它仍是十分热门的科研课题。目前发现的超导材料主要是一些金属、合金和化合物，已不下几千种，它们各自对应有不同的“临界温度”，目前最高的“临界温度”已达到 130K(约零下 143℃)，各国科学家正在拼命努力向室温(300K 或 27℃)的临界温度冲刺。

超导态物质的结构如何？目前理论研究还不成熟，有待继续探索。

（10）超流态

超流态是一种非常奇特的物理状态，目前所知，这种状态只发生在超低温下的个别物质上。

1937 年，前苏联物理学家彼得·列奥尼多维奇·卡皮察(1894～1984 年)惊奇地发现，当液态氦的温度降到 2.17K 的时候，它就由原来液体的一般流动性突然变化为“超流动性”：它可以无任何阻碍地通过连气体都无法通过的极微小的孔或狭缝(线度约 10^{-6}cm)，还可以沿着杯壁“爬”出杯口外。我们将具有超流动性的物态称为“超流态”。但是目前只发现低于 2.17K 的液态氦有这种物态。超流态下的物质结构，理论也在探索之中。

上面介绍的只是迄今发现的 10 种物态，有文献归纳说还存在着更多种类的物态，例如：超离子态、辐射场态、量子场态，限于篇幅，这里就不一一列举了。我们相信，随着科学的发展，我们一定会认识更多的物态，解开更多的谜，并利用它们奇特的性质造福于人类。

附表1 单位换算表

1. 能、功、热量

焦耳 J或N·m	千克力·米 kgf·m	千瓦时 kW·h	千卡 kcal	大气压·升 atm·L	马力·时 hp·h	英尺·磅 ft·lbf	英热单位 Btu
1	0.10197	2.7778×10^{-7}	2.3885×10^{-4}	9.8692×10^{-3}	3.7767×10^{-7}	0.73757	9.4782×10^{-4}
9.80665	1	2.7241×10^{-6}	2.3423×10^{-3}	9.6784×10^{-2}	3.7037×10^{-6}	7.2331	9.2949×10^{-3}
3.6000×10^{6}	3.6710×10^{5}	1	8.5985×10^{2}	3.5529×10^{4}	1.3596	2.6552×10^{6}	3.4142×10^{3}
4.1868×10^{3}	4.2694×10^{2}	1.1630×10^{-3}	1	41.321	1.5812×10^{-3}	3.0881×10^{3}	3.9683
101.325	10.332	2.8146×10^{-5}	2.4201×10^{-2}	1	3.8268×10^{-5}	7.4734×10^{1}	9.6038×10^{-2}
2.6478×10^{6}	2.7000×10^{5}	0.73550	6.3242×10^{2}	2.6132×10^{4}	1	1.9529×10^{6}	2.5096×10^{3}
1.3558	1.3826×10^{-1}	3.7662×10^{-7}	3.2383×10^{-4}	1.3381×10^{-2}	5.1206×10^{-7}	1	1.2851×10^{-3}
1.0551×10^{3}	1.0759×10^{2}	2.9307×10^{-4}	2.5200×10^{-1}	1.0413×10^{1}	3.9847×10^{-4}	7.7817×10^{2}	1

2. 压力

帕 Pa	工程大气压 at或kgf/cm²	标准大气压 atm	毫米汞柱 mmHg	毫米水柱 mmH_2O	磅/平方英尺 lbf/ft²	磅/平方英寸 psi或lbf/in²	英寸汞柱 inHg	英寸水柱 inH_2O
1	1.0197×10^{-5}	9.8692×10^{-6}	7.5006×10^{-3}	1.0197×10^{-1}	2.0885×10^{-2}	1.4504×10^{-4}	2.9530×10^{-4}	4.0146×10^{-3}
9.8067×10^{4}	1	9.6784×10^{1}	7.3556×10^{2}	1.0000×10^{4}	2.0481×10^{3}	1.4224×10^{1}	2.8959×10^{1}	3.9370×10^{2}
1.01325×10^{5}	1.0332	1	7.600×10^{2}	1.0332×10^{4}	2.1162×10^{3}	1.4696×10^{1}	2.9921×10^{1}	4.0677×10^{2}
1.3332×10^{2}	1.3595×10^{-3}	1.3158×10^{-3}	1	1.3595×10^{1}	2.7844	1.9337×10^{-2}	3.9370×10^{-2}	5.3522×10^{-1}
9.8067	1.0000×10^{-4}	9.6786×10^{-5}	7.3556×10^{-2}	1	2.0481×10^{1}	1.4224×10^{-3}	2.8959×10^{-3}	3.9370×10^{-2}
4.7880×10^{1}	4.8826×10^{-4}	4.7255×10^{-4}	3.5914×10^{-1}	4.8826	1	6.9444×10^{-3}	1.4139×10^{-2}	1.9223×10^{-1}
6.8948×10^{3}	7.0307×10^{-2}	6.8045×10^{-2}	5.1715×10^{1}	7.0309×10^{2}	1.4399×10^{2}	1	2.0360	2.7681×10^{1}
3.3864×10^{3}	3.4532×10^{-2}	3.3421×10^{-2}	2.5400×10^{1}	3.4533×10^{2}	7.0723×10^{1}	4.912×10^{-1}	1	1.3595×10^{1}
2.4908×10^{2}	2.5399×10^{-3}	2.4582×10^{-3}	1.8683	2.5400×10^{1}	5.2022	3.6126×10^{-2}	7.3554×10^{-2}	1

注：$1Pa=10^{-5}bar=10dyn/cm^2$（达因/平方厘米）。

附表2 理想气体状态下的千摩尔比定压热容与温度的关系式

$c_{p0}=a_0+a_1T+a_2T^2+a_3T^3$ [kJ/(kmol·K)]

气体	a_0	$a_1\times10^3$	$a_2\times10^6$	$a_3\times10^9$	温度范围/K	最大误差/%
H_2	29.21	-1.916	-4.004	-0.8705	273~1800	1.01
O_2	25.48	15.20	5.062	1.312	273~1800	1.19
N_2	28.90	-1.570	8.081	-28.73	273~1800	0.59
CO	28.16	1.675	5.372	-2.222	273~1800	0.89
CO_2	22.26	59.81	-35.01	7.470	273~1800	0.647
空气	28.15	1.967	4.801	-1.966	273~1800	0.72
H_2O	32.24	19.24	10.56	-3.595	273~1500	0.52
CH_4	19.89	50.24	12.69	-11.01	273~1500	1.33
C_2H_4	4.026	155.0	-81.56	16.98	298~1500	0.30
C_2H_6	5.414	178.1	-69.38	8.712	298~1500	0.70
C_3H_6	3.746	234.0	-115.1	29.31	298~1500	0.44
C_3H_8	4.220	306.3	-158.6	32.15	298~1500	0.28

附表3 常用气体的主要物理参数表

序号	气体名称	分子式	相对分子质量	标准状态下密度/(kg/m³)	气体常数 R/[J/(kg·K)]	常压下沸点 T_b/K	偏心因子 ω	临界状态参数				比热容		$k=\frac{c_p}{c_v}$
								P_c/kPa	T_c/K	V_c/(cm³/mol)	Z_c	c_p/[kJ/(kg·K)]	c_v/[kJ/(kg·K)]	
1	空气		28.95	1.293	287.04			3775.58	132.42			1.004	0.716	1.4
2	氮	N_2	28.02	1.251	296.75	77.40	0.04	3398.40	126.20	89.5	0.29	1.038	0.741	1.4
3	氧	O_2	32.00	1.429	259.78	90.18	0.021	5045.99	154.60	73.4	0.288	0.913	0.657	1.4
4	氦	He	4.00	0.1785	2079.01	4.25	0	226.97	5.15	57.3	0.301	5.234(15℃)	3.140(15℃)	1.66
5	氩	Ar	39.95	1.784	208.20	87.30	-0.002	4873.73	150.80	74.9	0.291	0.524	1.316	1.667
6	氢	H_2	2.01	0.090	4121.74	20.37	0	1297.28	33.20	65	0.305	14.24	10.132	1.41
7	氯	Cl_2	70.91	3.22	117.29	283.15	0.074	7700.70	417.15	124	0.275	0.481	0.356	1.36

续表

序号	气体名称	分子式	相对分子质量	标准状态下密度/(kg/m³)	气体常数 R/[J/(kg·K)]	常压下沸点 T_b/K	偏心因子 ω	临界状态参数				比热容		$k=\frac{c_p}{c_v}$
								P_c/kPa	T_c/K	V_c/(cm³/mol)	Z_c	c_p/[kJ/(kg·K)]	c_v/[kJ/(kg·K)]	
8	氖	Ne	20.18	0.90	411.68	27.05	0	2756.04	44.40	41.7	0.311	1.030	0.620	1.675
9	氪	Kr	83.8	3.74	100.32	119.8	-0.002	5501.95	209.40	91.2	0.288	0.251	0.149	1.68
10	氟	F_2	38.00	1.695	218.69	85.0	0.048	5218.24	144.3	66.2	0.288			
11	一氧化氮	NO	30.01	1.340	277.14	121.40	0.607	6484.8	180.15	58	0.25	0.996	0.720	1.40
12	一氧化碳	CO	28.01	1.250	296.95	81.70	0.049	3495.71	132.90	93.1	0.295	1.047	0.754	1.40
13	二氧化碳	CO_2	44.01	1.977	188.78	194.70	0.225	7376.46	304.20	94.0	0.274	0.837	0.653	1.31
14	二氧化硫	SO_2	64.06	2.927	129.84	263	0.251	7883.1	430.8	122	0.268	0.632	0.502	1.25
15	二氧化氮	NO_2	46.01	1.490	179.85	294.3	0.86	10132.5	431.4	170	0.48	0.804	0.615	1.31
16	水蒸气	H_2O	18.016	0.804	461.50	373.15	0.344	22048.3	647.3	56.0	0.229	1.859	1.394	1.3(过热) 1.135(饱和)
17	氨	NH_3	17.03	0.7714	488.18	239.75	0.250	11277.47	405.55	92.5	0.242	2.219	1.675	1.29
18	硫化氢	H_2S	34.08	1.539	244.19	212.75	0.10	8936.87	373.20	78.5	0.284	1.059	0.804	1.3
19	氯化氢	HCl	36.47	1.639	228.01	188.15	0.12	8308.65	324.55	81	0.249	0.812	0.578	1.41
20	氙	Xe	131.30	5.89	63.84	165	0.002	5836.32	289.7	118	0.286	0.158	0.095	1.667
21	氯甲烷	CH_3Cl	150.49	2.307	164.75	249.15	0.156	6677.32	416.3	139	0.268	0.741	0.582	1.28
22	F-12	CF_2Cl_2	120.92	5.083	68.77	243.15	0.176	4123.93	385	217	0.280	0.618	0.544	1.14
23	F-22	CHF_2Cl	86.47	3.860	96.15	232.4	0.215	4975.06	369.2	165	0.267	0.6029	0.5049	1.194
24	F-113	$C_2Cl_3F_3$	187.36	8.364	43.46	320.7	0.252	3414.65	487.2	304	0.256	0.6741	0.6242	1.080
25	F-115	C_2F_6Cl	154.48	6.896	53.82	234	0.253	3161.34	353.15	252	0.271	0.6867	0.6290	1.092
26	氯乙烯	C_2H_3Cl	62.50	2.79	133.03	259.8	0.122	5603.27	429.70	169	0.265	0.8638	0.6911	1.25
27	甲烷	CH_4	16.02	0.717	518.77	111.7	0.008	4600.16	190.6	99.0	0.288	2.206	1.683	1.3
28	乙烷	C_2H_6	30.03	1.356	276.74	184.56	0.098	4883.87	305.4	148	0.285	1.717	1.436	1.192
29	乙烯	C_2H_4	28.04	1.261	296.661	169.4	0.085	5035.85	282.4	129	0.276	1.516	1.218	1.243
30	丙烷	C_3H_8	44.087	2.019	188.79	231.1	0.152	4245.52	369.8	203	0.281	1.629	1.432	1.133
31	丙烯	C_3H_6	42.08	1.915	198.0	225.4	0.148	4620.42	365.0	181	0.275	1.482	1.285	1.154
32	正丁烷	$n-C_4H_{10}$	58.124	2.703	143.18	272.7	0.193	3799.69	425.2	255	0.274	1.662	1.520	1.094
33	异丁烷	$i-C_4H_{10}$	58.124	2.668	143.18	261.3	0.176	3647.7	408.1	263	0.283	1.620	1.474	1.097
34	异丁烯	$i-C_4H_8$	56.108	2.505	148.18	266.9	0.187	4022.60	419.6	240	0.277	1.549	1.403	1.106
35	正戊烷	$n-C_5H_{12}$	72.15	3.457	115.29	309.2	0.251	3375.14	469.6	304	0.262	1.662	1.549	1.074
36	异戊烷	$i-C_5H_{12}$	72.15	3.221	115.29	245.15	0.227	3384.26	460.4	306	0.271	1.624	1.511	1.076

附表4　气体的平均比定压质量热容

kJ/(kg·℃)

气体 温度/℃	O_2	N_2	CO	CO_2	H_2O	SO_2	空气
0	0.915	1.039	1.040	0.815	1.859	0.607	1.004
100	0.923	1.040	1.042	0.866	1.873	0.636	1.006
200	0.935	1.043	1.046	0.910	1.894	0.662	1.012
300	0.950	1.049	1.054	0.949	1.919	0.687	1.019
400	0.965	1.057	1.063	0.983	1.948	0.708	1.028
500	0.979	1.066	1.075	1.013	1.978	0.724	1.039
600	0.993	1.076	1.086	1.040	2.009	0.737	1.050
700	1.005	1.087	1.098	1.064	2.042	0.754	1.061
800	1.016	1.097	1.109	1.085	2.075	0.762	1.071
900	1.026	1.108	1.120	1.104	2.110	0.775	1.081
1000	1.035	1.118	1.130	1.122	2.144	0.783	1.091
1100	1.043	1.127	1.140	1.138	2.177	0.791	1.100
1200	1.051	1.136	1.149	1.153	2.211	0.795	1.108
1300	1.058	1.145	1.158	1.166	2.243	—	1.117
1400	1.065	1.153	1.166	1.178	2.274	—	1.124
1500	1.071	1.160	1.173	1.189	2.305	—	1.131
1600	1.077	1.167	1.180	1.200	2.335	—	1.138
1700	1.083	1.174	1.187	1.209	2.363	—	1.144
1800	1.089	1.180	1.192	1.218	2.391	—	1.150
1900	1.094	1.186	1.198	1.226	2.417	—	1.156
2000	1.099	1.191	1.203	1.233	2.442	—	1.161
2100	1.104	1.197	1.208	1.241	2.466	—	1.166
2200	1.109	1.201	1.213	1.247	2.489	—	1.171
2300	1.114	1.206	1.218	1.253	2.512	—	1.176
2400	1.118	1.210	1.222	1.259	2.533	—	1.180
2500	1.123	1.214	1.226	1.264	2.554	—	1.184
2600	1.127	—	—	—	2.574	—	—
2700	1.131	—	—	—	2.594	—	—
2800	—	—	—	—	2.612	—	—
2900	—	—	—	—	2.630	—	—
3000	—	—	—	—	—	—	—

附表5 气体的平均比定容质量热容

kJ/(kg·℃)

温度/℃ \ 气体	O_2	N_2	CO	CO_2	H_2O	SO_2	空气
0	0.665	0.742	0.743	0.626	1.398	0.477	0.716
100	0.663	0.774	0.745	0.667	1.411	0.507	0.719
200	0.675	0.747	0.749	0.721	1.432	0.532	0.724
300	0.690	0.752	0.757	0.760	1.457	0.557	0.732
400	0.705	0.760	0.767	0.794	1.486	0.578	0.741
500	0.719	0.769	0.777	0.824	1.516	0.595	0.752
600	0.733	0.779	0.789	0.851	1.547	0.607	0.762
700	0.745	0.790	0.801	0.875	1.581	0.624	0.773
800	0.756	0.801	0.812	0.896	1.614	0.632	0.784
900	0.766	0.811	0.823	0.916	1.648	0.645	0.794
1000	0.775	0.821	0.834	0.933	1.682	0.653	0.804
1100	0.783	0.830	0.843	0.950	1.716	0.662	0.813
1200	0.791	0.839	0.857	0.964	1.749	0.666	0.821
1300	0.798	0.848	0.861	0.977	1.781	—	0.829
1400	0.805	0.856	0.869	0.989	1.813	—	0.837
1500	0.811	0.863	0.876	1.001	1.843	—	0.844
1600	0.817	0.870	0.883	1.011	1.873	—	0.851
1700	0.823	0.877	0.889	1.020	1.902	—	0.857
1800	0.829	0.883	0.896	1.029	1.929	—	0.863
1900	0.834	0.889	0.901	1.037	1.955	—	0.869
2000	0.839	0.894	0.906	1.045	1.980	—	0.874
2100	0.844	0.900	0.911	1.052	2.005	—	0.879
2200	0.849	0.905	0.916	1.058	2.028	—	0.884
2300	0.854	0.909	0.921	1.064	2.050	—	0.889
2400	0.858	0.914	0.925	1.070	2.072	—	0.893
2500	0.863	0.918	0.929	1.075	2.093	—	0.897
2600	0.868	—	—	—	2.113	—	—
2700	0.872	—	—	—	2.132	—	—
2800	—	—	—	—	2.151	—	—
2900	—	—	—	—	2.168	—	—
3000	—	—	—	—	—	—	—

附表6 空气的热力性质表

T/K; h/(kJ/kg); u/(kJ/kg); s_T^0/[kJ/(kg · K)]

T	h	p_R	u	v_R	s_T^0
200	199.97	0.3363	142.56	1707	1.29559
210	209.97	0.3987	149.69	1512	1.34444
220	219.97	0.4690	156.82	1346	1.39105
230	230.02	0.5477	164.00	1205	1.43557
240	240.02	0.6355	171.13	1084	1.47824
250	250.05	0.7329	178.28	979	1.51917
260	260.09	0.8405	185.45	887.8	1.55848
270	270.11	0.9590	192.60	808.0	1.59634
280	280.13	1.0889	199.75	738.0	1.63279
285	285.14	1.1584	203.33	706.1	1.65055
290	290.16	1.2311	206.91	676.1	1.66802
295	295.17	1.3068	210.49	647.9	1.68515
300	300.19	1.3860	214.07	621.2	1.70203
305	305.22	1.4686	217.67	596.0	1.71865
310	310.24	1.5546	221.25	572.3	1.73498
315	315.27	1.6442	224.85	549.8	1.75106
320	320.29	1.7375	228.43	528.6	1.76690
325	325.31	1.8345	232.02	508.4	1.78249
330	330.34	1.9352	235.61	489.4	1.79783
340	340.42	2.149	242.82	454.1	1.82790
350	350.49	2.379	250.02	422.2	1.85708
360	360.67	2.626	257.24	393.4	1.88543
370	370.67	2.892	264.46	367.2	1.91313
380	380.77	3.176	271.69	343.4	1.94001
390	390.88	3.481	278.93	321.5	1.96633
400	400.98	3.806	286.16	301.6	1.99194
410	411.12	4.153	293.43	283.3	2.01699
420	421.26	4.522	300.69	266.6	2.04142
430	431.43	4.915	307.99	251.1	2.06533
440	441.61	5.332	315.30	236.8	2.08870
450	451.80	5.775	322.52	223.6	2.11161
460	462.02	6.245	329.97	211.4	2.13407
470	472.24	6.742	337.32	200.1	2.15604
480	482.49	7.268	344.70	189.5	2.17760
490	492.74	7.824	352.08	179.7	2.19876
500	503.02	8.411	359.49	170.6	2.21952
510	513.32	9.031	366.92	162.1	2.23993

续表

T	h	p_R	u	v_R	s_T^0
520	523.63	9.684	374.36	154.1	2.25997
530	533.98	10.37	381.84	146.7	2.27967
540	544.35	11.10	389.34	139.7	2.29906
550	554.74	11.86	396.86	133.1	2.31809
560	565.17	12.66	404.42	127.0	2.33685
570	575.59	13.50	411.97	121.2	2.35531
580	586.04	14.38	419.55	115.7	2.37348
590	596.52	15.31	427.15	110.6	2.39140
600	607.02	16.28	434.78	105.8	2.40902
610	617.53	17.30	442.42	101.2	2.42644
620	628.07	18.36	450.09	96.92	2.44356
630	638.63	19.48	457.78	92.84	2.46048
640	649.22	20.64	465.50	88.99	2.47716
650	659.84	21.86	473.25	85.34	2.49364
660	670.47	23.13	481.01	81.89	2.50985
670	681.14	24.46	488.81	78.61	2.52589
680	691.82	25.85	496.62	75.50	2.54175
690	702.52	27.29	504.45	72.56	2.55731
700	713.27	28.80	512.33	67.76	2.57277
710	724.04	30.38	520.23	67.07	2.58810
720	734.82	32.02	528.14	64.53	2.60319
730	745.62	33.72	536.07	62.13	2.61803
740	756.44	35.50	544.02	59.82	2.63280
750	767.29	37.35	551.99	57.63	2.64737
760	778.18	39.27	560.01	55.54	2.66176
780	800.03	43.35	576.12	51.64	2.69013
800	821.95	47.75	592.30	48.08	2.71787
820	843.98	52.49	608.59	44.84	2.74504
840	866.08	57.60	624.95	41.85	2.77170
860	888.27	63.09	641.40	39.12	2.79783
1540	1684.51	672.8	1242.43	6.569	3.47712
1560	1708.82	710.5	1260.99	6.301	3.49276
1580	1733.17	750.0	1279.65	6.046	3.50829
1600	1757.57	791.2	1298.30	5.804	3.52364
1620	1782.00	834.1	1316.96	5.574	3.53879
1640	1806.46	878.9	1335.72	5.355	3.55381
1660	1830.96	925.6	1354.48	5.147	3.56867
1680	1855.50	974.2	1373.24	4.949	3.58335
1700	1880.1	1025	1392.7	4.761	3.5979
1750	1941.6	1161	1439.8	4.328	3.6336
1780	2003.3	1310	1487.2	3.944	3.6684

续表

T	h	p_R	u	v_R	s_T^0
1850	2065. 3	1475	1534. 9	3. 601	3. 7023
1900	2127. 4	1655	1582. 6	3. 295	3. 7354
1950	2189. 7	1852	1630. 6	3. 022	3. 7677
2000	2252. 1	2068	1678. 7	2. 776	3. 7994
2050	2314. 6	2303	1726. 8	2. 555	3. 8303
2100	2377. 4	2559	1775. 3	2. 356	3. 8605
2150	2440. 3	2837	1823. 8	2. 175	3. 8901
2200	2503. 2	3138	1872. 4	2. 012	3. 9191
2250	2566. 4	3464	1912. 3	1. 864	3. 9474

附表7 氧的热力性质表

T/K；h 和 u/(kJ/kmol)；s_T^0/[kJ/(kmol·K)]

T	h	u	s_T^0	T	h	u	s_T^0
0	0	0	0	1040	32789	24142	244. 844
260	7566	5405	201. 027	1080	34194	252154	246. 171
270	7858	5613	202. 128	1120	35606	26294	247. 454
280	8150	5822	203. 191	1160	37023	27379	248. 698
290	8443	6032	204. 218	1200	38447	28469	249. 906
298	8682	6203	205. 033	1240	39877	29568	251. 079
300	8736	6242	205. 213	1280	41312	30670	252. 219
320	9325	6664	207. 112	1320	42753	31778	253. 325
360	10511	7518	210. 604	1360	44198	32891	254. 404
400	11711	8384	213. 765	1400	45648	34008	255. 454
440	12923	9264	216. 656	1440	47102	35192	256. 475
480	14151	10160	219. 326	1480	48561	36256	257. 474
520	15395	11071	221. 812	1520	50024	37387	258. 450
560	16654	11998	224. 146	1560	51490	38520	259. 402
600	17929	12940	226. 346	1600	52961	39658	260. 333
640	19219	13898	228. 429	1640	54434	40799	261. 242
680	20524	14871	230. 405	1680	55912	41944	262. 132
720	21845	15859	223. 291	1720	57394	49093	263. 005
760	23178	16859	234. 091	1760	58880	44247	263. 861
800	24523	17872	235. 810	1800	60371	45405	264. 701
840	25877	18893	237. 462	1840	61866	46568	265. 521
880	27242	19925	239. 051	1880	63365	47734	266. 326
920	28616	20967	240. 580	1920	64868	48904	267. 115
960	29999	22017	242. 052	1960	66374	50078	267. 891
1000	31389	23075	243. 471	2000	67881	51253	268. 655

续表

T	h	u	s_T^0	T	h	u	s_T^0
2050	69772	52727	269. 588	2550	89004	67802	277. 979
2100	71668	54208	270. 504	2600	90956	69339	278. 738
2150	73573	55697	271. 399	2650	92916	70883	279. 485
2200	75484	57192	272. 278	2700	94881	72433	280. 219
2250	77397	58690	273. 136	2750	96852	73987	280. 942
2300	79316	60139	273. 981	2800	98826	75546	281. 654
2350	81243	61704	274. 809	2850	100808	77112	282. 357
2400	83174	63219	275. 625	2900	102793	78682	283. 048
2450	85112	64742	276. 424	2950	104785	80258	283. 728
2500	87057	66271	277. 207	3000	106780	81837	284. 390

附表 8　氮的热力性质表

T/K；h 和 u/(kJ/kmol)；s_T^0/[kJ/(kmol · K)]

T	h	u	s_T^0	T	h	u	s_T^0
0	0	0	0	1040	31442	22798	229. 344
260	7558	5395	187. 514	1080	32762	23782	230. 591
270	7849	5604	188. 614	1120	34092	24780	231. 799
280	8141	5813	189. 673	1160	35430	25786	232. 973
290	8432	6021	190. 695	1200	36777	26799	234. 115
298	8669	6190	191. 502	1240	38129	27819	235. 223
300	8723	6229	191. 682	1280	39488	28845	236. 302
320	9306	6645	193. 562	1320	40853	29878	237. 353
360	10471	7478	196. 995	1360	42227	30919	238. 376
400	11640	8314	200. 071	1400	43605	31964	239. 375
440	12811	9153	202. 863	1440	44988	33014	240. 350
480	13988	9997	205. 424	1480	46377	34071	241. 301
520	15172	10848	207. 792	1520	47771	35133	242. 228
560	16363	11707	209. 999	1560	49168	36197	243. 137
600	17563	12574	212. 066	1600	50571	37268	244. 028
640	18772	13450	214. 018	1640	51980	38344	244. 896
680	19991	14337	215. 866	1680	53393	39424	245. 747
720	21220	15234	217. 624	1720	54807	40507	246. 580
760	22460	16141	219. 301	1760	56227	41591	247. 396
800	23714	17061	220. 907	1800	57651	42685	248. 195
840	24974	17990	222. 447	1840	59075	43777	248. 979
880	26248	18931	223. 927	1880	60504	44873	249. 748
920	27532	19883	225. 353	1920	61936	45973	250. 502
960	28826	20844	226. 728	1960	63381	47075	251. 242
1000	30129	21815	228. 057	2000	64810	48181	251. 969

续表

T	h	u	s_T^0	T	h	u	s_T^0
2050	66612	49567	252.858	2550	84814	63163	260.799
2100	68417	50957	253.726	2600	86650	65033	261.512
2150	70226	52351	254.578	2650	88488	66455	262.213
2200	72040	53749	255.412	2700	90328	67880	262.902
2250	73856	55149	256.227	2750	92171	69306	263.577
2300	75676	56553	257.027	2800	91014	70734	264.241
2350	77496	57958	257.810	2850	95859	72163	264.895
2400	79320	59366	258.580	2900	97705	73593	265.538
2450	81149	60779	259.332	2950	99556	75028	266.170
2500	82981	62195	260.073	3000	101407	76464	266.793

附表9 氢的热力性质表

T/K；h 和 u/(kJ/kmol)；s_T^0/[kJ/(kmol·K)]

T	h	u	s_T^0	T	h	u	s_T^0
0	0	0	0	1040	30364	21717	167.300
260	7370	5209	127.719	1080	31580	22601	168.449
270	7657	5412	126.636	1120	32802	23490	169.560
280	7945	5617	128.765	1160	34028	24384	170.636
290	8233	5822	129.775	1200	35262	25284	171.682
298	8468	5989	130.574	1240	36502	26192	172.698
300	8522	6027	130.754	1280	37749	27106	173.687
320	9100	6440	132.621	1320	39002	28027	174.652
360	10262	7268	136.039	1360	40263	28955	175.593
400	11426	8100	139.106	1400	41530	29889	176.510
440	12594	8936	141.888	1440	42808	30835	177.410
480	13764	9773	144.432	1480	44091	31786	178.291
520	14935	10611	146.775	1520	45384	32746	179.153
560	16107	11451	148.945	1560	46683	33713	179.995
600	17280	12291	150.968	1600	47990	34687	180.820
640	18453	13133	152.863	1640	49303	35668	181.632
680	19630	13976	154.645	1680	50622	36654	182.428
720	20807	14821	156.328	1720	51947	37648	183.208
760	21988	15669	157.923	1760	53279	38645	183.973
800	23171	16520	159.440	1800	54618	39652	184.724
840	24359	17375	160.891	1840	55962	40663	185.463
880	25551	18235	162.277	1880	57311	41680	186.190
920	26747	19098	163.607	1920	58668	42705	186.904
960	27948	19966	164.884	1960	60031	43735	187.607
1000	29154	20839	166.114	2000	61400	44771	188.297

续表

T	h	u	s_T^0	T	h	u	s_T^0
2050	63119	46074	189.148	2550	80755	59554	196.837
2100	64847	47386	189.979	2600	82558	60941	197.539
2150	66584	48708	190.796	2650	84368	62335	198.229
2200	68328	50037	191.598	2700	86186	63737	198.907
2250	70080	51373	192.385	2750	88008	65144	199.575
2300	71839	52716	193.159	2800	89838	66558	200.234
2350	73608	54069	193.921	2850	91671	67976	200.885
2400	75383	55429	194.669	2900	93512	69401	201.527
2450	77168	56798	195.403	2950	95358	70831	202.157
2500	78960	58175	196.125	3000	97211	72268	202.778

附表10 二氧化碳的热力性质表

T/K; h 和 u/(kJ/kmol); s_T^0/[kJ/(kmol · K)]

T	h	u	s_T^0	T	h	u	s_T^0
0	0	0	0	1040	44953	36306	271.354
260	7979	5817	208.717	1080	47153	38174	273.430
270	8335	6091	210.062	1120	49369	40057	275.444
280	8697	6369	211.376	1160	51602	41957	277.403
290	9063	6651	212.660	1200	53848	43871	279.307
298	9364	6885	213.685	1240	56108	45799	281.158
300	9431	6939	213.915	1280	58381	47739	282.962
320	10186	7526	216.351	1320	60666	49691	284.722
360	11748	8752	220.948	1360	62963	51656	286.439
400	13372	10046	225.225	1400	65271	53631	288.106
440	15054	11393	229.230	1440	67586	5.5614	289.743
480	16791	12800	233.004	1480	69911	57606	291.333
520	18576	14253	236.575	1520	72246	59609	292.888
560	20407	15751	239.962	1560	74590	61620	294.411
600	22280	17291	243.199	1600	76944	63741	295.901
640	24190	18869	246.282	1640	79303	65668	297.356
680	26138	20484	249.233	1680	81670	67702	298.781
720	28121	22134	252.065	1720	84043	69742	300.177
760	30135	23817	254.787	1760	86420	71787	301.543
800	32179	25527	257.408	1800	88806	73840	302.884
840	34251	27267	259.934	1840	91196	75897	304.198
880	36347	29031	362.371	1880	93593	77962	305.487
920	38467	30818	264.728	1920	95995	80031	306.751
960	40607	32625	267.007	1960	98401	82015	307.992
1000	42769	34455	269.215	2000	100804	84185	309.210

续表

T	h	u	s_T^0	T	h	u	s_T^0
2050	103835	86791	310.701	2550	134368	113166	324.026
2100	106864	89404	312.160	2600	137449	115832	325.222
2150	109898	92023	313.589	2650	140533	118500	326.396
2200	112939	94648	314.988	2700	143620	121172	327.549
2250	115984	97277	316.356	2750	146713	123849	328.684
2300	119035	99912	317.695	2800	149808	126528	329.800
2350	122091	102552	319.011	2850	152908	129212	330.896
2400	125152	105197	320.302	2900	156009	131898	331.975
2450	128219	107840	321.566	2950	159117	134589	333.037
2500	131290	110504	322.808	3000	162226	137283	334.084

附表11　一氧化碳的热力性质表

T/K；h 和 u/(kJ/kmol)；s_T^0/[kJ/(kmol·K)]

T	h	u	s_T^0	T	h	u	s_T^0
0	0	0	0	1040	31688	23041	235.728
260	7558	5396	193.554	1080	33029	24049	236.992
270	7849	5604	194.654	1120	34377	25065	238.217
280	8140	5812	195.713	1160	35733	26088	239.407
290	8432	6020	196.735	1200	37095	27118	240.663
298	8669	6190	197.543	1240	38466	28426	241.686
300	8723	6229	197.723	1280	39844	29201	242.780
320	9306	6645	199.603	1320	41226	30251	243.844
360	10473	7480	203.040	1360	42613	31306	244.880
400	11644	8319	206.125	1400	44007	32367	245.889
440	12821	9163	208.929	1440	45408	33434	246.876
480	14005	10014	211.504	1480	46813	34508	247.839
520	15197	10874	213.890	1520	48222	35584	248.778
560	16399	11743	216.115	1560	49635	36665	249.659
600	17611	12622	218.204	1600	51053	37750	250.592
640	18833	13512	220.178	1640	52472	38837	251.470
680	20068	14414	222.052	1680	53895	39927	252.329
720	21315	15328	223.833	1720	55323	41023	253.169
760	22573	16255	225.533	1760	56756	42123	253.991
800	23844	17193	227.162	1800	58191	43225	254.797
840	25124	18140	228.724	1840	59629	44331	255.587
880	26415	19099	230.227	1880	61072	45441	256.361
920	27719	20070	231.674	1920	62516	46552	257.122
960	29033	21051	233.072	1960	63961	47665	257.868
1000	30355	22041	234.421	2000	65408	48780	258.600

续表

T	h	u	s_T^0	T	h	u	s_T^0
2050	67224	50179	259.494	2550	85537	64335	267.485
2100	69044	51584	260.370	2600	87383	65766	268.202
2150	70864	52988	261.226	2650	89230	67197	268.905
2200	72688	54396	262.065	2700	91077	68628	269.596
2250	74516	55809	262.887	2750	92930	70066	270.285
2300	76345	57222	263.692	2800	94784	71504	270.943
2350	78178	58640	264.480	2850	96639	72945	271.602
2400	80015	60060	265.253	2900	98495	74383	272.219
2450	81852	61482	266.012	2950	100352	75825	272.884
2500	83692	62906	266.755	3000	102210	77267	273.508

附表12 水蒸气的热力性质表(理想气体状态)

T/K；h 和 u/(kJ/kmol)；s_T^0/[kJ/(kmol·K)]

T	h	u	s_T^0	T	h	u	s_T^0
0	0	0	0	1040	37542	28895	234.223
260	8627	6466	184.139	1080	39223	30243	235.806
270	8961	6716	185.399	1120	40923	31611	237.352
280	9296	6968	186.616	1160	42642	32997	238.859
290	9631	7219	187.791	1200	44380	34403	240.333
298	9904	7425	188.720	1240	46137	35827	241.173
300	9966	7472	188.928	1280	47912	37270	243.183
320	10639	7978	191.098	1320	49707	38732	244.564
360	11992	8998	195.081	1360	51521	40213	245.915
400	13356	10030	198.673	1400	53351	41711	247.241
440	14734	11075	201.955	1440	55198	43226	248.543
480	16126	12135	204.982	1480	57062	44756	249.820
520	17534	13211	207.799	1520	58942	46304	251.074
560	18959	14303	210.440	1560	60838	47868	252.305
600	20402	15413	212.920	1600	62748	49445	253.513
640	21862	16541	215.285	1640	64675	51039	254.703
680	23342	17688	217.527	1680	66614	52646	255.873
720	24840	18854	219.668	1720	68567	54267	257.022
760	26358	20039	221.720	1760	70535	55902	258.151
800	27896	21245	223.693	1800	72513	57547	259.262
840	29454	22470	225.592	1840	74506	59207	260.357
880	31032	23715	227.426	1880	76511	60881	261.436
920	32629	24980	229.202	1920	78527	62564	262.497
960	34247	26265	230.924	1960	80555	64259	263.542
1000	35882	27568	232.597	2000	82593	65965	264.571

续表

T	h	u	s_T^0	T	h	u	s_T^0
2050	85156	68111	265.833	2550	111565	90364	277.354
2100	87735	70275	267.081	2600	114273	92656	278.407
2150	90330	72454	268.301	2650	116991	94958	279.441
2200	92940	74649	269.500	2700	119717	97269	280.462
2250	95562	76855	270.679	2750	122453	99588	281.464
2300	98199	79075	271.839	2800	125198	101917	282.453
2350	100846	81308	272.978	2850	127952	104256	283.429
2400	103508	83553	274.098	2900	130717	106205	284.390
2450	106183	85811	275.201	2950	133486	108959	285.338
2500	108868	88082	276.286	3000	136264	111321	286.273

附表13 饱和水与饱和蒸汽表（按温度排列）

温度 t/℃	压力 p/kPa	比体积 v'/(m³/kg)	比体积 v''/(m³/kg)	密度ρ''/(kg/m³)	比焓 h'/(kJ/kg)	比焓 h''/(kJ/kg)	汽化潜热 γ/(kJ/kg)	比熵 s'/[kJ/(kg·K)]	比熵 s''/[kJ/(kg·K)]
0	0.6108	0.0010002	206.3	0.004847	-0.04	2501.6	2501.6	-0.0002	9.1577
5	0.8718	0.0010000	147.2	0.006795	21.01	2510.7	2489.7	0.0762	9.0269
10	1.2270	0.0010003	106.4	0.009396	41.99	2519.9	2477.9	0.1510	8.9020
15	1.7039	0.0010008	77.96	0.01282	62.94	2525.1	2466.1	0.2243	8.7826
20	2.337	0.0010017	57.84	0.01729	83.86	2538.2	2454.3	0.2963	8.6684
25	3.166	0.0010029	43.40	0.02304	104.77	2547.3	2442.5	0.3670	8.5592
30	4.241	0.0010043	32.93	0.03037	125.66	2556.4	2430.7	0.4365	8.4546
35	5.622	0.0010060	25.24	0.03961	146.56	2565.4	2418.8	0.5049	8.3543
40	7.375	0.0010078	19.55	0.05116	167.45	2574.4	2406.9	0.5721	8.2583
45	9.582	0.0010099	15.28	0.06546	188.35	2583.3	2394.9	0.6383	8.1661
50	12.335	0.0010121	12.05	0.08302	209.26	2592.2	2382.9	0.7035	8.0776
55	15.741	0.0010145	9.579	0.1044	230.17	2601.0	2370.8	0.7677	7.9926
60	19.920	0.0010171	7.679	0.1302	251.09	2609.7	2358.6	0.8310	7.9108
65	25.01	0.0010199	6.202	0.1612	272.02	2618.4	2346.3	0.8933	7.8322
70	31.16	0.0010228	5.046	0.1982	292.97	2626.9	2334.0	0.9548	7.7565
75	38.55	0.0010259	4.134	0.2419	313.94	2635.4	2321.5	1.0154	7.6835
80	47.36	0.0010292	3.409	0.2933	334.92	2643.8	2308.8	1.0753	7.6132
85	57.80	0.0010326	2.829	0.3535	355.92	2652.0	2296.5	0.1343	7.5454
90	70.11	0.0010361	2.361	0.4235	376.94	2660.1	2283.2	1.1925	7.4799
95	84.53	0.0010399	1.982	0.5045	397.99	2668.1	2270.2	1.2501	7.4166
100	101.33	0.0010437	1.673	0.5977	419.06	2676.0	2256.9	1.3069	7.3554
105	120.80	0.0010477	1.419	0.7046	440.17	2683.7	2243.6	1.3630	7.2962
110	143.27	0.0010519	1.210	0.8265	461.32	2691.3	2230.0	1.4185	7.2388
115	169.06	0.0010562	1.036	0.9650	482.50	2698.7	2216.2	1.4733	7.1832

续表

温度 t/℃	压力 p/kPa	比体积 v'/(m^3/kg)	u''/(m^3/kg)	密度 ρ''/(kg/m^3)	比焓 h'/(kJ/kg)	h''/(kJ/kg)	汽化潜热 γ/(kJ/kg)	比熵 s'/[kJ/(kg·K)]	s''/[kJ/(kg·K)]
120	198. 54	0. 0010606	0. 8915	1. 122	503. 72	2706. 0	2202. 2	1. 5276	7. 1293
125	232. 10	0. 0010652	0. 7702	1. 298	524. 99	2713. 0	2188. 0	1. 5813	7. 0769
130	270. 13	0. 0010700	0. 6681	1. 497	564. 31	2719. 9	2173. 6	1. 6344	7. 0261
135	313. 1	0. 0010750	0. 5818	1. 719	567. 68	2726. 6	2158. 9	1. 6869	6. 9766
140	361. 4	0. 0010801	0. 5085	1. 967	589. 10	2733. 1	2144. 0	1. 7390	6. 9284
145	415. 5	0. 0010853	0. 4460	2. 242	610. 60	2739. 3	2128. 7	1. 7906	6. 8815
150	476. 0	0. 0010908	0. 3924	2. 548	632. 15	2745. 4	2113. 2	1. 8416	6. 8358
155	543. 3	0. 0010964	0. 3464	2. 886	653. 78	2751. 2	2097. 4	1. 8923	6. 9711
160	618. 1	0. 0011022	0. 3068	3. 260	675. 47	2756. 7	2081. 3	1. 9425	6. 7475
165	700. 8	0. 0011032	0. 2724	3. 671	697. 25	2762. 0	2064. 8	1. 9233	6. 7048
170	792. 0	0. 0011145	0. 2426	4. 123	719. 12	2767. 1	2047. 9	2. 0416	6. 6630
175	892. 4	0. 0011209	0. 2165	4. 618	741. 07	2771. 8	2030. 7	2. 0906	6. 6221
180	1002. 7	0. 0011275	0. 1938	5. 160	763. 12	2776. 3	2013. 1	2. 1393	6. 5819
185	1123. 3	0. 0011344	0. 1739	5. 752	785. 26	2780. 4	1995. 2	2. 1876	6. 5424
190	1255. 1	0. 0011415	0. 1563	6. 397	807. 52	2784. 3	1976. 7	2. 2356	6. 5036
195	1398. 7	0. 0011489	0. 1408	7. 100	829. 88	2787. 8	1957. 9	2. 2833	6. 4654
200	1554. 9	0. 0011565	0. 1272	7. 864	852. 37	2790. 9	1938. 6	2. 3307	6. 4278
210	1907. 7	0. 0011726	0. 1042	9. 593	897. 74	2796. 2	1898. 5	2. 4247	6. 3539
220	2319. 8	0. 0011900	0. 08604	11. 62	943. 67	2799. 9	1856. 2	2. 5178	6. 2817
230	2797. 6	0. 0012087	0. 07145	14. 00	990. 26	2802. 0	1811. 7	2. 6102	6. 2107
240	3347. 8	0. 0012291	0. 05965	16. 76	1037. 2	2801. 2	1764. 6	2. 7020	6. 1406
250	3977. 6	0. 0012513	0. 05004	19. 99	1085. 8	2800. 4	1714. 6	2. 7935	6. 0708
260	4694. 3	0. 0012756	0. 04213	23. 73	1134. 9	2796. 4	1661. 5	2. 8848	6. 0010
270	5505. 8	0. 0013025	0. 03559	28. 10	1185. 3	2789. 9	1604. 6	2. 9763	5. 9304
280	6420. 2	0. 0013324	0. 03013	33. 19	1236. 8	2780. 4	1543. 6	3. 0683	5. 8586
290	7446. 1	0. 0013659	0. 02554	39. 16	1290. 0	2767. 6	1477. 6	3. 1611	5. 7848
300	8592. 7	0. 0014041	0. 02165	46. 19	1345. 0	2751. 0	1406. 0	3. 2552	5. 7081
310	9870. 0	0. 0014480	0. 01833	54. 54	1402. 4	2730. 0	1327. 6	3. 3512	5. 6278
320	11289	0. 0014995	0. 01548	64. 60	1462. 6	2703. 7	1241. 1	3. 4500	5. 5423
330	12863	0. 0015615	0. 01299	76. 99	1526. 5	2670. 2	1143. 6	3. 5528	5. 4490
340	14605	0. 0016387	0. 01078	92. 76	1595. 5	2626. 2	1030. 7	3. 6616	5. 3427
350	16535	0. 0017411	0. 008799	113. 6	1671. 9	2567. 7	895. 7	3. 7800	5. 2177
360	18675	0. 0018959	0. 006940	144. 1	1764. 2	2485. 4	721. 3	3. 9210	5. 0600
370	21054	0. 0022136	0. 004973	201. 1	1890. 2	2342. 8	452. 6	4. 1108	4. 8144
374. 15	22120	0. 00317	0. 00317	315. 5	2107. 4	2107. 4	0. 0	4. 4429	4. 4429

附表 14　饱和水与饱和蒸汽表(按压力排列)

压力 p/kPa	温度 t/℃	比体积 v'/(m^3/kg)	比体积 v''/(m^3/kg)	密度 ρ''/(kg/m^3)	比焓 h'/(kJ/kg)	比焓 h''/(kJ/kg)	汽化潜热 γ/(kJ/kg)	比熵 s'/[kJ/(kg·K)]	比熵 s''/[kJ/(kg·K)]
1.0	6.9828	0.0010001	129.20	0.07739	29.34	2514.4	2485.0	0.1060	8.9760
2.0	17.513	0.0010012	67.01	0.01492	73.46	2533.6	2460.2	0.2607	8.7247
3.0	24.100	0.0010027	45.67	0.02190	101.00	2545.6	2444.6	0.3544	8.5786
4.0	28.983	0.0010040	34.80	0.02873	121.41	2554.5	2433.1	0.4225	8.4755
5.0	32.898	0.0010052	28.19	0.03547	137.77	2561.6	2423.8	0.4763	8.3965
6.0	36.183	0.0010064	23.74	0.04212	151.50	2567.5	2416.0	0.5209	8.3312
8.0	41.534	0.0010084	18.10	0.05523	173.86	2577.1	2403.2	0.5925	8.2296
10	45.833	0.0010102	14.67	0.06814	191.83	2584.8	2392.9	0.6493	8.1511
15	53.997	0.0010140	10.02	0.09977	225.97	2599.2	2373.2	0.7549	8.0093
20	60.086	0.0010172	7.560	0.1307	251.45	2609.9	2358.4	0.8321	7.9094
25	64.992	0.0010199	6.204	0.1612	271.99	2618.3	2346.4	0.8932	7.8323
30	69.124	0.0010223	5.229	0.1912	289.30	2625.4	2336.1	0.9441	7.7695
40	75.886	0.0010265	3.993	0.2504	317.65	2636.9	2319.2	1.0261	7.6709
50	81.345	0.0010301	3.240	0.3086	340.56	2646.0	2305.4	1.0912	7.5947
60	85.954	0.0010333	2.732	0.3661	359.93	2653.6	2293.6	1.1454	7.5327
70	89.959	0.0010361	2.365	0.4229	376.77	2660.1	2283.3	1.1921	7.4804
80	93.512	0.0010387	2.087	0.4792	391.72	2665.8	2274.0	1.2330	7.4352
90	96.713	0.0010412	1.869	0.5350	405.21	2670.9	2265.6	1.2696	7.3954
100	99.632	0.0010434	1.694	0.5904	417.51	2675.4	2257.9	1.3027	7.3598
120	104.81	0.0010476	1.428	0.7002	439.36	2683.4	2244.1	1.3609	7.2984
140	109.32	0.0010513	1.236	0.8088	458.42	2690.3	2231.9	1.4109	7.2465
160	113.32	0.0010547	1.091	0.9165	475.38	2696.2	2220.9	1.4550	7.2017
180	116.93	0.0010579	0.9772	1.023	490.70	2701.5	2210.8	1.4944	7.1622
200	120.23	0.0010608	0.8854	1.129	504.70	2706.3	2201.6	1.5301	7.1268
220	123.27	0.0010636	0.8098	1.235	517.62	2710.6	2193.0	1.5627	7.0949
240	126.09	0.0010663	0.7465	1.340	529.64	2714.5	2184.9	1.5929	7.0657
260	128.73	0.0010688	0.6925	1.444	540.87	2718.2	2177.3	1.6209	7.0389
280	131.20	0.0010712	0.6460	1.548	551.44	2721.1	2170.1	1.6471	7.0140
300	113.54	0.0010735	0.6056	1.651	561.43	2724.7	2163.2	1.6716	6.9906
320	135.75	0.0010757	0.5700	1.754	570.90	2727.6	2156.7	1.6948	6.9693
340	137.86	0.0010779	0.5385	1.857	579.92	2730.3	2150.4	1.7168	6.9489
360	139.86	0.0010799	0.5103	1.960	588.53	2732.9	2144.4	1.7376	6.9297
380	141.78	0.0010819	0.4851	2.062	596.77	2735.3	2138.6	1.7574	6.9116
400	143.62	0.0010839	0.4622	2.163	604.67	2737.6	2133.0	1.7764	6.8943
450	147.92	0.0010885	0.4138	2.417	623.16	2742.9	2119.7	1.8204	6.8547
500	151.84	0.0010928	0.3747	2.669	640.12	2747.5	2107.4	1.8604	6.8192
600	158.84	0.0011009	0.3155	3.170	670.42	2755.5	2085.0	1.9308	6.7575

续表

压力 p/kPa	温度 t/℃	比体积 v'/(m^3/kg)	比体积 v''/(m^3/kg)	密度 ρ''/(kg/m^3)	比焓 h'/(kJ/kg)	比焓 h''/(kJ/kg)	汽化潜热 γ/(kJ/kg)	比熵 s'/[kJ/(kg·K)]	比熵 s''/[kJ/(kg·K)]
700	164.96	0.0011082	0.2727	3.667	697.06	2762.0	2064.9	1.9918	6.7052
800	170.41	0.0011150	0.2403	4.162	720.94	2767.5	2046.5	2.0457	6.6596
900	175.36	0.0011213	0.2148	4.655	742.64	2772.1	2029.5	2.0941	6.6192
1000	179.88	0.0011274	0.1943	5.147	762.61	2776.2	2013.6	2.1382	6.5828
1200	187.96	0.0011386	0.1632	6.127	798.43	2782.7	1984.3	2.2161	6.5194
1400	195.04	0.0011489	0.1407	7.106	830.08	2787.8	1957.7	2.2837	6.4651
1600	201.37	0.0011586	0.1237	8.085	858.56	2791.7	1933.2	2.3436	6.4175
1800	207.11	0.0011678	0.1103	9.065	884.58	2794.8	1910.3	2.3976	6.3751
2000	212.37	0.0011766	0.09954	10.05	908.59	2797.2	1888.6	2.4469	6.3367
2200	217.24	0.0011850	0.09065	11.03	930.95	2799.1	1868.1	2.4922	6.3015
2400	221.78	0.0011932	0.08320	12.02	951.93	2800.4	1848.5	2.5343	6.2690
2600	226.04	0.0012011	0.07686	13.01	971.72	2801.4	1829.6	2.5736	6.2387
2800	230.05	0.0012088	0.07139	14.01	990.48	2802.0	1811.5	2.6106	6.2104
3000	233.84	0.0012163	0.06663	15.01	1008.4	2802.3	1793.9	2.6455	6.1837
3200	237.45	0.0012237	0.06244	16.20	1025.4	2802.3	1776.9	2.6786	6.1585
3400	240.88	0.0012310	0.05873	17.03	1041.8	2802.1	1760.3	2.7101	6.1344
3600	244.16	0.0012381	0.05541	18.05	1057.6	2801.7	1744.2	2.7401	6.1115
3800	247.31	0.0012451	0.05244	19.07	1072.7	2801.1	1728.4	2.7689	6.0896
4000	250.33	0.0012521	0.04975	20.10	1087.4	2800.3	1712.9	2.7965	6.0685
4500	257.41	0.0012691	0.04404	22.71	1122.1	2797.7	1675.6	2.8612	6.0191
5000	263.91	0.0012858	0.03943	25.36	1154.5	2794.2	1639.7	2.9206	5.9735
5500	269.93	0.0013023	0.03563	28.07	1184.9	2789.9	1605.0	2.9757	5.9309
6000	275.55	0.0013187	0.03244	30.83	1213.7	2785.0	1571.3	3.0273	5.8908
7000	285.79	0.0013513	0.02737	36.53	1267.4	2773.5	1506.0	3.1219	5.8162
8000	294.97	0.0013842	0.02353	42.51	1317.1	2759.9	1442.0	3.2076	5.7471
9000	303.31	0.0014179	0.02050	48.79	1363.7	2744.6	1380.9	3.2867	5.6820
10000	310.96	0.0014526	0.01804	55.43	1408.0	2727.7	1319.7	3.3605	5.6198
11000	318.05	0.0014887	0.01601	62.48	1450.6	2709.3	1258.7	3.4304	5.5595
12000	324.65	0.0015268	0.01428	70.01	1491.8	2689.2	1197.4	3.4972	5.5002
13000	330.83	0.0015672	0.1280	78.14	1532.0	2667.0	1135.0	3.616	5.4408
14000	336.64	0.0016106	0.01150	86.99	1571.6	2642.4	1070.7	3.6242	5.3803
15000	342.13	0.0016579	0.01034	96.71	1611.0	2615.0	1004.0	3.6859	5.3178
16000	347.33	0.0017103	0.009308	107.4	1650.5	2584.9	934.3	3.7471	5.2531
18000	356.96	0.0018399	0.007498	133.4	1734.8	2513.9	779.1	3.8765	5.1128
20000	365.70	0.0020370	0.005877	170.2	1826.5	2418.4	591.9	4.0149	4.9412
21000	369.78	0.0022015	0.005023	199.1	1886.3	2347.6	461.3	4.1048	4.8223
22000	373.69	0.0026714	0.003728	268.3	2011.1	2195.6	184.5	4.2947	4.5799
22120	374.15	0.00317	0.00317	315.5	2107.4	2107.4	0.0	4.4429	4.4429

附表15 未饱和水与过热蒸汽表

（水平粗线之上为未饱和水、粗线之下为过热蒸汽）

t/℃	0.1MPa			0.5MPa			1.0MPa		
	v/ (m^3/kg)	h/ (kJ/kg)	s/[kJ/ (kg·K)]	v/ (m^3/kg)	h/ (kJ/kg)	s/[kJ/ (kg·K)]	v/ (m^3/kg)	h/ (kJ/kg)	s/[kJ/ (kg·K)]
0	0.0010002	0.1	-0.0001	0.0010000	0.5	-0.0001	0.0009997	1.0	-0.0001
20	0.0010017	84.0	0.2963	0.0010015	84.3	0.2962	0.0010013	84.8	0.2961
40	0.0010078	167.5	0.5721	0.0010076	167.9	0.5719	0.0010074	168.3	0.5717
50	0.0010121	209.3	0.7035	0.0010119	209.7	0.7033	0.0010117	210.1	0.7030
60	0.0010171	251.2	0.8309	0.0010169	251.5	0.8307	0.0010167	251.9	0.8305
80	0.0010292	335.0	1.0752	0.0010290	335.3	1.0750	0.0010287	335.7	1.0746
100	1.696	2676.1	7.3618	0.0010435	419.6	1.3066	0.0010432	419.7	1.3062
110	1.744	2696.4	7.4152	0.0010517	461.6	1.4182	0.0010514	416.9	1.4178
120	1.793	2716.5	7.4670	0.0010605	503.9	1.5273	0.0010602	504.3	1.5269
130	1.841	2736.5	7.5173	0.0010699	546.5	1.6341	0.0010696	546.8	1.6337
140	1.889	2756.4	7.5662	0.0010800	589.2	1.7388	0.0010796	589.5	1.7383
150	1.936	2776.3	7.6137	0.0010908	632.2	1.8416	0.0010904	632.5	1.8410
160	1.984	2796.2	7.6601	0.3835	2766.4	6.8631	0.0011019	675.7	1.9420
170	2.031	2816.0	7.7053	0.3941	2789.1	6.9149	0.0011143	719.2	2.0414
180	2.078	2835.8	7.7495	0.4045	2811.4	6.9647	0.1944	2776.5	6.5835
190	2.125	2855.6	7.7927	0.4148	2833.4	7.0127	0.2002	2802.0	6.6392
200	2.172	2875.4	7.8349	0.4250	2855.1	7.0592	0.2059	2826.8	6.6922
210	2.219	2895.2	7.8763	0.4350	2876.6	7.1042	0.2115	2851.0	6.7427
220	2.266	2915.0	7.9169	0.4450	2898.0	7.1478	0.2169	2874.6	6.7911
230	2.313	2934.8	7.9567	0.4549	2919.1	7.1903	0.2223	2897.8	6.8377
240	2.359	2954.6	7.9958	0.4647	2940.1	7.2317	0.2276	2920.6	6.8825
250	2.406	2974.5	8.0342	0.4744	2961.1	7.2721	0.2327	2943.0	6.9259
260	2.453	2994.4	8.0719	0.4841	2981.9	7.3115	0.2379	2965.2	6.9680
270	2.499	3014.4	8.1089	0.4938	3002.7	7.3501	0.2430	2987.2	7.0088
280	2.546	3034.4	8.1454	0.5034	3023.4	7.3879	0.2480	3009.0	7.0485
290	2.592	3054.4	8.1813	0.5130	3044.1	7.4250	0.2530	3030.6	7.0873
300	2.639	3074.5	8.2166	0.5226	3064.8	7.4614	0.2580	3052.1	7.1251
320	2.732	3114.8	8.2857	0.5416	3106.1	7.5322	0.2678	3094.9	7.1984
340	2.824	3155.3	8.3529	0.5606	3174.4	7.6008	0.2776	3137.4	7.2689
350	2.871	3175.6	8.3858	0.5701	3168.1	7.6343	0.2824	3158.5	7.3031
360	2.917	3196.0	8.4183	0.5795	3188.8	7.6673	0.2873	3179.7	7.3368
380	3.010	3237.0	8.4820	0.5984	3230.4	7.7319	0.2969	3222.0	7.4027
400	3.102	3278.2	8.5442	0.6172	3272.1	7.7948	0.3065	3264.4	7.4665
450	3.334	3382.4	8.6934	0.6640	3377.2	7.9454	0.3303	3370.8	7.6190
500	3.565	3488.1	8.8348	0.7108	3483.8	8.0879	0.3540	3478.3	7.7627
550	3.797	3595.6	8.9695	0.7574	3591.8	8.2233	0.3775	3587.1	7.8991

续表

t/℃	0.1MPa			0.5MPa			1.0MPa		
	v/(m³/kg)	h/(kJ/kg)	s/[kJ/(kg·K)]	v/(m³/kg)	h/(kJ/kg)	s/[kJ/(kg·K)]	v/(m³/kg)	h/(kJ/kg)	s/[kJ/(kg·K)]
600	4.028	3704.8	9.0982	0.8039	3701.5	8.3526	0.4010	3697.4	8.0292
650	4.259	3815.7	9.2217	0.8504	3812.8	8.4766	0.4244	3809.3	8.1537
700	4.490	3928.2	9.3405	0.8968	3925.8	8.5957	0.4477	3922.7	8.2734
750	4.721	4042.5	9.4549	0.9432	4040.3	8.7105	0.4710	4037.6	8.3885
800	4.952	4158.3	9.5654	0.9896	4156.4	8.8213	0.4943	4154.1	8.4997

t/℃	2.5MPa			5.0MPa			7.6MPa		
	v/(m³/kg)	h/(kJ/kg)	s/[kJ/(kg·K)]	v/(m³/kg)	h/(kJ/kg)	s/[kJ/(kg·K)]	v/(m³/kg)	h/(kJ/kg)	s/[kJ/(kg·K)]
0	0.0009990	2.5	-0.0000	0.0009977	5.1	0.0002	0.0009964	7.7	0.0004
20	0.0010006	86.2	0.2958	0.0009995	88.6	0.2952	0.0009983	91.0	0.2947
40	0.0010067	169.7	0.5711	0.0010056	171.9	0.5702	0.0010045	174.2	0.5691
50	0.0010110	211.4	0.7023	0.0010099	213.5	0.7012	0.0010087	215.8	0.7000
60	0.0010160	253.2	0.8297	0.0010149	255.3	0.8283	0.0010137	257.4	0.8269
80	0.0010280	336.9	1.0736	0.0010268	338.8	1.0720	0.0010256	340.9	1.0703
100	0.0010425	420.9	1.3050	0.0010412	422.7	1.3030	0.0010398	424.7	1.3010
120	0.0010593	505.3	1.5255	0.0010579	507.1	1.5232	0.0010564	508.9	1.5200
140	0.0010787	590.5	1.7368	0.0010771	592.1	1.7342	0.0010754	593.8	1.7315
150	0.0010894	633.4	1.8394	0.0010877	635.0	1.8366	0.0010859	636.6	1.8338
160	0.0011008	676.6	1.9402	0.0010990	678.1	1.9373	0.0010971	679.6	1.9343
180	0.0011262	763.9	2.1372	0.0011241	765.2	2.1339	0.0011219	766.5	2.1304
200	0.0011555	852.8	2.3292	0.0011530	853.8	2.3253	0.0011504	854.9	2.3213
220	0.0011897	943.7	2.5175	0.0011866	944.4	2.5129	0.0011834	945.2	2.5082
230	0.08163	2820.1	6.2920	0.0012056	990.7	2.6057	0.0012020	991.3	2.6006
240	0.08436	2850.5	6.3517	0.0012264	1037.8	2.6984	0.0012224	1038.1	2.6928
250	0.08699	2879.5	6.4077	0.0012494	1085.8	2.7910	0.0012448	1085.8	2.7848
260	0.08951	2907.4	6.4605	0.0012750	1134.9	2.8840	0.0012696	1134.5	2.8771
270	0.09196	2934.2	6.5104	0.04053	2818.9	6.0192	0.0012973	1184.5	2.9701
280	0.09433	2960.3	6.5584	0.04222	2856.9	6.0886	0.0013289	1236.2	3.0643
290	0.09665	2985.7	6.6034	0.04380	2892.2	6.1519	0.0013654	1289.9	3.1605
300	0.09893	3010.3	6.6407	0.04530	2925.5	6.2105	0.02620	2808.8	5.8053
310	0.10115	3034.7	6.6890	0.04673	2957.0	6.2651	0.02752	2854.0	5.9285
320	0.10335	3058.6	6.7296	0.04810	2987.2	6.3163	0.02873	2895.0	5.9982
330	0.10551	3082.1	6.7689	0.04942	3016.1	6.3647	0.02985	2932.9	6.0615
340	0.10764	3105.4	6.8071	0.05070	3044.1	6.4106	0.03090	2968.2	6.1196
350	0.10975	3128.2	6.8442	0.05194	3071.2	6.4545	0.03190	3001.6	6.1737
360	0.11184	3151.0	6.8802	0.05316	3097.6	6.4966	0.03286	3033.4	6.2243
370	0.11391	3173.6	6.9158	0.05435	3123.4	6.5371	0.03378	3063.9	2.2721
380	0.11597	3196.1	6.9505	0.05551	3148.8	6.5762	0.03467	3093.3	6.3174
390	0.11801	3218.4	6.9845	0.05666	3173.7	6.6140	0.03554	3121.8	6.3607

续表

t/℃	2. 5MPa			5. 0MPa			7. 6MPa		
	v/ (m^3/kg)	h/ (kJ/kg)	s/[kJ/ (kg·K)]	v/ (m^3/kg)	h/ (kJ/kg)	s/[kJ/ (kg·K)]	v/ (m^3/kg)	h/ (kJ/kg)	s/[kJ/ (kg·K)]
400	0. 12004	3240. 7	7. 0178	0. 05779	3198. 3	6. 6508	0. 03638	3149. 6	6. 4022
410	0. 12206	3262. 9	7. 0505	0. 05891	3222. 5	6. 6866	0. 03720	3176. 6	6. 4422
430	0. 12607	3307. 1	7. 1143	0. 06110	3270. 4	6. 7556	0. 03880	3229. 2	6. 5181
450	0. 13004	3351. 3	7. 1763	0. 06325	3317. 5	6. 8217	0. 04035	3280. 3	6. 5896
500	0. 13987	3461. 7	7. 3240	0. 06849	3433. 7	6. 9770	0. 04406	3403. 5	6. 7545
550	0. 14958	3572. 9	7. 4633	0. 07360	3549. 0	7. 1215	0. 04760	3523. 7	6. 9051
600	0. 15921	3685. 1	7. 5956	0. 07862	3664. 5	7. 2578	0. 05105	3642. 9	7. 0457
650	0. 16876	3798. 6	7. 7220	0. 08356	3780. 7	7. 3872	0. 05441	3762. 1	7. 1784
700	0. 17826	3913. 4	7. 8431	0. 08845	3897. 9	7. 5108	0. 05772	3881. 7	7. 3046
750	0. 18772	4029. 5	7. 9395	0. 09329	4016. 1	7. 6292	0. 06099	4002. 1	7. 4252
800	0. 19714	4147. 0	8. 0716	0. 09809	4135. 3	7. 7431	0. 06421	4123. 2	7. 5408

t/℃	10. 0MPa			12. 5MPa			15. 0MPa		
	v/ (m^3/kg)	h/ (kJ/kg)	s/[kJ/ (kg·K)]	v/ (m^3/kg)	h/ (kJ/kg)	s/[kJ/ (kg·K)]	v/ (m^3/kg)	h/ (kJ/kg)	s/[kJ/ (kg·K)]
0	0. 0009953	10. 1	0. 0005	0. 0009946	12. 6	0. 0006	0. 0009928	15. 1	0. 0007
20	0. 0009972	93. 2	0. 2942	0. 0009961	95. 6	0. 2936	0. 0009950	97. 9	0. 2931
40	0. 0010034	176. 3	0. 5682	0. 0010023	178. 5	0. 5672	0. 0010013	180. 7	0. 5663
50	0. 0010077	217. 8	0. 6989	0. 0010066	220. 0	0. 6977	0. 0010055	222. 1	0. 6966
60	0. 0010127	259. 4	0. 8257	0. 0010116	261. 5	0. 8243	0. 0010105	263. 6	0. 8230
80	0. 0010245	342. 8	1. 0687	0. 0010233	344. 8	1. 0671	0. 0010221	346. 8	1. 0655
100	0. 0010386	426. 5	0. 2992	0. 0010374	428. 4	1. 2973	0. 0010361	430. 3	1. 2954
120	0. 0010551	510. 6	0. 5188	0. 0010537	512. 4	1. 5166	0. 0010523	514. 2	1. 5144
140	0. 0010739	595. 4	7. 7291	0. 0010724	597. 1	1. 7266	0. 0010709	598. 7	1. 7241
150	0. 0010843	638. 1	1. 8312	0. 0010827	639. 7	1. 8285	0. 0010811	641. 3	1. 8259
160	0. 0010954	681. 0	1. 9315	0. 0010937	682. 5	1. 9287	0. 0010919	684. 0	1. 9258
180	0. 0011199	767. 8	2. 1272	0. 0011179	769. 1	2. 1240	0. 0011159	770. 4	2. 1208
200	0. 0011480	855. 9	2. 3176	0. 0011456	857. 0	2. 3139	0. 0011433	858. 1	2. 3102
220	0. 0011805	945. 9	2. 5039	0. 0011776	946. 7	2. 4996	0. 0011748	947. 6	2. 4953
240	0. 0012188	1038. 4	2. 6877	0. 0012151	1038. 8	2. 6825	0. 0012115	1039. 2	2. 6775
250	0. 0012406	1085. 8	2. 7792	0. 0012364	1086. 0	2. 7736	0. 0012324	1086. 2	2. 7681
260	0. 0012648	1134. 2	2. 8709	0. 0012600	1134. 1	2. 8646	0. 0012553	1133. 9	2. 8585
280	0. 0013221	1235. 0	3. 0563	0. 0013154	1233. 9	3. 0481	0. 0013090	1232. 9	3. 0407
300	0. 0013979	1343. 4	3. 2488	0. 0013875	1340. 6	3. 2380	0. 0013779	1338. 2	3. 2277
310	0. 0014472	1402. 2	3. 3505	0. 0014336	1398. 1	3. 3373	0. 0014212	1394. 5	3. 3250
320	0. 01926	2783. 5	5. 7145	0. 0014905	1459. 7	3. 4420	0. 0014736	1454. 3	3. 4267
330	0. 02042	2836. 5	5. 8032	0. 01383	2697. 2	5. 5018	0. 0015402	1519. 4	3. 5355
340	0. 02147	2883. 4	5. 8803	0. 01508	2768. 7	5. 6195	0. 0016324	1593. 3	3. 6571
350	0. 02242	2925. 8	5. 5989	0. 01612	2828. 0	5. 7155	0. 01146	2694. 8	5. 4467
360	0. 02331	2964. 8	6. 0110	0. 01704	2879. 6	5. 7976	0. 01256	2770. 8	5. 5677

续表

t/℃	10.0MPa			12.5MPa			15.0MPa		
	v/(m³/kg)	h/(kJ/kg)	s/[kJ/(kg·K)]	v/(m³/kg)	h/(kJ/kg)	s/[kJ/(kg·K)]	v/(m³/kg)	h/(kJ/kg)	s/[kJ/(kg·K)]
370	0.02414	3001.3	6.0682	0.01787	2925.7	5.8698	0.01348	2833.6	5.6662
380	0.02493	3035.7	6.1213	0.01863	2967.6	5.9345	0.01428	2887.7	5.7497
390	0.02568	3068.5	6.1711	0.01934	3006.4	5.9935	0.01500	2935.7	5.8225
400	0.02641	3099.9	6.2182	0.02001	3042.9	6.0481	0.01566	2979.1	5.8876
410	0.02711	3130.3	6.2629	0.02065	3077.5	6.0991	0.01628	3019.3	5.9469
420	0.02779	3159.7	6.3057	0.02126	3110.5	6.1471	0.01686	3057.0	6.0016
430	0.02846	3188.3	6.3467	0.02186	3142.3	6.1927	0.01741	3092.7	6.0528
440	0.02911	3216.2	6.3861	0.02243	3173.1	6.2362	0.01794	3126.9	6.1010
450	0.02974	3243.6	6.4243	0.02299	3203.0	6.2778	0.01845	3159.7	6.1468
470	0.03098	3297.0	6.4971	0.02406	3260.7	6.3565	0.01943	3222.3	6.2322
500	0.03276	3374.6	6.5994	0.02559	3343.3	6.4654	0.02080	3310.6	6.3487
550	0.03560	3499.8	6.7564	0.02799	3474.4	6.6298	0.02291	3448.3	6.5213
600	0.03832	3622.7	6.9013	0.03026	3601.4	6.7796	0.02488	3579.3	6.6764
650	0.04096	3744.7	7.0373	0.03245	3726.6	6.9190	0.02677	3708.3	6.8195
700	0.04355	3866.8	7.1660	0.03457	3851.1	7.0504	0.02859	3835.4	6.9536
750	0.04608	3989.1	7.2886	0.03665	3975.6	7.1752	0.03036	3962.1	7.0806
800	0.04858	4112.0	7.4058	0.03868	4100.3	7.2942	0.03209	4088.6	7.2013

t/℃	20.0MPa			25.0MPa			30.0MPa		
	v/(m³/kg)	h/(kJ/kg)	s/[kJ/(kg·K)]	v/(m³/kg)	h/(kJ/kg)	s/[kJ/(kg·K)]	v/(m³/kg)	h/(kJ/kg)	s/[kJ/(kg·K)]
0	0.0009904	20.1	0.0008	0.0009881	25.1	0.0009	0.0009857	30.0	0.0008
50	0.0010034	226.4	0.6943	0.0010013	230.7	0.6920	0.0009993	235.0	0.6897
100	0.0010337	434.0	1.2916	0.0010313	437.8	1.2879	0.0010289	441.6	1.2843
150	0.0010779	644.5	1.8207	0.0010748	647.7	1.8155	0.0010718	650.9	1.8105
200	0.0011387	860.4	2.3030	0.0011343	862.8	2.2960	0.0011301	865.2	2.2891
220	0.0011693	949.3	2.4870	0.0011640	951.2	2.4789	0.0011590	953.1	2.4710
240	0.0012047	1040.3	2.6677	0.0011983	1041.5	2.6583	0.0011922	1042.8	2.6492
250	0.0012247	1086.7	2.7574	0.0012175	1087.5	2.7472	0.0012107	1088.4	2.7374
260	0.0012466	1134.0	2.8468	0.0012384	1134.2	2.8357	0.0012307	1134.7	2.8250
280	0.0012971	1231.4	3.0262	0.0012863	1230.3	3.0126	0.0012763	1229.7	2.9998
300	0.0013606	1334.3	3.2088	0.0013453	1331.1	3.1916	0.0013316	1328.7	3.1756
320	0.0014451	1445.6	3.3998	0.0014214	1438.9	3.3764	0.0014012	1433.6	3.3556
340	0.0015704	1572.5	3.6100	0.0015273	1558.3	3.5743	0.0014939	1547.7	3.5447
350	0.0016662	1647.2	3.7308	0.0016000	1625.1	3.6824	0.0015540	1610.0	3.6455
360	0.001827	1742.9	3.8835	0.001698	1701.1	3.8036	0.001628	1678.0	3.7541
370	0.006908	2527.6	5.1117	0.001852	1788.8	3.9411	0.001728	1749.0	3.8653
380	0.008246	2660.2	5.3165	0.002240	1941.0	4.1757	0.001874	1837.7	4.0021
390	0.009181	2749.3	5.4520	0.004609	2391.3	4.8599	0.002144	1959.1	4.1865

续表

t/℃	20.0MPa			25.0MPa			30.0MPa		
	v/ (m^3/kg)	h/ (kJ/kg)	s/[kJ/(kg·K)]	v/ (m^3/kg)	h/ (kJ/kg)	s/[kJ/(kg·K)]	v/ (m^3/kg)	h/ (kJ/kg)	s/[kJ/(kg·K)]
400	0.009947	2820.5	5.5585	0.006014	2582.0	5.1455	0.002831	2161.8	4.4896
410	0.01061	2880.4	5.6470	0.006887	2691.3	5.3069	0.003956	2394.5	4.8329
420	0.01120	2932.9	5.7232	0.007580	2774.1	5.4271	0.004921	2558.0	5.0706
430	0.01174	2980.2	5.7910	0.008172	2842.5	5.5252	0.005643	2668.8	5.2295
440	0.01224	3023.7	5.8523	0.008696	2901.7	5.6087	0.006227	2754.0	5.3499
450	0.01271	3064.3	5.9089	0.009171	2954.3	5.6821	0.006735	2825.6	5.4495
460	0.01315	3102.7	5.9616	0.009609	3002.3	5.7479	0.007189	2887.7	5.5349
470	0.01358	3139.2	6.0112	0.01002	3046.7	5.8082	0.007602	2943.3	5.6102
480	0.01399	3174.4	6.0581	0.01041	3088.5	5.8640	0.007985	2993.9	5.6779
490	0.01439	3208.3	6.1028	0.01078	3128.1	5.9162	0.008343	3040.9	5.7398
500	0.01477	3241.1	6.1456	0.01113	3165.9	5.9655	0.008681	3088.0	5.7972
520	0.01551	3304.2	6.2262	0.01180	3237.5	6.0568	0.009310	3166.6	5.9014
540	0.01621	3364.7	6.3015	0.01242	3304.7	6.1405	0.009890	3241.7	5.9949
550	0.01655	3394.1	6.3374	0.01272	3337.0	6.1801	0.01017	3277.4	6.0386
560	0.01688	3423.0	6.3724	0.01301	3368.7	6.2183	0.01043	3312.1	6.0805
580	0.01753	3479.5	6.4398	0.01358	3430.2	6.2913	0.01095	3378.9	6.1597
600	0.01816	3535.5	6.5043	0.01413	3489.9	6.3604	0.01144	3443.0	6.2340
620	0.01878	3590.3	6.5663	0.01465	3548.1	6.4263	0.01191	3505.0	6.3042
650	0.01967	3671.1	6.6554	0.01542	3633.4	6.5203	0.01258	3595.0	6.4033
680	0.02054	3751.0	6.7405	0.01615	3716.9	6.6093	0.01323	3682.4	6.4966
700	0.02111	3803.8	6.7953	0.01663	3771.9	6.6664	0.01365	3739.7	6.5560
720	0.02167	3856.4	6.8488	0.01710	3826.5	6.7219	0.01406	3796.3	6.6136
750	0.02250	3935.0	6.9267	0.01779	3907.7	6.8025	0.01465	3880.3	6.6970
800	0.02385	4065.3	7.0511	0.01891	4041.9	6.9306	0.04562	4018.5	6.8288

t/℃	35.0MPa			40.0MPa			45.0MPa		
	v/ (m^3/kg)	h/ (kJ/kg)	s/[kJ/(kg·K)]	v/ (m^3/kg)	h/ (kJ/kg)	s/[kJ/(kg·K)]	v/ (m^3/kg)	h/ (kJ/kg)	s/[kJ/(kg·K)]
0	0.0009834	34.9	0.0007	0.0009811	39.7	0.0004	0.0009879	44.6	0.0001
50	0.0009973	239.2	0.6874	0.0009953	243.5	0.6852	0.0009933	247.7	0.6829
100	0.0010266	445.4	1.2807	0.0010244	449.2	1.2771	0.0010222	453.0	1.2736
150	0.0010689	654.2	1.8056	0.0010660	657.4	1.8007	0.0010632	660.7	1.7959
200	0.0011260	867.7	2.2824	0.0011220	870.2	2.2759	0.0011182	872.8	2.2695
220	0.0011542	955.1	2.4634	0.0011495	957.2	2.4560	0.0011450	959.4	2.4488
240	0.0011863	1044.2	2.6405	0.0011808	1045.8	2.6320	0.0011754	1047.5	2.6238
250	0.0012042	1089.5	2.7279	0.0011981	1090.8	2.7188	0.0011922	1092.1	2.7100

续表

t/℃	35.0MPa			40.0MPa			45.0MPa		
	v/(m^3/kg)	h/(kJ/kg)	s/[kJ/(kg·K)]	v/(m^3/kg)	h/(kJ/kg)	s/[kJ/(kg·K)]	v/(m^3/kg)	h/(kJ/kg)	s/[kJ/(kg·K)]
260	0.0012235	1135.4	2.8148	0.0012166	1136.3	2.8050	0.0012102	1137.3	2.7955
280	0.0012670	1277.5	3.0741	0.0012819	1276.8	3.0614	0.0012727	1276.5	3.0494
300	0.0013191	1326.8	3.1608	0.0013077	1325.4	3.1469	0.0012972	1324.4	3.1337
320	0.0013835	1429.4	3.3367	0.0013677	1425.9	3.3193	0.0013535	1423.2	3.3032
340	0.0014666	1539.5	3.5192	0.0014434	1532.9	3.4965	0.0014233	1527.5	3.4760
350	0.0015186	1598.7	3.6149	0.0014896	1589.7	3.5885	0.0014651	1582.4	3.5649
360	0.001580	1662.3	3.7166	0.001542	1650.5	3.6856	0.001512	1641.3	3.6590
370	0.001656	1725.5	3.8156	0.001605	1709.0	3.7774	0.001566	1696.6	3.7457
380	0.001754	1799.9	3.9304	0.001682	1776.4	3.8814	0.001630	1759.7	3.8430
390	0.001892	1886.3	4.0617	0.001779	1805.7	3.9942	0.001706	1827.4	3.9459
400	0.002111	1993.1	4.2214	0.001909	1934.1	4.1190	0.001801	1900.6	4.0554
410	0.002494	2133.1	4.4278	0.002095	2031.2	4.2621	0.001924	1981.0	4.1739
420	0.003082	2296.7	4.6656	0.002371	2145.7	4.4285	0.002088	2070.6	4.3042
430	0.003761	2450.6	4.8861	0.002749	2272.8	4.6105	0.002307	2170.4	4.4471
440	0.004404	2577.2	5.0649	0.003200	2399.4	4.7893	0.002587	2277.0	4.5977
450	0.004956	2676.4	5.2031	0.003675	2515.6	4.9511	0.002913	2384.2	4.7469
460	0.005430	2758.0	5.3151	0.004137	2617.1	5.0906	0.003266	2486.4	4.8874
470	0.005854	2828.2	5.4103	0.004560	2704.4	5.2089	0.003626	2580.8	5.0152
480	0.006239	2890.4	5.4934	0.004941	2779.8	5.3097	0.003982	2667.5	5.1312
490	0.006594	2946.6	5.5676	0.005291	2946.5	5.3977	0.004315	2744.7	5.2330
500	0.006925	2998.3	5.6349	0.005616	2906.8	5.4762	0.004625	2813.5	5.3226
520	0.007532	3091.8	5.7543	0.006205	3013.7	5.6128	0.005190	2933.8	5.4763
540	0.008083	3176.0	5.8592	0.006735	3108.0	5.7302	0.005698	3038.5	5.6066
550	0.008342	3215.4	5.9074	0.006982	3151.6	5.7835	0.005934	3086.5	5.6654
560	0.008592	3253.5	5.9534	0.007219	3193.4	5.8340	0.006161	3132.2	5.7206
580	0.009069	3326.2	6.0396	0.007667	3272.4	5.9276	0.006587	3217.9	5.8222
600	0.009519	3395.1	6.1194	0.008088	3346.4	6.0135	0.006984	3297.4	5.9143
620	0.009949	3461.1	6.1942	0.008487	3416.7	6.0931	0.007359	3372.2	5.9990
650	0.01056	3556.1	6.2988	0.009053	3517.0	6.2035	0.007886	3477.8	6.1154
680	0.01115	3647.7	6.3965	0.009588	3612.8	6.3056	0.008382	3577.9	6.2221
700	0.01152	3707.3	6.4584	0.009930	3674.8	6.3701	0.008699	3642.4	6.2800
720	0.01189	3766.1	6.5181	0.01026	3735.7	6.4320	0.009006	3705.5	6.3532
750	0.01242	3852.9	6.6043	0.01075	3825.5	6.5210	0.009452	3798.1	6.4451
800	0.01327	3995.1	6.7400	0.01152	3971.7	6.6606	0.01016	3948.4	6.5885

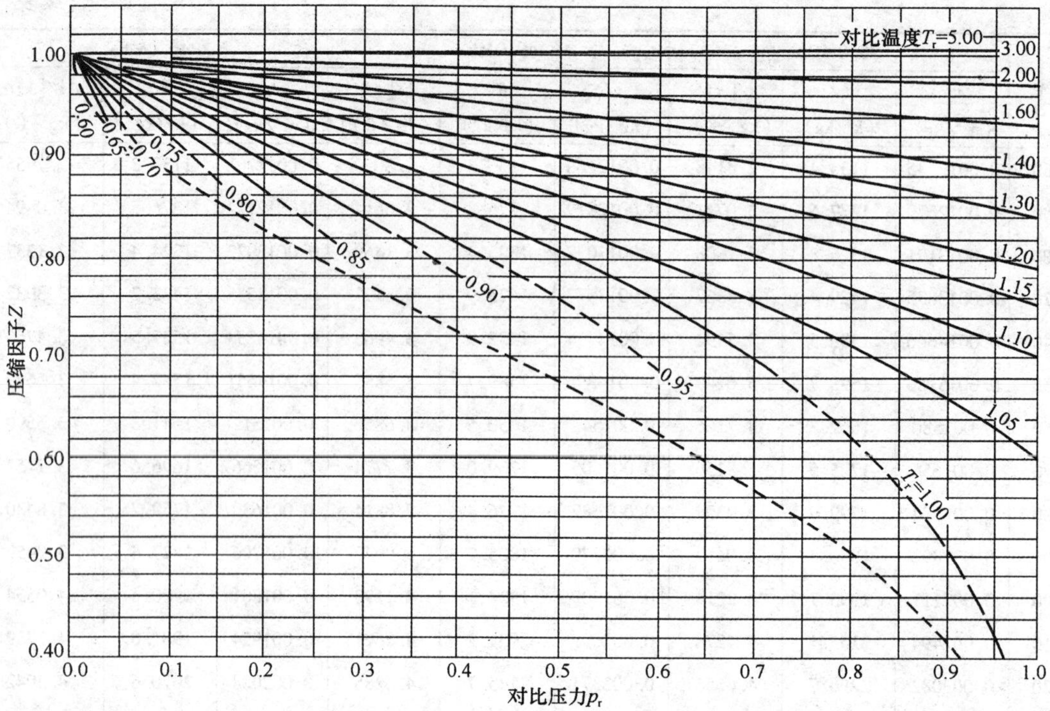

附图 1 (a)气体压缩因子

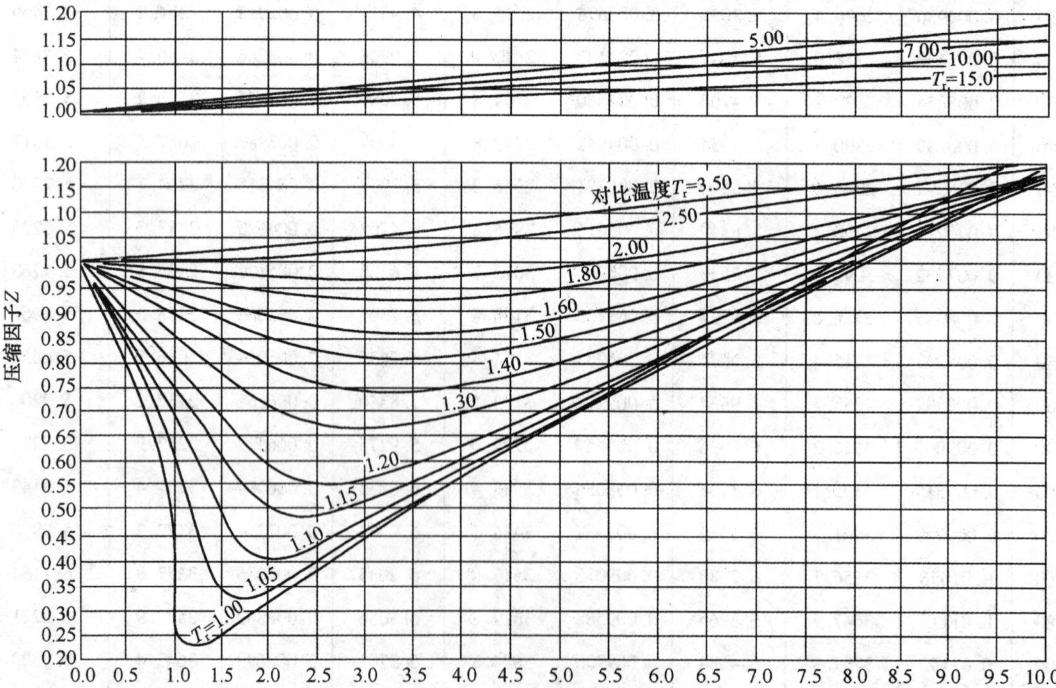

附图 1 (b)气体压缩因子

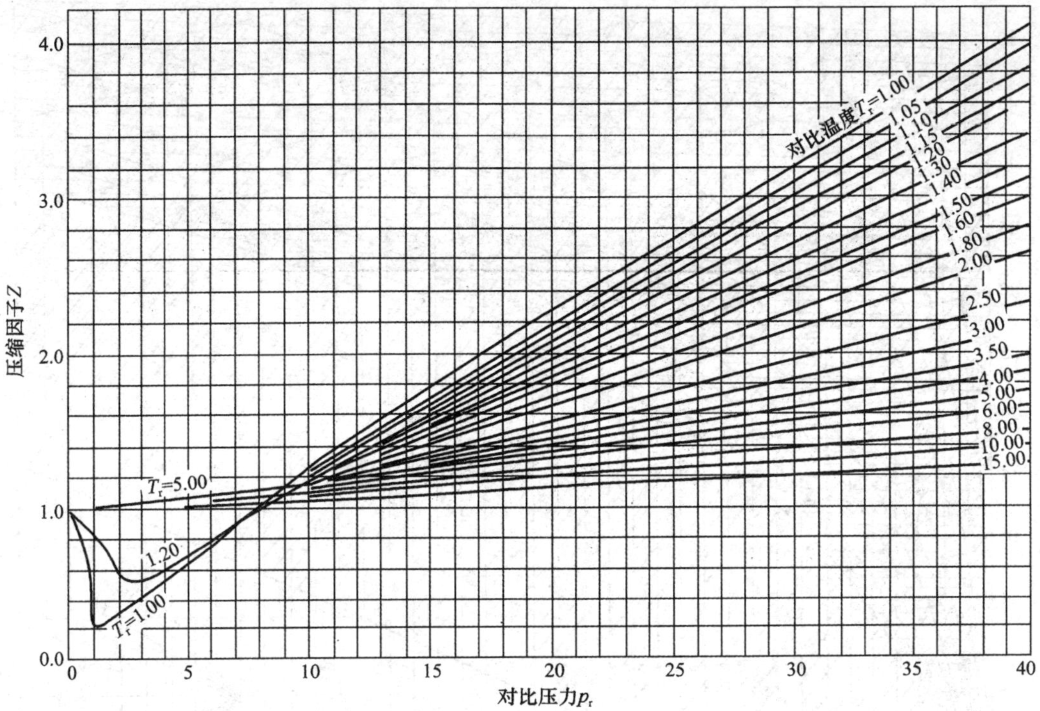

附图 1 (c)气体压缩因子

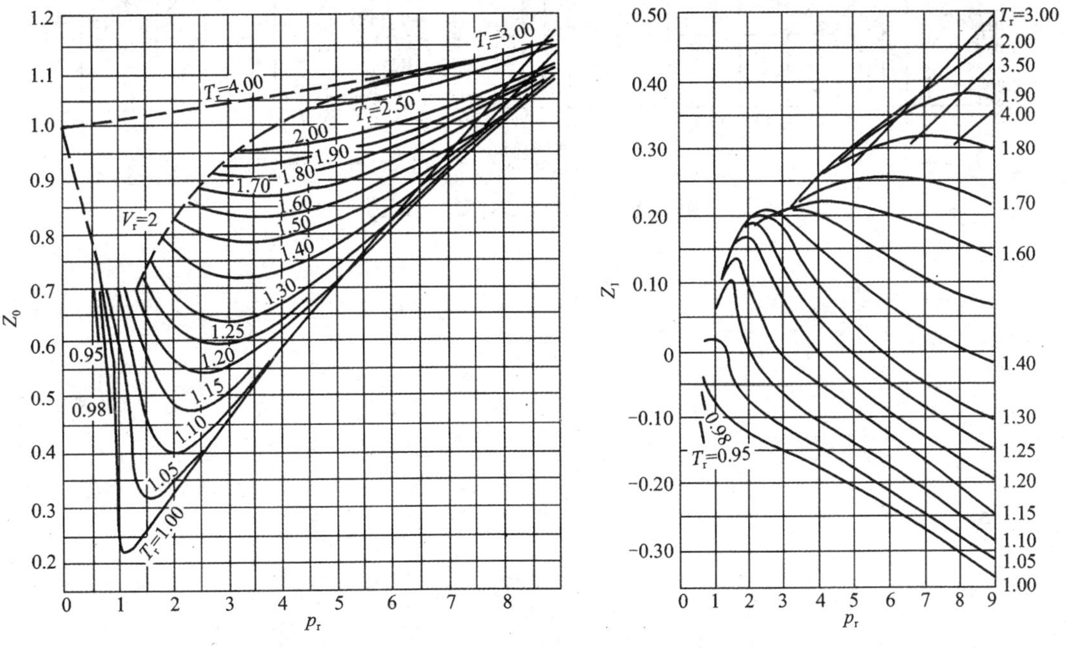

附图 2 实际气体 Z_0 及 Z_1 图

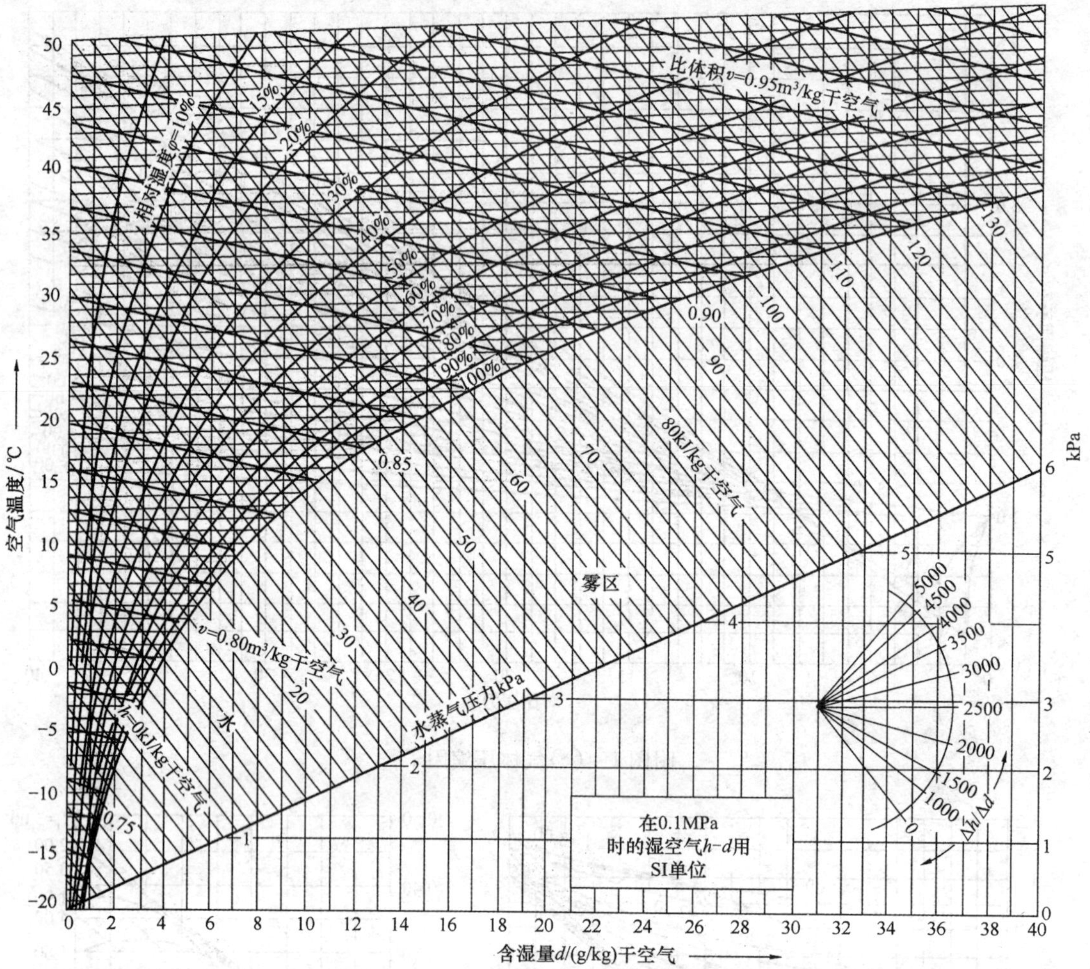

附图3 湿空气的焓(温)-湿图

参 考 文 献

1 毕明树等．工程热力学．北京：化学工业出版社，2001.5

2 朱明善，刘颖，林兆庄．工程热力学．北京：清华大学出版社，2003.6

3 沈维道，蒋智敏，童钧耕．工程热力学(第三版)．北京：高等教育出版社，2001

4 曾丹苓，敖越，张新铭等．工程热力学(第三版)．北京：高等教育出版社，2002.12

5 陶文铨，李永堂．工程热力学．武汉：武汉理工大学出版社，2001.7

6 何雅玲．工程热力学精要分析及典型题精解．西安：西安交通大学出版社，2000.12

7 朱明善等．热力学分析．北京：高等教育出版社，1992.8

8 严家騄，王永青．工程热力学．北京：中国电力出版社，2004.6

9 齐起生．工程热力学．西安：西安交通大学出版社，1990.8

10 Yunus A. Cengel, Michael A. Boles. Thermodynamics: An engineering approach(Fourth Edition). New York: McGraw－Hill, 2002

11 蒋汉文，邱信立．热力学原理及应用．上海：同济大学出版社，1990.6

12 庞麓鸣，汪孟乐，冯海仙．工程热力学(第二版)．北京：高等教育出版社，1986

13 ZemanskyMW. Heat and themodynamics. 5th ed. NewYork: McGraw－Hill Book Company, 1975

14 Michael J. Moran, Howard N Shapiro. Fundamentals of engineering thermodynamics. 3rd ed. New York: John Wiley & Sons Inc, 1995

15 Gordon G. Hammes. Thermodynamics and kinetics for bioscience. New York: John Wiley&Sons Inc, 2000

16 Wark K., Richards E. Thermodynamics. 6th ed. New York: McGraw－Hill Book Company, 1999

17 童钧耕，吴孟余，王平阳．高等工程热力学．北京：科学出版社，2006.10

18 刘宝兴．工程热力学．北京：机械工业出版社，2007.4

19 吴孟余．工程热力学．上海：上海交通大学出版社，2000.12

20 朱明善，刘颖，史琳．工程热力学题型分析．北京：清华大学出版社，2000.4

21 毕明树，周一卉．工程热力学学习指导．北京：化学工业出版社，2005.8

22 童钧耕．工程热力学学习辅导与习题解答．北京：高等教育出版社，2004

23 刘宝兴．工程热力学习题详解．北京：机械工业出版社，2007.6

24 陈贵堂，王永珍．工程热力学学习指导．北京：北京理工大学出版社，2008.1

25 黄敏超，胡小平．工程热力学典型题解析与实战模拟．长沙：国防科技大学出版社，2005.7

26 严家騄，余晓福．水和水蒸气热力性质图表(第二版)．北京：高等教育出版社，2003

27 郑令仪，孙祖国，赵静霞．工程热力学．北京：兵器工业出版社，1993

28 谢锐生．热力学原理．关德相，李荫亭，杨岑，译．北京：人民教育出版社，1980

29 李斯特．工程热力学原理．北京：化学工业出版社，1990.6

30 陈宏芳，杜建华．高等工程热力学．北京：清华大学出版社，2003.1

31 Michael M Abbott, et al. Theory and Problems of Thermodynamics. New York: McGraw－Hill Book Company, 1976

32 Richard E Sonntag, Claus Borgnakke, Gordon J Van Wylen. Fundamentals of thermodynamics. New York: John Wiley&Sons Inc, 2003

33 汤学忠．热能转换与利用(第二版)．北京：冶金工业出版社，2002.3

34 王修彦等．工程热力学．北京：机械工业出版社，2008.1

35 童钧耕，卢万成．热工基础．上海：上海交通大学出版社，2001.1

36 傅秦生，何雅玲，赵小明．热工基础与应用．北京：机械工业出版社，2006.1

37 傅秦生．热工基础．西安：西安交通大学出版社，2006.8

38 王补宣等．热工基础．北京：高等教育出版社，1981. 11
39 曹玉璋等．热工基础．北京：航空工业出版社，1993. 9
40 吴业正等．制冷与低温技术原理．北京：高等教育出版社，2004. 8
41 王如竹，丁国良，吴静怡等．制冷原理与技术．北京：科学出版社，2003. 8
42 薛殿华．空气调节．北京：清华大学出版社，1991. 6
43 邹邦银．热力学与分子物理学．湖北：华中师范大学出版社，2004. 8
44 秦允豪．热学．北京：高等教育出版社，1999. 5